水电厂岗位模块培训教材

水电自动装置检修

东北电网有限公司　编

中册

中国电力出版社
CHINA ELECTRIC POWER PRESS

内 容 提 要

本书是按照《国家电网公司生产技能人员职业能力培训规范》的要求，结合一线生产实际需求，采取模块化模式编写而成的。全书分三个分册共二百七十一个模块，分别适用于水电自动装置检修Ⅰ、Ⅱ、Ⅲ级人员培训学习，主要内容包括水电自动装置、励磁系统设备、调速系统设备、监控系统设备、同期系统设备、水力机械自动化系统设备的维护、检修、故障处理，以及水电自动装置的更换。

本书可作为水电厂生产技能人员职业能力的培训用书，也可供相关职业院校教学参考使用。

图书在版编目(CIP)数据

水电自动装置检修/东北电网有限公司编. —北京：中国电力出版社，2014.1

水电厂岗位模块培训教材

ISBN 978-7-5123-4252-1

Ⅰ.①水… Ⅱ.①东… Ⅲ.①水力发电站-自动装置-检修-技术培训-教材 Ⅳ.①TV736

中国版本图书馆CIP数据核字(2013)第060474号

中国电力出版社出版、发行

(北京市东城区北京站西街19号 100005 http://www.cepp.sgcc.com.cn)

航远印刷有限公司印刷

各地新华书店经售

*

2014年1月第一版 2014年1月北京第一次印刷

710毫米×980毫米 16开本 55.625印张 995千字

印数0001—3000册 定价**138.00**元（上、中、下册）

目　录

Ⅰ　级

Ⅱ　级

Ⅲ 级

II 级

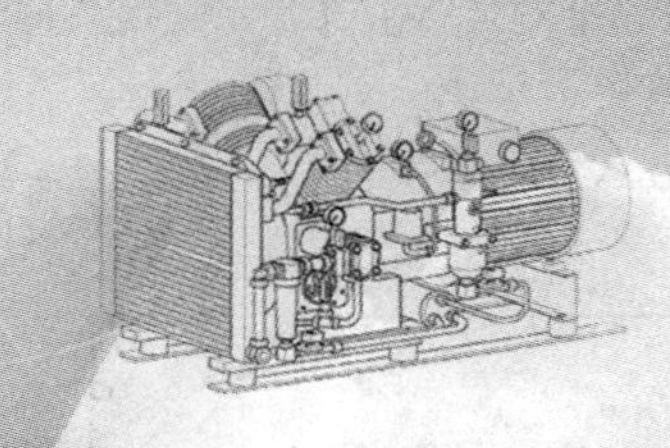

科目七

水电自动装置的常规维护、检修

水电自动装置的常规维护、检修培训规范

科目名称	水电自动装置的常规维护、检修	类　别	专业技能
培训方式	实践性/脱产培训	培训学时	实践性 160 学时/ 脱产培训 80 学时
培训目标	1. 掌握水电自动装置及二次回路电气图的绘制。 2. 掌握自动装置中常规继电器、接触器及晶闸管的检修和校验。 3. 掌握水电自动装置及二次回路的配线方法和标准。 4. 掌握使用单臂电桥、直流电阻测试仪测试直流电阻的方法和标准。 5. 掌握接触器的安装方法和标准。 6. 能使用数字式示波器测量自动装置的简单信号。		
培训内容	模块 1　水电自动装置及二次回路电气图的绘制 模块 2　水电自动装置中间继电器的检修校验 模块 3　水电自动装置时间继电器的检修校验 模块 4　水电自动装置信号继电器的检修校验 模块 5　水电自动装置交流接触器的检修 模块 6　水电自动装置热继电器的检查和调整 模块 7　用对线灯和晶闸管测试仪检查晶闸管 模块 8　使用直流电阻测试仪测试水电自动装置直流电阻 模块 9　使用单臂电桥测试水电自动装置及二次回路直流电阻 模块 10　数字式示波器初级使用 模块 11　使用数字式示波器测量自动装置的简单信号 模块 12　使用数字式示波器观察信号通过电路产生的延迟和畸变 模块 13　数字式示波器的参数设置 模块 14　数字式示波器的故障处理 模块 15　水电自动装置及二次回路交流接触器的安装 模块 16　水电自动装置及二次回路直流接触器的安装		

续表

培训内容	模块 17　水电低压二次设备盘的安装 模块 18　水电自动装置及二次回路盘柜二次的接线 模块 19　水电自动装置及二次回路控制电缆的配线 模块 20　水电自动装置及二次回路连接线的校对
场地、主要设施、设备和工器具、材料	1. 场地：设备所在地、自动培训室。 2. 主要设施和设备：水电厂自动装置及二次回路等。 3. 主要工器具：电压表、电流表、万用表、对线灯、晶闸管测试仪、直流电阻测试仪、单臂电桥、数字式示波器、验电笔、绝缘电阻表、电工工具、计算器、温度计、湿度计等。 4. 主要材料：控制电缆、硬导线、软导线、清洁工具包、爬梯、照明器具。
安全事项、防护措施	1. 检修前交代作业内容、作业范围、危险点告知、安全措施和注意事项。 2. 戴安全帽，穿工作服（防静电服），穿绝缘鞋，高空作业需佩戴安全带。 3. 加强监护，严格执行电业安全工作规程。 4. 对于需停电检修的设备，要认真进行验电检查，确保无电及安全措施完善后才能开始检修工作。
考核方式	笔试：120 分钟 操作：120 分钟 完成维护和检修任务后，针对模块技能操作评分标准进行考核。

模块1　水电自动装置及二次回路电气图的绘制

一、操作说明

图纸是工程技术界的共同语言。设计部门用图纸表达设计思想；施工部门用图纸编制施工计划，准备材料，组织施工；生产部门用图纸指导加工与制造；使用部门用图纸指导使用、维护和管理等。工程技术人员应具备一定的读图能力和绘图能力，才能胜任其日常工作。

图纸的种类很多，常见的工程图主要有三大类，即机械图、建筑图和电气图。每类图纸都有各自的特点、各自的表达形式和表示方法。但也有许多基本的规定和格式是各种图纸都应共同遵守的，如图纸的幅面、图标、图线等。要求从事水电自动装置工作的高级工及以上等级人员，要掌握绘制电气图的基本技能。

二、操作步骤

（一）图纸幅面与格式的选择

1. 图纸幅面尺寸及代号

绘制工程图样时所用的图纸幅面按标准规定分为两类：一类是优先采用的图纸幅面，也称基本幅面；另一类是加长后的图纸幅面。

电气图纸采用的基本幅面有五种，分别用A0、A1、A2、A3和A4表示。各种图纸幅面的短边和长边均分别用B和L表示。基本幅面的代号和相应尺寸见表7-1。

表7-1　图纸基本幅面代号和相应尺寸　mm

基本幅面代号	A0	A1	A2	A3	A4
幅面尺寸（$B\times L$）	841×1189	594×841	420×594	297×420	210×297

基本幅面不够用时可采用加长的幅面。为便于晒图、装订和保管，幅面加长的图纸应遵守以下规定：

（1）对A0、A2、A4三种幅面的加长量，按A0幅面长边的1/8的倍数增加；对A1、A3两种幅面的加长量，按A0幅面短边的1/4的倍数增加。

（2）对A0、A1幅面，也允许同时加长两边，但A0幅面短边的加长量不超过1051mm，A1幅面短边的加长量不超过743mm，长、短边同时加长的幅面见图7-1中的虚线部分。

加长幅面不再另给代号，其尺寸仍为短边×长边，如420×743、1051×1338。

在ISO标准中，为了使用方便，对某些加长图纸也给出幅面代号，其幅面代号和相应尺寸见表7-2。

表7-2　图纸加长幅面代号和相应尺寸　mm

加长幅面代号	A3×3	A3×4	A4×3	A4×4	A4×5
幅面尺寸（$B\times L$）	420×891	420×1189	297×630	297×841	297×1051

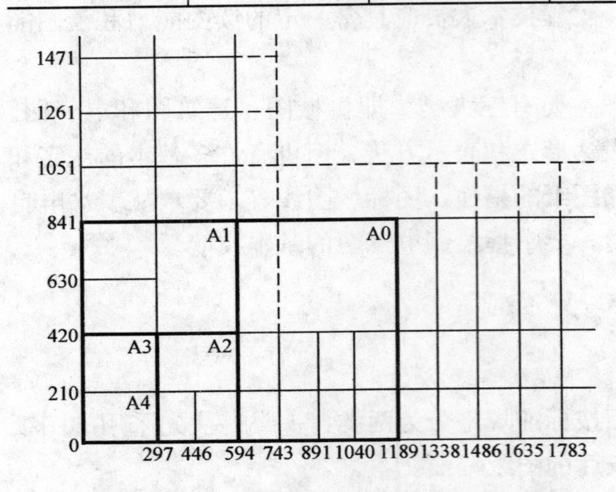

图7-1　基本幅面与加长幅面的图纸尺寸示意

2. 图纸幅面的选择

在保证幅面布局紧凑、清晰和使用方便的前提下，图纸幅面的选择还应考虑以下方面：

（1）所设计对象的规模和复杂程度。

（2）简图种类所确定的资料的详细程度。

（3）尽量选用较小幅面。

（4）便于图纸的装订和管理。

（5）复印和微缩的要求。

（6）计算机辅助设计的要求。

（7）当图要绘在几张图纸上时，所用图纸的幅面一般应相同。

3. 图纸幅面的分区

为了便于确定图上的内容、补充、更改及组成部分等的位置，可以在各种幅面的图纸上分区，如图7-2所示。图纸幅面分区时应注意：

（1）分区数应是偶数，每一分区的长度一般不应小于25mm，且不大于75mm。

（2）分区编号竖边方向用大写拉丁字母，横边方向用阿拉伯数字，编号顺序应从标题栏相对的左上角开始。

（3）分区代号即用该区域的字母和数字组合表示，如B3、C5。

（4）对分区中符号应以粗实线绘出，其线宽不宜小于0.5mm，并应绘在图幅线中点处，且宜伸入图框内5mm，如图7-2所示。

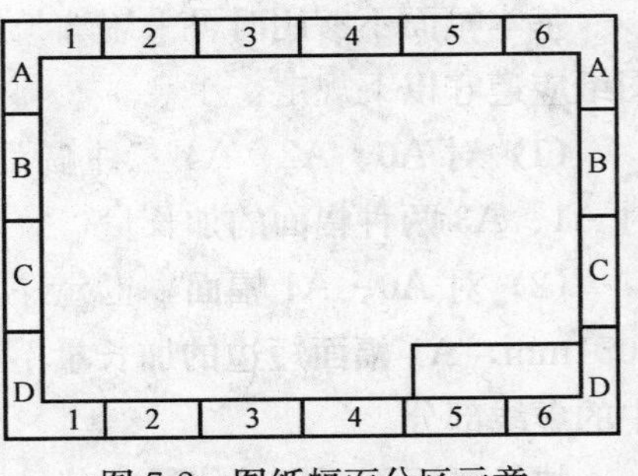

图7-2　图纸幅面分区示意

利用图幅分区法可以很方便地将符号或元件的位置表示出来，即将图中每个符号或元件的位置用代表行的字母、代表列的数字或代表区域的字母—数字的组合来表示，见表 7-3。必要时还需注明图号、张次，在某些应用中也可引用项目代号。当符号和元件的分区代号与实际设备的其他代号有可能混淆时，分区代号应写在括弧内。

表 7-3　　符号或元件在图上位置的标记写法

符号或元件在图上的位置	标记写法
同一张图纸上的 B 行	B
同一张图纸上的 3 列	3
同一张图纸上的 B3 区	B3
具有相同图号的第 34 张图上的 B3 区	34/B3
图号为 4568 单张图的 B3 区	图 4568/B3
图号为 5796 的第 34 张图上的 B3 区	图 5796/34/B3
=S1 系统单张图上的 B3 区	=S1/B3
=S1 系统多张图上第 34 张的 B3 区	=S1/34/B3

4. 图框线

图框线的尺寸是根据图纸是否需要装订和图纸幅面的大小来确定的。需要装订时，装订的一边要留出装订边，见图 7-3（a）。图 7-3（a）中的尺寸 a 为 25mm，尺寸 c 分为两类：对 A0、A1、A2 三种幅面，c 为 10mm；对 A3、A4 两种幅面，c 为 5mm。装订成册时，一般采用 A4 幅面竖装，或 A3 幅面横装。

当图纸张数较少或用其他方法保管而不需要装订时，图纸的 4 个周边尺寸相

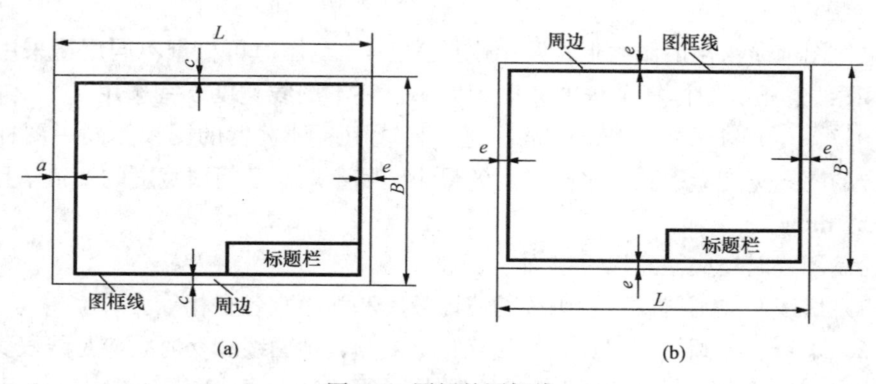

图 7-3　图纸的图框线

（a）留装订边的图框线；（b）不留装订边的图框线

同，见图 7-3（b）。对 A0、A1 两种幅面，e 为 20mm；其余三种幅面，e 为 10mm。随着缩微技术的发展，留装订边的图纸将会逐步减少，以至淘汰。

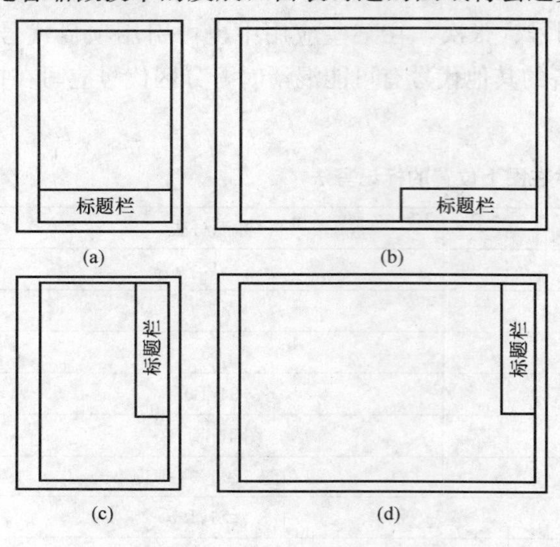

图 7-4　标题栏在图纸上的位置

（a）A4 立式幅面；（b）A0～A3 横式幅面；

（c）A4 横式幅面；（d）A0～A3 立式幅面

5. 标题栏

标题栏相当于商品的商标，或设备的铭牌。标题栏在图纸上的位置应根据需要来确定，一般按图 7-4（a）、（b）所示的方法布置。由于表达图样的需要，也可按图 7-4（c）、（d）所示的方法布置。ISO 标准中，称图 7-4（b）、（c）为 X 型水平放置的图纸，称图 7-4（a）、（d）为 Y 型垂直放置的图纸。标题栏中的文字方向就是看图的方向，即图样中标注尺寸、符号及说明均以标题栏的文字方向为准，如图 7-4 上标题栏框中的"标题栏"三字方向所示。这样既便于看图，也不致产生误解。因此，凡需说明图样中某项内容是位于图纸的右上角或右下角时，均以标题栏为准，而不是相对图纸的装订边而言。所有图都应编注图号并写在标题栏内。一份多张图的每张图纸都应顺序编注张次号。

（二）图线、比例及字体的选择

1. 图线

电气图上所采用的图线形式及用途见表 7-4。制图时可根据不同用途采用表 7-4 所示图线。根据图样复杂程度和比例大小，基本图线宽度 b 宜选用 0.25、0.35、0.5、0.7、1.0、1.4mm 和 2.0mm。通常只选用两种宽度的图线。同一图样中相同部分的图线宽度应一致。平行线间的最小间隔不应小于粗线宽度的 2 倍，且不宜小于 0.7mm。

绘制图线时还应注意以下方面：

（1）虚线、点画线或双点画线的线段长度和间距宜各自相等。

（2）虚线、点画线或双点画线相互相交或与其他图线相交时，应是线段交接。

（3）当图形较小或线段较短，绘制点画线或双点画线有困难时，可用实线绘制，点画线或双点画线的两端应是线段，点画线或双点画线的点应为短横

线。

表 7-4　　电气图图线形式及用途

名称		形式	宽度	用途
实线	粗实线	————	b	基本线、简图主要内容用线、母线、线路路径
	中实线	————	$b/2$	可见轮廓线、可见导线、剖切线
	细实线	————	$b/3$	指引线、尺寸线、尺寸界线、断面线
虚线	粗虚线	-------	b	辅助线、不可见轮廓线
	中虚线	-------	$b/2$	屏蔽线、机械连接线、不可见导线
	细虚线	-------	$b/3$	计划扩展内容用线
点画线	粗点画线	—·—·—	b	分界线、结构围框线、分组围框线
	中点画线	—·—·—	$b/2$	功能围框线
	细点画线	—·—·—	$b/3$	轴线、对称中心线、设备图框线、轨迹线
双点画线	粗双点画线	—··—··—	b	辅助围框线、管线
	中双点画线	—··—··—	$b/2$	扩建预留范围轮廓线
	细双点画线	—··—··—	$b/3$	假想轮廓线、中断线极限位置轮廓线
双折线		—\/—	$b/3$	断开界线、构件折断处范围较大的边界线
波浪线		～～～	$b/3$	断开界线

2. 箭头和指引线

箭头分开口的和实心的两种。信号线和连接线上的箭头是开口的，如图 7-5（a）所示；指引线上的箭头是实心的，如图 7-5（b）所示。

指引线应以细实线绘制，宜采用与水平方向成 30°、45°、60°和 90°的直线或再折为水平线指向被注释处，并在其终端加注黑点、箭头、短斜线标记。指引线终端在轮廓线上，用一个箭头标记，见图 7-5（b）。指引线终端在轮廓线内，用一个黑点标记，见图 7-5（c）。指引线终端在尺寸线上时，不应绘出箭头或黑点，见图 7-5（d）。指引线终端在电路线上，用短斜线标记，见图 7-5（e）。

索引详图或编号的指引线宜对准圆心，见图 7-5（f）。文字说明应标注在水平

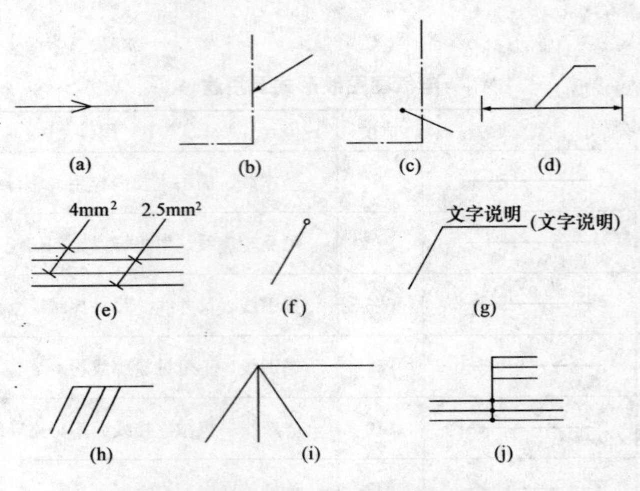

图 7-5　箭头、指引线及指引线终端画法

(a) 开口箭头；(b) 指引线终端指向物体轮廓线上的实心箭头；(c) 指引线终端指向物体轮廓线内；(d) 指引线终端指在尺寸线上；(e) 指引线终端指在电路线上；(f) 直接指引线；(g) 直线折为水平指引线；(h) 平行指引线；(i) 放射指引线；(j) 公共引线

折线的上方或端部，见图 7-5（g）。同时引出几个相同部分的指引线，宜采用平行线表示，见图 7-5（h），也可采用集中于一点的放射线表示，见图 7-5（i）。多层构造或多层管线可采用公共指引线并通过被引出的各层。标写文字说明或编号时应自上而下，并与被说明的层次互相一致，见图 7-5（j）。

（三）绘制电气简图的通用规则

1. 绘制电气简图的布局要求

电气简图的绘制应做到布局合理、排列均匀、图面清晰、便于看图。为此，在布局时应注意以下几点：

(1) 表示导线、信号通路、连接线等的图线应采用直线，且交叉和折弯要最少。

(2) 电气简图可以水平布置，或者垂直布置，有时为了把相应的元件连接成对称的布局，也可采用斜交叉线，如图 7-6 所示。

(3) 电路或元件应按功能布置，并尽可能按其工作顺序排列。

(4) 对因果次序清楚的电气简图，尤其是电路图和逻辑图，其布局顺序是从左到右和从上到下。

(5) 在闭合电路中，正（前）向通路上的信号流方向应该从左到右或从上到下，反馈通路的方向则是从右到左或从下到上，如图 7-7 所示。应在信息线上画开

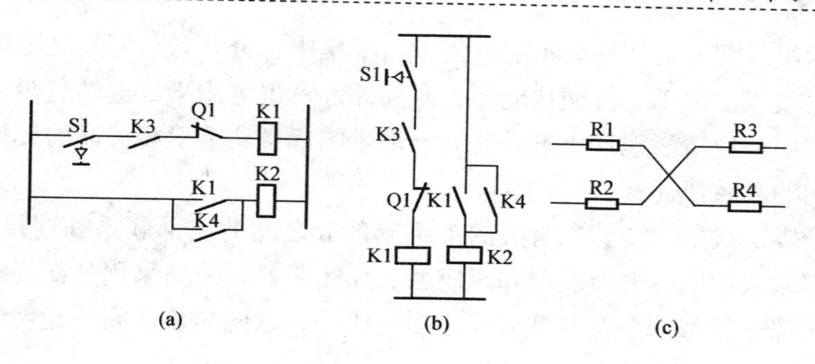

图 7-6　电气简图布局

(a) 水平布置；(b) 垂直布置；(c) 斜交叉线

口箭头以表明流向，开口箭头不得与其他任何符号（如限定符号）相邻近。

(6) 图的引入线或引出线，最好画在图纸边框附近。

(7) 在同一张电气图样中只能选用一种图形形式，图形符号的大小和线条的粗细亦应基本一致。

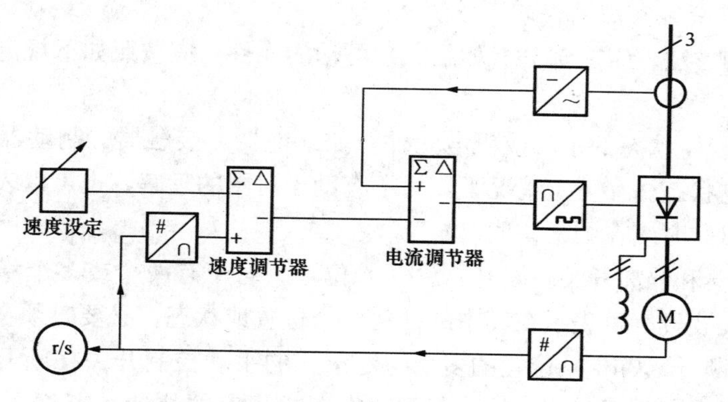

图 7-7　信号流方向的表示

2. 元件表示方法

(1) 电气简图中元件和连接线的表示方法。电气简图中元件和连接线的表示方法有多种。元件中功能相关的各部分可采用集中表示法、半集中表示法、分开表示法或重复表示法。元件中功能无关的各部分（元件的各部分可能有公共的电压供电连接点）可采用组合表示法、分立表示法。电路可采用多线表示法、单线表示法。

(2) 元件表示方法要求。以上元件表示法，其中任何一种或其全部均可在同一图中使用。当电路较简单时，使用集中表示法或组合表示法即可满足要求；当电路比较复杂时，可采用其他表示方法。重复表示法、组合表示法和分立表示法对集成电路特别适用。元件功能上独立的组成部分的两种表示法（组合或分立），可以和

功能有关的组成部分的几种表示法（集中、半集中、分开和重复）之一结合使用。

半集中表示法常用于机械功能相关联的元件，也可用于二进制逻辑元件。在半集中表示法中，应清晰地示出不易受到外部影响，且功能上相关联的元件内部各组成部分之间的联系或连接。

在分开表示法中，功能上有关的各组成部分之间的内部联系和连接是隐含的，只有当内部联系如同继电器线圈和相应触点那样明显时才应采用分开表示法。表示元件各组成部分的每一个符号都应标注项目代号，以便与表示同一元件的其他所有符号相关联。

在重复表示法中，元件中每个具有独立功能的组成部分在几处用集中表示法示出，而每一处只部分连接。图中多次出现的同一端子都应标注端子代号，但连接只需在一处示出。如果能表达清楚，连接线或其他连接标记也可以全部示出。如果需要标识重复的信息，可把重复的端子代号加括号，或使用特殊的识别符，在图中加以说明。

3. 组成部分可动的元件表示方法

（1）绘制方法。组成部分（如触点）可动的元件，应按照如下规定位置或状态绘制：

1）单一稳定状态的手动或机电元件，如继电器、接触器、制动器和离合器在非激励或断电状态。在特定情况下，为了有助于对图的理解，也可以表示在激励或通电状态，但此时应在图中说明。

2）断路器和隔离开关在断开（OFF）位置。对于有两个或多个稳定位置或状态的其他开关装置，可表示在其中的任何一个位置或状态。必要时须在图中说明。

3）标有断开（OFF）位置的多个稳定位置的手动控制开关在断开（OFF）位置。未标有断开（OFF）位置的控制开关在图中规定的位置。应急、备用、告警、测试等用途的手动控制开关，应表示在设备正常工作时所处的位置，或其他规定的位置。

4）由凸轮、变量（如位置、高度、速度、压力、温度等）控制的引导开关在图中规定的位置。

（2）功能说明：

1）对于功能复杂的手动控制开关，如需要理解功能，应在图中增加表图，如图 7-8 所示。

2）对于引导开关，应在其符号附近增加功能说明。该说明可以包含表图，驱动装置的符号，注释、代号或表格，如图 7-9 和图 7-10 所示。

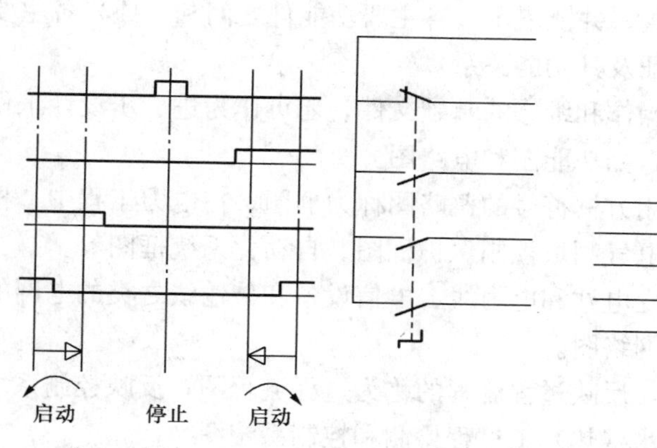

图 7-8　描述手动控制开关功能的表图示例

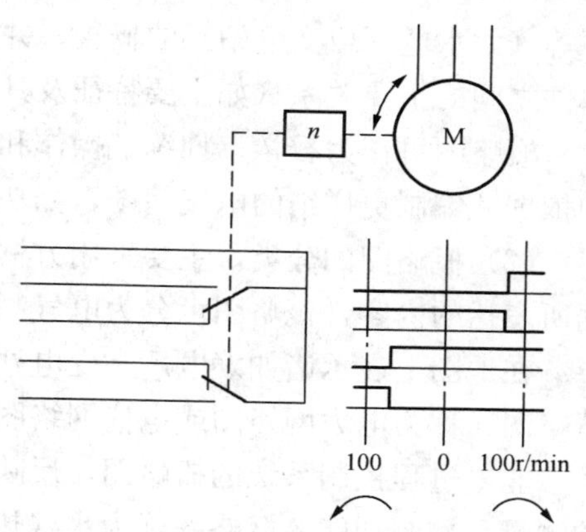

图 7-9　描述速度监测用引导开关功能的表图示例

4. 触点符号表示方法

（1）用触点符号表示半导体开关的方法。用动合触点符号［见图 7-11（a）］，或动断触点符号［见图 7-11（b）］，所表示的半导体开关应按其初始状态，即辅助电源闭合的时刻绘制。

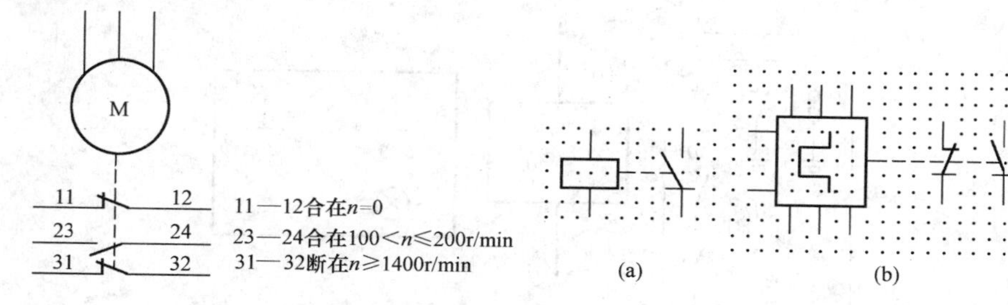

图 7-10　描述速度监测用引导开关功能的说明示例

图 7-11　用触点符号表示半导体开关的方法

（a）动合触点符号；（b）动断触点符号

（2）触点符号的取向。为了与设定的动作方向一致，触点符号的取向应该是：当元件受激时，水平连接的触点动作向上，垂直连接的触点动作向右。当元件的完整符号中含有机械锁锭、阻塞装置、延迟装置等符号时，这一点尤为重要。在触点排列复杂而无机械锁锭装置的电路中，当采用分开表示法时，为了使图面布局清晰和减少连接线交叉，可以改变触点符号的取向。

（四）概略图的绘制

1. 概略图的作用与分类

（1）概略图的作用。概略图用于概略表示系统、分系统、成套装置、设备、软件等（如水电厂或变电站）的概貌，并能表示出各主要功能件之间和（或）各主要部件之间的主要关系（如主要特征及其功能关系）。

概略图可作为教学、训练、操作和维修的基础文件，还可作为进一步设计工作的依据，编制更详细的电气简图，如功能图和电路图。

（2）概略图的分类。主要采用方框符号的概略图称为框图。在电力工程中，根据所表达的内容，概略图可分为电气测量控制保护框图、自动化系统框图等。

在地图上表示诸如发电厂、变电站和电力线、电信设备和传输线之类的电网的概略图，称为电力网络图或电信网络图。

非电过程控制系统的概略图，反映过程流程的称为过程流程图，反映控制系统的测量和控制功能的概略图称为水（热）工过程检测和控制系统图。

2. 概略图的绘制方法

（1）绘制概略图应遵守的规定：

1）概略图可在不同层次上绘制，较高的层次描述总系统，而较低的层次描述系统中的分系统。

2）概略图应采用图形符号或者带注释的框绘制。框内的注释可以采用符号、文字或同时采用符号与文字，如图 7-12 所示。

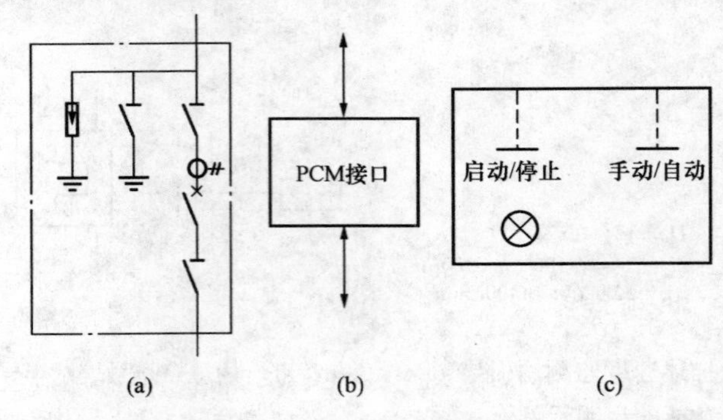

图 7-12　概略图框内的注释

（a）采用符号；（b）采用文字；（c）同时采用符号和文字

3）概略图中的连线或导线的连接点可用小圆点表示，也可不用小圆点表示。但同一工程中，宜采用其中一种表示形式。

4）图形符号的比例应按模数 M 确定。符号的基本形状以及应用时相关的比例应保持一致。

5）概略图中的图形符号应按所有回路均不带电、设备在断开状态下绘制。

6）概略图中表示系统或分系统基本组成的符号和带注释的框均应标注项目代

号，如图 7-13（a）所示。项目代号应标注在符号附近，当电路水平布置时，项目代号宜注在符号的上方，如图 7-13（b）所示；当电路垂直布置时，项目代号宜注在符号的左方，如图 7-13（c）所示。在任何情况下，项目代号都应水平排列。

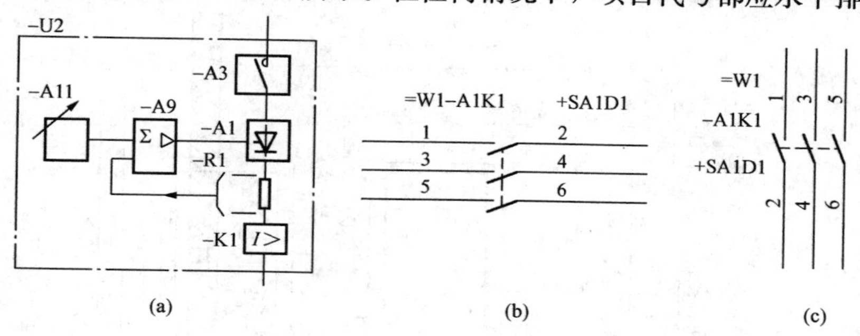

图 7-13　概略图中项目代号标注示例

（a）标注项目代号；（b）电路水平布置；（c）电路垂直布置

7）概略图上可根据需要加注各种形式的注释和说明。例如，在连线上可标注信号名称、电平、频率、波形、去向等，也允许将上述内容集中表示在图的其他空白处。概略图中设备的技术数据宜标注在图形符号的项目代号下方。

8）概略图宜采用功能布局法布图，必要时也可按位置布局法布图。布局应清晰，并利于识别过程和信息的流向，如图 7-14 所示。

（五）功能表图的绘制

1. 功能表图的组成及规定

（1）功能表图的作用。功能表图是用规定的图形符号和文字叙述相结合的表达方法，全面、详细描述控制系统（电气控制系统或非电控制系统，如气动、液压和机械的）子系统或系统的某些部分（装置和设备）等的控制过程、应用功能和特性，但不包括功能的实现方式的电气图。功能表图可供进一步设计和不同专业人员之间的技术交流使用。

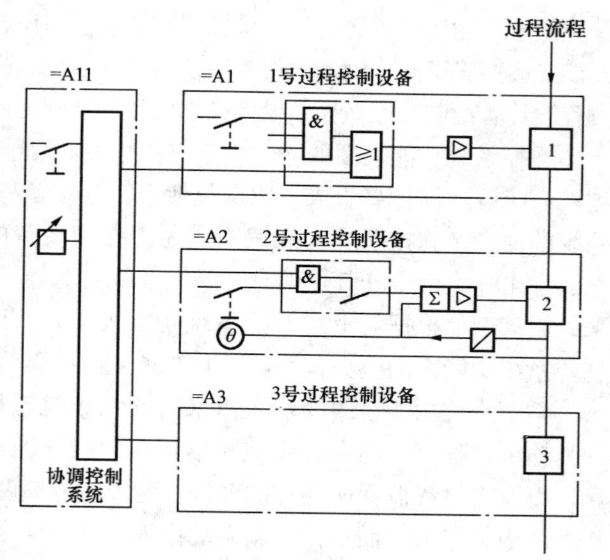

图 7-14　控制信号流向与过程流向垂直绘制的布局示意图

（2）功能表图的分类及组成。由于通常一个控制系统可以分为两个相互依赖的部分，即被控系统（包括执行实际过程的操作设备）和施控系统（接收来自操作者、过程等的信息并给被控系统发出命令的设备），因而功能表图分为被控系统功能表图、施控系统功能表图及整个控制系统功能表图三类，如图 7-15 所示。

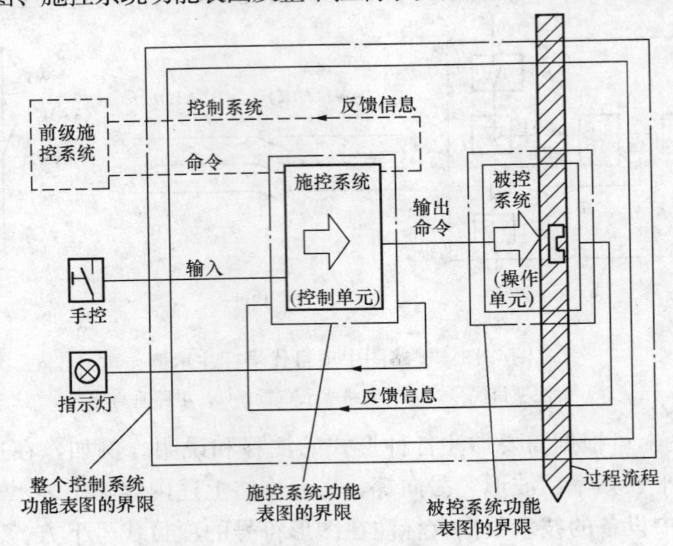

图 7-15　功能表图的分类及组成

被控系统功能表图的输入由施控系统的输出命令和输入过程流程的（变化的）参数组成，输出包括送至施控系统的反馈信息和在过程流程中执行的动作。被控系统功能表图描述了操作设备的功能，说明它接收什么命令、产生什么信息和动作。它由过程设计者绘制，用做操作设备详细设计的基础，还可用于绘制施控系统功能表图。

施控系统功能表图的输入由来自操作者和可能存在的前级施控系统的命令加上被控系统的反馈信息组成，输出包括送往操作者和前级施控系统的信息及送至被控系统的命令。施控系统功能表图描述了控制设备的功能，说明它可以得到什么信息、发出什么命令和其他信息。施控系统功能表图可由设计者根据其对过程的了解来绘制（例如根据对上述被控系统功能表图），并用做详细设计控制设备的基础。施控系统功能表图最为常用，尤其对独立系统更为有用。

整个系统功能表图的输入由来自前级施控系统和操作者的命令，以及（变化的）输入过程流程的参数组成；输出则包括送至前级施控系统及操作者的检测信息，以及由过程流程所执行的动作。这个功能表图不给出被控和施控系统之间相互作用的内部细节，而是把控制系统作为一个整体来描述。

（3）功能表图的规定。在功能表图中，将一个过程循环分解成若干个清晰的、连续的阶段，称为“步”。步和步之间由“转换”分隔。当两步之间的转换条件得到满足时，转换得以实现，即上一步的活动结束，而下一步的活动开始，因此不会出现步的重叠。一个步可以是动作的开始、持续或结束。一个过程循环分的步越多，描述得就越精细。由以上规定可以看出：两个步决不能直接相连，必须用一个转换隔开；两个转换也不能直接相连，必须用一个步隔开。步之间的进展采用有向连线表示，它还可以将步连接到转换并将转换连接到步。步、转换、有向连线的符号如表 7-5 所示。

表 7-5　　功能表图符号

符　号	说　明
01	初始步 01（矩形的长宽比是任意的）
02	步 02
	与步相连的公共命令或动作，一般符号
	有向连线，从上往下进展 有向连线，从下向上进展（应加箭头） 有向连线，从左往右进展 有向连线，从右往左进展（应加箭头）
13　29 △—$a \cdot X_{29}$　△—$a \cdot X_{13}$ 14　30	同步转换，“△”用来表示位于不同表图中的必须同时实现的转换
连线1 a(d+c) 连线2	带有有向连线及有关转换条件的转换符号。转换符号是一根短画线，用布尔表达式说明的相关的转换条件（转换条件还可采用文字语句或图形符号表示）

续表

符　号	说　明
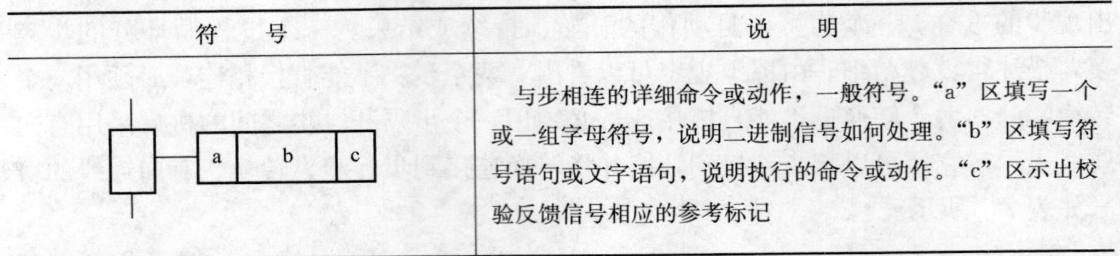	与步相连的详细命令或动作，一般符号。“a”区填写一个或一组字母符号，说明二进制信号如何处理。“b”区填写符号语句或文字语句，说明执行的命令或动作。“c”区示出校验反馈信号相应的参考标记

2. 控制系统功能表图的绘制方法

(1) 被控和施控系统的划分。

图 7-16 所示为两个控制系统实例，其中图 7-16（a）所示为机床加工，过程指从材料到加工出零件的切削，被控系统为机床，施控系统为数控装置。图 7-16（b）所示过程是变电和配电，指高压电源进入被控系统，再以合格电压供给用户。被控系统包括变压器，高、低压侧断路器以及用于冷却的辅助设备等。施控系统包括有关的逻辑装置和保护装置。

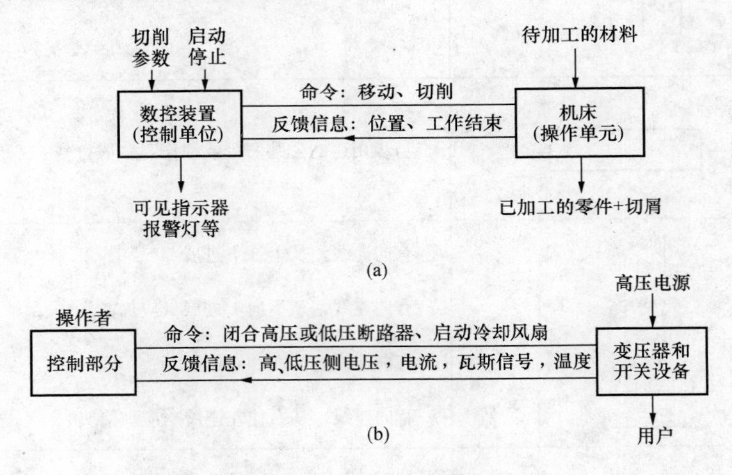

图 7-16　被控和施控系统划分实例

(a) 数控机床；(b) 变配电

(六) 逻辑功能图的绘制

1. 逻辑功能图绘制的基本要求

对实现一定目的的每种组件，或几个组件组成的组合件，可绘制一份逻辑功能图（可以包括几张）。因此，每份逻辑功能图表示每种组件或几个组件组成的组合件所形成的功能件的逻辑功能，而不涉及实现方法。

图的布局应有助于对逻辑功能图的理解，应使信息的基本流向为从左到右或从上到下。在信息流向不明显的地方，可在载信息的线上加一箭头标记。功能上相关的图形符号应组合在一起，并尽量靠近。当一个信号输出给多个单元时，可绘单根直线，通过适当标记以 T 型连接到各个单元。每个逻辑单元一般以最能描述该单元在系统中实际执行的逻辑功能的符号来表示。

2. 逻辑符号的意义和理解

（1）逻辑状态和逻辑电平。二进制逻辑与变量有关，每一个变量可取两种状态中的一个状态，称为逻辑状态。逻辑状态可用诸如“开”或“关”、“是”或“非”、“真”或“假”来描述，更常用的是采用符号“0”或“1”来标识二进制变量的两个逻辑状态。这两个状态称为逻辑“0”状态和逻辑“1”状态。

实现所设计的逻辑功能的硬件一旦选定，就需要确定用来表示逻辑状态的物理量。对于电子器件，通常选用电位作为物理量并规定代表逻辑状态的电位数值。一般不用绝对数字，而只要根据具体情况以正得较多（高—H）或正得较少（低—L）来标识这两个数值，这两个数值称为逻辑电平。所以说，逻辑电平所描述的是假定代表二进制变量的一个逻辑状态的物理量。

（2）逻辑状态与逻辑电平之间的对应关系。当用逻辑符号来代表实际器件时，必须确定逻辑状态和表示这些状态的物理量的值（逻辑电平）之间的对应关系。基本上可有两种方法来确定对应关系：

1）整个图采用单一逻辑约定（正逻辑约定或负逻辑约定）。采用这种方法时，图中所有输入端和输出端上所给定的逻辑状态和逻辑电平之间的对应关系是相同的，均可在需要的地方上使用逻辑非符号。此时，不能同时使用极性指示符号。所用的逻辑约定应在图上或有关文件中注明，如图 7-17 所示。

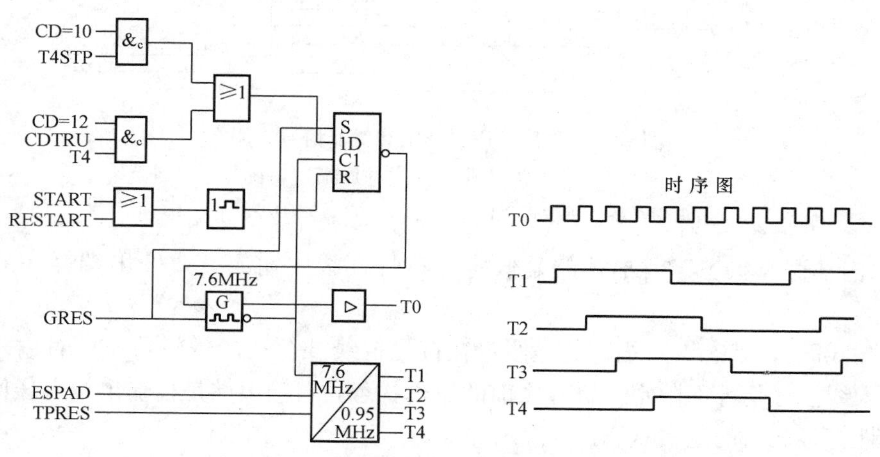

图 7-17　定时脉冲发生器逻辑功能图

2）采用极性指示符号，即用极性指示符号的有或无来表明图上每个逻辑符号的各输入端、输出端上的物理量标称值与其内部逻辑状态之间的关系，如图 7-18 所示。此时，不应使用逻辑非符号。

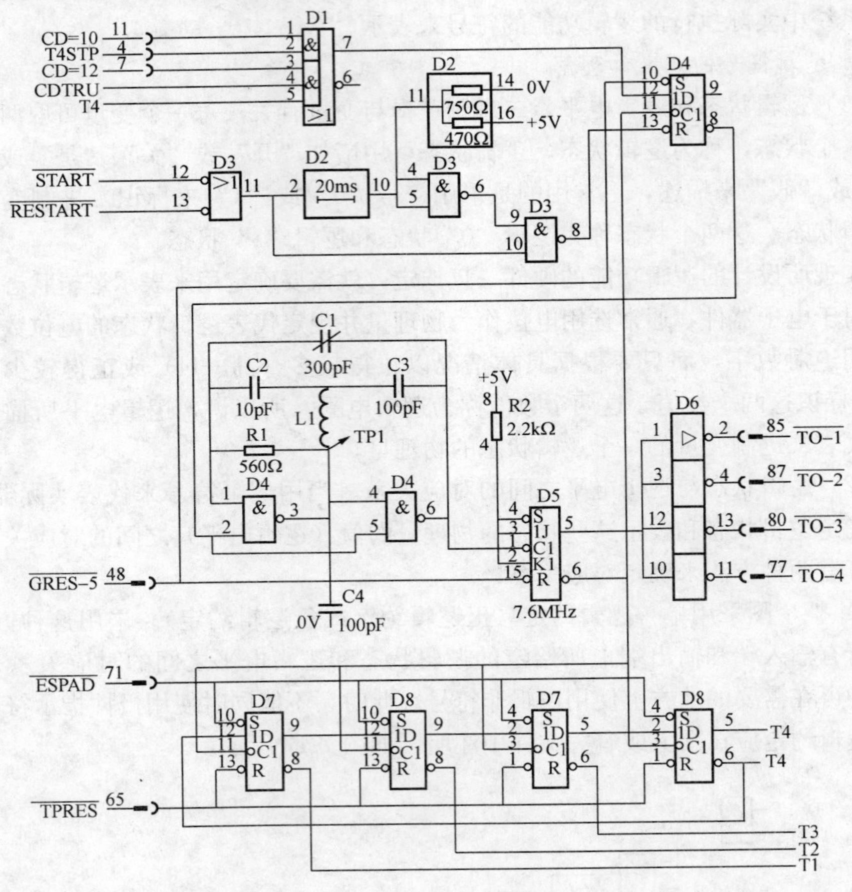

图 7-18　采用正逻辑约定和对非信号采用在信号名上加“非”横线的详细逻辑图

注：正逻辑“1”≥2.4V，“0”≤0.15V。

“内部逻辑状态”所描述的是假定在符号框线内输入端或输出端存在的逻辑状态。

“外部逻辑状态”所描述的是假定在符号框线外存在的逻辑状态；对输入端是指输入线上任何外部限定性符号之前的逻辑状态，对输出端是指输出线上任何外部限定性符号之后的逻辑状态。

（3）正逻辑约定与负逻辑约定。采用正逻辑约定，则“真”总是与逻辑“H，

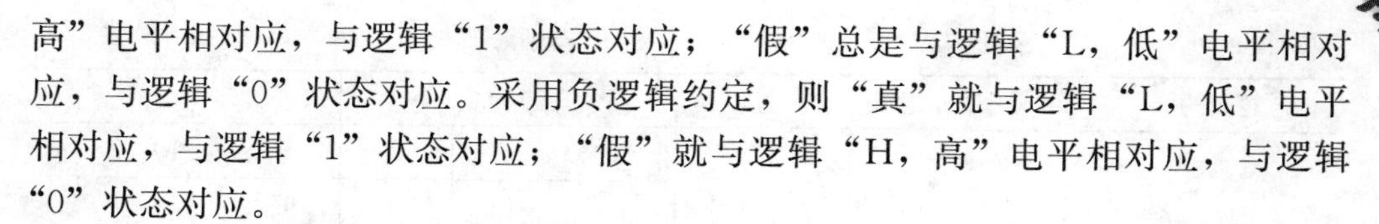

高”电平相对应，与逻辑“1”状态对应；“假”总是与逻辑“L，低”电平相对应，与逻辑“0”状态对应。采用负逻辑约定，则“真”就与逻辑“L，低”电平相对应，与逻辑“1”状态对应；“假”就与逻辑“H，高”电平相对应，与逻辑“0”状态对应。

（4）用极性指示符号表示。这种方法规定，当输入端或输出端上有极性指示符号时，表示物理量的L电平与该处的内部逻辑“1”状态相对应；当输入端或输出端上没有极性指示符号时，表示H电平与该处的内部逻辑“1”状态相对应。可见，这两种情况是分别与负逻辑（有极性指示符号）和正逻辑（没有极性指示符号）相对应的。

（5）逻辑符号的理解。表7-6说明了如何去理解代表硬件的各种符号，这些符号分别采用正逻辑约定、负逻辑约定和极性指示符号。

表7-6　　逻辑符号理解示例

逻辑约定	逻辑符号	逻辑状态			逻辑电平		
		a	b	c	a	b	c
正逻辑（0→1）	与功能（a、b → & → c）	0	0	0	L	L	L
		0	1	0	L	H	L
		1	0	0	H	L	L
		1	1	1	H	H	H
正逻辑	与非功能（a、b → c）	0	0	1	L	L	H
		0	1	1	L	H	H
		1	0	1	H	L	H
		1	1	0	H	H	L
负逻辑（0→1）	与功能（a、b → & → c）	0	0	0	H	H	H
		0	1	0	H	L	H
		1	0	0	L	H	H
		1	1	1	L	L	L
负逻辑	或功能（a、b → ≥1 → c）	0	0	0	H	H	L
		0	1	1	H	L	L
		1	0	1	L	H	L
		1	1	1	L	L	L
		X	Y	Z	a	b	c
采用极性指示符号	与，输入低电平起作用（a → X，b → Y，& ，Z → c）	0	0	0	H	H	L
		0	1	0	H	L	L
		1	0	0	L	H	L
		1	1	1	L	L	H

续表

逻辑约定	逻辑符号	逻辑状态			逻辑电平		
		X	Y	Z	a	b	c
采用极性指示符号	与，输出低电平起作用 a—X & Z—c b—Y	0	0	0	L	L	H
		0	1	0	L	H	H
		1	0	0	H	L	H
		1	1	1	H	H	L
		X	Y		a	b	
采用极性指示符号	反相器，输出低电平起作用 a—X Y—b	0	0		L	H	
		1	1		H	L	
采用极性指示符号	反相器，输入低电平起作用 a—X Y—b	0	0		H	L	
		1	1		L	H	

3．定时脉冲发生器逻辑功能图绘制方法

图 7-17～图 7-19 所示为同一设备三种不同类型的逻辑图，为便于比较，在每张图上都画出了一个设备的同一部（定时脉冲发生器）。

在图 7-17 中，二进制逻辑单元的符号用来表示启动和停止振荡器的条件。此图例中不涉及具体的物理实现问题。具体实现时的每个信号的实际逻辑电平（逻辑状态）可以与图示不同。图 7-17 中分频器（变频器）采用了方框符号。

图 7-18 为采用正逻辑约定的逻辑图示例。图中的“注”所规定的约定确定了逻辑电平与逻辑状态之间的关系，因此逻辑功能和物理功能都在图上表示出来了。除二进制逻辑单元的电源外，每个细节也都在图上表示了出来。

图 7-19 所示为另一种采用极性指示符号的逻辑图示例，实际逻辑电平在图上的“注”中予以了说明。

4．继电保护逻辑功能图绘制方法

继电保护逻辑图是一种继电器逻辑系统，应由继电器和逻辑单元表示出工艺系统的基本功能、各组成部分之间的逻辑关系及其工作原理。

图 7-20 所示为发电机—变压器组继电保护逻辑系统图。图中各逻辑单元图形符号应优选输入线在左侧、输出线在右侧的方位。为保持图面清晰、简单，也可采用输入线在上部、输出线在下部的方位。

绘制继电器逻辑图时，可将系统按逻辑功能划分成若干个功能件，每一个功能

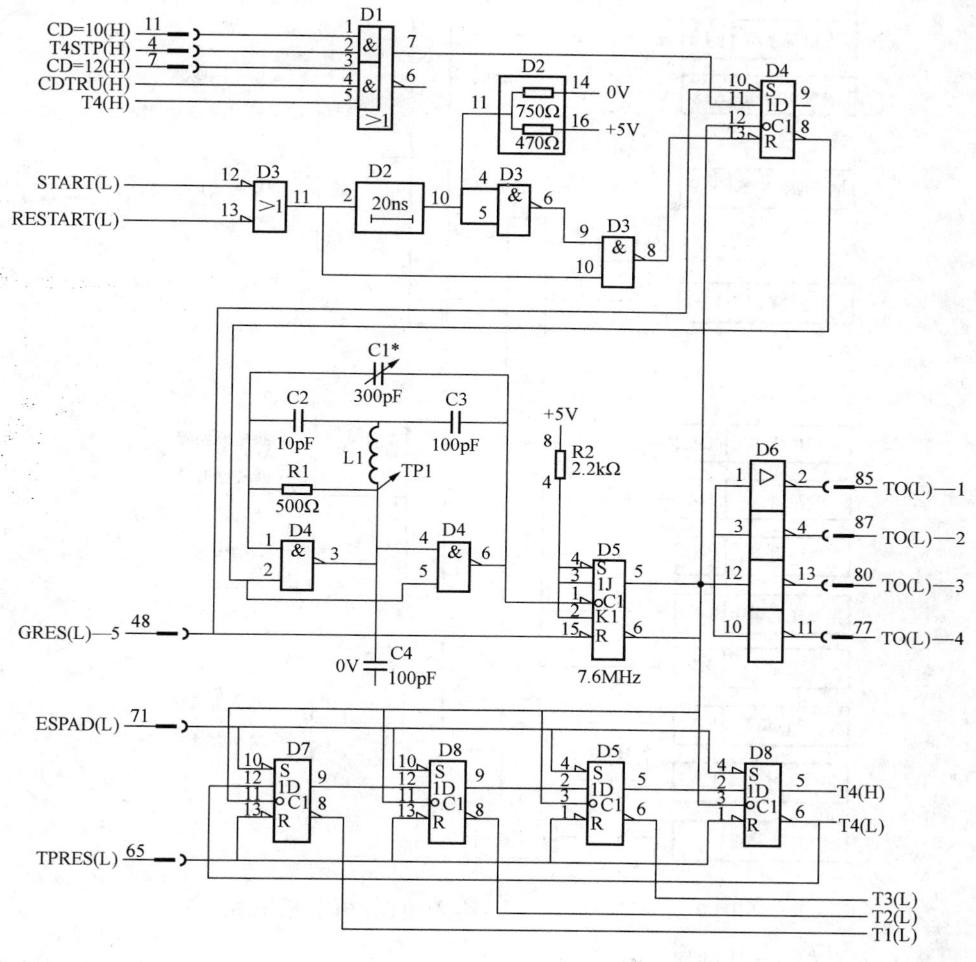

图 7-19　采用极性指示符号的详细逻辑图

注：调到 15.20MHz，在测试点 TP1 测量，“H” ≥2.4V，“L” ≤0.15V。

件可绘制一份逻辑图，各个功能件逻辑图集合组成整个系统的逻辑图。当用控制继电器或其他元件，或者由这些器件组成逻辑系统时，可在紧靠逻辑系统的连线上标注产生所需动作的逻辑变量。

（七）电路图的绘制

1. 电路图的作用和分类

（1）电路图的作用。电路图用于详细表示电路、设备或成套装置的基本组成部分和连接关系。电路图的作用是：

1）帮助详细理解电路、设备或成套装置及其组成部分的工作原理。

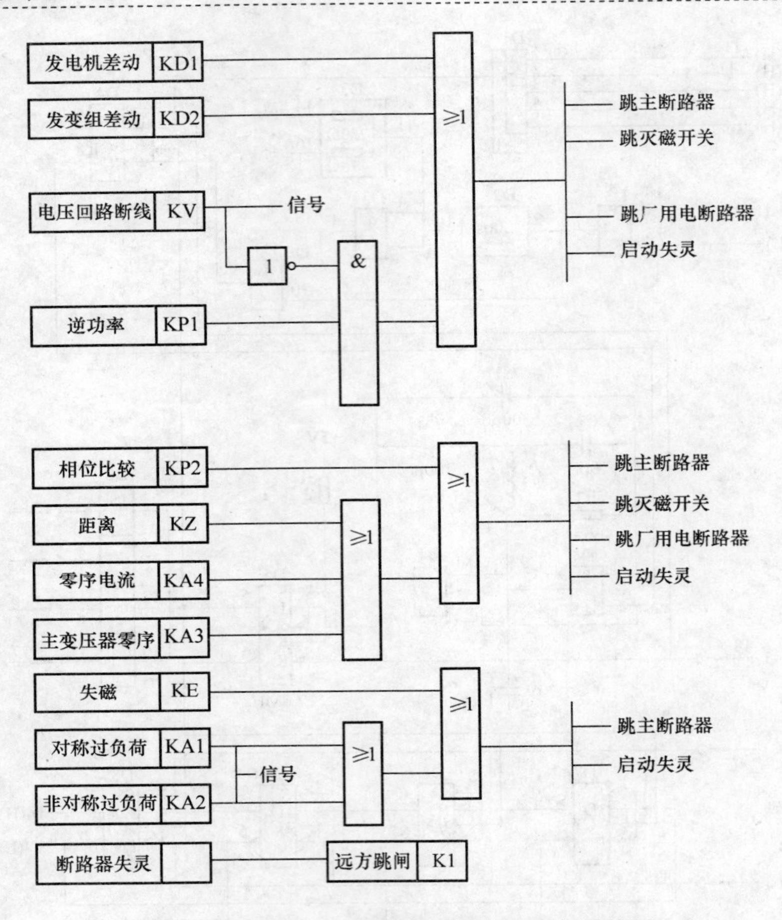

图 7-20　发电机—变压器组继电保护逻辑系统图

2）为测试和寻找故障提供信息。

3）作为编制接线图的依据。

4）安装和维修。

（2）电路图的分类。按电路图所描述的对象和表示的工作原理，可分为：

1）反映二次设备、装置和系统（如继电保护、电气测量、信号、自动控制等）工作原理的图，通常称为二次接线图。

2）对电动机及其他用电设备的供电和运行方式进行控制的电气原理图，通常称为电气控制接线图。这类图实质上也是二次接线图，但又不限于一般的二次接线，往往还将被控制设备的供电一次接线画在一起。因此可以说，控制接线图是一次、二次合二为一的综合性电气简图。

3）反映由电子器件组成的设备或装置工作原理的电子电路图。电子电路图又

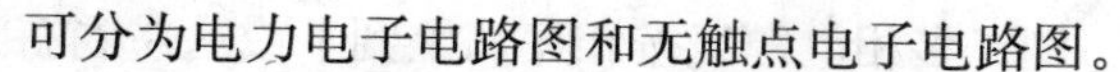

可分为电力电子电路图和无触点电子电路图。

4）指导照明，动力工程施工、维护和管理的建筑电气照明动力工程图，也是电路图的一种，可归类为布置图。

5）表示出某功能单元所有外接端子和内部功能的电路图，称为端子功能图。端子功能图可以提高清晰度、节省地方和缩小图纸幅面。

6）表示电信交换和电信布置的电路图。

2. 电路图的内容和规定

（1）电路图的内容。电路图应表示出各系统、分系统、成套装置或设备的组成及实现其功能的细节，但可不考虑其外形、大小及位置。电路图宜包括下列内容：

1）表示电路元件或功能部件的图形符号。

2）符号之间的连接关系。

3）项目代号。

4）端子标记和特定导线标记。

5）用于逻辑信号的电平约定。

6）为追踪路径或电路的信息（信号代号和位置检索标记等）。

7）为理解功能部件的辅助信息。

控制系统电路图还宜给出相应的一次回路。一次回路可采用单线表示法。在某些情况下，如表示测量互感器的连接关系时，也可采用多线表示法。

电路图中二次回路宜用细实线表示，一次回路可用粗实线表示。

（2）绘制电路图应遵守的规定：

1）电路图中的符号和电路宜按功能关系布局。

2）信号流的主要方向应从左到右或从上到下。不能明确表示某个信号流动方向时，可在连接线上加箭头表示。

3）电路图中回路的连接点可用小圆点表示，也可不用小圆点表示。但在同一张图样中宜采用一种表示形式。

4）图中由多个元器件组成的功能单元或功能组件，必要时可用点画线框出。

5）图中不属于该图共用高层代号范围内的设备，可用点画线或双点画线框出，并加以说明。

6）图中设备的未使用部分，可绘出或注明。

3. 电路图绘制方法

（1）电源的表示方法：

1）用线条表示电源，同时在电源线上用符号标明电源线的性质（+、−、M、L1、L2、L3、N），如图 7-21 中（a）、（b）、（c）所示。电源线可绘制在电路的上、下方或左、右两侧，也可绘在电路的一侧。多相电源线按相序从上到下或从左到右排列，中性线排在最下方或最右方。直流电源线宜按正负极次序从上到下或从左到右排列；若有中间线，中间线宜绘在正负极之间。连接到方框符号的电源线，以及功能单元或结构单元内部的电源线均应在与信号流向垂直方向上绘制，见图 7-21 (d)、(e)。

2）用电源符号和电源电压值表示电源，见图 7-21（f）。

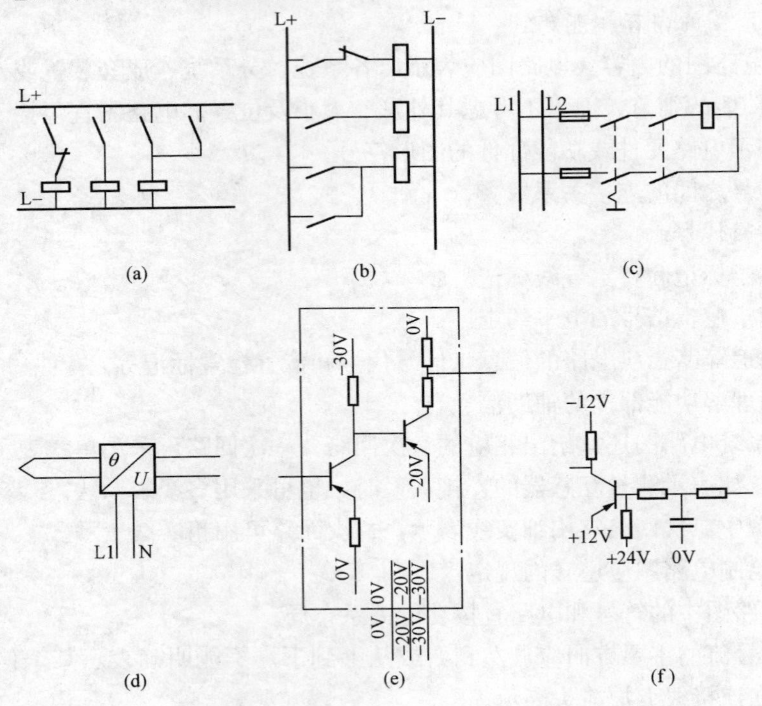

图 7-21　电源的各种表示方法示例

(a) 电源线绘制在电路的上、下方；(b) 电源线绘制在电路的左、右侧；(c) 电源线绘制在电路的一侧；(d) 连接到方框的电源线绘制；(e) 功能单元或结构单元内部的电源线绘制；(f) 用电源符号与电源电压值表示电源

(2) 相似项目的表示方法：电路图中相似项目的排列，当垂直绘制时，类似元件宜水平对齐，见图 7-21（a）；水平绘制时，类似元件宜垂直对齐，见图 7-21 (b)。

电路图中的相似元件或电路可采用下列简化画法：

1）两个及两个以上分支电路，可表示成一个分支电路加复接符号，如图 7-22 所示。

2）两个及两个以上完全相同的电路，可只详细表示一个电路，其他电路用围框加说明表示，如图 7-23 所示。当电路的图形符号相同，但技术参数不同时，可另列表说明其不同内容。

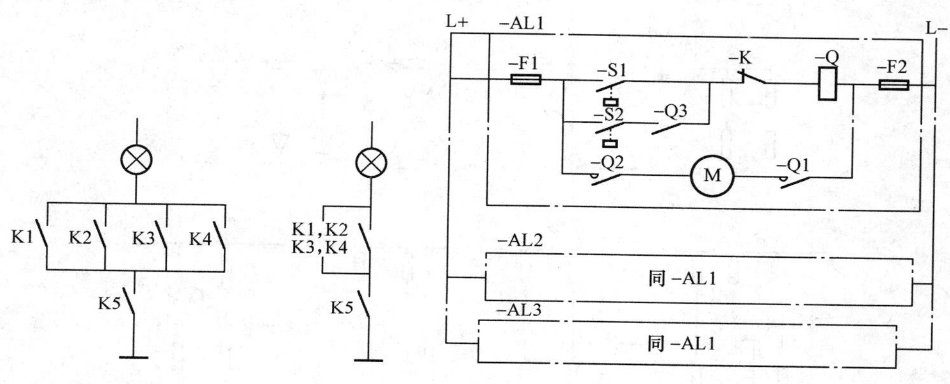

图 7-22　相似分支简化法

图 7-23　相同电路简化法

（3）基础电路模式：某些常用基础电路的布局若按统一形式出现在电路图上就容易识别，如图 7-24 所示。在基础电路中可增加其他元件、器件，但不应改变基础电路的布局和不影响其易读性。

（4）触点表示法：继电器和接触器的触点符号的动作方向取向应一致。当触点具有保持、闭锁和延迟等功能时更是这样。但是，在用分开表示法表示的触点排列虽复杂而没有保持等功能的电路中，使电路不交叉比使触点符号取向一致更为重要。

对非电或非人工操作的触点，必须在其触点符号附近表明运行方式。为此，可采用下列方法：

1）注释、标记和表格，有时宜采用简要说明。

2）图形。

3）操作器件的符号。

（5）元件、器件和设备及其工作状态表示法：

1）元件、器件和设备采用图形符号表示，需要时还可采用简化外形来表示，同时绘出其所有连接。符号旁应标注项目代号，需要时还可标注主要参数。参数也可列表表示，表格内一般包括项目代号、名称、型号、规格和数量等内容。

2）元件、器件和设备的可动部分应表示在非激励或不工作的状态或位置。单稳态的机电或手动操作器件，如继电器、接触器和制动器等，宜在非激励或不操作状态。在特殊情况下，如对理解其功能作用有利时，也可按激励或操作状态表示，

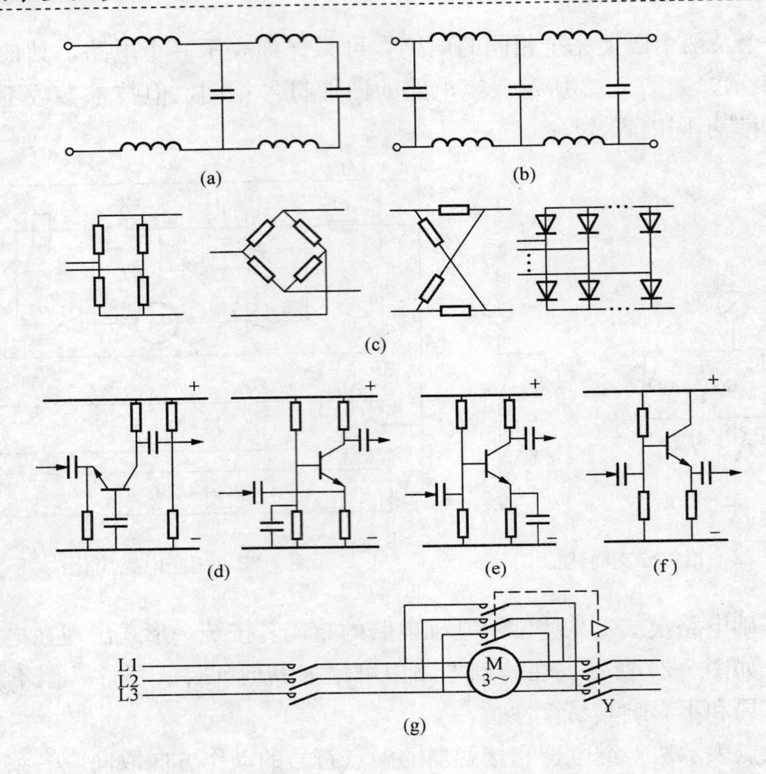

图 7-24 基础电路模式

(a) 无源二端网络；(b) 无源四端网络；(c) 桥式电路的 4 种表达形式；(d) 阻容耦合放大级，共基极两种布局；(e) 阻容耦合放大级，共发射极；(f) 阻容耦合放大级，共集电极（射极跟随器）；(g) 星形—三角形启动电路

但应在图中说明。断路器或隔离开关应在断开位置。具有“断开”位置（零位）的多稳态手动操作控制开关应在“断开”位置（零位）。无“断开”位置的控制开关所在位置应在图中规定的位置或在图中说明。多重表示开闭器件的各组成部分必须表示在相互一致的位置上等。

（6）电路图中的元件和组件表示方法：

1）对组件内功能相关的部件的表示方法有两种：①简单情况可采用连接表示法，见图 7-25（a)、(d)；②为使图形符号和连接线布局清晰，较复杂电路可采用半连接表示法或不连接表示法，见图 7-25（b)、(c)。

2）对组件内功能无关的部件表示方法有两种：①简单情况可采用组合表示法，见图 7-25（d)；②为使图形符号和连接线布局清晰，较复杂电路可采用分散表示法，见图 7-25（a）～（c)。

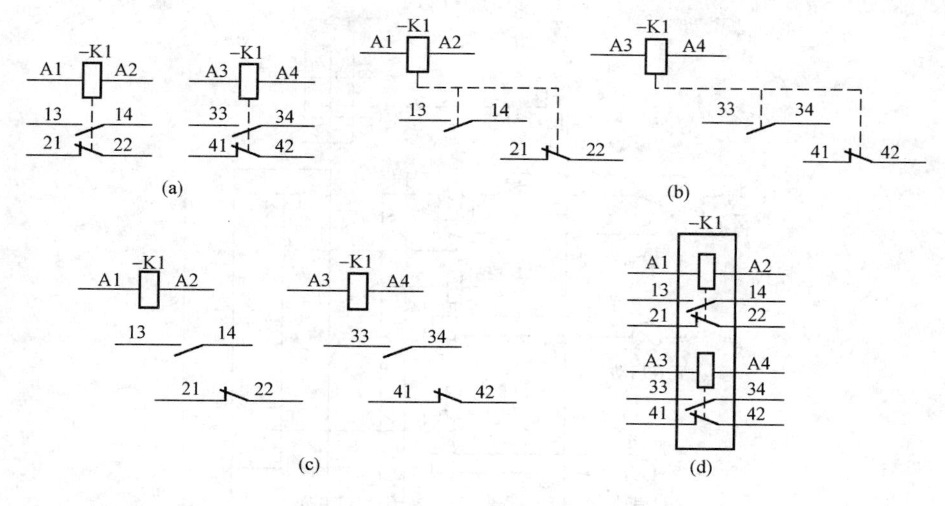

图 7-25　组件的各个部件表示法示例

(a) 分散连接表示法；(b) 分散半连接表示法；(c) 分散不连接表示法；(d) 组合连接表示法

(7) 图上位置的表示方法：图上位置的表示方法有三种，即图幅分区法、电路编号法和表格法。

电路编号法就是用数字编号来表示电路或分支电路的位置。数字编号时应按从左到右或从上到下的顺序排列，如图 7-26 所示。

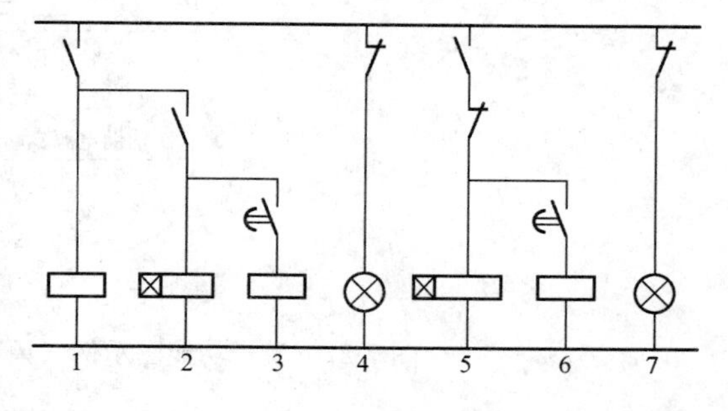

图 7-26　电路编号法示例

表格法就是在图的边缘部分绘制一个以项目代号分类的表格，表格中的项目代号和图中相应的图形符号在垂直或水平方向对齐，图形符号旁仍需标注项目代号。

4. 端子功能图

电路图中的功能单元或结构单元可用方框符号或端子功能图代替，并应在方框符号或端子功能图上加注标记。

端子功能图应表示出该功能单元的所有外部接线端子和内部功能。内部功能可用简化电路图、功能图、功能及程序表图或文字说明等表达，如图 7-27 所示。

(八) 接线图和接线表的绘制

1. 接线图和接线表的作用及表示方法

(1) 接线图和接线表的作用。接线图和接线表主要用于安装接线、线路检查、

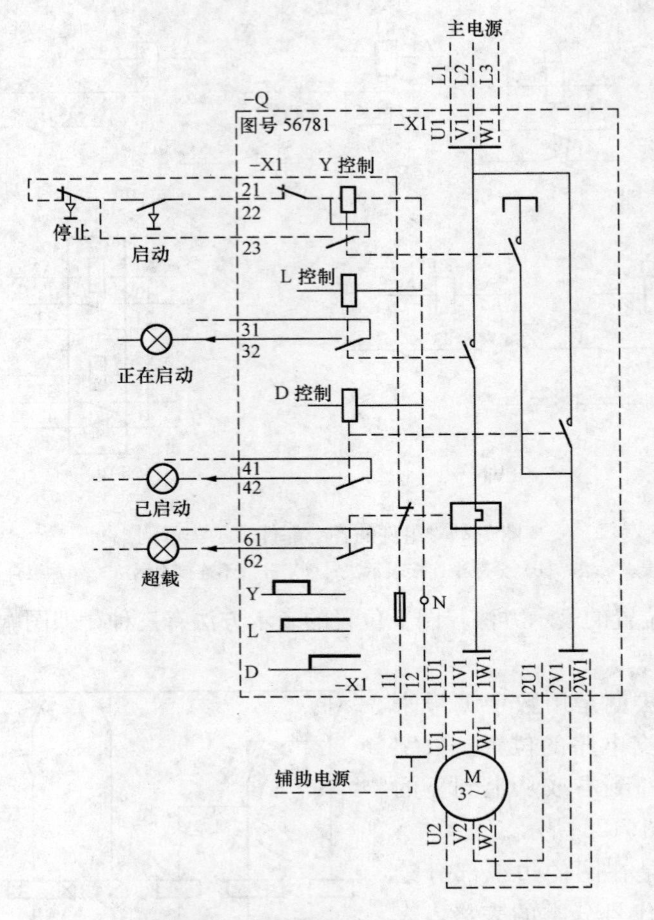

图 7-27　端子功能图示例（星形—三角形启动器）

线路维修和故障处理。在实际应用中，接线图通常需要与电路图和位置图一起使用。

接线图和接线表一般可表示出项目的相对位置、项目代号、端子号、导线号、导线类型、导线截面面积、屏蔽和导线绞合等内容。接线图和接线表可单独使用，也可组合使用。

（2）接线图和接线表的分类。接线图和接线表根据所表达内容的特点，可分为单元接线图（表）、互连接线图（表）、端子接线图（表）、电缆连线图（表）和热工仪表导管电缆连接图等。

（3）接线图和接线表的表示方法：

1）项目的表示方法。接线图中的各个项目（如元件、器件、部件、组件、成套设备等）宜采用简化外形（如正方形、矩形或圆）表示，必要时也可用图形符号表示。符号旁要标注项目代号，并应与电路图中的标注一致。项目的有关机械特征仅在需要时才画出。

2）端子的表示方法。设备的引出端子应表示清晰。端子一般用图形符号和端子代号表示。当用简化外形表示端子所在的项目时，可不画端子符号，仅用端子代号表示。如需区分允许拆卸和不允许拆卸的连接时，必须在图中或表中予以注明。

3）导线的表示方法。导线在单元接线图和互连接线图中的表示方法有两种：①连续线，表示两端子之间导线的线条是连续的，如图 7-28（a）所示；②中断线，表示两端子之间导线的线条是中断的，在中断处必须标明导线的去向，如图 7-28（b）所示。接线图中的导线一般应予以标记，必要时也可用色标作为其补充或代替导线标记。导线组、电缆、缆形线束等可用加粗的线条表示，在不致引起误解的情况下也可部分加粗，如图 7-28（c）所示。当一个单元或成套设备包括几个导线组、电缆、缆形线束时，它们之间的区分标记可采用数字或文字。

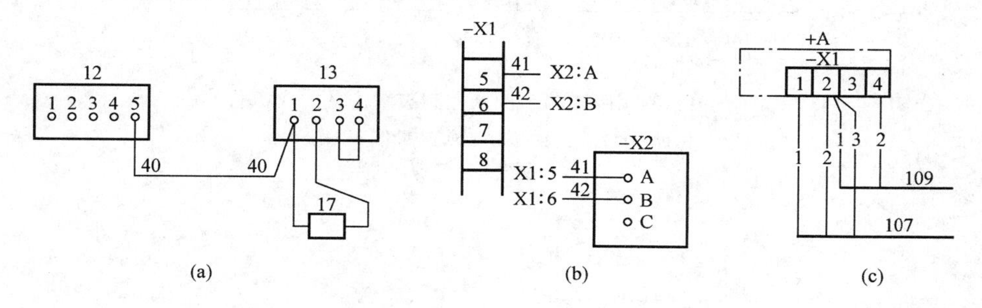

图 7-28　导线在接线图中的表示法

（a）连续线；（b）中断线；（c）加粗的线条

2. 单元接线图和单元接线表

单元接线图和单元接线表表示单元内部的连接情况，通常不包括单元之间的外部连接，但可给出与之有关的互连图的图号。

（1）单元接线图。单元接线图通常按各个项目的相对位置进行布置。单元接线图的视图，应选择能最清晰地表示出各个项目的端子和布线的视图，当一个视图不能清楚表示多面布线时，可用多个视图。项目间彼此叠成几层放置时，可将这些项目翻转或移动出视图，并加注说明。当项目具有多层端子时，可错动或延伸绘出被遮盖的部分的视图，并加注说明各层接线关系，如图 7-29 所示。

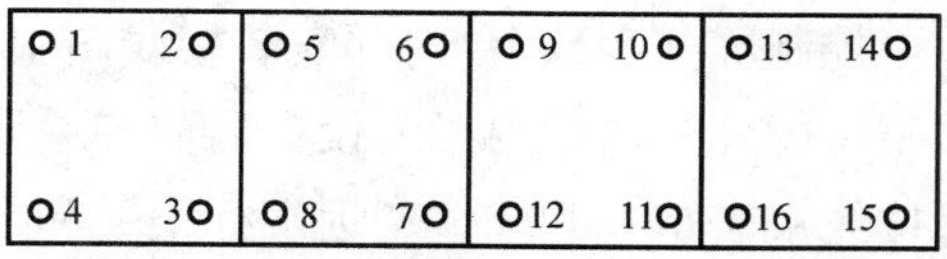

○1　　2○ ○4　　3○	○5　　6○ ○8　　7○	○9　　10○ ○12　　11○	○13　　14○ ○16　　15○

图 7-29　LW2 型转换开关各层触头视图

单元接线图中各项目之间或端子之间的连线可以是连续的，见图 7-30（a）；也可以是中断的，见图 7-30（b）。每根导线的两端要标注相同的导线号。用中断线表示的除标注导线号外，还要在中断处用“远端标记”表明导线的去向。各项目或端子之间的连线也可用线束表示，如图 7-31 所示。

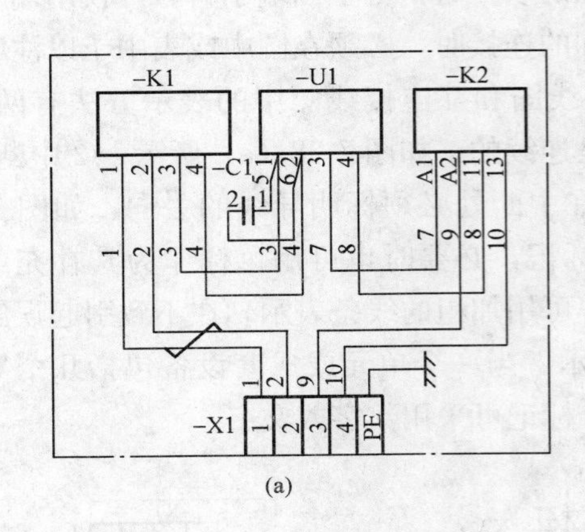

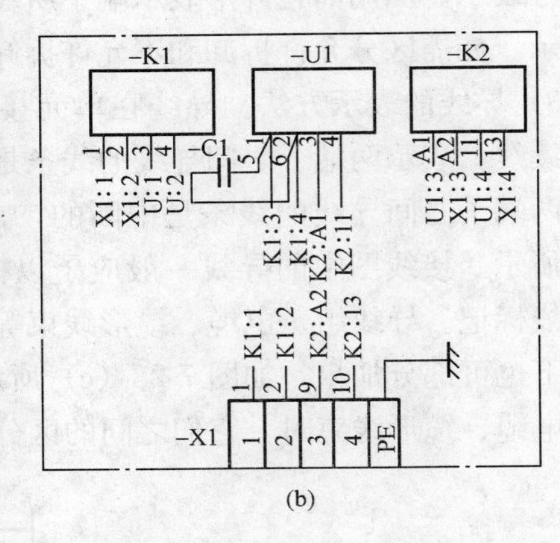

图 7-30　单元接线图示例（控制装置中的一个部件）

（a）连续线表示法；（b）中断线表示法

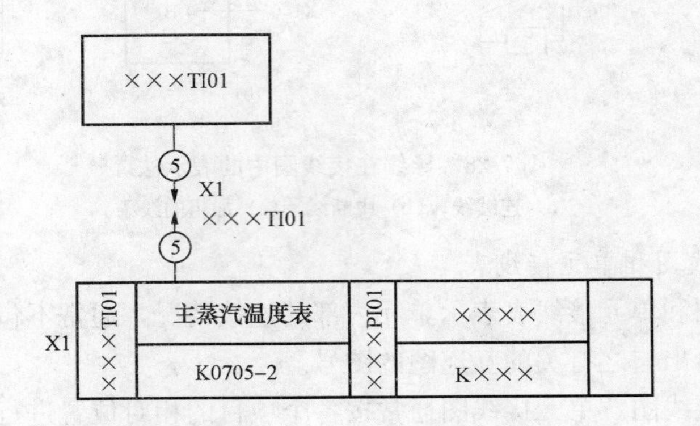

图 7-31　控制屏（盘）、台内部安装接线图中接线示例（设备另有单元接线图）

控制屏（盘）、台内部安装接线图中的设备另有单元接线图时，可只画出盘内端子排的外框，框内标明设备名称和单元接线图的图号。该端子排至各设备的连线可按线束表示，并标注“远端标记”和导线根数，如图 7-30 所示。

（2）单元接线表。单元接线表一般包括线缆号、线号、导线型号、规格、长度、连接点号、所属项目的代号和其他说明等内容。单元接线表的格式可按表 7-7 所示编制，表 7-7 表示的是图 7-30 的内容。

表 7-7　　　　单元接线表示例

线缆号	线号	线缆型号及规格	连接点Ⅰ			连接点Ⅱ			附注
			项目代号	端子号	备考	项目代号	端子号	备考	
	1		−K1	1		−X1	1		
	2		−K1	2		−X1	2		
	3		−K1	3		−U1	1		
	4		−K1	4		−U1	2		
	5		−U1	1		−C1	1		
	6		−U1	2		−C1	2		
	7		−K2	A1		−U1	3		
	8		−K2	11		−U1	4		
	9		−K2	A2		−X1	3		
	10		−K2	13		−X1	4		

3. 互连接线图和互连接线表

互连接线图和互连接线表表示单元之间的连接情况，通常不包括单元内部的连接，但可给出与之有关的电路图或单元接线图的图号。

（1）互连接线图。互连接线图的各个视图应画在一个平面上，以表示单元之间的连接关系，各单元的围框用点画线表示。各单元间的连接关系既可用连续线表示，也可用中断线表示，如图 7-32 所示。

（2）互连接线表。互连接线表应包括线缆号、线号、线缆的型号和规格、连接点号、项目代号、端子号及其他说明等，该表的格式可按表 7-8 所示编制。表 7-8 表示的是图 7-32 的内容。

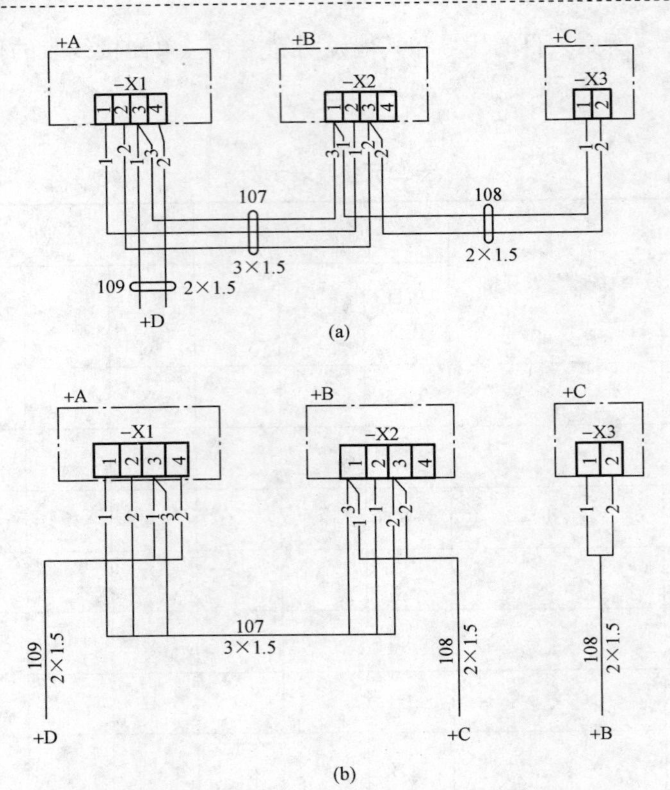

图 7-32　互连接线图示例

(a) 用连续线表示；(b) 用中断线表示

表 7-8　　互连接线表示例

线缆号	线号	线缆型号规格	连接点Ⅰ			连接点Ⅱ			附注
			项目代号	端子号	备考	项目代号	端子号	备考	
107	1		+A−X1	1		+B−X2	2		
	2		+A−X1	2		+B−X2	3	108.2	
	3		+A−X1	3	109.1	+B−X2	1	108.1	
108	1		+B−X2	1	107.3	+C−X3	1		
	2		+B−X2	3	107.2	+C−X3	2		
109	1		+A−X1	3	107.3	+D			
	2		+A−X1	4		+D			

4. 端子接线图和端子接线表

端子接线图和端子接线表表示单元和设备的端子及其与外部导线的连接关系，通常不包括单元或设备的内部连接，但可提供与之有关的图纸图号。

(1) 端子接线图。绘制端子接线图应遵守下列规定：

1) 端子接线图的视图应与端子排接线面板的视图一致，各端子宜按其相对位置表示。

2) 端子排的一侧标明至外部设备的远端标记或回路编号，另一侧标明至单元内部连线的远端标记。

3) 端子的引出线宜标出线缆号、线号和线缆的去向。

图 7-33 (a) 所示为 A4 柜和 B5 台带有本端标记的两上端子接线图。每根电缆末端标有电缆号及每根缆芯号。无论已连接或未连接的备用端子，都注有"备用"字样，不与端子连接的缆芯则用缆芯号。图 7-33 (b) 与图 7-33 (a) 相同，但在

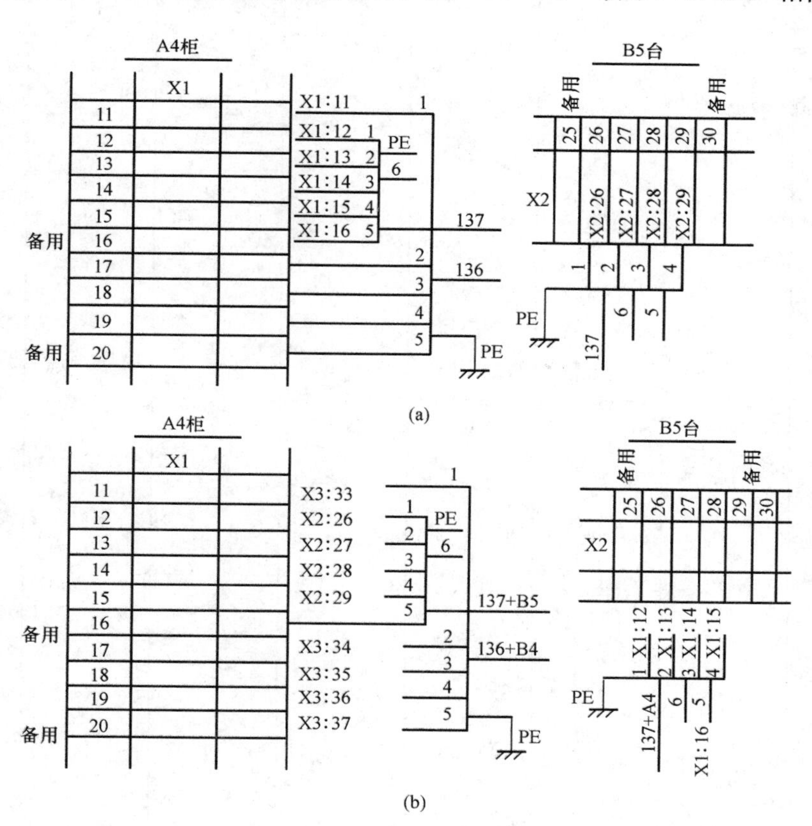

图 7-33　端子接线图示例

(a) 带有本端标记；(b) 带有远端标记

A4 柜和 B5 台上标出远端标记。

(2) 端子接线表。端子接线表一般包括线缆号、线号、端子代号等内容，在端子接线表内电缆应按单元（如柜和屏）集中填写。端子接线表的格式如表 7-9 和表 7-10 所示。表 7-9 是根据图 7-33（a）编制的带有本端标记的两个端子接线表。电缆号及缆芯号注于每条线上。电缆按数字顺序组合在一起。“—”表示相应缆芯未连接，“(—)”表示接地屏蔽或保护导线是绝缘的。不管已接到或未接到端子上的备用缆芯，都用“备用”表示。表 7-9 是根据图 7-33（b）编制的把远端标记加在端子上的两个端子接线表。

表 7-9　　　　带有本端标记的端子接线表

A4 柜				B5 台			
线缆号	线　号	端子号	本端标记	线缆号	线　号	端子号	本端标记
136			A4	137			B5
	PE		接地线		PE		接地线
	1	11	X1：11		1	26	X2：26
	2	17	X1：17		2	27	X2：27
	3	18	X1：18		3	28	X2：28
	4	19	X1：19		4	29	X2：29
备用	5	20	X1：20	备用	5	—	
137			A4	备用	6	—	
	PE		(—)				
	1	12	X1：12				
	2	13	X1：13				
	3	14	X1：14				
	4	15	X1：15				
备用	5	16	X1：16				
备用	6		—				

表 7-10 **带有远端标记的端子接线表**

A4 柜				B5 台			
线缆号	线 号	端子号	远端标记	线缆号	线 号	端子号	远端标记
136			B4	137			A4
	PE		接地线		PE		(—)
	1	11	X3：33		1	26	X1：12
	2	17	X3：34		2	27	X1：13
	3	18	X3：35		3	28	X1：14
	4	19	X3：36		4	29	X1：15
备用	5	20	X3：37	备用	5		X1：16
137			B5	备用	6		—
	PE		接地线				
	1	12	X2：26				
	2	13	X2：27				
	3	14	X2：28				
	4	15	X2：29				
备用	5	16	—				
备用	6		—				

（3）端子接线网格表。端子接线网格表一般包括项目代号、线缆号、线号、缆芯数、端子号及其说明等内容。端子接线网格表的一般格式见表 7-11 和表 7-12。

表 7-11　　带有本端标记的端子接线网格表

项目代号	缆号	芯数	1	2	3	4	5	6	7	8	9	10	11	12	13	14	15	16	17	18	19	20	21	22	23	24	中性线N	保护接地线PE	附注
																		备用				备用							
端子板 X1			1	2	3	4	5	6	7	8	9	10	11	12	13	14	15	16	17	18	19	20	21	22	23	24			
本端标记													X1：11	X1：12	X1：13	X1：14	X1：15	X1：16	X1：17	X1：18	X1：19	X1：20							
项目代号	缆号	芯数																											
	137	7												1	2	3	4	5											
	136	6											1						2	3	4	5							

端子网格表　A4 柜

表 7-12　　带有远端标记的端子接线网格表

项目代号	缆号	芯数	1	2	3	4	5	6	7	8	9	10	11	12	13	14	15	16	17	18	19	20	21	22	23	24	中性线N	保护接地线PE	附注
																		备用				备用							
端子板 X1			1	2	3	4	5	6	7	8	9	10	11	12	13	14	15	16	17	18	19	20	21	22	23	24			
远端标记													X3：33	X2：26	X2：27	X2：28	X2：29		X3：34	X3：35	X3：36	X3：37							
项目代号	缆号	芯数																											
＋B5	137	7												1	2	3	4	5											PEINS-6SP
＋B4	136	6											1						2	3	4	5							

端子网格表　A4 柜

5. 电缆图和电缆表

电缆图和电缆表应表示单元之间外部电缆的敷设，也可表示线缆的路径情况。它用于电缆安装时给出安装用的其他有关资料。导线的详细资料由端子接线图提供。

（1）电缆图。电缆图应清晰地表示各单元之间的联系电缆。各单元图框可用粗实线绘制，如图 7-34 所示。电缆图中宜标注电缆编号、电缆型号规格和各单元的项目代号等。

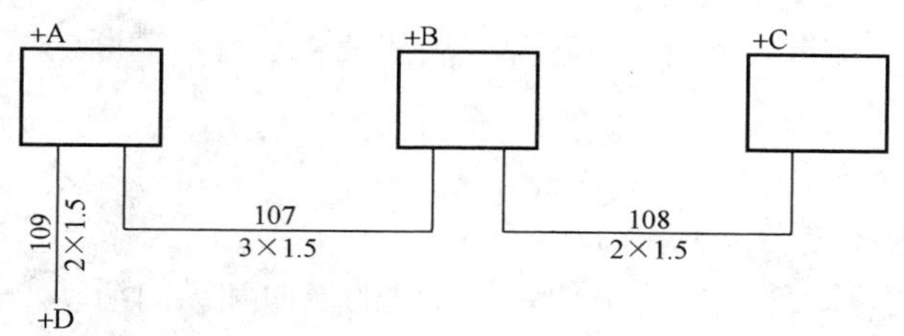

图 7-34　电缆图示例

（2）电缆表。电缆表宜给出电缆编号、电缆型号规格、连接点项目代号和其他说明等。表 7-13 是根据图 7-32 编制的电缆表。

表 7-13　　电缆表示例

电缆编号	电缆型号规格	连接点项目代号		附　注
107	KVV20-3×1.5	+A	+B	
108	KVV20-2×1.5	+B	+C	
109	KVV20-2×1.5	+A	+D	

三、操作注意事项

（1）绘制电气图时，应注意使用新标准、新符号。

（2）使用非标准及符号时，要在电气图纸上标注说明。

模块 2　中间继电器的检修校验

一、操作说明

中间继电器在控制电路中起扩展触点数量，放大触点容量，传递、记忆、隔离和翻转触点信号等作用。要求以比较大的触点容量去闭合或断开某大电流回路，或需要去动作于若干条独立回路等，都可以采用中间继电器。从原理上看，中间继电器也是电压继电器，但中间继电器的触点数量多、容量大，而且没有电压调整问题。在一定情况下，电压继电器可用作中间继电器，中间继电器在某些特定情况下也可作为电压继电器。作为专门用途的中间继电器种类很多，也有交流、直流之分，可分别用于各自的控制电路。

DZ-10、DZ-15和DZ-17型中间继电器用于直流控制回路，在水电厂中的使用比较广泛，其中DZ-17有4对动合触点，DZ-15有2对动合触点、2对动断触点。

JZ-7型中间继电器是目前在交流控制回路中使用最多的一种继电器，它适用于交流50Hz或60Hz、电压0～500V、电流0～5A的控制回路，以控制各种电磁线圈。整个触点系统有8动合、6动合2动断及4动合4动断的组合方式。

二、操作步骤

（1）机械调整：

1）继电器内部应无灰尘和油污。

2）继电器的可动部分应动作灵活，转轴的横向和纵向活动范围应适当。

3）各部件的安装、螺栓应拧紧，焊接头应牢固可靠，发现有虚焊或脱焊时应重新焊牢。

4）弹簧应无变形，触点应在正位接触，同一触点片的两个分触头应同时接触和同时离开。触点接触后应有足够的压力和明显的共同行程。

5）继电器底座端子板上的接线螺钉的压接应紧固可靠，应特别注意引向相邻端子的接线鼻之间要有一定的距离，以免相碰。

（2）绝缘检验：用500V绝缘电阻表测定绝缘电阻，全部端子对底座和磁导体的绝缘电阻应不小于50MΩ，线圈对触点及各触点间的绝缘电阻应不小于50MΩ。

（3）电气调整：

1）测试前，先将继电器外部接线端子拆除线圈的一端接线，防止有并联的元件相通。直流电压型继电器按照图7-35所示接线图将试验仪器与接线相连接，交流电压型继电器按照图7-36所示接线图将试验仪器与接线相连接，同时考虑选用的仪器仪表的容量和量程应符合试验要求，所有元件、仪器、仪表放在绝缘垫上。

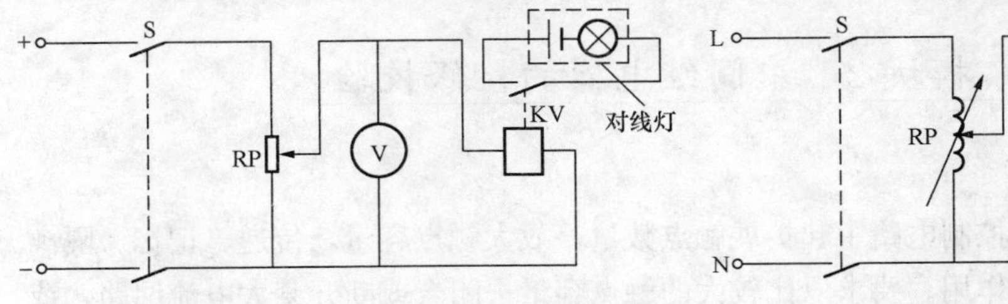

图7-35　直流电压型继电器试验接线　　图7-36　交流电压型继电器试验接线

2）所有使用接线应牢固可靠，接通电源前检查调压器应在最小位置，变阻器应在最大位置（电流回路），或最小位置（电压回路）。

3）试验接线完毕后，必须经两人都检查接线正确无误，合上电源开关接通电源，平稳缓慢地增加电压或电流至继电器动作，并观察继电器触点动作情况和指示灯亮度情况。

4）逐渐调节可变电阻值增大，观察电压表数值中间继电器动作，指示灯亮，并记录动作值。电压型继电器动作电压在40%～70%额定值，电流型继电器动作电流在50%～90%额定值。

5）逐渐调节可变电阻值减小，观察电压表数值，中间继电器动作返回，指示灯暗，并记录返回值。继电器的返回电压（电流）不应小于其额定电压的5%，返回系数不小于0.8。

6）用单臂电桥测量继电器线圈直流电阻：

a. 测试前，先将继电器外部接线端子拆除，线圈的一端接线，防止有并联的元件相通。

b. 用万用表（或数字式万用表）相应的电阻挡粗略测量线圈直流电阻。

c. 按万用表（或数字式万用表）测量线圈直流电阻的粗值选定单臂电桥各挡值测量接线，如图7-37所示，并测量精确值，测量值应不超过或不低于额定值的10%。

d. 将检测结果记录在检修记录本上，若测量结果与额定值误差超过规定值，则更换继电器。

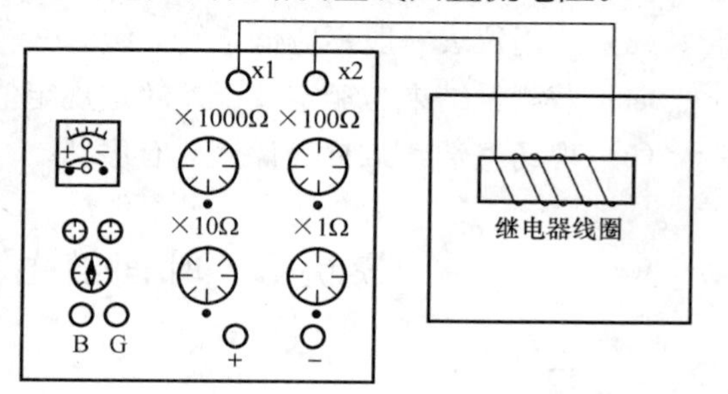

图7-37　单臂电桥测量继电器线圈直流电阻的接线

7）整定点动作值的测量应重复三次，每次测量值与整定值的误差都不应超出所规定的误差范围。

8）平稳缓慢地调整输入信号至继电器返回，观察衔铁明确复位，触点复位正常，对线灯指示正确，可记录返回值，并计算返回系数，拉开电源刀闸。

9）重复上述步骤共三次，比较三次所测量数据均符合所选继电器的要求。

10）以上数据若不符合要求或需调整整定值（误差不超过+3%），则按下列方法进行调整，并重新进行电气部分调整：

a. 动作值的调整：有调整端子和整定把手的可对此进行调整。调整弹簧，适当调整触点压力，但需注意触点压力不宜过小。

b. 返回系数的调整：改变衔铁等的起始或终止角度位置。若是Z形衔铁（舌片），可改变两端弯曲程度，以改变与磁极的距离，距离越大，返回系数也越大。适当调整触点压力也能改变返回系数，但应注意触点压力不宜过小，触点开距不应小于2mm。

继电器检验调整完毕后，仔细再次检查拆动过的部件和端子等是否都已正确恢复，所有临时衬垫等物件应清除，整定端子和整定把手的位置应与整定值相符，检验项目应齐全。

11）试验数据应包括试验时间、天气、试验主要仪器及精度、试验依据、试验人等。

（4）清理试验现场。

（5）出具中间继电器校验报告。

三、操作注意事项

（1）校验工作至少应有两人参加，由一人操作、读表，一人监护和记录。

（2）检查要仔细，校验要认真，先了解继电器型号、规格、性能，再选用仪器、仪表等。

（3）所用仪表一般不应低于0.5级。

（4）若测量结果与额定值误差超过规定值，则更换继电器。

（5）现场整洁，工具表计摆放有序。

模块3　时间继电器的检修校验

一、操作说明

时间继电器在自动装置中作为时限元件，用来建立必需的动作时限，当它的感测部分接收输入信号以后，经过一定的延时，其执行部分才会动作，并输出信号以操纵控制回路。时间继电器的种类很多，DS系列电磁型时间继电器在水电厂中的应用较为广泛。

两人完成时间继电器检修校验工作。

二、操作步骤

（1）机械调整：

1）用手将电磁铁的衔铁接到吸合位置，延时机构应立即启动，直至延时触点闭合为止，此时瞬动触点应可靠地转换。

2）释放衔铁时（在工作位置），动触点应迅速返回原位，动断触点应闭合，动合触点应断开。

3）检查继电器内部接线的牢靠程度及所有螺钉、螺母是否紧固。

4）当衔铁吸入电磁铁时，衔铁端部的动片不得与延时机构中的扇形齿片相碰；若相碰，则可将动片下移至适当位置，然后将螺钉紧固。

5）当两副主触点的指针指示在零位时，第一副动触点的中心应与滑动主触点的中心相切，第二副动触点的中心应与终止主触点的中心相切（目视），并有不小于0.5mm的超行程。

6）动片在任何位置，均应使瞬动切换触点的动断触点可靠断开（两触点间的距离不得小于1.5mm），动合触点可靠闭合（超行程不小于0.5mm）。

（2）绝缘检验：用500V绝缘电阻表测定绝缘电阻，全部端子对底座和磁导体的绝缘电阻应不小于50MΩ，线圈对触点及各触点间的绝缘电阻应不小于50MΩ。

（3）电气性能校验及调整：

1）熟悉继电器型号、规格、性能，再选用仪器、仪表等。按照接线图将试验仪器与继电器接线相连接，同时考虑选用的仪器仪表的容量和量程应符合试验要求，如图7-38所示。

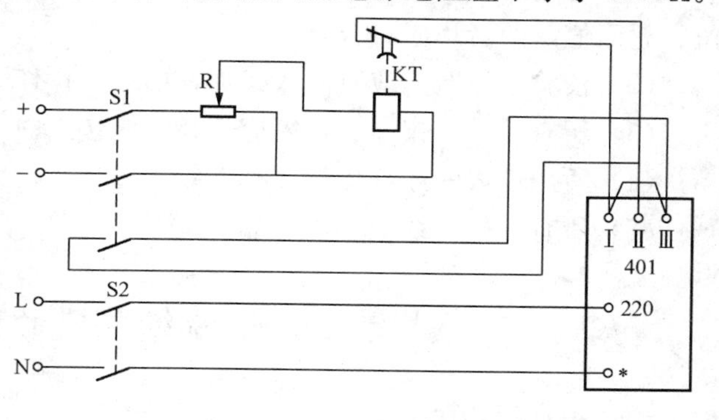

图7-38　时间继电器整定时间试验接线

2）检查接线正确，接通电源前检查调压器应在最小位置，变阻器应在最小位置（电压回路）。试验接线完毕后，必须经两人都检查正确无误后方可通电进行试验。

合上电源前，应先查看调压器、变阻器是否在适当的位置，严防大电流冲击，防止短路。平稳缓慢地增加电压至继电器动作，并观察继电器触点动作情况和指示灯亮度情况。

3）动作电压：在70%额定电压作用下加电压于继电器线圈，此时继电器应可靠地动作；若动作电压过高，应检查塔形弹簧的弹力是否过强，衔铁在黄铜管内摩擦是否较大，瞬动动合触点压力是否过大，应调整瞬动触点压力，以便达到动作电压。

4）返回电压：当继电器电压降低至5%额定电压，继电器不能可靠返回原位时，应检查衔铁与铜管之间摩擦是否过大，塔形弹簧的弹力是否较弱，动触点与静触点启行程是否过大，均应适当调整或更换。

（4）动作时间检验：

1）变差：在同一整定点上，10 次测量中最大与最小值之差不应超出 0.26s。

2）鉴定值误差：10 次测量算术平均值与整定值之差不应超过±0.3s。

3）当实际时限超出刻度或小于刻度时，应调整钟表机构。

（5）触点工作可靠性检验：检验根据实际所带负荷情况检查滑动、瞬动及终止触点工作的可靠性，触点在闭合和断开过程中不应产生火花和弧光。重复上述步骤共三次，比较三次所测量数据均应符合所选继电器的要求。

（6）清理试验现场。

（7）出具时间继电器校验报告。

三、操作注意事项

（1）时间继电器的时间整定应在全电压下（额定值）进行，而后再测定动作值、返回值，两者均应符合要求。

（2）校验工作至少应有两人参加，由一人操作、读表，一人监护和记录。

（3）所有元件、仪器、仪表应放在绝缘垫上。

（4）所用仪表一般不应低于 0.5 级。

（5）所有使用接线应牢固可靠。

模块 4　信号继电器的检修校验

一、操作说明

信号继电器在自动装置中用作动作指示器，当继电器动作后，继电器本身有掉牌指示，同时闭合触点，接通灯光和音响信号回路，因此称为信号继电器。信号继电器在电磁结构、原理上类似于中间继电器。

DX-11 型信号继电器是使用比较多的一种信号继电器，主要由线圈、铁芯、衔铁、信号牌机构等部分组成。当线圈中通过电流时，衔铁被吸引，信号牌失去支撑由本身自重落下，同时带动动断触点闭合并机械自保持。此时线圈如果失电，衔铁被拉回原位，但由于掉牌未复归，触点仍接通，需人为复归掉牌，使触点断开。Dx-11 型信号继电器分为电流信号继电器和电压信号继电器两种，也称串联信号继电器和并联信号继电器。该类型信号继电器有共用动触点的两个动合触点。

二、操作步骤

（1）机械调整：

1）继电器内部应无灰尘和油污。

2）继电器的可动部分应动作灵活，转轴的横向和纵向活动范围应适当。

3）各部件的安装、螺栓应拧紧，焊接头应牢固可靠，发现有虚焊或脱焊时应

重新焊牢。

4）弹簧应无变形。

5）检查触点的固定是否牢固，有无折伤和烧损；动断触点闭合后是否有足够的压力，各触点的接通时间是否同步。

6）继电器底座端子板上的接线螺钉的压接应紧固可靠，应特别注意引向相邻端子的接线鼻之间要有一定的距离，以免相碰。

(2) 绝缘检查：用500V绝缘电阻表测定绝缘电阻，全部端子对底座和磁导体的绝缘电阻应不小于50MΩ，线圈对触点及各触点间的绝缘电阻应不小于50MΩ。

(3) 电气性能校验及调整：

1）按照接线图将试验仪器与继电器接线相连接，如图7-39所示。同时考虑选用的仪器仪表的容量和量程应符合试验要求。

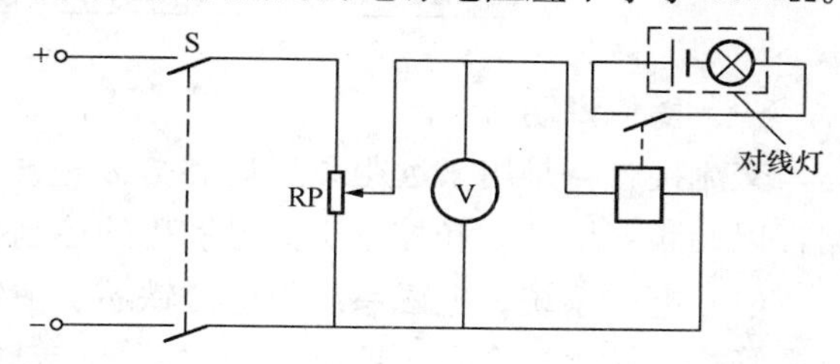

图7-39　校验信号继电器接线

2）试验接线完毕后，必须经两人都检查正确无误后方可通电进行试验。变阻器应在最小位置（电压回路），严防大电流冲击，防止短路。合上电源开关接通电源，平稳缓慢地增加电压至继电器动作，并观察继电器触点动作情况和指示灯亮度情况。

3）电流信号继电器的动作电流值应不超过继电器铭牌给定值，否则可以改变反作用弹簧的拉力，亦可调整衔铁与铁芯之间的距离使之满足要求。但需注意，调整后不致因振动而引起信号掉牌。

4）继电器线圈直流电阻的测量操作：

a. 测试前，先将继电器外部接线端子拆除，线圈的一端接线，防止有并联的元件相通。

b. 用万用表（或数字式万用表）相应的电阻挡粗略测量线圈直流电阻。

c. 按万用表（或数字式万用表）测量线圈直流电阻的粗值选定单臂电桥各挡值，并测量精确值，测量值应不超过或不低于额定值的10%。

d. 将检测结果记录在检修记录本上，若测量结果与额定值误差超过规定值，则更换继电器。

5）整定点动作值的测量，应重复三次，每次测量值与整定值的误差都不应超出所规定的误差范围。

(4) 清理试验现场。

(5) 出具信号继电器试验报告。

三、操作注意事项

(1) 信号继电器每次均应带掉牌动作。

(2) 校验工作至少应有两人参加，由一人操作、读表，一人监护和记录。

(3) 所有元件、仪器、仪表应放在绝缘垫上。

(4) 所用仪表一般不应低于0.5级。

(5) 所有使用接线应牢固可靠。

模块5 交流接触器的检修

一、操作说明

交流接触器是用于远距离接通和分断电压0～380V、电流0～600A的交流电路，以及频繁地启动和控制交流电动机的控制电器，其主体由以下三部分组成：

(1) 电磁系统。电磁系统由电磁铁芯、衔铁、线圈、释放弹簧组成。电磁铁芯有螺管式、转动拍合式、E形直动式等，转动拍合式用于额定电流较大的接触器，而另外两种用于额定电流较小的接触器。

(2) 触头系统。触头系统有主触头和辅助触点，主触头有做成指式的，也有做成桥式的双断点触头，接通和分断主回路的负载由主触头承担；辅助触点采用桥式双断点触头，对称地设置在接触器外壳的两侧，主要用于接触器的连锁和自保持及接通信号。

(3) 灭弧装置。灭弧装置因电流等级而异，电流较小的采用半封闭式灭弧罩或用牙间隔弧板，电流较大的采用半封闭式纵缝陶土灭弧罩。

交流接触器中CJ10型最为常用，其额定电流最大可至150A。

两人完成交流接触器检修工作。

二、操作步骤

(1) 接触器触头的检修：

1) 检查灭弧罩有无破裂或栅片脱落。检查触点的接触面是否在镀银处，检查触点是否为面接触，如不是，则调整触点弹簧的压力。一般通过调整螺栓来调整，调整后用手按衔铁检查其可动机构动作是否灵活、触点接触是否紧密，接触后应有明显的压力行程。银触头在使用过程中会氧化或硫化变黑，这是正常现象，仅使接触电阻略有增大，不必要刮掉；如果触头烧毛，一般以不刮、挫为佳。铜触头有烧毛现象，需用细锉锉平，不可用砂纸，以免沙粒嵌入铜触头而影响正常工作。

2) 表面的修理和整形：铜触头因氧化、积垢而造成接触不良时，可用小刀或细锉轻轻清除表面的氧化物和污垢，但应保持原来的形状。银或铝合金触头生锈不

影响导电。

3）触头的积垢可用汽油或酒精清洗，但不能用润滑脂涂拭。

4）若流过触头的电流过大、灭弧装置失效、触头压力不够，可导致触头严重磨损，烧出斑痕凹坑等。修理时应先找出原因，予以排除，然后将触头凹凸不平的部分和飞溅的金属熔渣细心地锉平整形，但要尽置保持原来的几何形状。

5）触头压力的调整：接触器更换触头以后必须进行触头压力的调整，保证触头有较小的接触电阻。终压力在开关完全闭合时测试，用弹簧秤将动触头拉到使放在动静触头之间的薄纸条能抽出。初压力在开关断开时测试，纸条不放在动静触头之间，而是放在动触头及其支持物间。调整接触器弹簧的松紧，可改变触头的压力。

6）电磁系统的修理：电磁系统的常见故障有转轴磨损导致转动失灵或卡死；短路环断裂或铁芯接触面不平引起衔铁振动而产生噪声；E 形铁芯的中间柱应有 0.1～0.2mm 间隙，因两侧铁芯磨损而消失间隙时，衔铁发生“黏住”现象；铁芯油垢太多发生“黏住”现象；可动衔铁歪斜、铁芯松动等。对这些故障要对症检修，可拆下线圈，检查动静铁芯的接触面是否平整、干净，如不平不净，应加以处理；校正衔铁的歪斜现象，紧固松动的铁芯；更换断裂的短路环等。

7）灭弧系统的修理：灭弧罩受潮、磁吹线圈匝间短路、灭孤罩炭化或破碎、灭弧栅片脱落等，均能使灭弧困难或延长灭弧时间。灭弧时如发现微弱的嚷唤声，即是灭弧时间过长。检修时，拆下灭弧罩，如系受潮，则烘干后可以使用；如系磁吹线圈短路，拨开短路点即可；如系灭弧罩炭化，可以刮除；如系灭弧罩破碎，可以黏合或更换；如系灭弧栅片脱落，可以用铁片配制。

8）对于转轴的动作，发现转动不灵活时，需加润滑油。

（2）电气性能校验及调整：

1）功率电源输入输出电缆接头紧密、外包绝缘良好，各部位无发热、变色现象。

2）功率元件固定良好，散热措施良好、无异常。

3）各插件板插接引线接触良好，接触部位无氧化发黑痕迹，弹力足够。

4）有关调节电位器检查应无严重磨损情况，调节过程中电阻值应能均匀变化、无跳跃现象。

5）按照接线图将试验仪器与继电器接线相连接，如图 7-40 所示，同时考虑选用的仪器仪表的容量和量程应符合试验要求。

6）检查接线是否正确，接通电源前检查调压器应在最小位置。

7）试验接线完毕后，必须经两人都检查正确无误后方可通电进行试验。

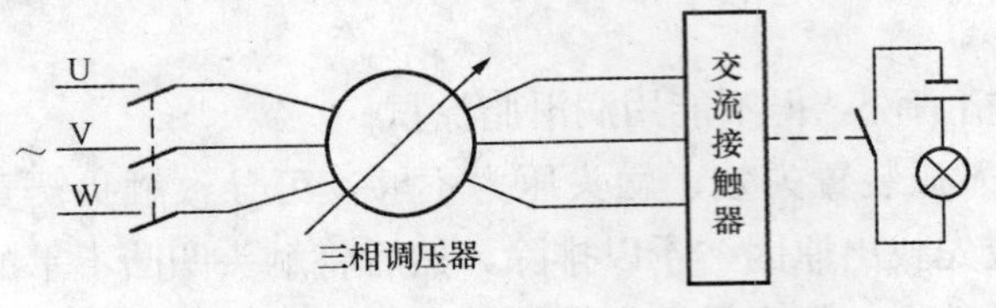

图 7-40　交流接触器电气性能校验接线

8）合上电源开关接通电源，平稳缓慢地增加电压至接触器动作，并观察接触器触点动作情况和指示灯亮度情况，触点动作迅速，指示灯瞬间变亮。

9）通电检验最好在线圈发热到稳定值的情况下进行，在规定的动作电压值范围内接触器不会在任何中间位置上卡住。

10）做接触器的启动返回电压校验，保证返回系数，保证在失压情况下接触器能释放。

11）通电试验，吸合电压不低于 85％线圈额定电压；线圈加额定电压时，衔铁不应有强烈的振动及噪声，否则用酒精清洗衔铁极面。

（3）清理工作现场。

（4）出具交流接触器检修报告。

三、操作注意事项

（1）校验工作至少应有两人参加，由一人操作、读表，一人监护和记录。

（2）所有元件、仪器、仪表应放在绝缘垫上。

（3）所用仪表一般不应低于 0.5 级。

（4）所有使用接线应牢固可靠。

（5）合上电源前，应查看调压器是否在适当的位置，严防大电流冲击，防止短路。

模块 6　热继电器的检查和调整

一、操作说明

通常使用的热继电器是一种双金属片式热继电器，由热元件、触头系统、动作机构、复合按钮和电流整定装置等组成，其外形和结构如图 7-41 所示。

热继电器主要用来作交流电动机的过载保护，常与交流接触器组合成磁力启动器。电动机的短时过载，只要电动机绕组不超过允许温升，这种短时过载是允许的。但电动机的绕组超过允许温升时，电动机过热会加速绝缘老化，这样就会缩短电动机的使用寿命，严重时还会使电动机绕组烧坏。因此，用热继电器作为电动机的过载保护。

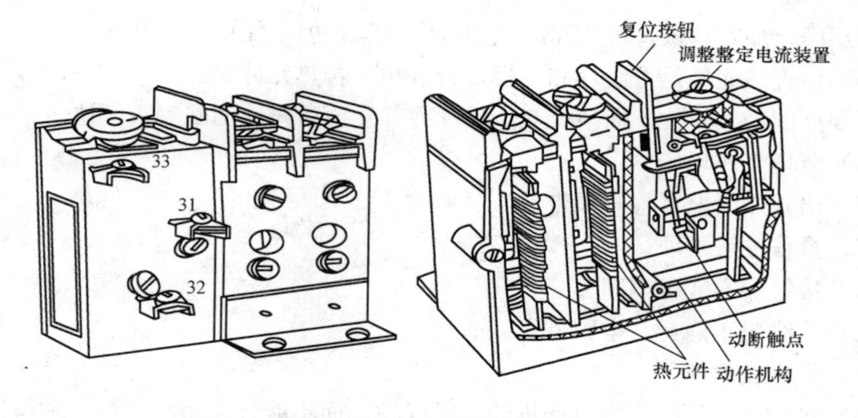

图 7-41　热继电器外形和结构

二、操作步骤

（1）检查热继电器热元件的额定电流值，或电流调整旋钮指示的刻度值是否与被保护电动机的额定电流值相当。如不相当，要更换热元件重新调整或调整旋钮的刻度，使其符合要求。通常，热继电器的额定电流值比电动机的额定电流值略高。若热继电器与电动机分别安装在两处，而两处的环境温差又较大，这时两者的电流值应选得不同。例如，JR1 与 JR2 系列热继电器是没有温度补偿的，当热继电器的环境温度低于电动机的环境温度 15～20℃时，热继电器热元件的额定电流值可比电动机的额定电流值小 10%；反之，热元件的额定电流值应比电动机的额定电流值大。热继电器的调整如图 7-42 所示。

（2）热继电器动作机构应正常可靠，可用手扳动 4～5 次进行观察。要求复位按钮灵活，调整部件无松动；检查调整部件应用螺钉旋具轻轻触动，不得用力拧或推拉。对于可调整的热继电器，应检查其刻度是否对准需要的刻度值。用万用表电阻挡测量其上辅助动断、动合触头的开合情况，应与热继电器上图示相同。

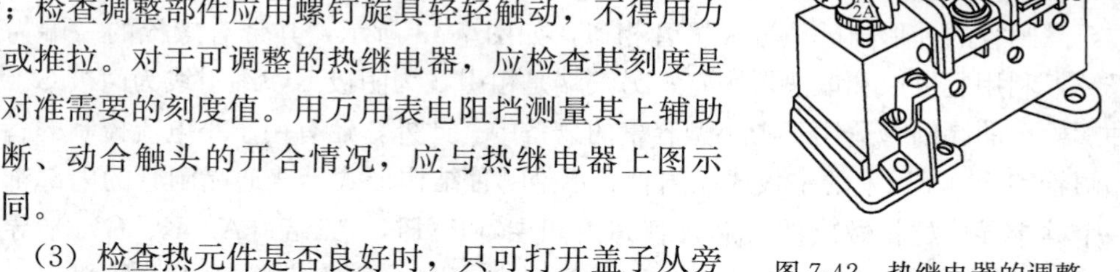

图 7-42　热继电器的调整

（3）检查热元件是否良好时，只可打开盖子从旁边观察，不得将热元件卸下。必须卸下时，装好后应进行通电试验调整。如遇热元件烧断或损坏，必须进行更换或修理，并重新调整整定值。

（4）检查双金属片是否良好，若已产生明显的变形，需要通电试验调整。调整时，绝不能弯折双金属片。使用过程中，要保持双金属片光泽，如有灰尘或污垢，

可用布擦净；如有锈迹，可用布蘸汽油轻轻擦除，但不能用砂纸磨光。

（5）检查热元件是否脱焊和导板是否脱扣，若热元件脱焊，应补焊；若导板脱扣，不要立即动手复位，而应待双金属片冷却复原后再使动断触头复位。

（6）清理工作现场。

（7）出具热继电器检修报告。

三、操作注意事项

（1）接触器安装应牢固。

（2）接线应正确，并牢固可靠。

（3）无机械损伤。

（4）热继电器只能作为电动机的过载保护，而不能作为短路保护，常与接触器和熔断器组合使用。

模块7　用对线灯和晶闸管测试仪检查晶闸管

一、操作说明

硅晶体闸流管简称晶闸管，过去习惯称可控硅（SCR），它是在硅整流二极管的基础上发展起来的新型大功率变流新器件。晶闸管不仅具有硅整流器件的特性，更重要的是它的工作过程可以控制，它能以小功率信号去控制大功率系统，从而使电力电子技术从弱电领域进入了强电领域。晶闸管是大功率电能变换与控制的理想器件。自20世纪60年代以来，晶闸管的制造和应用发展很快，以晶闸管为主的变流技术获得了空前迅速的发展。在水电励磁设备中，晶闸管变流技术主要应用在可控整流、交流调压、无触点交直流开关、逆变和直流斩波等方面。

晶闸管的外形与硅整流二极管相似，如图7-43所示，其带有螺栓的一端为阳极A，利用它可以和散热器固定；另一端是粗引线为阴极K，细引线为门极G。这种螺栓形的晶闸管适用于中小型容量的设备中。此外，还有用于小电流控制的管式晶闸管和200A以上的平板式晶闸管。不论哪种结构形式，普通晶闸管的内部都有一个硅半导体材料做成的管芯，管芯由四层（PNPN）三端（A、K、G）半导体构成，它具有三个PN结，由最外层的P层和N层分别引出阳极A和阴极K，由中间的P层引出门极G，如图7-44所示，图中右侧是其图形符号，其文字符号为V。如果要使晶闸管导通，必须具备下面两个条件，其导通电路如图7-45所示：

（1）晶闸管阳极与阴极间加正向电压，即阳极接电源正、阴极接电源负，形成主回路。

（2）门极加适当的正向电压，即门极接电源正、阴极接电源负，形成控制回

路。在实际工作中，门极加正触发脉冲信号。

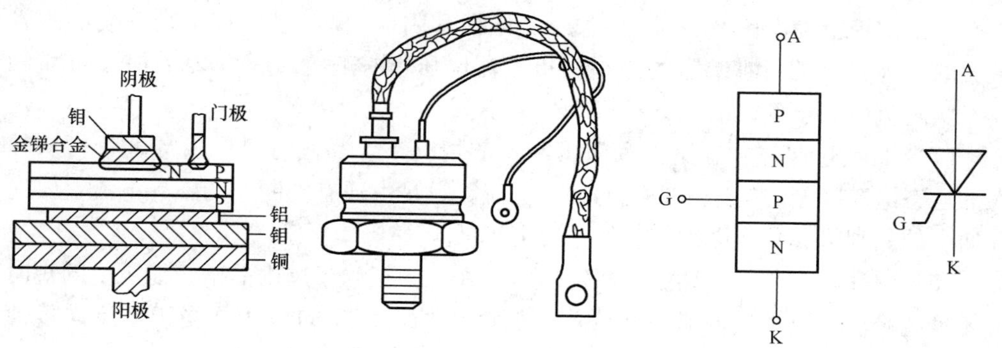

图 7-43　晶闸管的外形和结构　　　　图 7-44　晶闸管管芯及其图形符号

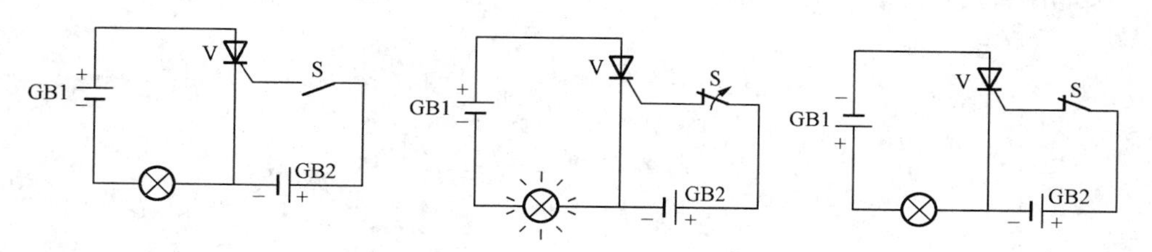

图 7-45　晶闸管导通电路

实际应用时考虑的晶闸管主要参数有以下几项：

（1）断态重复峰值电压 U_{DRM}：在额定结温（100A 以上为 115℃，50A 以下为 100℃），门极断路和晶闸管正向阻断的条件下，允许重复加在阳极和阴极间的最大正向峰值电压。它反映了阻断状态下晶闸管能够承受的正向电压。

（2）反向重复峰值电压 U_{RRM}：在额定结温和门极断路的情况下，允许重复加在阳极和阴极间的反向峰值电压。它反映了阻断状态下晶闸管能承受的反向电压。

（3）通态平均电流 $I_{T,av}$：在环境温度不高于 40℃和标准散热及全导通的条件下，结温稳定且不超过额定值时，晶闸管在电阻性负载时允许通过的工频正弦半波电流的最大平均值，简称正向电流。

（4）通态平均电压 $U_{T,av}$：晶闸管正向通过正弦毕波额定平均电流，结温稳定时的阳极和阴极间的电压平均值，习惯上称为导通时管压降。该电压越低越好，出厂时规定的上限值即该型合格产品的最大管压降。它由工厂根据合格的型式试验自定。

（5）门极触发电流 I_{GT}：在室温下，阳极和阴极间加 6V 正向电压，使晶闸管从关断变为完全导通所需的最小门极直流电流，一般为几十到几百毫安。为保证可

靠触发，实际值应大于额定值。

（6）门极触发电压 U_{GT}：在室温下，阳极和阴极间加 6V 正向电压，使晶闸管从关断变为完全导通时所需的最小门极直流电压，一般为 1～5V。为保证可靠触发，实际值应大于额定值。

（7）维持电流 I_H：在室温和门极断路的情况下，晶闸管已触发导通，再从较大的通态电流降至维持通态必需的最小电流。它是由通态到断态的临界电流，要使导通中的晶闸管关断，必须使管的正向电流低于 I_H。

（8）浪涌电流 I_{TSM}：结温为额定值时，在工频正弦半周内晶闸管能承受的短时最大过载峰值电流。浪涌时，允许门极暂时失控，而反向应能承受 1/2 反向峰值电压。

晶闸管的型号及其含义如下：

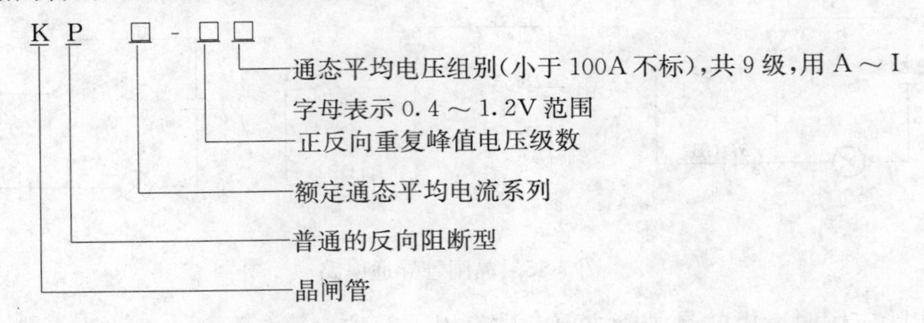

二、操作步骤

（1）用万用表简单测量晶闸管触发极与阴极的电阻，该电阻不大，一般约数十欧。若阻值为零或无穷大，说明触发极与阴极已短路或断路；晶闸管阳极与阴极正反向电阻都较大，若阻值不大或为零，则说明元件性能不好或内部短路。

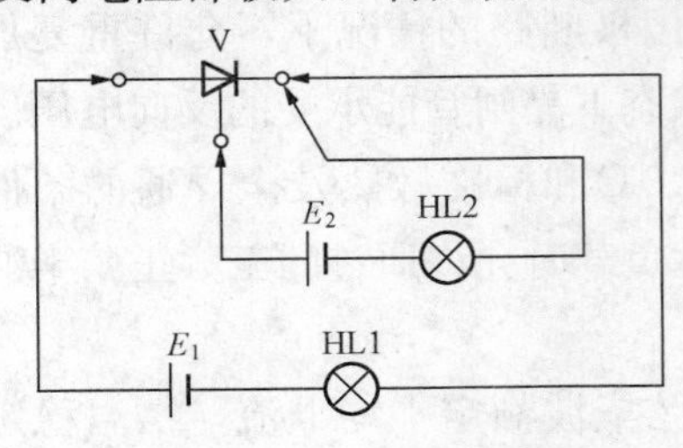

图 7-46　测量晶闸管质量接线

（2）用数字式万用表分别对出两对线灯的正负极性电路连接，如图 7-46 所示：

1）将一只对线灯的正、负极分别与晶闸管的阳极、阴极相连。

2）将另一只对线灯的负极与晶闸管的阴极相连，对线灯的正极和晶闸管的触发极瞬时短接一下，这时与晶闸管阳极阴极相连的对线灯一直发光。

3）触发后，阴、阳极回路对线灯仍然不发光，或者只有在触发极灯短接才发光，断开后立即熄灭，说明是坏的。这样可简单判断该晶闸管正常。

（3）用晶闸管测试仪检查晶闸管的触发特性。分别将晶闸管的三极与测试仪的

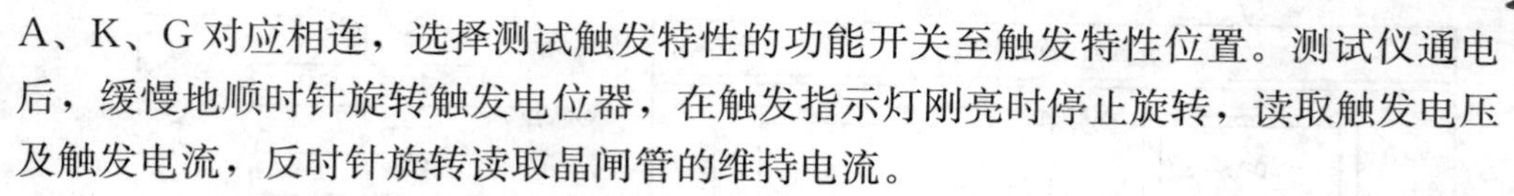

A、K、G 对应相连，选择测试触发特性的功能开关至触发特性位置。测试仪通电后，缓慢地顺时针旋转触发电位器，在触发指示灯刚亮时停止旋转，读取触发电压及触发电流，反时针旋转读取晶闸管的维持电流。

（4）用晶闸管测试仪检查晶闸管的反向峰值电压及正向阻断电压。根据晶闸管的参数设置过流动作值，通过增加调压器输出值，直到过流动作，读取所需要的参数。

（5）记录测试数据，按照国家规定，每只出厂合格的晶闸管必须随带合格证。合格证上的项目是生产厂根据合格的型式试验测得的实际值，一般均优于国家技术标准。如 KP 型标准规定通态平均电流 200A 的器件的门极触发电压低于 3.5V，而图中标注该产品门极触发电压仅 0.8V。选择晶闸管时，合格证上的参数可以作为依据。不过，目前一些出厂合格证上的名称符号还较混乱，使用时应加注意。

（6）清理工作现场。

（7）出具晶闸管检测检报告。

三、操作注意事项

（1）保证安全防护。

（2）保持测试场地干燥。

（3）不损伤绝缘层和元件。

模块 8　使用直流电阻测试仪测试水电自动装置直流电阻

一、操作说明

随着数字技术在测试仪器中的广泛应用，采用直流恒流电源制造的直流电阻快速测试仪使测量直流电阻时的充电时间缩短到最小。将高稳定度稳流电源和测试部分设计成一体，测试全过程由单片机控制完成，仪器操作简单，测试数据稳定、准确，不受人为因素影响，仪器采用带背光的点阵字符液晶显示，适用于不同的测试环境，具有完善的反电动势保护功能和现场抗干扰能力、测试范围为 2Ω～20kΩ。现普遍使用的直流电阻测试仪如图 7-47 所示。

二、操作步骤

（1）选择输出电流：一般仪器的输出电流为 1、20mA 和 1、5、10A 几挡。

1）打开电源，液晶屏显示 | 电流　10A | ，仪器进入电流选择状态，仪器开机默认的测试电流为 10A。

2）按复位键，显示器循环显示，通过按复位键选择所需的工作电流：

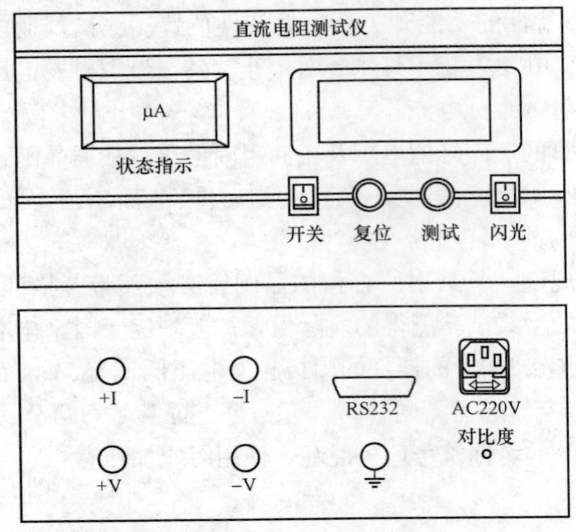

图 7-47　直流电阻测试仪

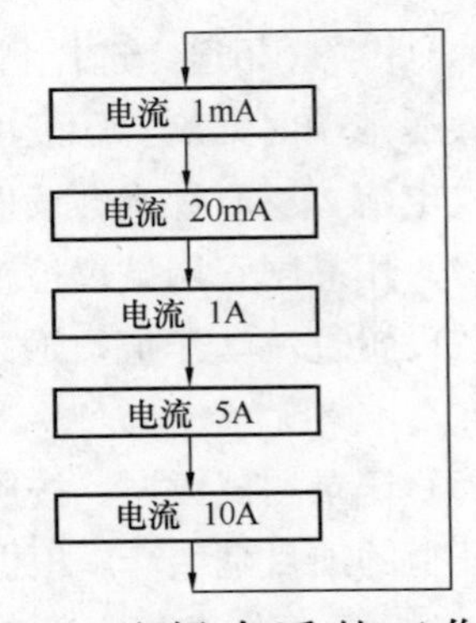

（2）选择合适的工作电流后，按测试键仪器显示 自检 。

（3）自检通过后仪器显示 充电，*.**A，仪器按选择的电流方式对试品进行充电，充电电流逐渐增加，液晶屏显示充电电流。当达到所选择的测试电流时，进入下一状态。

（4）测试电流电位，显示阻值：充电电流达到所选择的测试电流时过渡过程结束，仪器根据所选择的电流及被测阻值的大小，选择合适的挡位，开始测试回路电流 I 及电位端子间的电位差 U，通过计算 U/I 可得试品电阻 R。待数据稳定后，该数值为试品阻值。

（5）测试完毕后按复位键充电回路断开，仪器内部设计有快速放电回路，释放绕组所储存的能量。按复位键后蜂鸣器响，表示仪器工作于放电状态，液晶屏显示放电电流 放电 *.**A 。待蜂鸣器停显示器显示出上次选择的工作电流代表放电结束，仪器进入选择电流状态。这时可拆除测试线或重新选择电流，进行下一相序的测试。

（6）做好测试记录。记录测得的电阻值和测量时的温度，并进行温度换算，将实际测得的电阻值换算到所需要的温度时的数值。换算公式如下

$$R_2 = R_1 \times \frac{235 + T_2}{235 + T_1}$$

（7）清理工作现场。

（8）出具直流电阻测量报告。

三、操作注意事项

（1）在测试过程中，状态指示表未回零时不允许拆除测试线。

（2）测试过程中，外部断电，必须在状态指示表回零后方可拆除测试线。

（3）具有较大电感或对地电容的被试品在测量直流电阻后，应对被试品进行接地放电。操作人员应戴手套，以免遭受静电电击。

模块 9　使用单臂电桥测试水电自动装置及二次回路直流电阻

一、操作说明

在水电自动装置中，测量直流电阻是常见的操作项目，所用测量仪器一般都是直流电桥。利用直流电桥测量直流电阻，简单方便、准确度高。常用的直流电桥有单臂电桥和双臂电桥。在测量高电压、大容量电力变压器绕组的直流电阻时，由于被试品电感量大、充电时间长，使测试工作耗费时间太长，带来诸多不便。因此，长期以来人们研究了各种快速充电的方法。随着数字技术在测试仪器中的广泛应用，采用直流恒流电源制造的直流电阻快速测试仪使测量直流电阻时的充电时间缩短到最小，并且配上自动数字显示、自动打印等功能，使测试工作实现操作简便、测量快捷、准确可靠，具备诸多优点。单臂电桥也称惠斯通电桥或惠登电桥，其工作原理如图 7-48（a）所示。图 7-48（b）所示盘面布置中 4 即为倍率切换开关。R3 是用来调节电桥平衡的可变电阻，即如图 7-48（b）中 6 所示，是由 4 个波段开关组装成的可调电阻，这 4 个可调电阻分别是 1Ω×9、10Ω×9、100Ω×9 和

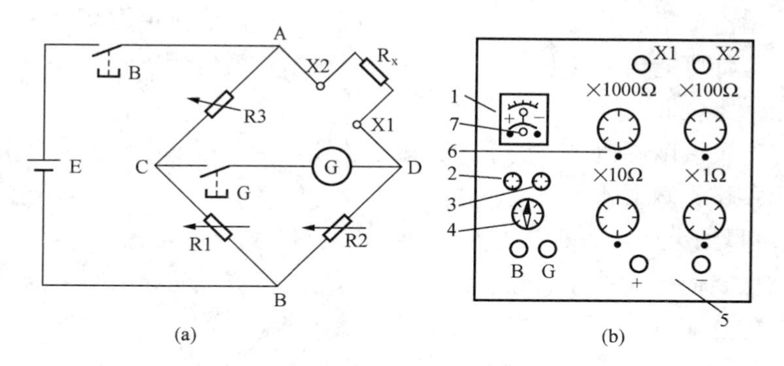

图 7-48　单臂电桥原理图和盘面布置图

（a）原理图；（b）盘面布置图

E—电池；B—电池开关；G—检流计和检流计按钮开关；X1、X2—接被测电阻接线柱；Rx—被测电阻；R1、R2、R3—可变电阻（标准电阻）；1—检流计；2—调零；3—灵敏度；4—倍率切换开关；5—外接电池电源；6—十进位可变电阻波段开关；7—检流计锁扣

1000Ω×9。这些可调电阻串联构成可变电阻 R3。

二、操作步骤

(1) 将电桥放置于平整位置，放入电池。

(2) 电桥上的 X1、X2 两个接线柱与被测电阻 Rx 用引线连接好。

(3) 打开检流计的锁扣。用手向下拨检流计的锁扣［见图 7-48 (b) 中 7]，检流计锁扣即被打开。检查指针是否指示零位，如不在零位，则调节调零旋钮，使指针指示零位。

(4) 检查电桥检流计的灵敏度旋钮［图 7-48 (b) 中的 3］是否在最小位置。

(5) 估算被测电阻大小，将倍率切换开关置于适当的位置。例如，估算被测电阻 Rx 的如在 1～10Ω 之间，则可将倍率开关置于 10^{-3} 位置。例如，当调节 R3 的 4 个可变电阻，如检流计指零位时，R3 的读数为 3564Ω，则乘上倍率 10^{-3}，得到测试结果为 $3564\times10^{-3}=3.564\Omega$，可以精确到第 4 位。如果倍率切换开关 4 置于 10^{-2} 位置，则只能调节 R3 4 个可变电阻中的 3 个，“×1000Ω”的可变电阻指示“0”位，这时的读数为 $0356\Omega\times10^{-2}=3.56\Omega$，只能精确到第 3 位。由此可见，倍率开关的选择是否恰当，直接影响到测试结果的精确程度。

(6) 根据被测电阻 Rx 的大小和倍率切换开关的位置，将可变电阻的波段开关旋转到适当位置。这样做的目的是，使开始测量时检流计承受不平衡电流的冲击最小，避免出现过大冲击而损坏检流计。

(7) 开始测量。先按下电源按钮 B，然后再按下检流计按钮 G，根据检流计摆动方向调节可变电阻波段开关 6，使检流计指示零位。

(8) 当检流计指示零位后，旋转灵敏度旋钮，逐渐提高灵敏度。在提高灵敏度时，检流计指针可能会出现偏转，这时应及时调节可变电阻波段开关 6，使检流计指针保持指示零位。

(9) 直至灵敏度旋钮调节到最大灵敏度位置，调节可变电阻波段开关 6 使检流计指针指示零位，测量才告结束。

(10) 测量结束后，先断开检流计按钮开关 G，然后方可松开电源按钮开关 B。如果不这样做，而是先松开电源按钮开关 B，则由于被试品导电回路的电感作用产生一个很高的感应电动势，形成冲击电流，流入检流计的表头，有可能烧坏表头，并使检流计指针被打弯。

(11) 将检流计锁扣锁住，即将图 7-48 (b) 中的锁扣 7 往上推移，检流计的指针即被固定住。这样做的目的是防止移动电桥时，或在运输途中检流计指针受震动而致损坏。

(12) 读取测量结果，即读取可变电阻波段开关 6 的 4 个电阻盘上的指示数和

倍率切换开关 4 的指示数，将可变电阻读数乘上倍率即得到测量结果。

（13）如果被测电阻的数值较小，为了提高测量准确度，可减去引线电阻的阻值，最后得出测量结果。

（14）做好测试记录，包括测得的电阻值和测量时的温度，并按照式（7-1）进行温度换算，将实际测得的电阻值换算到所需要的温度时的数值。

（15）清理工作现场。

（16）出具直流电阻测量报告。

三、操作注意事项

（1）如被测电阻是具有电感的线圈，例如测量变压器绕组的直流电阻，由于存在较长的充电时间，在开始测量时，先按下电源按钮 B，这时不要马上按检流计按钮 G，而是等待一段时间（具体等待多长时间，要根据被试品的电感量大小而定），待充电进行到一定程度后再按下检流计按钮 G。这样做的目的是避免充电之初电流的快速变化引起检流计指针的急剧摆动，防止损坏检流计。

（2）电池电源按钮 B 和检流计按钮 G 都有机械锁住功能。在按下电源按钮 B 后，轻轻旋转一下，电源按钮便固定在合上位置，手即可松开。同样，如要将检流计固定在接通状态，只要将按钮 G 按下后轻轻旋转一下即可，此时手也可以随之松开。

（3）具有较大电感或对地电容的被试品在测量直流电阻后，应对被试品进行接地放电。操作人员应戴手套，以免遭受静电电击。

（4）单臂电桥的型号有 QJ23 型和 M24 型，旧型号还有惠登电桥 850 型，测量范围一般为 1～9999000Ω，精度可达 0.2%。实际上，单臂电桥一般用于测量中值电阻（阻值在 $10\sim10^{6}\Omega$ 之间）。对于阻值在 10Ω 以下的低值电阻，为了提高测量精度，一般采用双臂电桥测量。

模块 10　数字式示波器初级使用

一、操作说明

示波器是一种广泛应用于水电自动装置中，能够直接观察信号波形变化的测量仪器。为适用各种测试的需要，示波器的种类繁多，按其用途和结构特点不同，可分为普通示波器、通用示波器、多线多踪示波器、记忆示波器、取样示波器及智能示波器等。虽然各种类型示波器的繁复程度相差很大，但其基本结构都是由示波管（阴极射线管）和电子线路所组成。DS 3000 系列示波器是电力系统常用的一种示波器，图 7-49 所示为该系列示波器的前面板。面板上包括旋钮和功能按键。旋钮的功能与其他示波器类似。显示屏右侧的一列 5 个灰色按键为菜单操作键（自上而下定义为 1～5 号），可以设置当前菜单的不同选项。其他按键（包括彩色按键）为功能键，通过它们可以进入不同的功能菜单，或直接获得特定的功能应用。

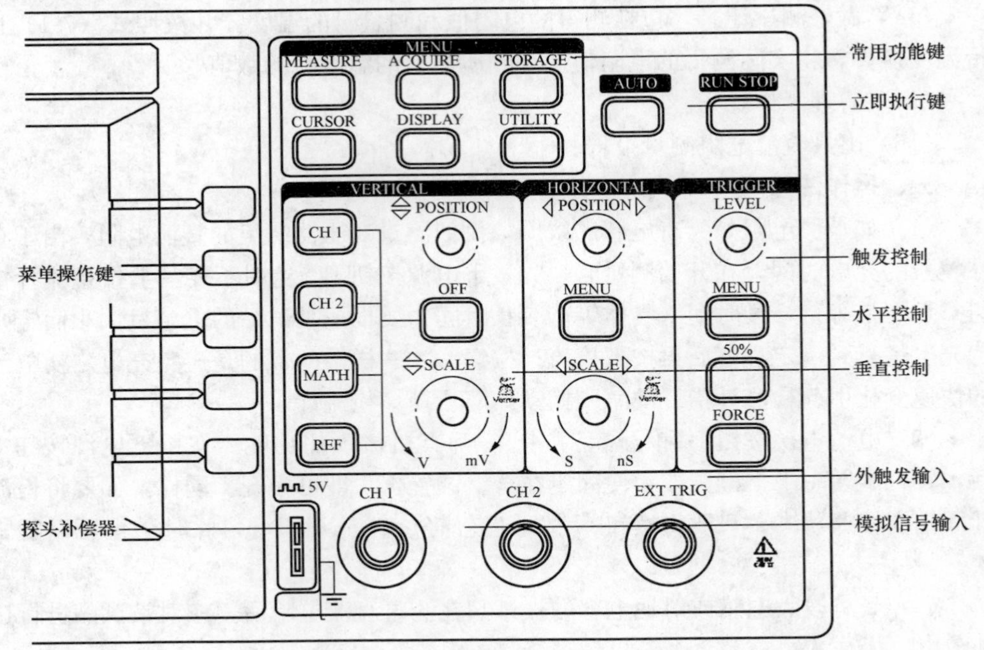

图 7-49　DS 3000 系列示波器前面板

二、操作步骤

（1）功能检查：接通仪器电源，仪器执行所有自检项目，并确认通过自检，按 DTORAGE 按钮，用菜单操作键从顶部菜单框中选择设置存储，然后调出出厂设置菜单框。

（2）示波器接入信号：

1）用示波器探头将信号接入通道 1（CH1）：将探头上的开关设定为 10×，并将示波器探头与通道 1 连接。将探头连接器上的插槽对准 CH1 同轴电缆插接件（BNC）上的插口并插入，然后向右旋转以拧紧探头，如图 7-50 所示。

2）将波器需要输入探头衰减系数。此衰减系数改变仪器的垂直挡位比例，从而使得测量结果正确反映被测信号的电平（默认的探头菜单衰减系数设定值为 10×）。设置探头衰减系数的方法如下：按 CH1 功能键显示通道 1 的操作菜单，应用与探头项目平行的 4 号菜单操作键，选择与所使用的探头同比例的衰减系数。此时设定应为 1×，如图 7-51 所示。

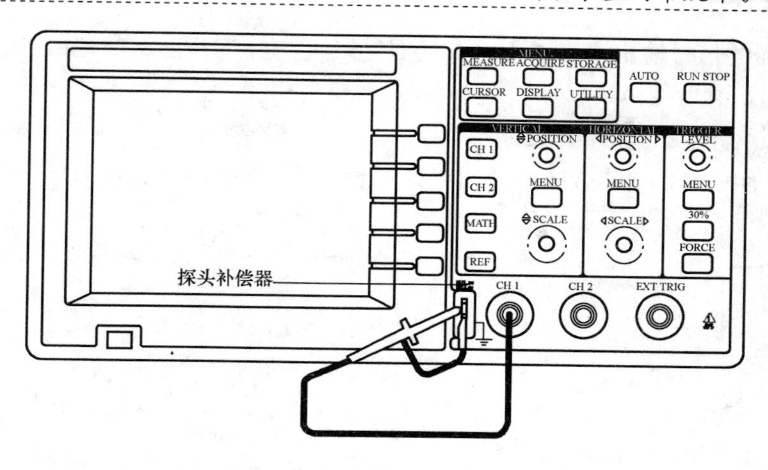

图 7-50　示波器探头的连接

3）将探头端部和接地夹接到探头补偿器的连接器上，按 AUTO（自动设置）按钮。几秒钟内，可见到方波显示（1kHz 时约 5V，峰到峰），如图 7-52 所示。

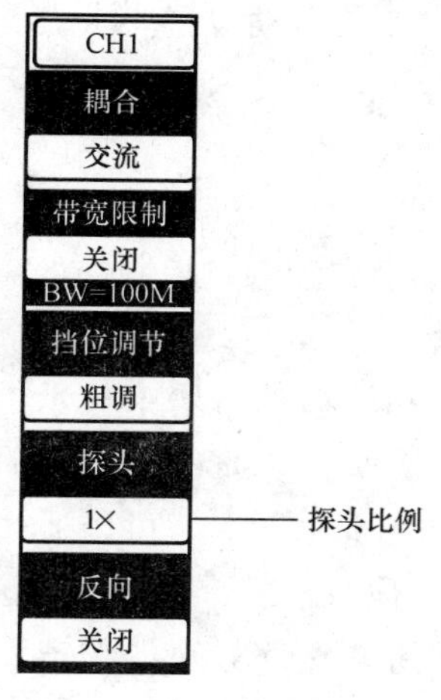

图 7-51　示波器探头衰减系数的输入

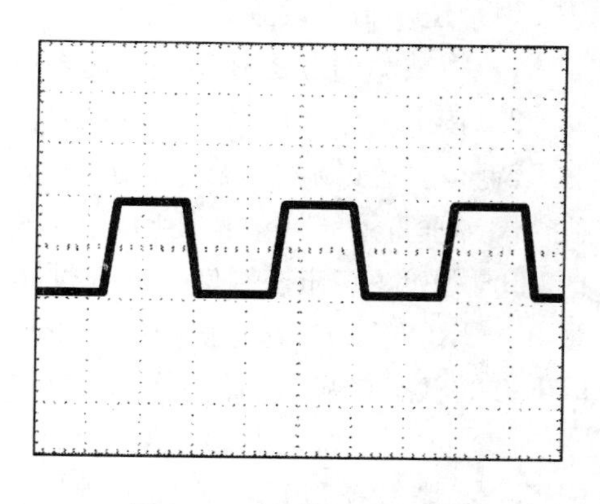

图 7-52　示波器自检方波

4）以同样的方法检查通道 2（CH2）。按 OFF 功能按钮以关闭通道 1，按（CH2）功能按钮以打开通道 2，重复步骤 2）和步骤 3）。

（3）探头补偿：在首次将探头与任一输入通道连接时，进行此项调节，使探头与输入通道相配。未经补偿或补偿偏差的探头会导致测量误差或错误。若调整探头补偿，按如下步骤进行：

1）将探头菜单衰减系数设定为 10×，将探头上的开关设定为 10×，并将示波器探头与通道 1 连接。如使用探头钩形头，应确保与探头接触紧密。将探头端部与

探头补偿器的信号输出连接器相连，基准导线夹与探头补偿器的地线连接器相连，打开通道1，然后按AUTO。

2）检查所显示波形的形状。

3）如有必要，用非金属质地的改锥调整探头上的可变电容，直到屏幕显示的波形如图7-53（b）所示。

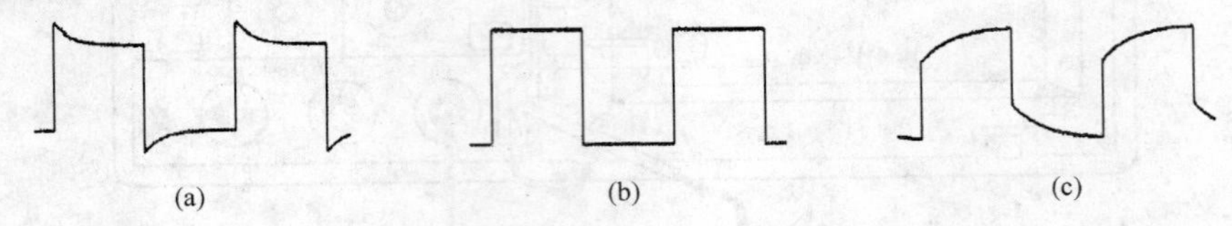

图7-53　检查所显示波形的形状

（a）补偿过度；（b）补偿正确；（c）补偿不足

4）必要时，重复以上步骤。

DS-3000系列数字存储示波器具有自动设置的功能。根据输入的信号，可自动调整电压倍率、时基以及触发方式至最好形态显示。应用自动设置要求被测信号的频率大于或等于50Hz，占空比大于1%。

（4）使用自动设置：

1）将被测信号连接到信号输入通道。

2）按下AUTO按钮，示波器将自动设置垂直，水平和触发控制。如需要，可手工调整这些控制，使波形显示达到最佳。

（5）垂直系统调节：使用垂直POSITION旋钮在波形窗口居中显示信号，垂直POSITION旋钮控制信号的垂直显示位置。当转动垂直POSITION钮时，指示通道（GROUND）的标识跟随波形而上下移动。改变垂直设置，可以通过波形窗口下方的状态栏显示的信息，确定任何垂直挡位的变化。

（6）水平系统的调整：使用水平POSITION旋钮调整信号在波形窗口的水平位置。水平POSITION旋钮控制信号的触发位移或内存位移。当转动水平POSITION旋钮时，可以观察到波形随旋钮而水平移动。按MENU按钮，显示TIME菜单。在此菜单下，可以开启/关闭（缩放模式）或切换Y-T、X-Y显示模式。此外，还可以设置水平POSITION旋钮的触发位移或内存位移模式。

（7）触发系统调节：如图7-54所示，在触发控制区（TRIGGER）有1个旋钮、3个按键。使用LEVEL旋钮改变触发电平设置。转动LEVEL旋钮，可以发现屏幕上出现一条触发线以及触发标志。触发线和标志随旋钮转动而上下移动。停止转动旋钮，此触发线和触发标志会在约5s后消失。在移动触发线的同时，可以观察到在屏幕上触发电平的数值或百分比显示发生了变化。

使用MENU调出触发操作菜单，如图7-54所示，改变触发的设置，观察由此造成的状态变化。按50%按钮，设定触发电平在触发信号幅值的垂直中点。按FORCE按钮，强制产生一触发信号，主要应用于触发方式中的“普通”和“单次”模式。

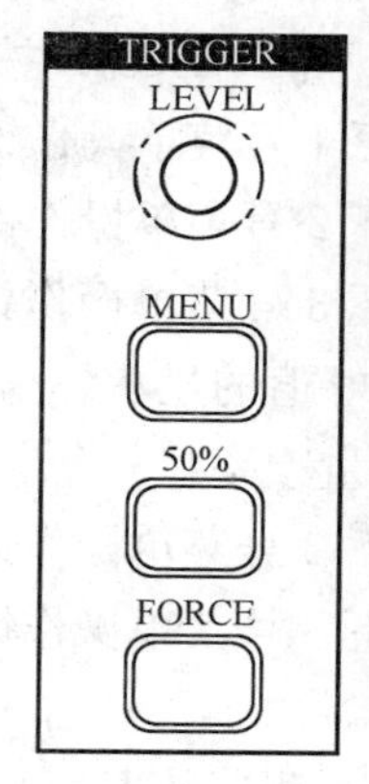

图7-54　示波器触发控制区

（8）设备检查恢复，处于保管状态。

三、操作注意事项

（1）避免在阳光直射下或明亮的环境中使用示波器。如果工作条件所限，无法避开强光源的照射，可采用遮光罩进行测试。

（2）应用示波器进行波形测量时，应注意把波形调到有效屏面的中心区进行测量，以免示波管的边缘失真而产生测量误差。

（3）在测试过程中，要避免手指或人体其他部位直接触及输入端和探针，以免因人体感应电压而影响测试结果。

（4）不应使用去掉外壳或屏蔽罩的示波器，以免发生人身意外或影响测量的精度。

（5）示波器在使用时，被测信号电压的幅度（包括信号中的直流电压）不得超过说明书中规定的最大输入电压值。

（6）示波器在使用中特别要注意避免振动和冲击。示波器暂时不用时不必关断电源，只需将亮度旋钮调至最小位置，切忌频繁开关电源。

（7）示波器在使用过程中如出现异常情况，如异常声音和异味等，应立即关断电源，请维修部门进行检查，不应随意拆修。

模块11　使用数字式示波器测量自动装置的简单信号

一、操作说明

检测电路中一未知信号，迅速显示和测量信号的频率和峰—峰值。

二、操作步骤

（1）确认检测电路。

（2）将探头菜单衰减系数设定为10×，并将探头上的开关设定为10×。

（3）将通道1的探头连接到电路被测点。

（4）按下自动设置按钮。

（5）测量峰峰值：

1）按下 MEASURE 按钮，以显示自动测量菜单。

2）按下 1 号菜单操作键，以选择信源 CH1。

3）按下 2 号菜单操作键，选择测量类型分页：电压 1～3。

4）按下 3 号菜单操作键，选择测量类型：峰—峰值，此时，可以在屏幕左下角发现峰—峰值的显示。

（6）测量频率：

1）按下 2 号菜单操作键，选择测量类型分页：时间 1～3。

2）按下 3 号菜单操作键，选择测量类型：频率，此时，可以在屏幕下方发现频率的显示。

（7）记录测试数据。

（8）清理工作现场。

（9）出具信号检测报告。

三、操作注意事项

测量结果在屏幕上的显示会因为被测信号的变化而改变。

模块 12　使用数字式示波器观察信号通过电路产生的延迟和畸变

一、操作说明

自动装置电路中，电压（电流等）信号通过装置电路产生的延迟和畸变会引起自动装置动作异常甚至故障，所以必须监控电路输入信号和输出信号的波形延迟和畸变程度，使之符合要求。

二、操作步骤

（1）确认装置电路。

（2）设置探头和示波器通道的探头衰减系数为 10×。

（3）将示波器 CH1 通道与装置电路信号输入端相接，CH2 通道则与装置电路输出端相接。

（4）显示 CH1 通道和 CH2 道的信号：

1）按下 AUTO（自动设置）按钮。

2）继续调整水平、垂直挡位，直至波形显示满足测试要求。

3）按 CH1 按键选择通道 1，旋转垂直（VERTICAL）区域的旋钮调整通道 1 波形的垂直位置。

4）按 CH2 按键选择通道 2，如前操作，调整通道 2 波形的垂直位置，使通道 1、2 的波形既不重叠在一起，又利于观察比较。

(5) 测量正弦信号通过电路后产生的延时，并观察波形的变化：

1) 按下 MEASURE 按钮，以显示自动测量菜单。

2) 按下 1 号菜单操作键，以选择信源 CH1。

3) 按下 2 号菜单操作键，选择测量类型分页：时间 3～3。

4) 按下 3 号菜单操作键，选择测量类型，此时，可以在屏幕左下角发现通道 1、2 在上升沿的延时数值显示。

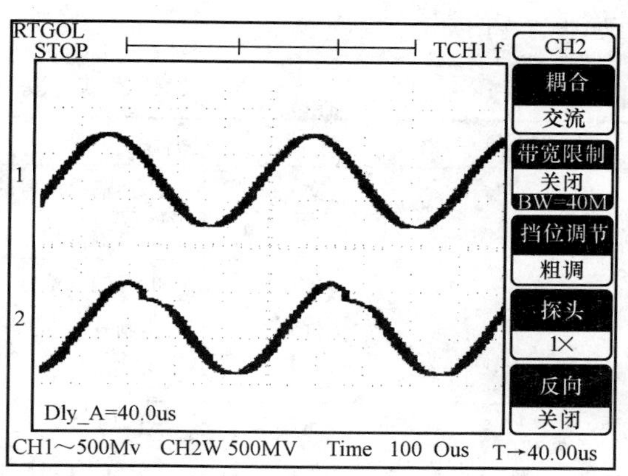

图 7-55　波形畸变

5) 观察波形的变化，如图7-55所示。

(6) 记录检测数据。

(7) 清理工作现场。

(8) 出具信号分析报告。

三、操作注意事项

(1) 应用示波器进行波形测量时，应注意把波形调到有效屏面的中心区进行测量，以免示波管的边缘失真而产生测量误差。

(2) 在测试过程中，要避免手指或人体其他部位直接触及输入端和探针，以免因人体感应电压而影响测试结果。

(3) 示波器在使用时，被测信号电压的幅度（包括信号中的直流电压）不得超过说明书中规定的最大输入电压值。

模块 13　数字式示波器的参数设置

一、操作说明

示波器通过观察状态栏来确定示波器设置的变化。示波器的参数设置包括如何设置垂直系统、水平系统、触发系统、采样方式、显示方式，如何进行存储和调出，如何使用执行按钮等操作。

二、操作步骤

(1) 垂直系统设置：按 CH1 或 CH2 功能按键，系统显示 CH1 通道的操作菜

单如表 7-14 所示。

表 7-14　　CH1 通道的操作菜单

功能菜单	设　定	说　　明
耦合	交流	阻挡输入信号的直流成分
	直流	通过输入信号的交流和直流成分
	接地	断开输入信号
带宽限制	打开	限制带宽至 20MHz，以减少显示噪声（DS3022M 无带宽限制）
	关闭	满带宽
挡位调节	粗调	粗调按 1-2-5 进制设定垂直灵敏度
	微调	微调则在粗调设置范围之间进一步细分，以改善分辨率
探头	1× 10× 100× 1000×	根据探头衰减因数选取其中一个值，以保持垂直标尺读数准确
反相	打开	打开波形反向功能
	关闭	波形正常显示

1）设置通道耦合。以 CH1 通道为例，被测信号是一含有直流偏置的正弦信号。

a. 按 CH1、耦合、交流，设置为交流耦合方式。被测信号含有的直流分量被阻隔。

b. 按 CH1 耦合、直流，设置为直流耦合方式。被测信号含有的直流分量和交流分量都可以通过。

c. 按 CH1、耦合、接地，设置为接地方式。被测信号含有的直流分量和交流分量都被阻隔。

2）设置通道带宽限制。以 CH1 通道为例，被测信号是一含有高频振荡的脉冲信号。

a. 按 CH1、带宽限制、关闭，设置带宽限制为关闭状态。被测信号含有的高频分量可以通过。

b. 按 CH1、带宽限制、打开，设置带宽限制为打开状态。被测信号含有的大于 20MHz 的高频分量被阻隔。

3）挡位调节设置。垂直挡位调节分为粗调和细调两种模式。细调是指在当前垂直挡位范围内进一步调整。

4）调节探头比例。为了配合探头的衰减系数，需要在通道操作菜单相应调整探头衰减比例系数。如探头衰减系数为 10∶1，示波器输入通道的比例也应设置成 10×，以避免显示的挡位信息和测量的数据发生错误。

5）波形反相的设置。波形反相：显示的信号相对地电位翻转 180°。

（2）设置水平系统：

1）使用水平控制钮可改变水平刻度（时基）、当前显示的波形在内存中的水平位置（内存位移）、触发在内存中的水平位置（触发位移）。屏幕水平方向上的中心是波形的时间参考点。改变水平刻度会导致波形相对屏幕中心扩张或收缩。水平位置改变波形相对于触发点的位置。

2）水平 POSITION：调整通道波形（包括数学运算）的水平位置。该控制钮的解析度根据时基而变化。

3）水平 SCALE：调整主时基或缩放模式时基，即秒/格（s/div）。当缩放模式被打开时，将通过改变水平 SCALE 旋钮改变缩放模式时基而改变窗口宽度。

4）标志说明：如图 7-56 所示。

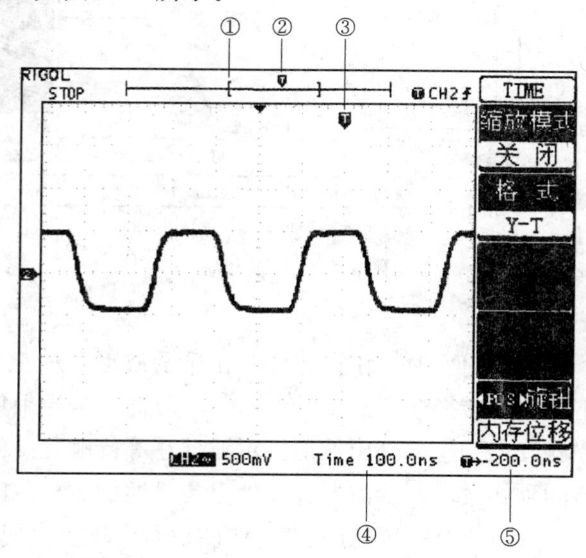

图 7-56　标志说明

1—“[ ]”标志代表当前的波形视窗在内存中的位置；2—标识触发点在内存中的位置；3—标识触发点在当前波形视窗中的位置；4—水平时基（主时基）显示，即秒/格（s/div）；5—触发位置相对于视窗中点的水平距离

缩放模式用来放大一段波形，以便查看图像细节。缩放模式时基设定不能慢于主时基的设定。在缩放模式下，分上、下两个显示区域，如图 7-57 所示。其中，

上半部分显示的是原波形，未被黑色覆盖的区域是期望被水平扩展的波形部分。此区域可以通过转动水平 POSITION 旋钮左右移动，或转动水平 SCALE 旋钮扩大和减小选择区域。下半部分是选定的原波形区域经过水平扩展的波形。值得注意的是，缩放时基相对于主时基提高了分辨率，如图 7-56 所示。由子整个下半部分显示的波形对应于上半部分选定的区域，因此转动水平 SCALE 旋钮减小选择区域可以提高缩放时基，即提高了波形的水平扩展倍数。

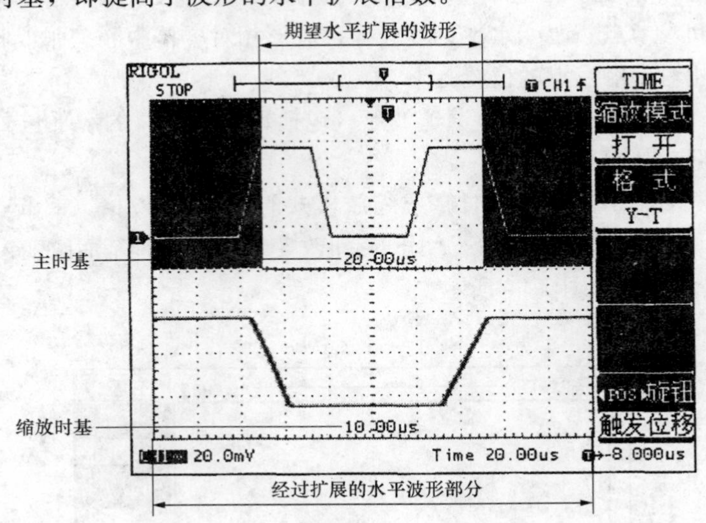

图 7-57　缩放模式

(3) 触发系统设置：

1) 触发决定了示波器何时开始采集数据和显示波形。一旦触发被正确设定，它便可以将不稳定的显示转换成有意义的波形。示波器在开始采集数据时，先收集足够的数据用来在触发点的左方画出波形。示波器在等待触发条件发生的同时连续地采集数据。当检测到触发后，示波器连续地采集足够的数据，以在触发点的右方画出波形。LEVEL：触发电平设定触发点对应的信号电压，以便进行采样。50%：设置触发电平设定在触发信号幅值的垂直中点。FORCE：强制产生一触发信号，主要应用于触发方式中的“普通”和“单次”模式。

2) 触发有两种方式：边沿触发和视频触发，每类触发使用不同的功能菜单。边沿触发方式是在输入信号边沿的触发阈值上触发。在选取“边沿触发”时，即在输入信号的上升或下降边沿触发。选择视频触发以后，即可在 NTSC、PAL 或 SECAM 标准视频信号的场或行上触发。触发耦合预设为交流。

(4) 采样系统设置：使用 ACQUIRE 按钮弹出采样设置菜单。通过菜单控制按钮调整采样方式。观察单次信号选用实时采样方式，观察高频周期性信号选用等效采样方式。希望提高显示的刷新速率，选用快速触发方式。希望观察信号的包络避免混淆，选用峰值检测方式。期望减少所显示信号中的随机噪声，选用平均采样方式，平均值的次数可以选择。

三、操作注意事项

（1）同步脉冲：当选择“正极性”时，触发总是发生在负向同步脉冲上。如果视频信号具有正向同步脉冲，则选择“负极性”。

（2）高频抑制：当视频信号含有高频噪声时，打开高频抑制可以滤除高频噪声，利于观察本体信号。

（3）因为缩放模式分上、下两个区域分别显示原波形和扩展后的波形，所以波形的显示幅度被压缩了1/2。如原来的垂直挡位为10mV/div，则进入缩放模式以后，垂直挡位将变为20mV/div。

（4）选用平均采样方式可能造成波形显示刷新变慢。

模块14　数字式示波器的故障处理

一、操作说明

能正确识别和处理数字式示波器的故障，是水电自动装置检修工作中的一项专业技能。

二、操作步骤

（1）如果按下电源开关示波器仍然黑屏，没有任何显示，则按下列步骤处理：

1）检查电源接头是否接好。

2）检查电源开关是否按实。

3）做完上述检查后，重新启动仪器。

（2）采集信号后，画面中并未出现信号的波形，可按下列步骤处理：

1）检查探头是否正常接在信号连接线上。

2）检查信号连接线是否正常接在BNC（通道连接器）上。

3）检查探头是否与待测物正常连接。

4）检查待测物是否有信号产生（可将有信号产生的通道与有问题的通道接在一起来确定问题所在）。

5）重新采集信号一次。

（3）测量的电压幅度值比实际值大10倍或小10倍。检查通道衰减系数是否与实际使用的探头衰减比例相符。

(4) 有波形显示，但不能稳定下来：

1) 检查触发面板的信源选择项是否与实际使用的信号通道相符。

2) 检查触发类型：一般的信号应使用边沿触发方式，视频信号应使用视频触发方式。只有应用适合的触发方式，波形才能稳定显示。

3) 尝试改变耦合为高频抑制和低频抑制显示，以滤除干扰触发的高频或低频噪声。

(5) 按下 RUN/STOP 互牌无任何显示：检查触发面板（TRIGGER）的触发方式是否在普通或单次挡，且触发电平超出波形范围。如果是，将触发电平居中，或者设置触发方式为自动挡。另外，按自动设置 AUTO 按钮可自动完成以上设置。

(6) 选择打开平均采样方式或设置较长余辉时间后，显示速度变慢正常。

(7) 波形显示呈阶梯状：

1) 此现象正常。可能水平时基挡位过低，增大水平时基以提高水平分辨率，可以改善显示。

2) 可能显示类型为矢量，采样点间的连线，可能造成波形阶梯状显示。将显示类型设置为点显示方式，即可解决。

(8) 清理工作现场。

(9) 出具示波器故障处理工作报告。

三、操作注意事项

(1) 不允许私自开启示波器箱体。

(2) 注意带电部分，防止发生短路。

模块 15　水电自动装置及二次回路交流接触器的安装

一、操作说明

接触器是利用电磁原理实现频繁地远距离接通或分断交、直流主电路及大容量控制电路的控制电器，它操作方便、动作迅速、灭弧性能好，因此广泛地应用于自动装置的控制回路中。接触器与继电器等配合可实现自动控制及过电流、过电压等保护，它不同于刀开关类手动切换电器，因为它具有手动切换电器所不能实现的远距离操作功能，同时又具备手动切换电器所没有的失压保护功能；它也不同于自动开关，因为它虽然具有一定的过载能力，但却不能切断短路电流，也不具备过载保护的功能。

接触器主要由电磁系统、触头系统和灭弧装置三部分组成。电磁系统是感测驱动部分，触头系统是执行部分，也是接触器的核心部分。由于接触器在工作过程中经常要在额定电压下接通或分断额定电流或更大的电流，而这种过程往往伴随着电弧的产生，因此接触器一般都还设有灭弧装置。接触器按其主触头所控制电路的电流种类不同，分为直流接触器和交流接触器；按其电磁系统励磁方式不同，又可分为直流励磁操作和交流励磁操作两种。

常用交流接触器的外形如图 7-58 所示。当电磁线圈不通电时，弹簧的反作用力或铁芯的自重使主触头保持在断开位置；当电磁铁线圈接通额定电压时，电磁吸力克服弹簧的反作用力，将动铁芯吸向静铁芯，带动主触头闭合，辅助触头随之动作。

二、操作步骤

(1) 安装前的检查：

1) 检查接触器的铭牌及线圈的技术数据，如额定电压、电流、工作频率和通电持续率等，应符合实际使用要求。

2) 检查外观有无破损、缺件。

3) 用汽油将铁芯极面上的防锈油脂或锈垢擦净，以免因油垢黏滞造成接触器线圈断电后铁芯不能释放。

4) 用手分合接触器的活动部分，要求动作灵活，无卡住现象。

5) 检查和调整触头的工作参数（如开距、超程、初压力和终压力等），并使各极触头的动作同步。

6) 接触器线圈通电吸合数次，检

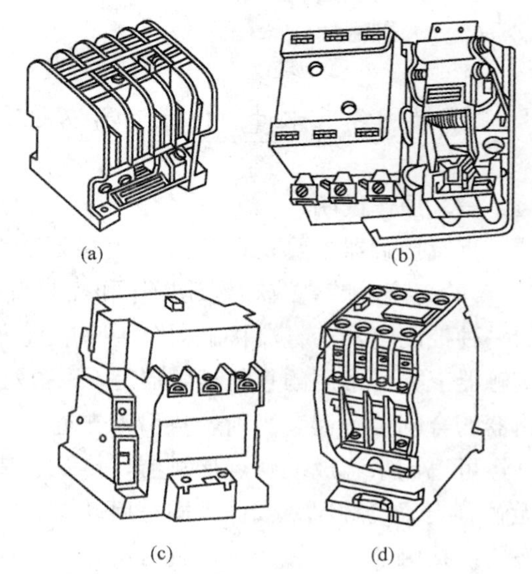

图 7-58　常用交流接触器的外形

(a)CJ10 型；(b)CJ40 型；(c)CJ20-40 型；(d)3TB/3TH 型

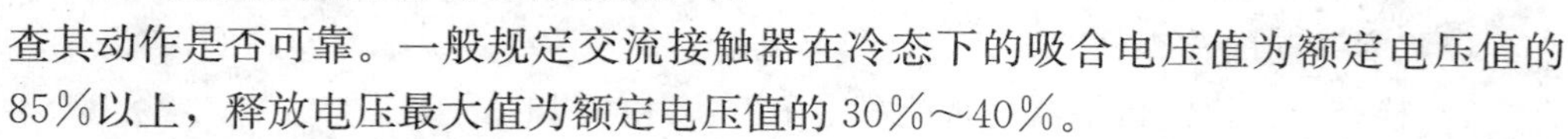

查其动作是否可靠。一般规定交流接触器在冷态下的吸合电压值为额定电压值的85%以上，释放电压最大值为额定电压值的 30%～40%。

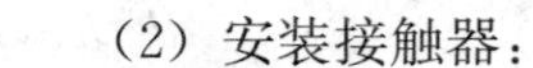

(2) 安装接触器：

1) 安装接触器时，其底面应与地面垂直，倾斜度应小于 5°，否则会影响接触器的工作特性。

2) 将螺钉拧紧，不要使螺钉、垫圈、接线头等零件脱落，以免掉进接触器内部而造成卡住或短路现象。

3）检查接线正确无误后，在主触头不带电的情况下，先使吸引线圈通电合分数次，检查动作是否可靠。

4）在主触头带电的情况下，检查动作是否可靠。

5）用于可逆转换的接触器，为了保证连锁可靠，除利用辅助触头进行电气连锁外，有时还加装连锁机构。

（3）清理工作现场。

（4）出具交流接触器安装项目工作终结报告。

三、操作注意事项

（1）接触器安装应牢固。

（2）接线应正确，并牢固可靠。

（3）无机械损伤。

模块16　水电自动装置及二次回路直流接触器的安装

一、操作说明

直流接触器主要是用于远距离接通和分断额定电压0～440V、额定电流0～600A的直流电路，或频繁地操作和控制直流电动机启动、停止、反转和反接制动的一种控制电器。直流接触器分为一般直流接触器、牵引直流接触器和高电感直流接触器三类。常用的直流接触器有CZ系列。水电厂主要用于励磁装置中和用作断路器的合闸接触器。当前，自引入先进的电子技术以来，大功率的晶体管及晶闸管已经可以用来组成无触点接触器，传统意义上的接触器受到了挑战。这种静止式的无触点交流接触器，或称为固态启动器、固态控制器，利用硅管无弧转换的优点代替传统接触器的机械触头，具有动作时间快、操作频率高、电气寿命长和无噪声等优点，水电厂压油装置的电动机控制已应用了固态交流电动机控制器。

交流接触器的安装工作由1人完成。

二、操作步骤

（1）安装前的检查：

1）检查所选用的接触器是否能满足电路实际使用的要求。

2）检查外观是否完整无损，灭弧室和胶木件有无破裂。

3）铁芯极表面有无防锈油或出现锈渍。

4）用手开闭接触器，观察可动部分是否灵活、有无卡碰现象。

5）检查和调整触头工作参数（如开距、超程、初压力、终压力等），触头动作的同步性和接触良好性。

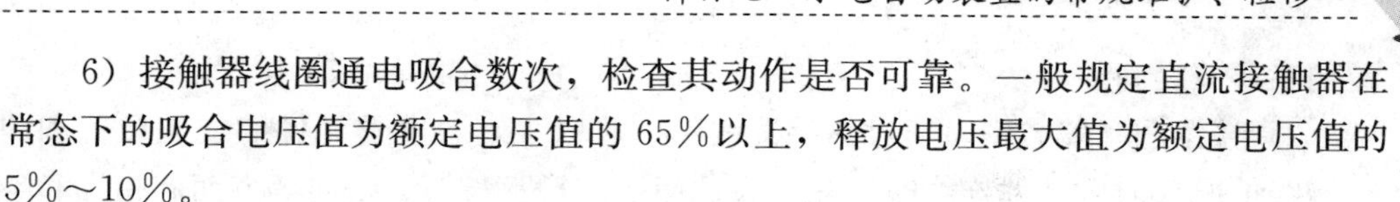

6）接触器线圈通电吸合数次，检查其动作是否可靠。一般规定直流接触器在常态下的吸合电压值为额定电压值的65%以上，释放电压最大值为额定电压值的5%～10%。

（2）安装接触器：

1）根据使用说明书正确地接线。

2）对有接线极性要求的直流接触器，必须严格按规定的极性连接。大额定电流接触器的直流操作线圈与电源的连接线如太长，应选用加大截面面积的导线，以免连接导线压降太大而影响可靠的闭合。若直流接触器磁系统带电，则应特别注意必须安装在绝缘底座上。安装要牢固，防止有小零件掉入接触器内。

3）对有灭弧室的接触器，先将灭弧罩拆下，安装固定好后再将灭弧罩装上。

4）用手开闭接触器，检查可动部分的灵活性。

5）测量绝缘电阻应不小于15MΩ。

6）检查接线正确无误后，应在主触头不带电的情况下试操作数次，其动作符合要求后，才能投入运行。

7）对控制电动机正反转的直流接触器，应检查电气连锁和机械连锁的可靠性。

8）接触器初投入运行前，观察其分断电弧时的声光情况是否正常。

（3）清理工作现场。

（4）出具直流接触器安装项目工作终结报告。

三、操作注意事项

（1）接触器安装应牢固。

（2）接线应正确，并牢固可靠。

（3）无机械损伤。

模块17　低压二次设备盘的安装

一、操作说明

目前水电厂中使用的二次设备盘形式种类较多，由于各种盘的型号不同，其结构尺寸也不相同，因此，安装前不仅要熟悉设计图纸，而且还应了解盘的结构尺寸，并加以校对，以确定实际安装部位等。

（1）图纸和资料的准备：

1）电气电路图。电气电路图是安装和调试工作的主要依据，由生产厂家随产品一同提供。施工前，应结合设备的说明书仔细阅读，搞清设备的工作原理及电气

控制各环节之间的关系。

2）接线图和安装图。通过熟悉接线图，可以了解各电器元件的安装位置和内部接线情况，对做外部连线时，在导线截面、数量、长短、走向等方面起指导和参考作用；安装图上各组件的外形尺寸、开孔规格、平面布置、安装要求等，都是安装施工的主要依据。

3）产品说明书。一般介绍该产品的型号、规格、主要技术指标、主要环节的工作原理，以及安装、调整和维修的注意事项等，有的还附有本设备所用电器元件的明细表，应仔细地阅读。如果说明书只是对上列内容作概略性的介绍，就需要借助参阅其他有关资料来帮助理解。

（2）常用材料、工具和测量仪表的准备：

1）导线的准备。按照电路图要求准备导线，一般电控箱内的导线均要求采用电压不低于500V的铜芯绝缘导线，导线截面面积不得低于电路要求。一般规定控制回路铜导线的截面面积不应小于0.75mm^2。箱（柜）内敷设于单元安装板上的导线均采用硬线，而用于连接门上的电器、控制台板等可动部位的过渡导线，应采用多股软铜线。

2）紧固件的准备。按电器元件需用的规格、数量准备紧固件，要求所有紧固件为镀锌件。

3）工具准备。电工常用工具、500～1000V绝缘电阻表、钢直尺、钢卷尺、万用表。

低压二次设备盘的安装工作应集体完成。

二、操作步骤

（1）底盘的安装：

1）基础底座的加工与埋设。配电盘不能直接安装在基础上，必须将加工好的底座埋设在基础上，然后将配电盘固定在底座上。固定方式有两种，即螺栓连接和电焊焊接。焊接法比较牢固可靠，接地良好，但不适宜于动迁。对自动装置盘，只能采用螺栓连接固定，不宜采用焊接固定。

底座的材料常采用槽钢或角钢，其规格应根据配电盘的结构尺寸、质量而定。槽钢常采用［5～［10，角钢用L30×4～L50×5的规格范围。用槽钢或角钢来做盘的基础底座时，必须经过加工处理。底盘应根据设计位置埋设。埋设前，应将底盘或临场加工的槽钢或角钢调直除锈，按图纸要求下料钻孔，再按规定的标高固定，并进行水平校正。水平误差要求为1m不超过1mm，累计误差不超过5mm。固定方法是将底盘或槽钢焊在钢筋上，再将钢筋浇在混凝土的基础里。图7-59（a）所示为开关柜底盘安装示意图，另一种埋设底盘的方法是采用预留槽埋设法，如图

7-59（b）所示。这种方法是预留出槽和洞，再埋设底盘。预留槽的宽度比底盘槽钢宽30mm左右，深度为底盘埋入深度加10mm再减去二次抹灰粉平均厚度，以便用垫铁调整底盘水平。底盘平面一般比抹平后的混凝土表面高出10mm，埋入深度为底盘高度减去10mm。

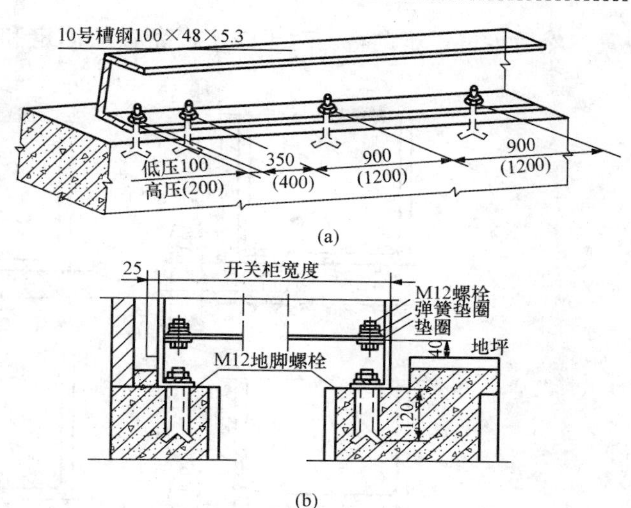

图7-59　控制柜底盘安装示意图

（a）槽钢与地基的固定；（b）采用预留孔方法

底盘安装好后，应与接地钢焊接起来，以保证设备接地的质量。

（2）二次设备盘的搬运：二次设备盘应在晴天搬运，以防受潮。搬运过程中不允许倒置或侧放。图7-60所示为吊运二次设备盘时钢丝绳、钩的位量。

（3）开箱、清扫、检查：新购置的二次设备盘运抵工地后，要及时开箱清扫检查。检查规格、型号、回路、布置是否与设计图纸相符。通过检查，临时在屏上标明开关柜的名称、安装编号和安装位置。检查开关柜上零件是否齐全、备品是否足数、有无出厂图纸等文件，检查有无损坏、受潮等。损坏的要更换零件或修复，或领取新的部件，受潮的要及时烘干。用电动吹尘器将屏内灰尘吹净。仪表、继电器可送有关部门检验和调整。

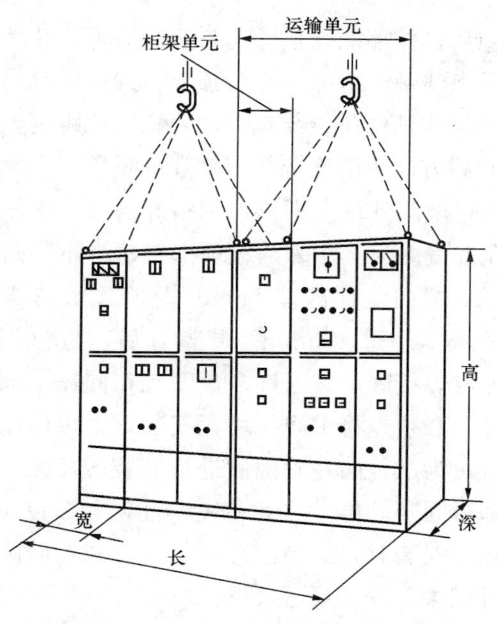

图7-60　吊运二次设备盘时钢丝绳、钩的位量

（4）立屏：二次设备盘安装工作必须在土建工作已经结束、木胎模已拆除、混凝土的养护期已过、室内的杂物已清理干净后方可进行。立屏前，先按图纸规定的顺序，将二次设备盘做好标记，然后用人力将其平搬放在安装位置。立柜时，可先把每个柜调整到大致的水平

位置，然后再进一步调整。对于二次设备盘的固定和安装，常采用如图 7-61 所示的方式。

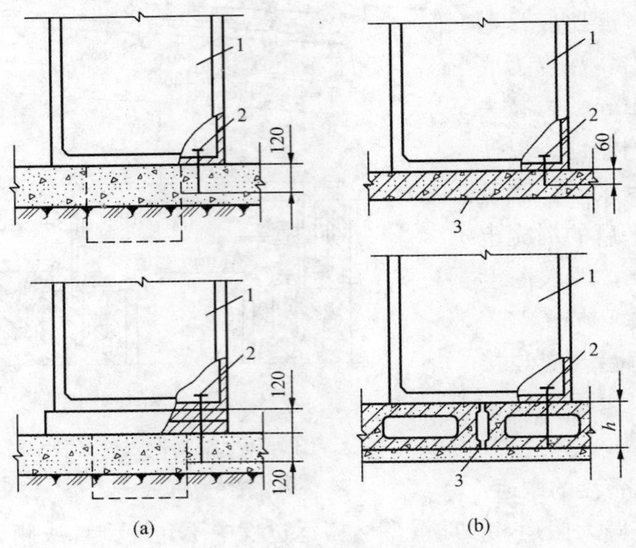

图 7-61　二次设备盘的固定

(a) 在混凝土地坪上固定；(b) 在现浇楼板上固定

1—开关柜；2—螺栓；3—现浇楼板

将盘底螺孔对准基础螺栓孔放下盘放稳后，按照图纸尺寸调整盘的位置，并矫正盘的水平和垂直。可用一根木棒，一端绑上线锤，木棒放在盘顶上，线锤沿盘吊下，但不能与盘边相贴，待线锤稳定后，测量线锤的吊线与盘边的距离，此距离上下不相等时，表示盘体有倾斜现象，需在倾斜方向盘的底部垫上铁片。重复以上操作，直至调到垂直为止。调整好的盘，水平度允许偏差为：相邻两盘顶部差每米不超过 2mm，成列盘顶部差 5mm；垂直度允许偏差每米不超过 1.5mm。调整好后，将盘用螺栓或焊接固定。当许多盘安装在同一平面上时，必须先将中间一块盘安装好，再以中间一块为准，向左右两侧进行安装。装完一块即行固定，再进行下一块，直到全部装完为止。安装时，必须注意盘与盘之间的间隙不宜过大，一般不应超过 2mm，使二次设备盘成一整体，如图 7-62 所示。

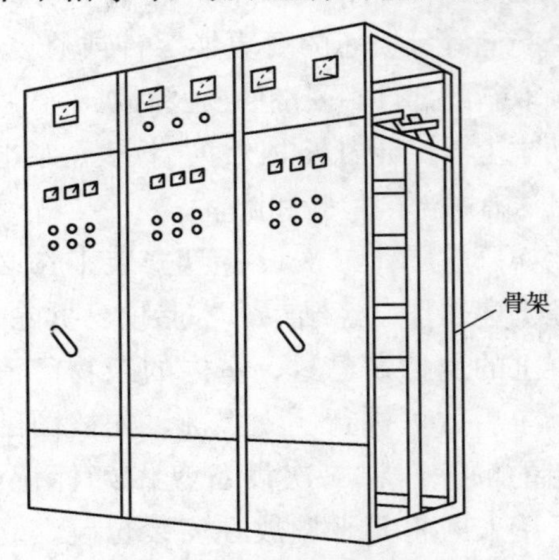

图 7-62　安装好的整体二次设备盘

焊接部位盘底四角为20～40mm长，固定牢固；紧固件齐全完好，表面镀锌；紧固螺栓露扣2～5丝扣；盘底座与基础导通良好，要有2点及以上接地；装有电气可开启门的应用软导线可靠接地。

（5）低压开关柜定位后的调试：开关柜的调试往往是与检查同时进行的。装在屏上的电器元件、继电器和测量仪表，应进行单个元件、二次接线和整体的检查和调试。

1）二次接线检查。采用对线灯法检查二次接线，对单层布线方式的二次接线，需要细致地检查并与原理接线图及安装接线图校对，以判断安装是否正确。对多层布线方式的控制屏和隐蔽的安装处的接线进行检查。查线时要按图逐步查下去，否则容易漏查。如果所查的线上接有电流线圈或动断触头，以及构成该回路的线有很多段，则常常需将多回路分开，然后查对。转换开关的接线还可在切换位置后再测。为查线而松开的线头在查对后恢复好。

2）二次接线回路中连接设备的检查。在二次接线中所连接的设备包括：控制按钮、插头、位置指示器、各种切换开关、故障报警器、试验部件、测量仪表、接线端子板、熔断器、操作及信号回路内的控制继电器、限流电阻及回路中的其他设备等。通常要对上述各设备进行检查，清扫灰尘，同时检验电源开关的传动装置与断路器上所装设的辅助触头的调整是否正确，动作是否可靠。

3）对其他器具的动作检查。对所有操作手柄、按钮、信号指示器及其他电器，应检查其回路是否存在短路或断路。检查时可使用手电筒，在导线已断开时依次检查各种电器的触头闭合是否良好与正确。然后，在额定电压的情况下，用手转动操作手柄数次，使之处于“闭合”和“断开”的位置时，检查信号灯是否发亮。对电源开关和断路器的传动装置，应进行数次操作，以检验信号灯在断路时的工作状态和电源开关与断路器之间的闭锁是否正确及可靠。

（6）清理工作现场。

（7）出具二次控制盘安装项目工作终结报告。

三、操作注意事项

（1）盘体安装应牢固。

（2）接线应正确，并牢固可靠。

（3）无机械损伤。

（4）检查二次接线回路时，应接在额定电压下，模拟各种不正常方式（如熔断器熔体熔断，跳闸与合闸回路断线、直流电压突然消失及其他不正常情况等），以检查所有信号的工作是否正确与可靠。

模块18　水电自动装置及二次回路盘柜二次的接线

一、操作说明

二次线配线分为盘内配线和控制电缆配线两部分。在进行配线工作前，应根据安装接线图的要求来确定导线的布线位置。盘内配线的方法很多，目前通常将端子排垂直装设在盘的两侧与盘面构成45°角的位置。对控制箱和配电箱内的配线，多采用端子排水平装设。

二、操作步骤

（1）熟悉图纸，了解屏盘实际情况：工作环境是否靠近带电设备，一、二次设备的位置及对应关系等。

（2）根据安装接线图中元件及端子的排列顺序、连接线的走向和长度进行布线设计。

（3）配线前，可用一根旧导线或细铁丝，依下线次序，按盘上元件位置，量出每一根连接导线的实际长度。以所量的长度为准，割切导线段。割切下的导线长度应比量得的长度稍长，以便配线（但不应过长，以免剩余大量短头，造成浪费）。

（4）将割切的导线一一拉直，可用浸石蜡的抹布拉直导线，也可用张紧的办法将导线拉直，但须注意勿使线芯或绝缘受损。

（5）将平直好的配线端部套上绝缘标号头，并写明编号；再根据盘上电器的排列和导线数量的多少，按单层或多层排列成束。线束可绑扎成圆形，用线卡子将线束卡牢。线束的绑扎如图7-63所示。有时为便于工作，可加设一些临时线卡，待线束成型后再拆除。

编制线束时，最好在地上或桌上画出盘内电器布置的大样图（桌面上可适当敲上几个铁钉作为标志）；然后从线束末端电器或从端子排位置开始，按接线端子的实际接线位置，顺次逐个间另一端编排。边排边绑扎。排线时应保持线束横平竖直。当交叉不可避免时，在穿插处，应使少数导线在多数导线上跨过，并且尽量使交叉集中在一两个较隐蔽的地方，或把较长、较整齐的线排在最外层，把交叉处遮盖起来，使之整齐、美观。

线束的卡固应与弯曲配合进行，应是撼好一个弯，接着就卡线。线束必须从弯曲的里侧到外侧依次弯曲，如图7-64所示。线束分支时，必须先卡固线束，再依此撼弯，每一转角处都要经过绑扎卡固。线束在转弯或分支时，仍应保持横平竖直、弧度一致，导线互相紧靠，边撼边整理好。导线的撼弯不允许使用尖嘴钳、克丝钳等有锐边尖角的工具，应该用手指或弯线钳进行（弯曲半径不应小于导线外径

的 3 倍），如图 7-64 所示。

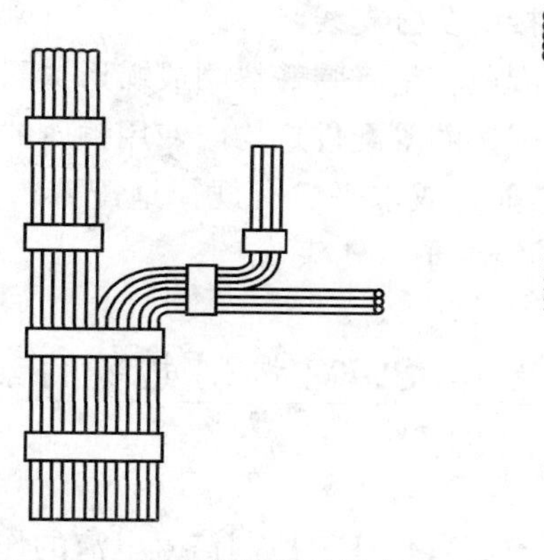

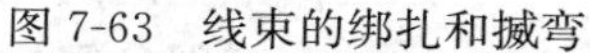

图 7-63　线束的绑扎和摵弯

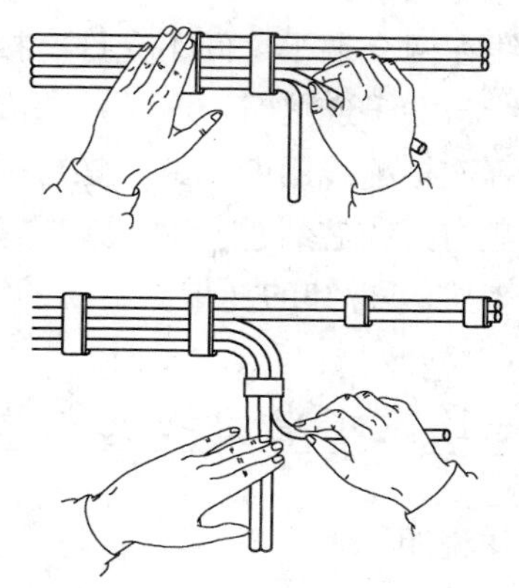

图 7-64　导线的摵弯

（6）为了简化配线工作，目前常将导线敷设在预先制成的线槽内，线槽的形式如图 7-65 所示。线槽一般在设备盘制作时一起制成，设有主槽和支槽。线槽一般由金属或硬塑料制成。配线时，可打开线槽盖，将先由布带等绑扎好的线束放入线槽。接至端子排的导线由线槽侧面的穿线孔眼中引出。有时，线束也可以敷设在螺旋状软塑料管内，施工亦较方便。

（7）将绑扎成束的导线按其编号、排列顺序及所要连接的端子分别进行接线。绝缘导线穿过金属板时，应装在绝缘衬管内，但导线穿绝缘板可直接穿过，绝缘导线应良好。

（8）端子与芯线的连接：芯线接入端子前应预留一定备用长度，并弯制相同弧度成美观的线排后，接入端子排。芯线的线芯不得剥出太长，以刚好插入端子插孔为宜。每个端子的接线不得超过 2 芯。

（9）压接接线牢固、无松动。

（10）备用芯的长度应留至端子排最高处。

（11）清理工作现场。

（12）作配线记录。

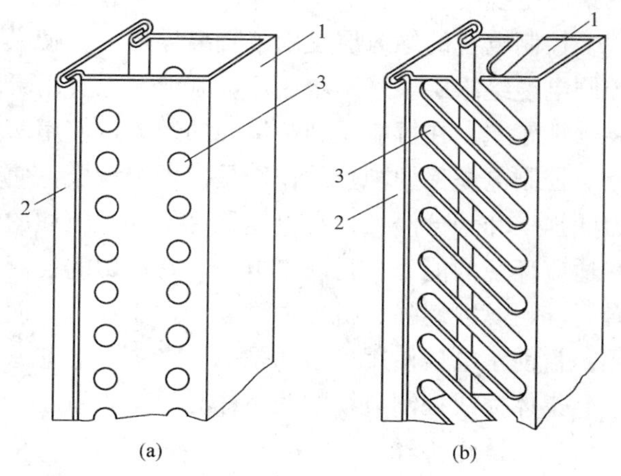

图 7-65　穿孔线槽

（a）圆孔线槽；（b）长孔线槽

1—线槽底座；2—线槽盖；3—穿线孔眼

三、操作注意事项

（1）配线在两个端子之间不允许有接头及分支线。

（2）配线与端子连接时，必须加垫圈或花垫（弹簧垫圈或蝶形垫圈）。

（3）所有连接配线用的螺钉、螺母、垫圈等配件，均应使用铜质的。

（4）在盘内配线芯线应成排成束、垂直或水平、有规律地配置，其长度超过200mm时，应加可拆卸的扎带或金属的线卡子（轧头）。

模块19　水电自动装置及二次回路控制电缆的配线

一、操作说明

控制电缆是用来连接二次设备的，它起着传递、控制信号电流的作用，在水电厂中使用的数量很大。控制电缆由导体、绝缘层和保护护套三部分组成。导体部分也就是电缆中的导线（或称芯线），是由高导电性的金属材料制成，按照规程规定，水电厂要求采用铜芯电缆。由于二次回路所控制的电流一般都不大，因此控制电缆的芯线截面也较小。电缆芯多由单股导线组成。为了满足回路的需要和便于敷设，控制电缆一般都是多芯的。根据截面的不同，芯数可为4、5、7、8、10、14、19、24、30、37等。电缆截面是根据回路使用要求确定的，但是，最小截面应能满足机械强度要求，连接强电端子的铜芯电缆一般不小于1.5mm²；电流互感器的二次回路可靠性要求较高，为避免断线，截面一般不应小于2.5mm²；连接于弱电端子的铜芯电缆的直径不小于0.5mm。

控制电缆的绝缘层是用来隔离导体的，使其与其他导体及保护护套互相隔离。控制电缆绝缘层多采用聚氯乙烯制成，也有用聚乙烯或橡皮制成的，其中橡皮的耐腐蚀性较差。在可能受到油浸蚀的地方，使用塑料电缆较好。

控制电缆保护护套的作用是保护绝缘层，使其在运输、敷设和运用中不受到外力的损伤和水分浸入。在电缆绝缘层外所施加的保护覆盖层，具有一定的机械强度和适应环境的能力。目前水电厂经常使用的控制电缆多用具有内铠装的聚氯乙烯护套，其耐腐蚀性强、机械强度高、便于加工，而且价格便宜，比较适宜在水电厂应用。目前水电厂使用最多的是KVV29型电缆。

集体完成控制电缆配线工作。

二、操作步骤

（1）写标号头：标号头分黑色和白色两种，目前广泛采用白色塑料标号头。用黑色记号笔将安装施工图上端子的文字和数字编号写在白色标号头上，以便于维修和检查。

（2）电缆头制作及挂牌：电缆头用塑料带对折后紧靠切口有序缠绕，上端面平齐且与电缆轴线垂直，成型后外层使用自粘带封口。

（3）电缆配线统一配至端子排外侧，配线前先将电缆头排列整齐并固定牢固。用U形或Ω形卡子固定电缆头，所有电缆头排成水平或阶梯形，应整齐划一。排列原则是芯线接于端子排下部的电缆排在里面，接于端子排上部的电缆排在外面。

（4）开始配线前，应将所有电缆芯线按成束配线法进行排列、捆扎、配线，其断面呈圆形。将电缆芯线一根根拉直，数根芯线成一束，数量多的可分束排列，并且每隔100～200mm便用卡子捆扎固定，间距要求统一。芯线排列原则是接于端子排下部的芯线排在下半层，接于上部的排在上半层。成束配线法比较简便，只要芯线排列整齐，特别是外层芯线平直，也可以做到美观、整齐。

（5）线芯接至端子时，与线把成垂直弯折出。芯线引至端子时要水平均匀排列，并弯一个半圆弧或S弧形状作备用长度，以防止多次拆卸造成线断折，弧形大小要一致、美观。控制电缆弯曲半径与电缆外径的比值不小于10。

（6）线芯接入端子时，根据端子形式来决定是否要弯圈；D1形插入式端子不用弯圈，但要将剥出铜芯弯折叠成双股。对橡皮绝缘的电缆，由电缆头至端子排的电缆芯线全长应套上塑料软管保护。

（7）端子螺钉要拧紧，一个端子螺钉内最多可接两根线，并且要在两个线圈之间加一平垫圈。

（8）为防止控制电缆感应过电压，控制电缆至少有一根备用，备用芯线一端接地；如果是屏蔽电缆，则将屏蔽层引出接地，接地线焊接牢固。

（9）整理方向套排列整齐，标示一律朝外。

（10）清理试验现场。

（11）作配线记录。

三、操作注意事项

（1）无机械损伤。

（2）接线应正确，并牢固可靠。

（3）所有与配电盘相连接的电缆，在与端子排相连接前，都应用电缆卡子固定在支架上，使端子不受任何机械应力。

（4）对二次回路电缆截面的要求：控制回路和电压回路的铜芯截面不得小于$1.5mm^2$，电流回路的铜芯截面不得小于$1.5mm^2$。

（5）电缆护套及铠甲剥切应小心谨慎，严禁伤及绝缘及线芯，切口平齐，无毛刺、尖角。

模块20 水电自动装置及二次回路连接线的校对

一、操作说明

盘内二次连接线在接线前或接线后应进行校线，其目的是为了确保接线正确。电缆芯数众多，有些电缆芯线的绝缘上标有1、2、3等号码，这种标有号码的电缆无需对线，电缆两头按约定的号码接于同一回路即可。但有许多控制电缆并无号码，这就需要进行对线工作。所谓电缆的对线，就是在一根电缆两端的芯线中找出作为同一芯线的一一对应关系，并标以相同的号码。全部芯线对好后套上表示该线（或该回路）来龙去脉和作用的方向套（也称号牌）后才可进行配线工作。

二次回路连接线的校对工作应集体完成。

二、操作步骤

（1）校线前熟悉展开图和安装接线图，根据展开图和安装接线图进行校线。

（2）确认校对设备及连接电缆。

（3）盘内二次接线的校对：

1）二次接线如果是单层配线方式，因所有导线及其连接处都很明显，在这种情况下，只要仔细地检查并与展开图及安装接线图校对即可。

2）若为多层配线方式，并且线路较长，或者是导线隐蔽，不能明显判断，则须用专用工具进行校线。盘内二次接线的校对，只需要一个人根据展开图和安装接线图进行即可。校对工具可采用信号灯或蜂鸣器，有条件时，最好采用蜂鸣器进行校线，因为用这种工具校线快、省力，只要听见声音即表明接线正确。

3）校线的顺序。先从端子排自上而下，逐个端子进行校对，而后再对盘内各电器间的连接线进行校对。

（4）控制电缆的校对：

1）电话听筒法。当校对两端在不同室内的控制电缆时，可使用电话听筒法。这种方法是利用两个低电阻电话听筒和4～6V的干电池组成，如图7-66所示的接线法进行校对。

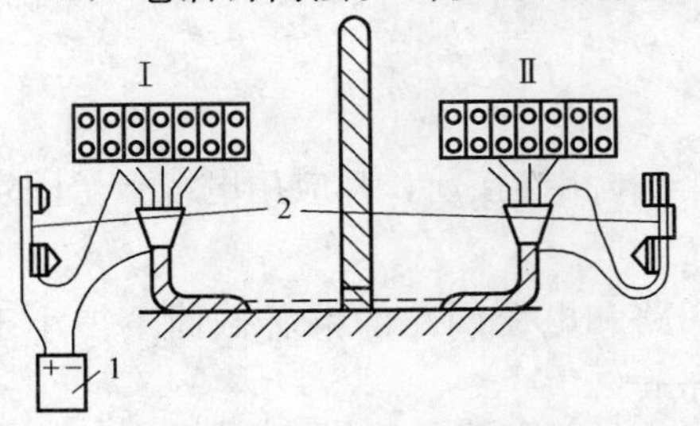

图7-66 电话听筒法校对控制电缆

1—干电池；2—电话听筒

a. 将电话听筒2的两根引线分别接在电池正极端和电缆芯线上。

b. 将干电池1的负极端用导线接至控制电缆的铅皮上，利用电缆的铅皮作回路（如电缆没有铅皮，可借接地的金属结构先

找出第一根缆芯，以此芯线作回路)。

c. 将电话听筒 2 的一根引线接至控制电缆的铅皮上。

d. 将电话听筒 2 的另一根引线顺序接触电缆的每一根芯线，当接到同一根芯线时则构成闭合回路，此时电话听筒中将有响声并可同时通话。

e. 用同样的方法校对并确定其余的电缆芯。

2）信号灯校线法。信号灯校线法是用电压为 3V 的干电池和 2.5V 的小灯泡作导通试验，如图 7-67 所示：

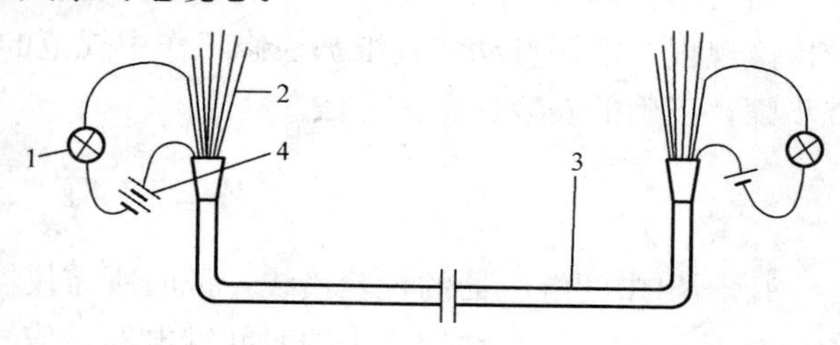

图 7-67　信号灯校线

1—灯泡；2—电缆芯；3—电缆；4—干电池

a. 开始校线前，应先拟定校对顺序与校线时所用的信号(一般是在回路接通，即两端的灯泡明亮以后，电缆的一端工作人员将回路开合三次，然后电缆的另一端工作人员同样将回路开合三次，即表示正确)。

b. 两只信号灯在电缆的两端，将信号灯与电池串联，电池端接铅皮。

c. 两端的电池在回路中必须串联，如将一端的电池正极接铅皮，则另一端的电池是负极接铅皮。

d. 灯泡端逐个接触电缆的每一根缆芯，当电缆两端的校验灯接到同一根芯线时则构成闭合回路，此时信号灯亮。

e. 用同样的方法校对并确定其余的电缆芯。

(5) 清理试验现场。

(6) 作配线记录。

三、操作注意事项

(1) 二次接线在校对之前，必须将要校对的线头拆开一头方可进行，否则就校不准确。

(2) 用信号灯校线法校对电缆时应注意两端的电池在回路中必须串联，如将一端的电池正极接铅皮，则另一端的电池是负极接铅皮。

(3) 接线应正确，并牢固可靠。

(4) 无机械损伤。

科　目　小　结

本科目面向水电厂自动装置现场维护和检修工作，按照培训目标，以自动装置维护和检修工作中的基本技能操作为主要培训内容，对自动装置各种继电器的检查、校验，继电器线圈直流电阻的测量，控制电缆头的制作，二极管、三极管的极性及质量的辨别，交流接触器的检修，二次回路连接线的校对、电气盘柜二次接线的工艺等常规技能操作项目进行了详细的阐述。

通过本科目的技能操作培训，使水电自动装置检修工能正确运用安全规程和维护检修规程，掌握自动装置维护检修工作中规范的维护检修工艺，标准的测量、检查步骤，正确的安装、调试方法。

练 习 题

1. 画出中间继电器的校验接线，说明所需仪器仪表的容量及量程。
2. 校验水电厂自动装置中的时间继电器、信号继电器应注意什么？
3. 如何检修交流接触器触点？
4. 调整热继电器的定值方法是什么？
5. 怎样用对线灯和晶闸管测试仪检查晶闸管质量？
6. 如何使用直流电阻测试仪测试自动装置二次回路的直流电阻？
7. 怎样调整单臂电桥平衡？
8. 使用数字式示波器应注意什么？
9. 怎样使用数字式示波器测量自动装置的电源信号？
10. 用示波器分析电路产生的延迟和畸变。
11. 如何设置数字式示波器的参数？
12. 如果按下电源开关后示波器仍然黑屏，没有任何显示，怎样处理？
13. 测量的电压幅度值比实际值大 10 倍或小 10 倍是什么原因造成的？
14. 有波形显示但不能稳定下来怎样处理？
15. 二次回路交流接触器、直流接触器的安装步骤有哪些？
16. 怎样安装水电厂低压二次设备盘？
17. 进行水电厂自动装置二次回路盘柜配线时应注意什么？
18. 如何校对装置及二次回路连接线的正确性？

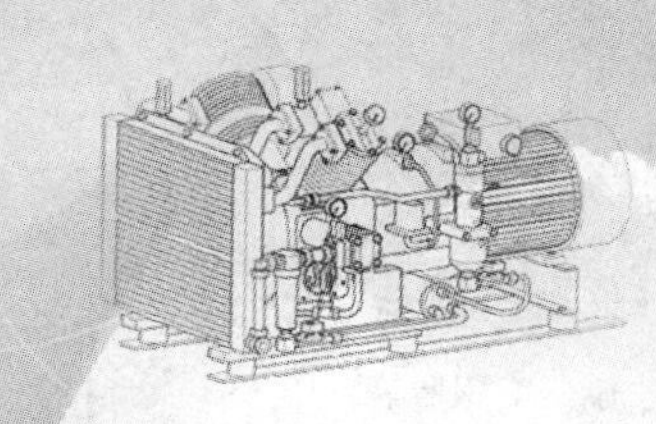

科目八

励磁系统设备的维护、检修及故障处理

励磁系统设备的维护、检修及故障处理培训规范

科目名称	励磁系统设备的维护、检修及故障处理	类别	专业技能
培训方式	实践性/脱产培训	培训学时	实践性 184 学时/ 脱产培训 92 学时
培训目标	1. 掌握励磁系统的组成、设备的结构，熟知技术图纸。 2. 掌握励磁设备维护、检修的操作技能和标准。 3. 掌握自动元件、自动单元及励磁设备的检查方法、步骤及标准。 4. 掌握励磁系统自动装置主要元件的试验方法、步骤及标准。 5. 掌握励磁系统自动装置特性试验、耐压试验的方法、步骤及标准。 6. 掌握元件、单元板更换，设备及整体系统更新改造的原则和方法及步骤。		
培训内容	模块 1　晶闸管小电流试验 模块 2　晶闸管低压大电流试验 模块 3　整流柜高电压试验 模块 4　晶闸管整流装置均流特性试验 模块 5　脉冲变压器耐压试验 模块 6　励磁调节器起励试验 模块 7　励磁设备交流耐压试验 模块 8　低励限制试验 模块 9　过励限制试验 模块 10　低频保护试验 模块 11　伏/赫限制试验 模块 12　移相特性试验 模块 13　恒无功功率调节试验 模块 14　恒功率因数调节试验 模块 15　自动/手动及双通道切换试验 模块 16　励磁变压器试验 模块 17　灭磁和转子过电压保护检修 模块 18　快速直流断路器的检修调试 模块 19　电压互感器断线保护试验 模块 20　自动电压给定调节速度测定 模块 21　发电机空载电压给定阶跃试验 模块 22　自动和手动调节范围测定 模块 23　自并励静止励磁系统核相试验		

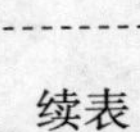

续表

场地、主要设施、设备和工器具、材料	1. 场地：现场设备所在地、培训室。 2. 主要设施和设备：励磁调节器、功率柜、灭磁柜、励磁变压器等。 3. 主要工器具：二次常用的电工工具一套、对线灯一个、行灯、符合试验要求的0.5级交（直）流电流（压）表、滑线变阻器、调压器及整流箱、双线示波器、频率信号发生器、移相器、二相隔离开关、三相隔离开关及插座板、单臂电桥、绝缘电阻表、数字式万用表、指针式万用表、清洁工具包、验电笔、温度计、湿度计等。 4. 主要材料：控制电缆、绝缘软导线、绝缘硬导线、标签、尼龙扎带、抹布等。
安全事项、防护措施	1. 检修前交代作业内容、作业范围、危险点告知、安全措施和注意事项。 2. 戴安全帽，穿工作服（防静电服），穿绝缘鞋，高空作业需佩戴安全带。 3. 加强监护，严格执行电业安全工作规程。 4. 对于需停电检修的设备，要认真进行验电检查，确保无电及安全措施完善后才能开始检修工作。
考核方式	笔试：120分钟 操作：120分钟 完成维护和检修任务后，针对模块技能操作评分标准进行考核。

励磁系统基本结构与类型

一、发电机励磁系统的作用

根据同步发电机的基本原理，水轮发电机的转子绕组（也称励磁绕组）需要直流电源励磁才能产生磁场，当励磁绕组随着转子旋转时，就能在定子电枢绕组中感应电势。一般将励磁绕组、励磁电源、灭磁装置、自动励磁调节器及其操作回路统称为励磁系统。励磁系统是水轮发电机的重要组成部分，它的运行状况直接影响发电机组、水电厂乃至整个电力系统运行的可靠性和稳定性。

1. 励磁系统的主要作用

水轮发电机励磁系统的主要作用有以下几个方面。

（1）维持发电机的端电压在给定水平。要保证在发电机负荷变化时发电机的端电压为给定值则必须调节励磁。同步发电机的简化相量图如图 8-1 所示，从相量图中可得

$$\dot{E}_{q} = \dot{U}_{f} + j\dot{I}_{f}\dot{X}_{d} \quad (8\text{-}1)$$

图 8-1　同步发电机简化相量图

式中　$\dot{E}_{q}$ ——发电机的空载电势；

$\dot{U}_{f}$ ——发电机的机端电压；

$\dot{I}_{f}$ ——发电机的负荷电流。

从式（8-1）可以看出，在发电机空载电势 $\dot{E}_{q}$ 恒定的情况下，发电机端电压 $\dot{U}_{f}$ 会随负荷电流 $\dot{I}_{f}$ 的加大而降低。为保证发电机端电压 $\dot{U}_{f}$ 的恒定，必须随发电机负荷电流 $\dot{I}_{f}$ 的增加（或减小），增加发电机的空载电势 $\dot{E}_{q}$，在不考虑饱和的情况下，发电机空载电势 $\dot{E}_{q}$ 与发电机励磁电流成正比，故在发电机运行中，随着发电机负荷电流的变化，必须调节励磁电流来保持机端电压的恒定。

在电力系统不正常运行或事故情况下，励磁系统维持发电机机端电压的恒定有利于维持电力系统的电压水平，从而使电力系统的运行特性得到改善。如在短路切除后，励磁调节器能使电力系统的电压恢复加快；当重负荷线路跳闸或发电机甩负荷时，励磁调节器能有助于降低系统和发电机电压的过分升高。

（2）控制无功功率的合理分配。当发电机并列于电力系统运行时，其机端电压基本保持恒定，假如发电机的有功功率 P 恒定，则根据式（8-2）得出 U_{f} 恒定，P

恒定，则 $I_f\cos\phi$ 为常数。

$$P = U_f I_f \cos\phi \tag{8-2}$$

当改变发电机的励磁使发电机的空载电势 $\dot{E}_q$ 发生变化后，发电机的负载电流 $\dot{I}_f$ 也发生了变化，但其有功分量 $I_f\cos\phi$ 恒定，所以变化的只是无功分量。也就是发电机并联于电力系统运行时，改变发电机的励磁将改变发电机输出的无功。保证并联运行发电机间合理的无功分配，是励磁系统的重要功能。

(3) 提高电力系统运行的稳定性。电力系统在运行中随时会遭受到各种干扰，在干扰过后系统恢复到它原来的运行状态，或者由一种平衡状态过渡到另一种新的平衡状态的能力就是系统的稳定性。电力系统的稳定性问题有三种，即静态稳定、暂态稳定和动态稳定。电力系统在遭受到小干扰作用时的稳定性，称为静态稳定；在遭受到大干扰作用时的稳定性，称为暂态稳定；动态稳定是指电力系统在遭受到各种干扰后，在考虑了各种自动控制装置的作用情况下，长过程的稳定性问题。励磁系统对提高电力系统的静态稳定、暂态稳定及动态稳定都有着显著的作用。

(4) 提高继电保护装置动作的可靠性和灵敏度。当电力系统发生短路故障时，通过励磁系统的调节（或提供强励电流）使短路电流衰减得很慢甚至不衰减，保证了短路电流超过继电保护装置的整定值并在整定的时间内可靠动作，从而提高了继电保护装置动作的可靠性和灵敏度。

(5) 快速灭磁作用。当发电机内部发生故障时，保护动作断路器跳闸后，为防止内部故障扩大，为降低故障所造成的损害，励磁系统能进行快速灭磁。

2. 励磁系统的一般技术要求

虽然各水电厂发电机在电力系统中所处地位的不同、类型也有所不同、励磁装置的类型不同，但都必须满足下列的一般技术要求：

(1) 励磁系统应十分可靠。如果励磁系统发生故障，将迫使发电机停止运行，对电力系统造成严重影响，所以要求励磁系统非常可靠，而且不受或少受外部电网的影响，否则在系统发生事故时，将影响励磁系统，同时励磁系统反过来又影响电力系统，从而造成恶性循环。

(2) 励磁装置的容量要有适当的裕度。为保证发电机在允许的各种运行工况下获得足够的励磁电流，对励磁电压和励磁电流一般取10%左右的裕度。

(3) 具有一定的强励顶值电压倍数和持续时间。强励顶值电压倍数，是指励磁系统在规定条件下，在强励期间励磁功率单元可能提供的最高输出电压与发电机额定励磁电压的比值。

强励持续时间主要取决于电力系统稳定的要求和继电保护动作时限等因素，同

时也受发电机转子和励磁装置的温升允许值的限制。

(4) 具有一定的励磁系统电压响应时间或电压响应比。励磁系统电压响应时间是指在规定条件下，从施加阶跃信号起到励磁系统达到顶值电压与额定电压之差的95％时所需时间的秒数。

对于非高起始响应的励磁系统，必须有一定的电压响应比。励磁系统电压响应比是指励磁电压在强励作用后的最初0.5s内的平均上升速度。

(5) 有合适的调压范围和调压精度。励磁系统的自动励磁调节器能保证发电机从空载电压额定值的70％到额定励磁电压的110％范围内稳定平滑地调节。

发电机调压精度是指在自动励磁调节器投入运行、调差单元退出、电压给定值不进行人工调整的情况下，发电机负载从零变化到视在功率额定值及环境温度、频率、电源电压波动等在规定范围内变化时，所引起的发电机端电压的最大变化，并用发电机额定电压的百分数表示。自动励磁调节器应能保证发电机机端调压精度优于0.5％。

(6) 保证发电机端电压静差率（调压静差率）。发电机端电压静差率就是发电机负载变化时的励磁控制系统准确度，也就是发电机在运行当中负荷电流的变化将引起发电机端电压的变化，这种变化通常用发电机端电压静差率 E 来表示。它是指自动励磁调节器的调差单元退出、电压给定值不变、负载从额定视在功率减小到零时，发电机的端电压变化率。

(7) 有良好的调差特性。为实现并联运行的发电机机组间的无功功率合理分配，需根据发电机各自的特点确定发电机端电压的调差率（调差系数）。所谓发电机端电压调差率是指在自动励磁调节器的调差单元投入、电压给定值固定不变、发电机功率因数为零的情况下，当发电机无功功率从零变化到额定值时发电机端电压的变化率。

(8) 在动态调节过程中，要求超调量小，稳定性好，调节时间短。超调量是在励磁系统自动调节暂态过程中，发电机机端电压最大瞬时值与稳态值之差对稳态值之比的百分数。调节时间指从给定阶跃信号到发电机机端电压值和稳态值的2％所经历的时间。如图8-2所示。励磁系统自动调节过程应满足下列要求：

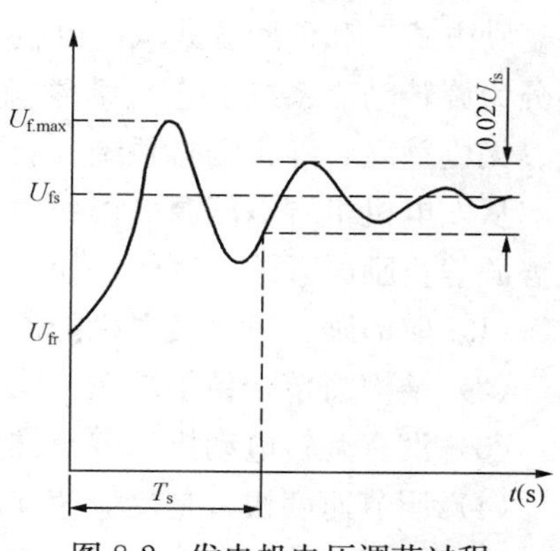

图8-2　发电机电压调节过程

1) 发电机空载运行时，转速在0.95～1.05额定转速范围的情况下，突然投入励磁，使发电机机端电压从零上升到额定值时，电压超调量不大于10%，振荡次数不超过3～5次，调节时间不大于5s。

2）当发电机突然甩掉额定负荷后，发电机电压超调量不大于15%～20%，振荡次数不超过3～5次，调节时间不大于5s。

(9) 励磁系统应有快速减磁和灭磁功能。励磁系统应装设自动灭磁装置及开关，在任何需要灭磁的工况下，自动灭磁装置及开关都必须保证可靠灭磁，灭磁时间要短。

二、发电机励磁系统的结构组成

励磁系统的组成框图如图8-3所示。

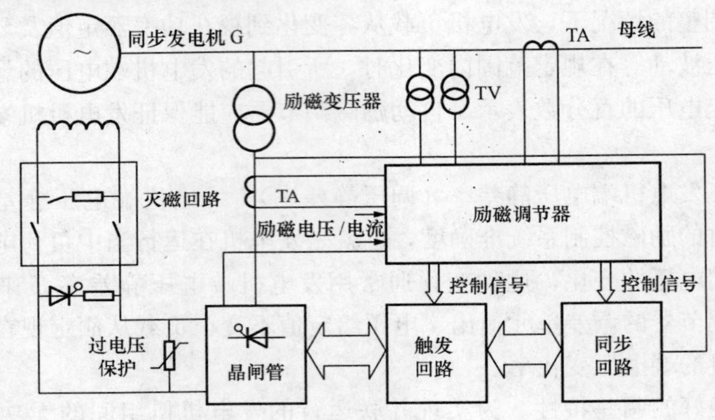

图8-3 励磁系统组成框图

励磁系统的设备有励磁调节器、功率柜、过电压保护装置、励磁变压器、电流互感器、电压互感器以及220V直流控制回路等。大、中型水轮发电机的励磁方式按励磁系统的供电方式分为自励方式（励磁电源取自发电机本身，称自并励方式、自复励方式）和他励方式（励磁电源不是发电机本身提供）；按励磁系统的结构不同分为旋转励磁系统、直流励磁机励磁系统、交流励磁机励磁系统、常规三机励磁、无刷励磁、静止励磁系统。

从发电机机端电压源取得功率并使用静止晶闸管整流装置的励磁系统，也称为电势源静止励磁系统。其优点如下：

(1) 取消励磁机，发电机的长度缩短，可以减小轴系振动。

(2) 结构简单，易于掌握，操作使用方便。

(3) 没有旋转电动机部分，维护检修方便。

(4) 调节速度快，是反应速度最快的快速励磁系统。

(5) 调节性能优越，通过附加PSS控制可以有效提高电网的稳定性。

（6）技术成熟，可靠性高。

（7）造价比较低。

自并励静止励磁系统取代直流励磁机和交流励磁机励磁系统是技术发展的必然趋势，目前国内所有的新建水电站和大部分的火电厂基本上都使用自并励静止励磁系统。

三、发电机励磁系统的设备类型

励磁系统的核心设备是励磁调节器和功率柜，目前国内水电厂常见的励磁调节器有 EXC9000 型调节器、GEC-Ⅱ型调节器等。

（一）微机励磁调节器结构组成

本书以 EXC9000 型调节器为例简单介绍调节器的组成及各部分作用。

1. 系统框图

如图 8-4 所示，EXC9000 系统主要由调节器、人机界面、对外接口、功率柜、灭磁及过电压保护、励磁变压器等组成。

整套励磁系统内部的数据交换通过现场总线 CAN 总线实现，表 8-1 为各与 CAN 现场总线通信的电路单元的站号。

表 8-1　　现场总线 CAN 通信电路单元的站号

硬件	A套调节器	B套调节器	现地控制单元	显示屏	智能I/O	1号功率柜	2号功率柜	3号功率柜	4号功率柜	灭磁柜
站号	1	2	3	4	5	6	7	8	9	10
代号	CHA	CHB	LOU	IPC	IIU	REC1	REC2	REC3	REC4	FCB

EXC9000 励磁调节器为双微机三通道调节器，其中 A、B 通道为微机通道，其核心控制器件是 32 位总线工控机，C 通道为模拟通道。其中 A 通道为主通道，测量信号通过机端第一套电压互感器 TV1 和电流互感器 TA1 取得；B 通道为第一备用通道，测量信号通过机端第二套电压互感器 TV2 和电流互感器 TA2 取得；从励磁变压器副边采集的三相同步电压信号供三个通道公用，从励磁变压器副边电流互感器取得的励磁电流信号也供三个通道公用。

三通道调节器采用微机/微机/模拟三通道双模冗余结构，由两个自动通道（A、B）和一个手动通道（C）组成，这三个通道从测量回路到脉冲输出回路完全独立。三通道以主从方式工作，正常方式为 A 通道运行、B 通道备用，B 通道及 C 通道自动跟踪 A 通道。可选择 B 通道或 C 通道作为备用通道，B 通道为首选备用通道。当 A 通道出现故障时，自动切换到备用通道运行。C 通道总是自动跟踪当前运行通道；同样，当 B 通道投入运行后出现故障，自动切换到 C 通道运行。三通道之间的结构关系如图 8-5 所示。

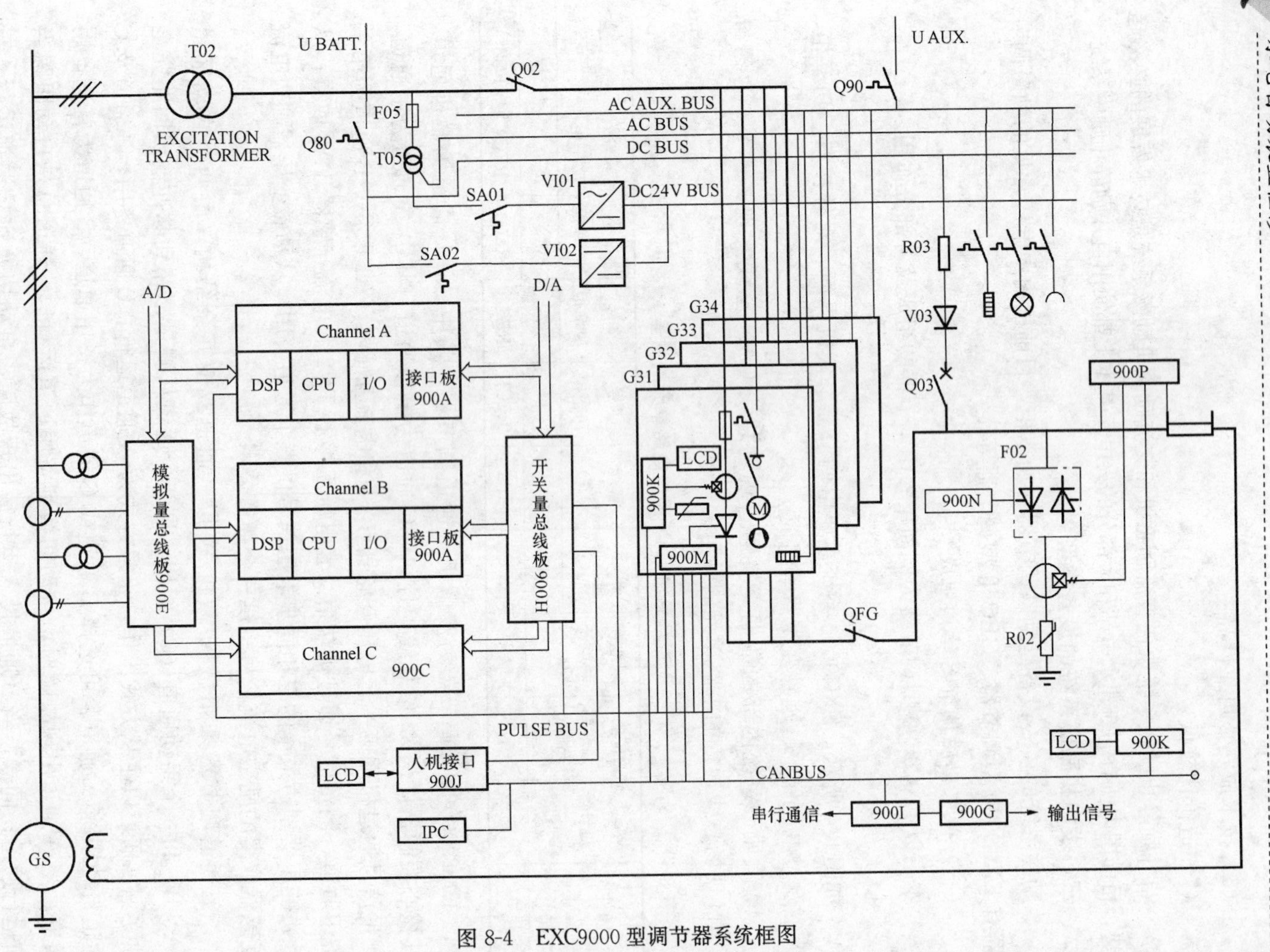

图 8-4 EXC9000 型调节器系统框图

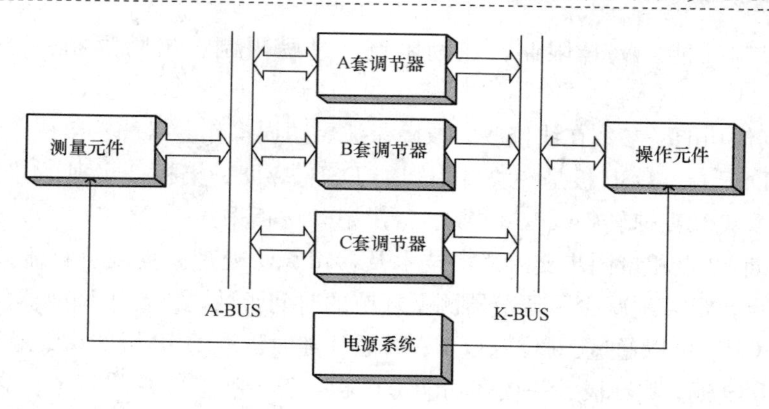

图 8-5　调节通道配置

2. 调节器硬件

硬件方框图如图 8-6 所示，调节器主要由 A、B、C 三个调节通道、模拟量总线板、开关量总线板、人机界面、接口电路等组成。其硬件包括：A、B 两个自动通道，每个调节通道包括一块 CPU 板、一块 DSP 板、一块 I/O 板、一块、模拟量总线接口板（含 C 通道）、一块开关量总线接口板、一块现地控制板即 LOU 板、一块智能 I/O 板、一套人机界面。

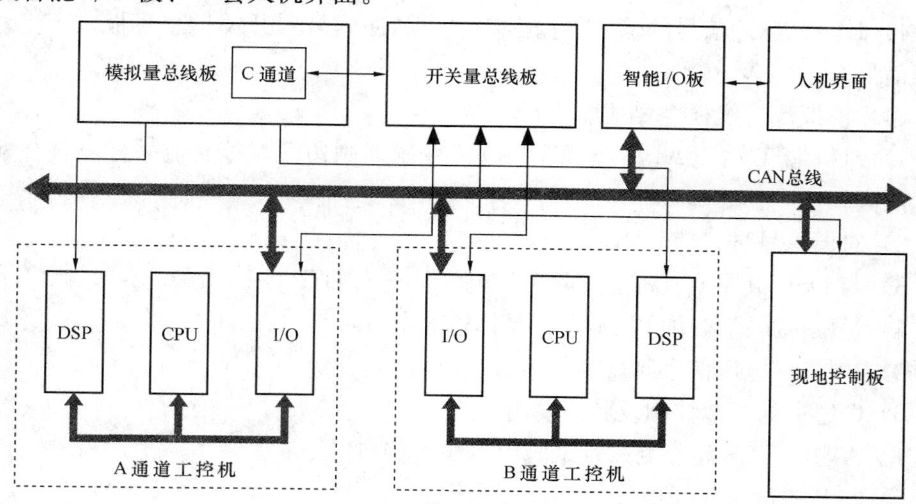

图 8-6　调节器硬件方框图

（1）主 CPU 板。主 CPU 板是一块高集成化的单板计算机，具有所有工业计算机的功能，适合于嵌入式应用。主要功能如下：

1）调节功能。给定值预置、AVR 调节器（PID＋PSS）、FCR 调节器、调差、恒无功/功率因数附加调节、软起励、通道跟踪、系统电压跟踪等。

2）限制功能。V/F 限制、强励限制、过励限制、欠励限制、定子电流限制等。

3）其他功能。参数在线修改、故障录波、防误操作。

（2）DSP 板。DSP 板是一块专用智能 DSP A/D 采集板，实现 34 路模拟量输入的同步采集和高速转换，16 位数字分辨率。该板采用 DSP 芯片作为核心元件，实现每周期 32 点相量同步交流采样技术及移窗算法处理。克服了直流采样时间常数大的缺点，显著地减少了调节器测量环节的时间常数，提高了调节器的快速调节能力。主 CPU 可以通过 16 位双口 RAM 芯片随时读取 DSP 板的采集或运算结果。

（3）I/O 板。I/O 板是一块多功能 I/O 板，符合 AT96 总线规范。它提供 4 路模拟量输出，32 路开关量输入（其中包括 24 路光隔输入、8 路 TTL 电平输入）、24 路开关量输出（其中包括 8 路光隔输出、16 路 TTL 电平输出）通道和 CAN 总线通信接口，其主要功能为：

1）接收对调节器的控制指令（增减磁、起励、逆变、并网、PSS 投入等）。

2）实现调节器与现场总线的通信（将调节器与 CAN 现场总线连接，实现调节器与 LOU、智能 I/O 及人机界面的数据交换）。

3）调节器的故障信号输出（TV 故障、同步故障、看门狗信号等）。

4）数字式脉冲信号的输出（输出数字式脉冲信号到开关量总线板，产生六相脉冲信号）。

（4）模拟量总线板主要功能。

1）对机端 TV、TA、系统 TV、励磁变压器副边 TA 等交流采样电气量实现电气隔离；

2）对模拟量进行信号调理；

3）与 DSP 板连接，将上述隔离后电气量送入 DSP 板；

4）过励保护信号测量及整定（晶体管输出）；

5）10%U_g 电压信号测量（晶体管输出）；

6）C 通道的调节控制及脉冲输出；

7）AVR、PSS 环节测试及试验信号输入接口；

8）与开关量总线板连接。

（5）开关量总线板主要功能。

1）实现各种开关量信号转接；

2）实现脉冲控制，如残压起励、切脉冲、功率柜脉冲投退等；

3）智能均流给定，用于功率柜闭环均流调节；

4）模拟量输出转接，试验用途；

5）DC24V 电源检测；

6）通道切换操作；

7）增、减磁操作；

8）A/B 通道故障检测及自动切换控制；

9）同步信号及脉冲输出。

（6）现地控制板（LOU 板）主要功能。LOU 板是 EXC9000 励磁系统的操作核心部件，管理 CAN 总线来的励磁系统状态信息及操作命令，通过 CAN 总线或转换成 I/O 信号对系统的部件进行操作。非智能部件的状态信号通过接点方式引入 LOU，关键的控制信号如投初励电源、逆变失败分灭磁开关等也通过接点方式输出控制。LOU 板完成的操作控制逻辑包括起励控制、通道跟踪投切控制、系统电压跟踪投切控制、逆变灭磁失败检测、人工投切 PSS 控制等。详细的操作流程见相关的软件说明。

（7）智能 IO 板主要功能。智能 IO 板在 EXC9000 励磁系统智能单元中编号为 IIU，该板由单片机、CAN 总线接口、光电隔离电路、串行通信接口、输出继电器及其控制回路等组成。IIU 通过 CAN 总线接收励磁系统信息并将其转换成 I/O 信号后，一方面通过继电器接点输出，以便电站监控系统以接点方式接入获取励磁系统信息；同时，也可以通过 RS-485 串行通信口与电站监控系统相连。智能 IO 板带复位按钮 SW1，可以对该板进行单独复位。智能 IO 板输出的继电器接点信号可通过专用软件灵活定义。

（8）调节器的人机界面——彩色液晶触摸屏主要功能。调节器的人机界面是实现调节器和运行操作人员人机交流的主要工具，具备机组运行参数显示、运行状况显示功能，并有故障报警指示；通过人机界面的触摸按键，可以实现机组参数设定、起励、残压起励功能投退、通道跟踪、系统电压跟踪、调差率设定等操作。当励磁系统出现故障时，可以提供报警画面。

3. 数字给定

通过开关量的增、减磁信号改变内部寄存器的计数值，该值通过 12 位精度的串行数模转换器进行 D/A 转换，其输出就是本通道的励磁电流给定值。

数字给定具有自动预置和自动跟踪功能。无开机令时自动预置为下限值，有开机令后自动跟踪当前运行通道，使本通道的控制信号与运行通道基本一致。跟踪的精度由电位器 W3 调整。C 通道运行，自动跟踪功能无效。

C 通道的数字给定在机组并网后具有给定下限限制功能，防止机组在 C 通道运行时因为误操作引起失磁。当机组空载情况下低频逆变时自动返回励磁电流给定的下限值。

4. 移相触发模块

移相触发模块接收移相控制信号、同步信号及其他辅助控制信号，实现脉冲输出。

移相触发模块是一个独立封装的集成单元，它安装在脉冲触发板上，通过引出的 20 脚插头与脉冲触发板连接。移相触发模块的尺寸为 118mm×70mm×20mm。

移相触发模块型号为 MU004，它是一种模拟量控制的六相触发器，适用于晶闸管三相全控桥（或半控桥）整流与逆变控制。与一般的触发器不同，它是 IC 数字电路和 IC 模拟电路的结合体，充分发挥了两种电路各自的优越性。具有硬件简单，无需调试，功能多，可靠性高的优点。主要特性如下：

（1）输出 6 相脉冲。

（2）内部设有最小控制角限制和最大控制角限制。

（3）在同步信号频率变化的情况下能正常工作。

（4）具有断相检测功能和逆相序检测功能。

（5）设置有逆变允许/禁止端。

（6）设置有脉冲输出允许/禁止端。

（7）能对 6 相脉冲的相位对称性进行自动调整，在控制信号纹波较大的情况下，相位不平衡度不大于±2°。

（8）具有优良的抗干扰能力。

对于励磁系统故障或者异常工况的产生和复位时间有详细的时间记录，可以追查已发生的超过 150 个以上的故障或异常工况信息。

5. 电源系统

两段三相交流 380V 电源引至灭磁柜，互为备用，柜内有自动切换装置。励磁系统使用的交流电源（包括风机电源、变送器电源、照明及加热器电源）均从本柜引出。

励磁装置的直流电源为 DC220V/DC110V，从灭磁柜引入。直流电源包括起励电源、直流控制电源Ⅰ段、直流控制电源Ⅱ段。XC9000 励磁系统采用机组残压起励和外部辅助电源起励两种起励方式。残压起励功能可以通过调节柜人机界面上的功能按键进行投退。

采用快速脉冲列技术以实现残压起励。在起励过程中，在晶闸管整流桥的输入端仅需要约 10～20V 的电压即可正常工作。如果电压低于 10～20V，晶闸管整流桥就会被连续地触发（二极管工作模式）以达到该值。但起励时的机组残压值也不能太小，否则将不能维持晶闸管的持续导通，这样就必须采用外部辅助电源起励。

在 10s 内残压起励失败时，励磁系统可以自动启动外部辅助电源起励回路。这个辅助电源起励回路的目的在于达到整流桥正常工作所需要的 10～20V 电压。在机端电压达到额定电压的 10%时，起励回路将自动退出，立即开始软起励过程将机端电压建立到预置的电压值。整个起励过程和顺序控制是通过调节器的 LOU 板实现的，软起励流程由调节器的主 CPU 程序控制。

外部辅助电源起励回路仅需要一个较小的起励电流，一般地，当额定励磁电流小于 2000A 时，辅助起励电流不大于 20A。

外部辅助电源起励回路为模块化结构，包括空气断路器、起励接触器、导向二极管、限流电阻。

空气断路器的目的在于人工投退外部起励电源。

起励接触导向二极管用于实现起励电源的反向阻断，防止起励过程中转子回路的过电压反送至外部的直流系统；同时起到将交流起励电源整流为直流电源的作用。

限流电阻用于限制辅助电源起励时起励电流的大小，防止起励电流过大损坏外部的直流系统器由调节器的 LOU 板控制。

（二）微机励磁调节器调节功能

1. 励磁调节器运行方式

给定值调节与运行方式：利用开关量输入命令或者通过串行通信，可控制励磁调节器给定值的增、减和预置。给定值设有上限和下限：给定值的调节速度可按国标的要求通过软件设定。

调节器内有电压给定和电流给定两个给定单元，分别用于恒机端电压调节方式和恒励磁电流调节方式。当调节器接受到停机令信号时，就把给定值置为下限。调节器接受到开机令信号时，就把初始给定值置为预置值。人工的增、减磁操作就是直接对给定值大小进行调节，通过此种方式来调节发电机电压或无功。一般的励磁调节器中都设有电压给定和电流给定两个给定单元，分别用于恒机端电压调节方式和恒励磁电流调节方式。

（1）恒机端电压调节方式称为自动方式，恒励磁电流调节方式称为手动方式。发电机起励建压后，两种运行方式是相互跟踪的，即备用方式跟踪运行方式，跟踪的依据是两者的控制信号输出相等，且这种跟踪关系是不能人工解除的。自动电压调节器 AVR 用于实现自动方式调节，维持机端电压恒定，其反馈量为发电机端电压。为使励磁系统有良好的静、动态性能，AVR 可采用两级超前/滞后校正环节，常用的用传递函数描述的自动电压调节器数学模型如图 8-7 所示，一般 T_{A1} 小于 T_{A2}（积分环节），T_{A3} 大于 T_{A4}（微分环节）。

自动方式是主要运行方式，有利于提高系统的运行稳定性。PSS 和自动方式配

合，可有效抑制系统有功的低频振荡。

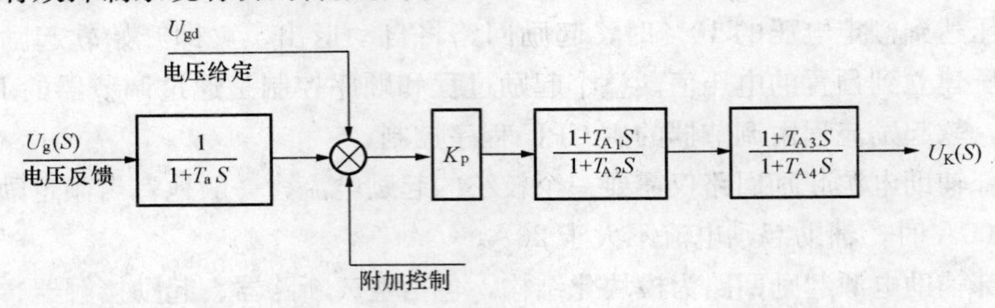

图 8-7　自动电压调节器（AVR）数学模型

自动电压调节器（AVR）传递函数参数意义见表 8-2。

表 8-2　　自动电压调节器（AVR）传递函数参数

U_{gd}	电压给定值，1% ～ 120%	
U_g	机端电压值，用于电压反馈	
T_a	机端电压测量时间常数，不大于 0.02s	
K_p	即 K_{avr}，AVR 放大倍数	调试软件设定
T_{A1}	AVR 第 1 级超前/滞后环节时间常数	调试软件设定
T_{A2}		调试软件设定
T_{A3}	AVR 第 2 级超前/滞后环节时间常数	调试软件设定
T_{A4}		调试软件设定
U_K	自动方式控制信号，范围为 860～7600	
附加控制	一般为 PSS 输出的控制信号	

（2）手动方式（恒励磁电流调节）是辅助运行方式，不允许长时间投入运行。两种运行方式之间可以人工切换，TV 故障时自动由自动方式切换为手动方式 。励磁电流调节器 FCR 用于实现手动方式调节，维持励磁电流恒定，以励磁电流作反馈量。FCR 的数学模型只有一级超前/滞后校正环节，附加控制对励磁电流调节器无效。励磁电流调节器的数学模型如图 8-8 所示。手动方式主要用于试验（如在设备的投运或维护过程中的发电机短路试验），或者是作为在 AVR 故障时（如 TV 故障）的辅助/过渡控制方式。

为了避免在手动方式下发电机突然甩负荷引起机端过电压，手动方式也应具有自动返回空载的功能。即在发电机断路器跳闸的情况下，一个脉冲信号传送给调节器，则立即把励磁电流给定值置为空载励磁电流值。

励磁电流调节器传递函数参数意义见表 8-3。

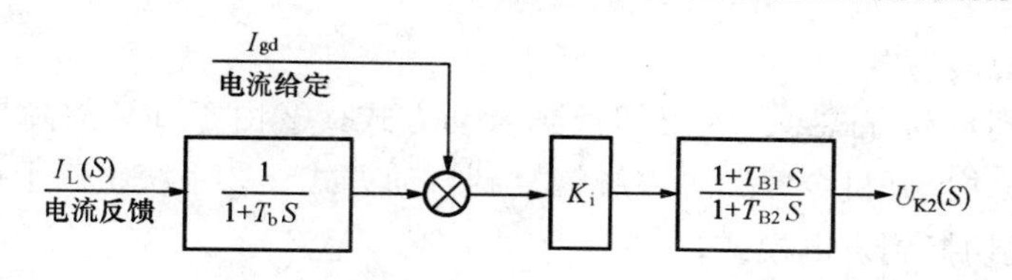

图 8-8　励磁电流调节器数学模型

表 8-3　　**励磁电流调节器传递函数参数**

I_L	励磁电流值，用于电流反馈	
I_{gd}	电流给定值	
T_b	励磁电流滤波时间常数，不小于 0.04s	调试软件设定
K_i	即 K_{air}，FCR 放大倍数	调试软件设定
T_{B1}	FCR 超前/滞后环节时间常数	调试软件设定
T_{B2}		调试软件设定
U_{K2}	手动方式控制信号，范围为 860～7600	

2. 调节器工作模式

根据水电站不同时期的工况，励磁系统需要设定不同的工作模式来与之适应，主要包括发电模式、电制动模式、恒控制角模式、短路干燥模式等。

(1) 发电模式。在发电模式下自动方式和手动方式两种运行方式。

1) 自动方式。在自动电压调节模型的基础上增加了定子电流限制 Q_{oegd}、欠励限制 Q_{uegd}、强励限制和过励限制（通过励磁电流 I_L 计算）、V/F 限制 VF_{gd}、调差 TC_{gd}、PSS 附加控制信号 PSS_{gd}（即 PSS _ uk)、试验信号 $Test_{gd}$ 等叠加控制信号。总体控制框图如图 8-9 所示。叠加方式有加“+”、减“−”两种方式。

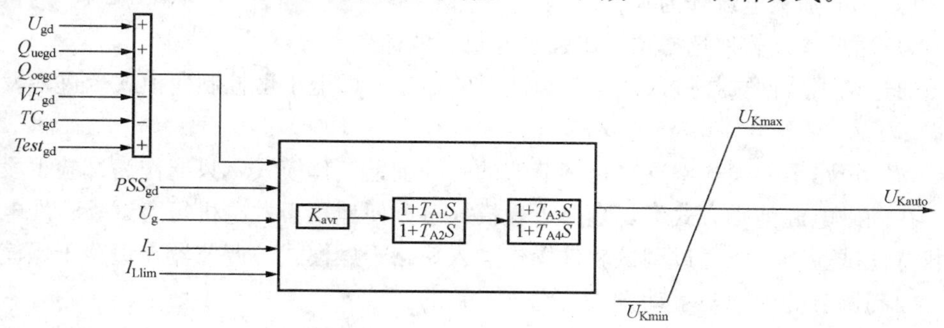

图 8-9　发电模式下总体控制模型

2) 手动方式。采用标准的恒励磁电流控制模型，在发电模式下，两种运行方

式可以手动选择。

a. 切换到自动方式：①人工切换到自动方式；②由于 TV 故障导致软件切换到手动方式，并且开机令复归，系统恢复到自动方式；③系统重新上电；④系统从其他运行模式切换到发电模式；

b. 切换到手动方式：①人工切换到手动方式；②发生 TV 故障，软件自动切换到手动方式。

（2）电制动模式。电制动方式停机是水轮发电机较为理想的制动方式。电气制动比机械制动具有制动力矩大、停机时间短、无环境污染，以及制动投入速度不受限制和设备维护检修方便等优点。电制动一般在机组正常停机时投入。在励磁调节器内，增加电制动模式，可与外部电制动操作、逻辑回路配合，实现电制动停机。在电制动过程中，调节器通过控制调节，使得励磁系统向发电机励磁绕组提供一恒定的励磁电流，大小可根据需要用软件设定。

（3）恒控制角模式。这是调节器的一种开环调节方式，只能作为试验手段使用。在励磁电源他励方式下，恒控制角模式可方便地用于发电机短路试验、发电机空载特性试验。只能通过调试软件操作进入恒控制角模式。

对调节器来说，进入恒控制角模式的条件及常规顺序为：

1）励磁电流为 0；

2）通过调试软件选择进入“恒控制角模式”的命令；

3）通过调试软件选择“强制开机”的命令。

进入恒控制角模式后，调节器先进行初始化，使控制信号输出为最大。然后，可通过调试软件设置控制角，也可通过外部增、减磁操作来调整控制角。

调节器退出恒控制角模式的常规顺序为：

1）先把励磁电流降为 0；

2）通过调试软件选择“退出强制开机”的命令。

通过调试软件选择进入“正常模式”的命令，即退出恒控制角模式，进入发电模式。

（4）短路干燥模式。这也是调节器的一种辅助工作模式，只能作为试验手段使用。在励磁电源他励方式下，短路干燥模式可方便地用于发电机短路试验、发电机空载特性试验。只能通过调试软件操作进入短路干燥模式。调节器在短路干燥模式下，控制调节的模型与手动方式是完全一致的。

对调节器来说，进入短路干燥模式的条件及常规顺序为：

1）励磁电流为 0；

2）通过调试软件选择进入“短路干燥模式”的命令；

3）通过调试软件选择“强制开机”的命令。

进入恒控制角模式后，调节器先进行初始化，转手动方式并置电流给定为0。之后，可通过外部增、减磁操作来调节电流给定值。

调节器退出短路干燥模式的常规顺序为：

1）先把励磁电流降为0；

2）通过调试软件选择“退出强制开机”的命令；

3）通过调试软件选择进入“正常模式”的命令，即退出短路干燥模式，进入发电模式。

3. 电力系统稳定器（PSS）

电力系统稳定器简称PSS，其作用如下：

1）提高电力系统静态稳定能力；

2）提高电力系统动态稳定能力；

3）阻尼电力系统低频振荡。

电力系统稳定器（PSS）的原理为：在励磁系统中采用ΔP、$\Delta\omega$、Δf等一个或两个信号作为附加反馈控制，增加正阻尼，它不降低励磁系统电压环的增益，不影响励磁控制系统的暂态性能。电力系统稳定器（PSS）是EXC9000励磁调节器的一个标准软件功能。EXC9000励磁调节器的PSS，采用加速功率作反馈信号（即双变量ΔP、$\Delta\omega$），有效克服了采用单电功率反馈信号时的无功“反调”问题。PSS的数学模型如图8-10所示，属于PSS2A模型。

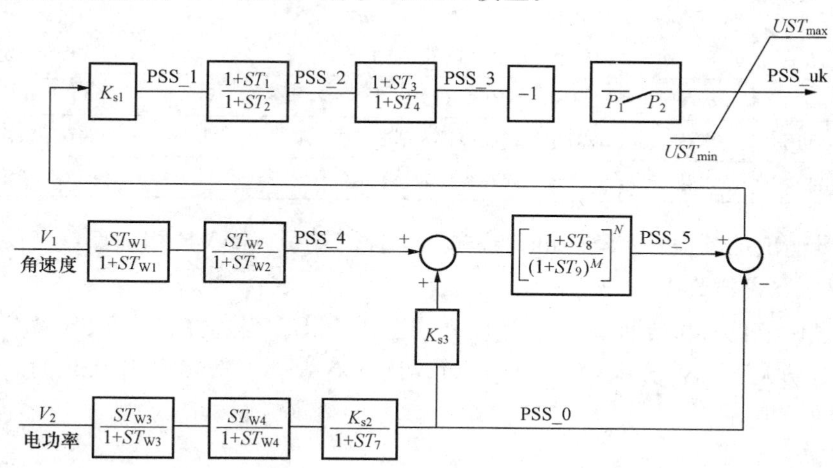

图8-10　PSS传递函数模型

电力系统稳定器（PSS）传递函数参数意义见表8-4。

表 8-4　　电力系统稳定器（PSS）传递函数参数

V_1	电角速度 ω_m	
V_2	电功率 P_e	
T_{W1}	隔直环节 1 时间常数	调试软件设定
T_{W2}	隔直环节 2 时间常数	调试软件设定
T_{W3}	隔直环节 3 时间常数	调试软件设定
T_{W4}	隔直环节 4 时间常数	调试软件设定
K_{s2}	电功率积分计算值补偿系数	调试软件设定
T_7	电功率积分时间常数	调试软件设定
K_{s3}	信号匹配系数	调试软件设定
M	陷波器阶数	调试软件设定
N	陷波器阶数	调试软件设定
T_8	陷波器时间常数	调试软件设定
T_9	陷波器时间常数，$T_9=0$ 时，陷波器输出为 0	调试软件设定
K_{s1}	PSS 增益	调试软件设定
T_1	PSS 超前/滞后环节 1 时间常数	调试软件设定
T_2		调试软件设定
T_3	PSS 超前/滞后环节 2 时间常数	调试软件设定
T_4		调试软件设定
PSS _ uk	有效的 PSS 输出控制信号	
UST_{max}	PSS 输出正限幅值，+10%以下	调试软件设定
UST_{min}	PSS 输出负限幅值，−10%以上	调试软件设定
PSS 投入功率	默认 40%，以发电机视在容量为基准	调试软件设定
PSS 退出功率	默认 35%，以发电机视在容量为基准	调试软件设定

PSS 输出控制信号 PSS _ uk，通过附加控制端引入 AVR 相加点，与反馈电压 U_g 的相加方式一致。

通过调节器人机界面，可选择投入或退出 PSS。当选择投入 PSS 时，只有在发电机有功大于 PSS 投入功率后，PSS 输出才有效。当选择退出 PSS 时，则 PSS 输出无效，恒等于 0。

4. 调差

在励磁调节器自动方式下，为了保证多台并联运行的发电机组之间的无功功率合理分配或补偿单元制接线主变压器的电压降，调节器附加有无功调差功能。采用合适的正调差值，可保证多台并联运行的发电机组之间的无功功率合理分配。采用

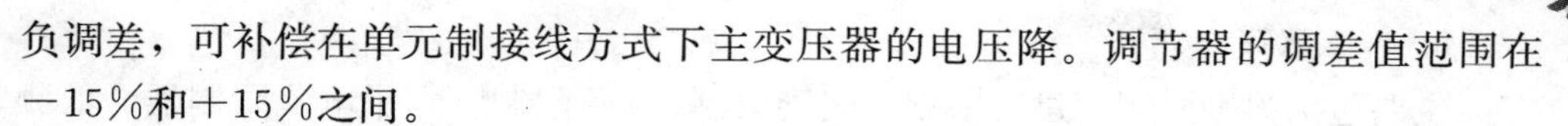

负调差，可补偿在单元制接线方式下主变压器的电压降。调节器的调差值范围在－15％和＋15％之间。

5. 叠加的无功功率或功率因数控制

无功功率控制或功率因数控制可视作对自动电压调节器的叠加控制。在这两种情况下，控制信号来源于实际值和被选控制模式的控制值之间的差值，调节器根据差值的大小和正负自动调节自动电压调节器的电压给定值，最终使得差值减小到控制范围之内。所选叠加控制模式及控制值可通过下述方式设定：

（1）通过人机界面。

（2）通过监控系统的串行通信。

6. 软起励

正常情况下，发电机励磁系统是在励磁调节器自动方式下起励建压的。软起励功能是为了防止在发电机起机建压过程机端电压的超调。励磁调节器接收到开机令后，首先置自动方式的电压给定值为 30％。起励升压后，当机端电压大于 30％额定值后，调节器再以一个可调整的速度逐步增加电压给定值使发电机电压逐渐上升到预置值，预置值是可以通过调试软件设定的，一般设定为发电机端电压的空载额定值。如图 8-11 所示是在 300MW 运行机组现场录制的软起励过程波形。

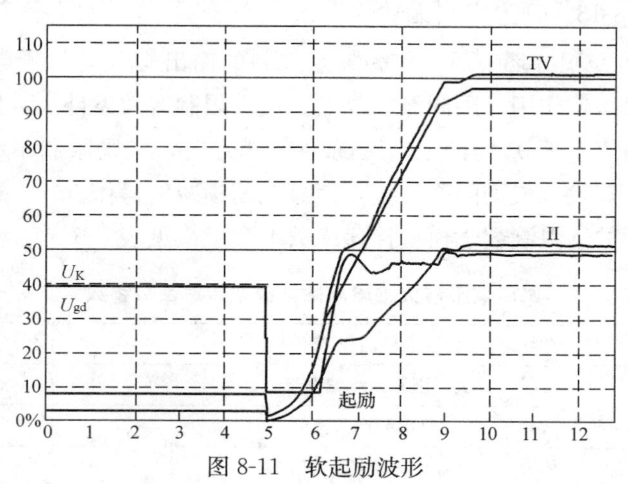

图 8-11　软起励波形

7. 通道跟踪

通道间的跟踪是由调节器软件实现的，备用通道跟踪运行通道，跟踪的依据是两通道的调节输出（控制信号）相等。不同于通道内的跟踪，这种跟踪关系是可通过人机界面人工投退。自动跟踪功能保证了从运行通道到备用通道的平稳切换。切换可能是由于故障引起的自动切换（如 TV 断相）或人工切换。无论系统是采用双通道配置还是三通道配置，备用通道总是跟踪运行通道。

8. 调节器限制功能

主要包括强励限制、过励限制、欠励限制、VF 限制、定子电流限制器、低频限制等。

（1）强励和过励。强励限制是限制同步发电机励磁电流顶值不超过设计允许的强力倍数。过励限制主要用于防止同步发电机转子绕组因长时间过流而发热。强励和过励反时限为

$$t=\frac{(I_{\mathrm{f}}-1.1)^2}{(I_{\mathrm{L}}-1.1)^2}\times T_{\mathrm{q}} \tag{8-3}$$

式（8-3）中的 T_{q} 即为最大强励允许时间。当励磁电流大于过励限制值时，开始进行强励反时限计算和计时，并发出“强励动作”报警信号；在此期间，励磁电流按强励限制值限制。反时限到达后，励磁电流按过励限制值限制，发“过励限制”报警信号，闭锁增磁操作，并开始计时，直到冷却时间到达后，才允许再次强励。

（2）欠励限制。欠励限制数学模型如图 8-12 所示。

Q_{uelim}　+　$\frac{1}{T_i s}$　30%　Q_{uegd}

Q　−　0

图 8-12　欠励限制数学模型

欠励限制采用曲线 $Q_{\mathrm{uelim}}=k_{\mathrm{ue}}P-B_{\mathrm{ue}}$，曲线见图 8-13。$Q$ 为实测无功值，Q_{uelim} 与 Q 的差值经积分环节后，作为欠励限制的输出 Q_{uegd} 叠加于电压给定值 U_{gd}，叠加方式是加即增磁作用，限制无功降低。欠励限制有效条件为：发电机出口断路器合且当前无功值小于 0。当欠励限制条件不满足时，欠励限制不起作用。欠励限制动作时，调节器发“欠励限制”报警信号，闭锁减磁操作。

励磁调节器欠励限制数学模型传递函数参数意义见表 8-5。

表 8-5　励磁调节器欠励限制数学模型传递函数参数

K_{ue}	欠励限制曲线斜率 K_{ue}	调试软件设定
B_{ue}	欠励限制曲线偏移量 B_{ue}	调试软件设定
T_{i}	欠励限制调节速度 T_{i}	调试软件设定
30%	欠励限制输出最大值 30%	
0%	欠励限制输出最小值 0%	
Q_{uegd}	欠励限制输出调节值，与电压给定值 U_{gd} 相加	

欠励限制有效条件为：发电机出口断路器合且当前无功值小于 0。当欠励限制条件不满足时，欠励限制不起作用。欠励限制动作时，调节器发“欠励限制”报警信号，闭锁减磁操作。

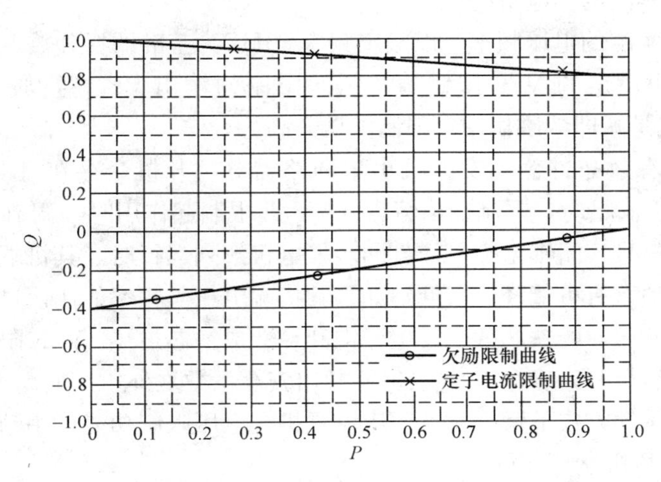

图 8-13　欠励限制和定子电流限制曲线

（3）定子电流限制（正无功限制）。曲线见图 8-13，Q 为实测无功值，Q_{uelim} 与 Q 的差值经积分环节后，作为定子电流限制的输出 Q_{uegd} 叠加于电压给定值 U_{gd}，叠加方式是减即减磁作用，限制无功增大。

定子电流限制有效条件为：发电机出口断路器合且当前无功值大于 0。当定子电流限制条件不满足时，限制不起作用。定子电流限制动作时，调节器发“A（B）套定子电流限制动作”报警信号，闭锁增磁操作。

图 8-14　V/F 限制模型

（4）V/F 限制器。V/F 限制数学模型如图 8-14所示，励磁调节器 V/F 限制数学模型传递函数参数意义见表 8-6。

表 8-6　　励磁调节器 V/F 限制数学模型传递函数参数意义

K_{ue}	欠励限制曲线斜率 K_{ue}	调试软件设定
B_{ue}	欠励限制曲线偏移量 B_{ue}	调试软件设定
T_{vf}	V/F 限制调节速度	调试软件设定
20%	V/F 限制输出最大值 20%	
0%	V/F 限制输出最小值 0%	
VF_{gd}	V/F 限制输出调节值，与电压给定值 U_{gd} 相减	

V/F 限制计算式为

$$VF_{lim} = \frac{U_g}{F(\%)} - \frac{U_{glim}}{100\%} \tag{8-4}$$

式中　U_g——实测的发电机电压；

F（%）——实测的电压频率，以额定频率50Hz为基准的百分数表示。

U_{glim}即为可设定的V/F限制值。V/F限制的输出VF_{uegd}叠加于电压给定值U_{gd}，叠加方式是减即减磁作用，限制电压升高。

V/F限制有效条件为：发电机出口断路器分、开机令存在且U_g＞40%。当V/F限制条件不满足时，限制输出恒为0。V/F限制起作用时，调节器发“V/F限制动作”报警信号，闭锁增磁操作。同步发电机解列运行时，其机端电压有可能升得很高，而其频率有可能降得很低，如果其机端电压与频率的比值过高，则发电机和与其相连的变压器的铁芯就会发生磁饱和，造成铁芯过热。V/F限制器的作用就是在机组解列运行时，确保V/F的值不超出安全系数之外，一般为1.15～1.2。

调节器在手动方式下运行时，还应设置机端电压限制功能。手动方式的电压限制值与V/F电压限制值相同。

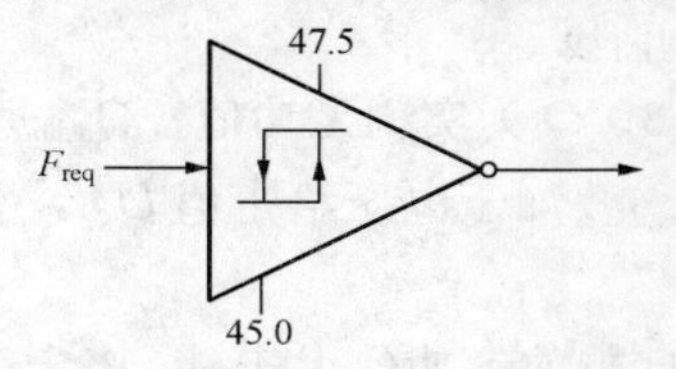

图8-15　低频模型

（5）低频动作。低转速投励磁容易发电机过压，造成励磁设备损坏等。因此在发电机空载下转速下降到90%时应能够使励磁系统逆变。低频模型如图8-15所示。

低频动作前提条件为：发电机出口断路器分、定子电流小于等于10%、无电制动信号、有开机令同时存在。当前提条件成立且机端电压频率低于45Hz时，低频动作；当前提条件成立且电压频率大于47.5Hz时，低频信号复归。低频动作后，调节器控制励磁系统进行逆变灭磁，并发“低频”报警信号。

9．故障检测及判断功能

（1）同步故障。以下三个条件同时满足时，发同步故障：

1）同步电压比机端电压（标幺值）低15%；

2）机端电压大于40%；

3）同步电压大于20%。

同步故障动作后，调节器通过I/O板发出同步故障信号；通过通信接口向外发出同步故障信号；闭锁看门狗信号输出，使调节器监视单元监测到调节器故障，发出通道切换指令。

（2）低励磁电流。并网时，定子电流大于10%，励磁电流小于空载励磁电流的20%。低励磁电流故障动作后，调节器通过通信接口向外发出低励磁电流故障信号。

（3）励磁变压器副边TA故障。以下三个条件同时成立时，发励磁变压器副边

电流互感器故障：

1）机端电压大于80%；

2）励磁电流小于10%；

3）同步系数不为零。

励磁变压器电流互感器故障动作后，调节器通过通信接口向外发出励磁变压器副边电流互感器故障信号。

（4）电压互感器故障。如果校准了同步电压系数，则利用同步电压与机端电压进行判断，如果同步电压大于20%时，机端电压比同步电压小10%，则发电压互感器故障；如果没有校准同步电压系数，则利用三相电压与电压平均值进行判断，如果机端电压大于10%，且A、B、C三相电压中的任一相低于机端电压的0.83倍，则发电压互感器故障。在励磁电流大于20%且机端电压小于5%时，也发电压互感器故障。

（5）调节器故障。现在的励磁调节器除了CPU检测故障之外，还应专门设置独立于CPU之外的故障检测单元来检测CPU等模块的故障，如CPU复位、程序跑飞、DSP出错。

10. 防错功能

1）检测容错包括模拟量检测容错和开关量检测容错等，如对电压互感器断线的检测，增、减磁接点防粘连，油开关信号容错，开停机信号容错等。

2）控制容错包括过励限制动作限制增磁，欠励限制动作限制减磁，防止空载误强励，过励/欠励优先权判断，PSS输出故障等。

11. 调节器逻辑流程图

（1）开机流程图，如图8-16所示。

（2）停机流程图，如图8-17所示。

（3）主CPU程序及中断服务流程图，如图8-18所示。

（4）DSP采样程序及中断服务流程图，如图8-19所示。

（5）通道切换流程图，如图8-20所示。

（6）通道跟踪流程图，如图8-21所示。

（7）系统电压跟踪流程图，如图8-22所示。

（三）整流功率柜

现以三相全波全控桥式整流电路组成的功率柜为例说明。水电厂励磁系统功率柜多数采用三相全波全控整流电路来为发动机转子提供转子电流。

1. 三相全波整流电路的工作过程

三相全控桥式整流电路接线如图8-23所示，6个桥臂元件全部采用晶闸管，一

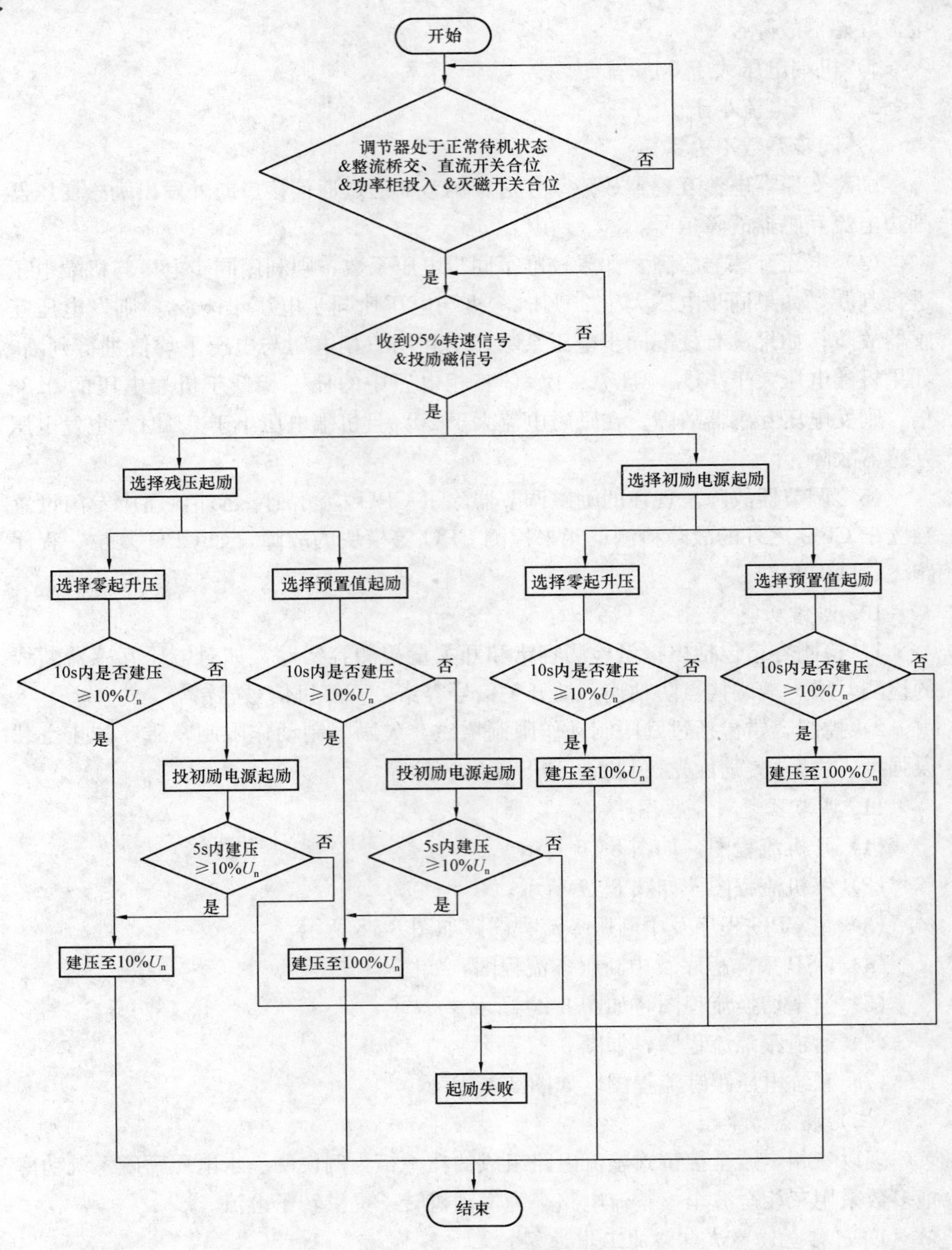
开始
调节器处于正常待机状态
&整流桥交、直流开关合位
&功率柜投入 &灭磁开关合位
否
是
收到95%转速信号
&投励磁信号
否
是
选择残压起励
选择初励电源起励
选择零起升压
选择预置值起励
选择零起升压
选择预置值起励
10s内是否建压
≥10%U_n
否
是
投初励电源起励
投初励电源起励
建压至10%U_n
建压至100%U_n
5s内建压
≥10%U_n
否
是
建压至10%U_n
建压至100%U_n
起励失败
结束

图 8-16　开机流程图

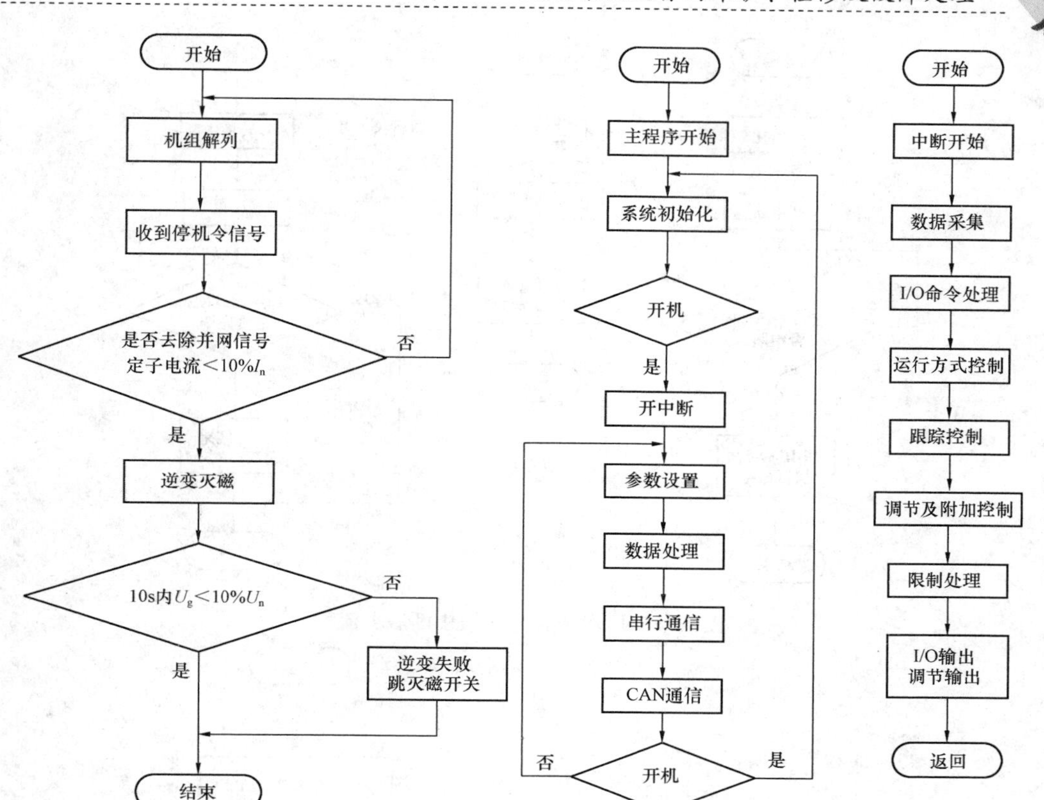

图 8-17　停机流程图

图 8-18　主 CPU 程序与中断服务流程

般将正侧的 3 个晶闸管 SCR1 SCR3、SCR5 称为共阴极组，将负侧 3 个晶闸管 SCR2、SCR4、SCR6 称为共阳极组。每个晶闸管都要靠触发进行换流，所以要求有 6 个移相触发电路，晶闸管元件都要靠触发换流，并且一般要求触发脉冲的宽度应大于 60°，但小于 120°，一般取 80°～100°，即所谓“宽脉冲触发”。这样才能保证整流电路刚投入时，例如共阴极组的某一元件被触发时，共阳极组的前一元件的触发信号依然存在，共阴极组与共阳极组各有一元件同时处在被触发状态，才能构成电流的通路。投入时一经触发通流，以后各元件则可依次触发换流。另外，也可以采用“双脉冲触发”的方式，即本元件被触发的同时，还送一触发脉冲给前一元件，以便整流桥刚投入时构成电流的最初的通路，其后整流电路便进入正常工作状态。在图 8-23 中，为保护整流桥各臂上的晶闸管元件，晶闸管上并联了阻容保护，用以吸收晶闸管的换相过电压。用压敏电阻（FR1～FR3）在整流桥的交流侧构成过电压保护，为减小换相过电压；在整流桥的直流侧加装阻容保护或压敏电阻（FR4）

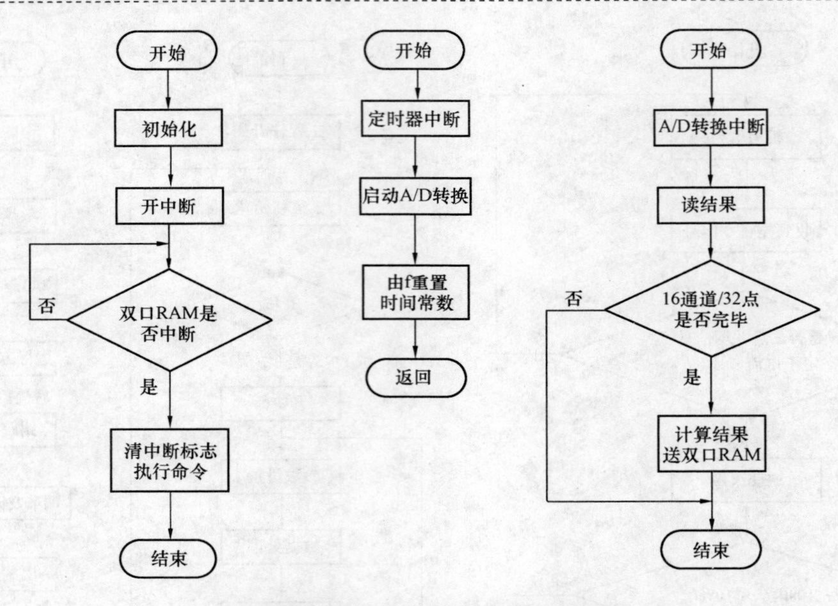

图 8-19 DSP 采样程序及中断服务流程

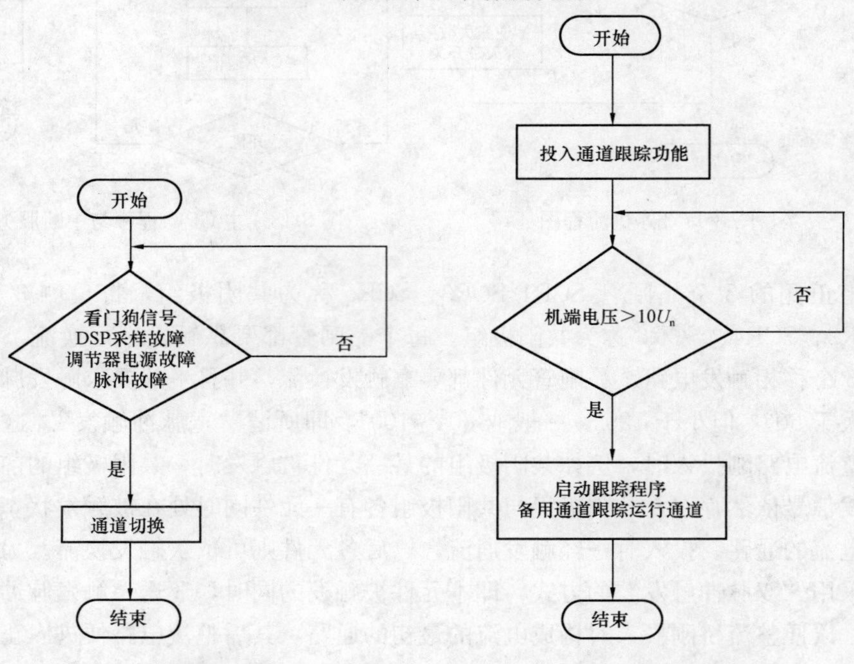

图 8-20 通道切换流程　　图 8-21 通道跟踪流程

作为过电压保护。双脉冲触发电路较复杂些，但它可以减小触发装置的输出功率，减小脉冲变压器的铁芯体积。

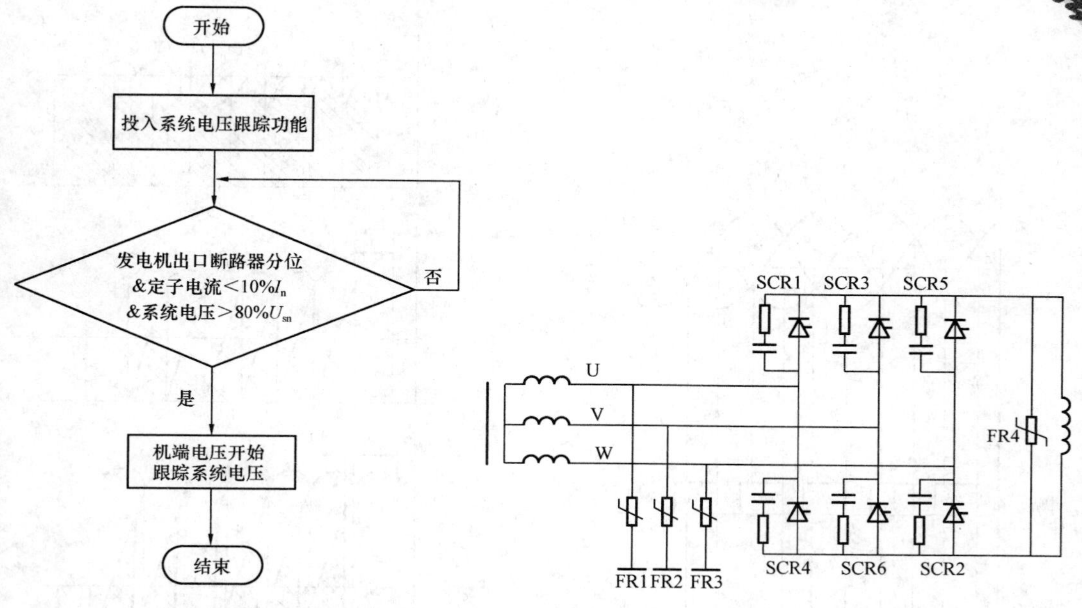

图 8-22　系统电压跟踪流程　　　　图 8-23　三相全控桥式整流电路

控制角 $\alpha=0°$时，三相全控桥式整流电压波形如图 8-24 所示，宽脉冲触发方式的各臂触发脉冲如图 8-24（b）所示。由于工作于整流状态时通常共阴极组是在相电压的正半周时触发，共阳极组是在负半周时触发，故接在同一相上的两晶闸管的触发脉冲，例如 U 相的 u_{g1} 与 u_{g4}，V 相的 u_{g3} 与 u_{g6}，W 相的 u_{g5} 与 u_{g2}，相位差 180°。

2. 全控整流电路的工作特点

全控整流电路的工作特点是既可工作于整流状态，将交流转变成直流；也可工作于逆变状态，将直流转变成交流。下面说明这两种工作状态。

（1）整流工作状态。控制角 $\alpha=30°$、$\alpha=60°$、$60°<\alpha<90°$、$\alpha=90°$时负载上得到的电压波形 u_d如图 8-25 所示。

三相全控桥式整流电路输出电压 U_d 的波形在一个周期内为匀称的六段，即输出电压 U_d 的周期是阳极电压周期的 1/6，根据式（8-5）计算其平均电压 U_d，即

$$U_d=\frac{1}{\frac{2\pi}{6}}\int_{-\frac{\pi}{6}+\alpha}^{\frac{\pi}{6}+\alpha}\sqrt{2}U_1\cos\omega t\,\mathrm{d}\omega t$$

$$=\frac{3}{\pi}\sqrt{2}U_1\times2\sin\frac{\pi}{6}\cos\alpha=1.35U_1\cos\alpha \tag{8-5}$$

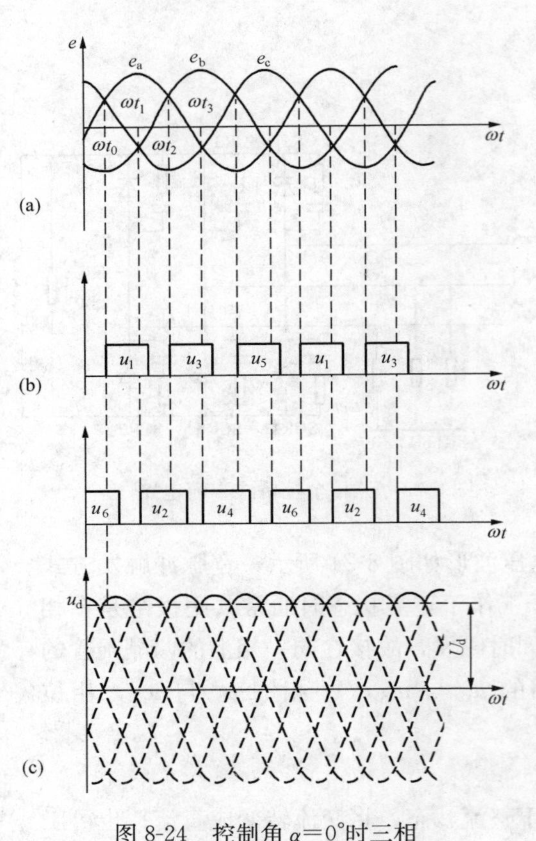

图 8-24　控制角 $\alpha=0°$时三相全波全控整流电压波形

(a)相电压波形；(b)触发脉冲；(c)直流侧电压波形

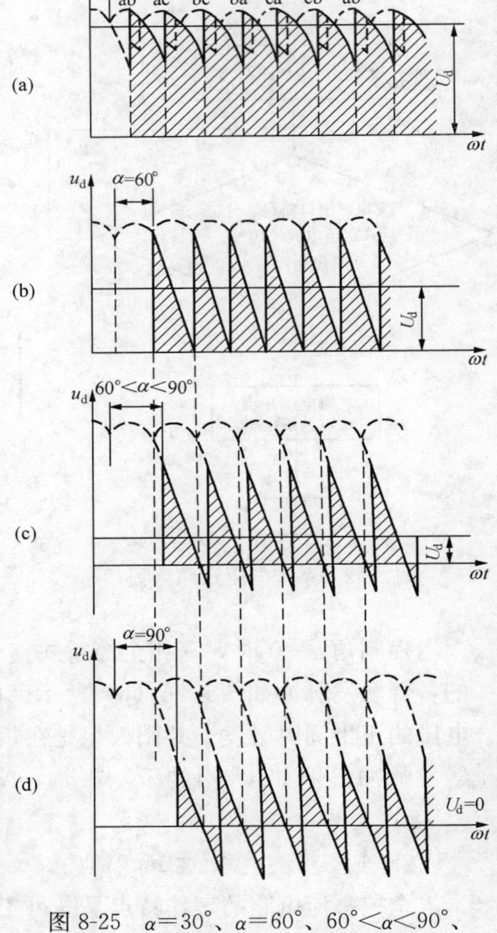

图 8-25　$\alpha=30°$、$\alpha=60°$、$60°<\alpha<90°$、$\alpha=90°$时负载上得到的电压波形

(a)$\alpha=30°$；(b)$\alpha=60°$；(c)$60°<\alpha<90°$；(d)$\alpha=90°$

在 $\alpha<90°$时，输出平均电压 U_d 为正值，三相全控桥工作在整流状态，将交流转变为直流。

(2) 逆变工作状态。在 $\alpha>90°$时，输出平均电压 U_d 为负值，三相全控桥工作在逆变状态，将直流转变为交流。在半导体励磁装置中，如采用三相全波全控整流电路，当发电机内部发生故障时能进行逆变灭磁，将发电机转子磁场原来储存的能量迅速反馈给交流电源去，以减轻发电机损坏的程度。此外，在调节励磁过程中，如使 $\alpha>90°$，则加到发电机转子的励磁电压变负，能迅速进行减磁。

如图 8-26 所示，为 $\alpha=120°$时逆变输出电压的波形，现说明它们的工作情况。

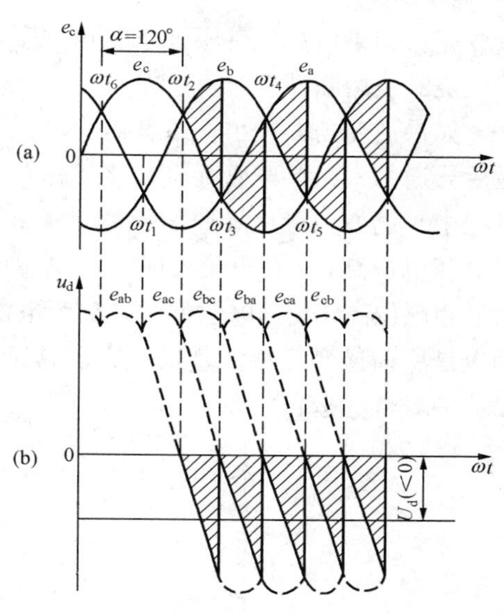

图 8-26　$\alpha=120°$时逆变工作状态

(a) 相电压波形；(b) 逆变电压波形

设原来三相桥工作在整流状态，负载电流 i_d 流经励磁绕组而储存有一定的磁场能量。在 ωt_2 时刻控制角 α 突然后退到 120°时，SCR_1 接受触发脉冲而导通，这时 U_{ab} 虽然过零开始变负，但电感 L 上阻止电流 i_d 减小的感应电势 e 较大，使 e_L-U_{ab} 仍为正，故 SCR_1 与 SCR_6 仍在正向阳极电压下工作。这时电感线圈上的自感线圈上的自感电势 e_L 与电流 i_d 的方向一致，直流侧电压的瞬时值 U_{ab} 与电流 i_d 的方向相反，交流侧吸收功率，将能量送回送流电网的回路。

到 ωt_3 时刻，对 C 相的 SCR_2 输入触发脉冲，这时 U_{ab} 虽然进入负半调，但电感电势 e_L 仍足够大，可以维持 SCR_1 与 SCR_2 的导通，继续向交流侧反馈能量。这样一直进行到电感线圈原储存的能量释放完毕，逆变过程才结束。

由于 $\alpha>90°$才进入逆变状态，故逆变角 β 总是小于 90°的。可用式（8-6）表示三相全控桥在逆变工作状态时的反向直流平均电压，即

$$U_{\beta}=-1.35U_1\cos(180°-\beta)=1.35U_1\cos\beta \tag{8-6}$$

在非全控桥中有时用 θ 或 β 代表晶闸管元件的导通角，它随控制角 α 的变化而在广泛的范围内变化。对于三相全控桥整流电路，晶闸管元件的导通角是固定不变的。通常用 β 代表逆变角。随着控制角 α 的变化，逆变角 β 在 0°～90°之间变化。

利用三相全控整流桥可以兼作同步发电机的自动灭磁装置。当发电机发生内部故障时，继电保护装置给一控制信号至励磁调节器，使控制角 α 由小于 90°的整流运行状态，突然后退到 α 大于 90°的某一个适当的角度，进入逆变运行状态，将发电机转子励磁绕组储存的磁场能量迅速反馈到交流侧去，使发电机的定子电势迅速下降，这就是所谓逆变灭磁方式。逆变性能的好坏还与主回路的接线方式有关，例如对于他励接线，逆变能迅速完成。性能较好；对于自并励接线，则逆变性能较差。

在逆变时若交流电源的电压消失，则转子励磁绕组能量不能反馈到交流电网去，晶闸管元件之间无交流电压的作用而不能实现换流，最后已导通的一组晶闸管元件在励磁绕组感应电动势 e_L 的作用下持续导通，处于续流状态，直到电感中能

量放完。如果所选元件不能承受这种工作状态下的电流容量，则可能损坏晶闸管元件或烧断快熔断器。

如果逆变角β过小，或者逆变过程中三相全控桥的触发脉冲因故突然消失，则最后导通的一组晶闸管元件，将工作在励磁绕组电感“放电—励磁—放电”的交替过程中。例如，最后导通的元件是a相的SCR_1与b相的SCR_6，如图8-27所示。当b相电位高，a相电位低时，在电感电势e_L的作用下电感L向交流侧放电；而当a相电位高，b相电位低时，交流电源又向电感L充电。这种“一放一充”的过程也是所谓逆变颠覆，直到电流衰减到元件的维持电流以下，晶闸管才能关断，结束这种异常的运行状态。

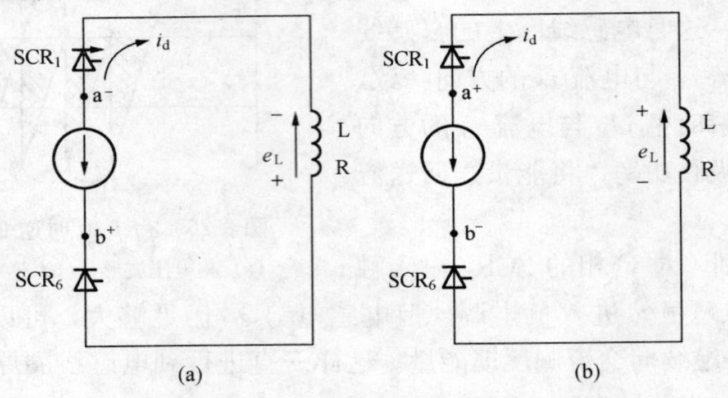

图8-27　逆变换流失败后电感放电与励磁的交替过程
(a) 放电；(b) 励磁

（四）发电机灭磁系统

当发电机发生内部故障时，虽然继电保护装置能快速地将发电机与系统解列，但磁场电流产生的感应电势继续维持故障电流。无论是发电机机端短路或是部分绕组内部短路，时间较长，都可能造成导线的熔化和绝缘的损坏。如果系统对地的故障电流足够大时，还要烧坏铁芯。因此，当发生发电机内部故障，在继电保护装置动作切断主电源的同时，还要求对发电机迅速灭磁。

发电机的灭磁，就是把发电机转子励磁绕组中的磁场能量尽快地减小到尽可能小的程度。最简单的灭磁方法，就是尽快地将励磁电源回路断开。但由于发电机转子励磁绕组具有很大的电感，突然断流要在转子励磁绕组两端产生很高的过电压，这个过电压如果超过转子励磁绕组回路绝缘安全允许值，就可能击穿绝缘造成故障的扩大。因此，在断励磁电源的同时，还应将转子励磁绕组自动地接入到放电电阻或其他吸能装置上去，把磁场中储存的能量迅速地消耗掉。

为减少故障的扩大，灭磁就必须满足既要灭磁时间尽可能短，又要保证转子过电压不应超过绝缘强度极限允许值的要求。这样就产生了灭磁时间和灭磁过电压这

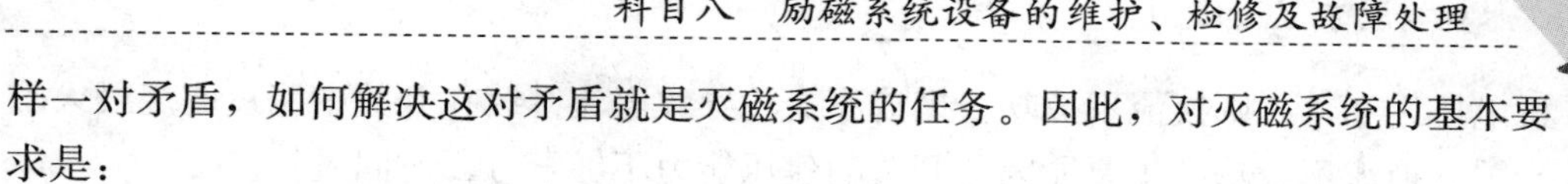

样一对矛盾，如何解决这对矛盾就是灭磁系统的任务。因此，对灭磁系统的基本要求是：

（1）灭磁系统的电路应简单，灭磁装置的结构形式应简单可靠，应保证在机组和励磁系统内部发生电气事故时能可靠动作于断流灭磁。

（2）灭磁装置有足够的热容量和运行寿命，能完全或大部分吸收发电机磁场中的能量而不会过热导致损坏。

（3）灭磁装置在保证断流过程中转子磁极过电压值不超过其绝缘长期安全运行允许值（其值通常为转子额定励磁电压的 4～5 倍）的条件下，灭磁时间应尽可能短，以求尽量限制事故范围。

（4）磁场断路器应能远方电动投切。

（5）灭磁系统故障能自诊断报警。

1. 非线性电阻灭磁及转子过电压保护

非线性电阻灭磁是利用非线性电阻作耗能元件，在灭磁过程中，吸收转子励磁绕组的磁场能量，它的非线性特性能使灭磁过程中励磁绕组两端的电压基本保持恒定，从而使整个灭磁过程接近理想灭磁。在上述的常值电阻灭磁时，实际上灭磁电流开始时衰减很快，以后就越来越慢。而非线性电阻开始灭磁电流较大时，它的电阻值较小，而后来灭磁电流逐渐减小时，它的电阻值就逐渐变大。则使电阻和电流的乘积尽可能保持常数，也就是加给励磁绕组一个恒定不变的反电压，使在灭磁过程中加快灭磁速度。用碳化硅（金刚砂）和高能氧化锌制成的非线性电阻均具有这样的特性。

20 世纪末非线性电阻灭磁在我国才开始广泛应用。采用非线性电阻灭磁的灭磁装置往往叫做移能灭磁，它所采用的灭磁开关不是用来消耗能量，而是用来转移能量，从而可以简化灭磁开关的设计。在发电机正常运行时，灭磁开关主触头（常开）闭合，非线性电阻 R 直接并接于励磁绕组两端（也有通过常闭辅助触头并接于励磁绕组），正常励磁电压加于非线性电阻上，它呈高阻态，只有微安级的电流流过。当励磁绕组需要灭磁时，灭磁开关跳闸建立足够的弧压（或在转子绕组上因其他原因产生了过电压）以开通非线性电阻强迫励磁绕组中的电流从非线性电阻中流过（完成一次换流），非线性电阻的阻值急剧下降，允许有很大的电流通过。当大电流通过非线性电阻时，因为它的两端的电压也很高，所以要消耗大量的能量。当非线性电阻上消耗的能量超过允许极限值时，非线性电阻会击穿损坏。碳化硅制成的非线性电阻损坏后呈开路状态。而氧化锌制成的非线性电阻损坏后呈短路状态，所以在这种电路中必须串接特制的熔断器。

在上述的灭磁开关分断时，它建立的弧压必须超过非线性电阻通流电压与整流

桥电压之和，否则换流不成功。换流不成功导致电流继续在开关中流过而烧毁灭磁开关。换流不成功的主要原因是开关的建压能力不够，分断时间过长。

直接并接于转子绕组上的非线性电阻在发电机运行中，可以限制转子过高电压。灭磁开关在发电机运行中不具备这种作用，必须配合其他措施，使用放电器、跨接器等。由于这些设施的稳定性及可靠性差，以及保护定值配合困难，现场很少采用，致使许多机组没有转子过电压保护措施。而非线性电阻兼有灭磁及在各种运行方式下转子过电压保护的作用。DM型灭磁开关（也叫移能组合开关）和氧化锌非线性电阻配合的灭磁及过电压保护装置在现场试验和现场应用当中得到了较好的效果。

2. 利用全控桥逆变灭磁

在灭磁过程中，如果向转子励磁绕组加一个比较大的负值恒定电压，则可认为转子电流基本上按直线下降，灭磁时间比较短，而转子过电压又在允许范围内。在半导体励磁系统中，就是按这一要求实现逆变灭磁的。在进行逆变灭磁时，把励磁主回路的晶闸管全控桥的控制角 α 后退到最小逆变角，使整流桥由“整流”工作状态过渡到“逆变”工作状态，加到转子励磁绕组上的就是一个恒定的负值电压。

发电机的灭磁过程实质上就是把转子励磁绕组中储存的磁能消耗掉或转移出去的过程。前述的几种灭磁方式，是利用电阻或电弧来消耗励磁绕组中的磁能，需要较大容量的灭磁开关和装置。逆变灭磁方式，在逆变过程中由晶闸管把励磁绕组中的能量从直流侧送到交流侧，主励磁回路中不需要另设灭磁开关和装置。

模块1　晶闸管小电流试验

一、操作说明

励磁系统小电流试验是指在整流柜的阳极输入侧外加厂用电交流380V，直流输出接电阻负载，调整控制角，通过观察负载电压波形变化，综合检查励磁控制器测量、脉冲等回路和整流柜元件的一种试验方式。

二、操作步骤

（一）低压小电流试验

（1）按照图8-28所示接线，调压器SYB可以用继电保护测试仪代替，示波器也可以用记录仪代替。

（2）通电之前检查试验接线，确定接线无误再接通电源。

（3）通电之后，使用示波器检查电源是否正常，使用同步表检测同步信号相序对不对。

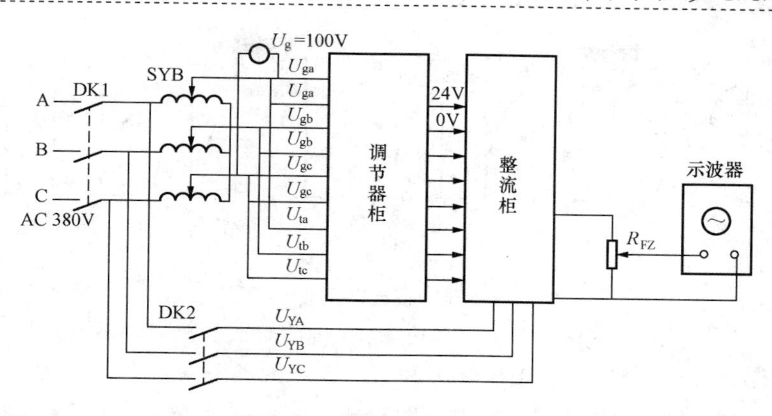

图 8-28　调节器带功率柜低压小电流试验接线

DK1、DK2—刀开关；R_{FZ}—负载电阻；SYB—调压器

(4) 使用示波器检查晶闸管开通情况，检测使晶闸管开通并维持住的最低阳极电压。

(5) 使用示波器当升高阳极电压，记录产生正常脉冲的临界电压值。

(6) 改变给定电压值、观察整流、逆变、整流的工作情况。

(7) 用示波器检查晶闸管脉冲波形，如图 8-29 所示，对 SCR 触发脉冲的要求如下：

1) 对于双脉冲其总宽度应不小于 100°，幅值应不小于 3V，脉冲前沿应不大于 3μs。

2) 对于脉冲列其总宽度应不小于 100°，幅值应不小于 3V，脉冲前沿应不大于 2μs。

3) 所有脉冲应无毛刺和干扰波，脉冲相位正确，60°间隔准确无误。

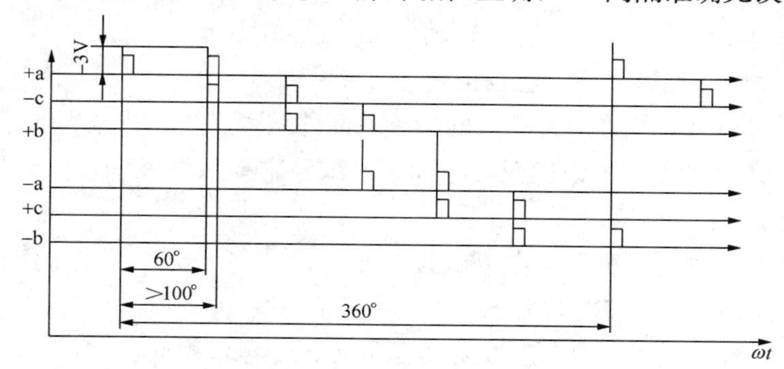

图 8-29　六相脉冲相位及波形图

(8) 用示波器检查晶闸管输出电压波形，如图 8-30 所示。

1) 整流柜有输入、输出隔离开关。

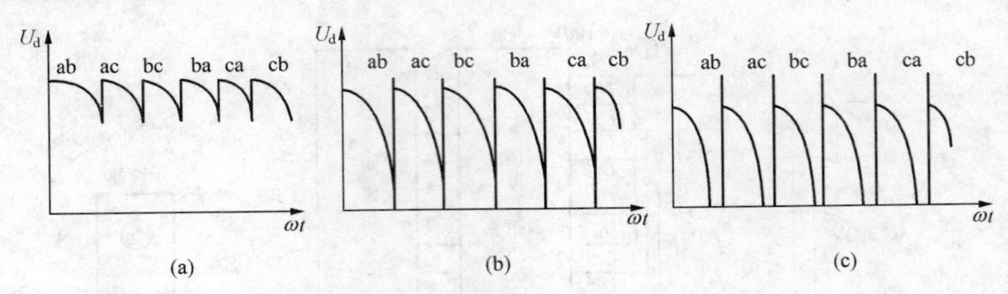

图 8-30　整流电压波形图

(a) $0°\leqslant\alpha\leqslant60°$；(b) $\alpha=60°$；(c) $60°\leqslant\alpha\leqslant90°$

a. 依次断开各个整流柜阳极开关和直流输出隔离开关。

b. 在这些开关、隔离开关的内侧即整流柜侧，外接交流 380V 和电阻负载。

c. 调整励磁调节器的控制角，观察负载电阻上的电压波形，确认波形达到要求，励磁调节器和整流柜工作正常。

2）整流柜没有输入输出隔离开关。

a. 断开整流柜同发电机转子之间的电气联系，如跳开双断口开关、断开励磁变压器原边或者副边主回路。

b. 在变压器原边或者整流柜交流输入电缆侧，外接交流 380V，在整流柜输出电缆侧外接电阻负载。

c. 调整励磁调节器的控制角，观察负载电阻上的电压波形，确认波形达到要求，确认励磁调节器和整流柜工作正常。

3）改变控制角的方法。

a. 控制角开环运行，直接设定角度，从 90°开始，在电阻负载允许的情况下逐步减小。

b. 改变外接电压互感器电压输入值，让控制角变化。

(9) 最后确认整流屏装置连接正确、无异常即可。

(10) 试验拆线，检查所拆动过的端子或部件是否恢复，清理现场。

(11) 整理试验数据（试验时间、天气、试验主要仪器及精度、试验数据、试验人）记录及分析。

(12) 出具晶闸管低高压小电流试验报告。

(二) 高压小电流试验

(1) 按照图 8-31 所示接线，负载电阻同低压小电流相同。

(2) 设置励磁调节器工作在恒定角度控制方式下。

(3) 将输入晶闸管整流装置的交流侧电压调整至励磁变压器二次额定交流电压的 1.3 倍。

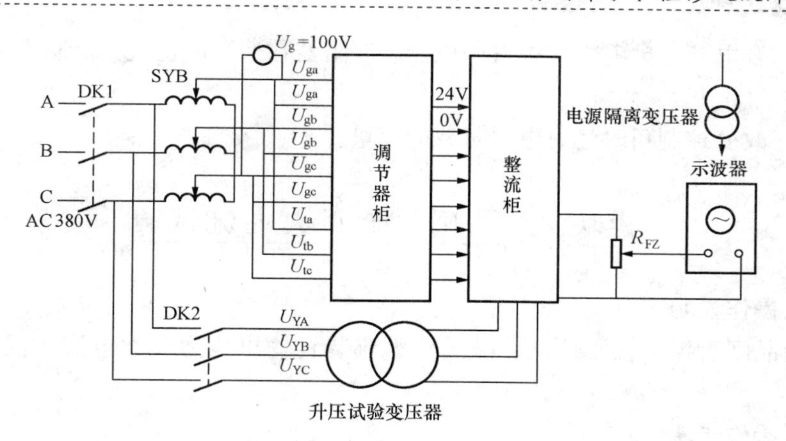

图 8-31　调节器带功率柜高压小电流试验接线

(4) 通过励磁调节器控制增磁使整流装置输出 2 倍额定励磁电压。

(5) 利用示波器观察晶闸管输出直流侧波形，晶闸管整流特性应平滑，整流锯齿波形应基本对称。

(6) 试验时注意核实负载电阻阻值及容量，负载电阻阻值的选择以小电流试验时通过的电流不小于 1A 为宜，并依据此选取相应的电阻容量。

(7) 试验拆线，检查所拆动过的端子或部件是否恢复，清理现场。

(8) 整理试验数据（试验时间、天气、试验主要仪器及精度、试验数据、试验人）记录及分析。

(9) 出具晶闸管高压小电流试验报告。

三、操作注意事项

(1) 示波器的工作电源用隔离变压器隔离。

(2) 示波器的测试探头的测试极棒用耐高压的绝缘棒绑好。

(3) 分压装置用绝缘的相色带吊着悬空，保持安全距离。

(4) 示波器调好后，两人分别拿绝缘测试极棒接触阳极开关处不同相的导电部分，一人根据情况，调节示波器，并操作记忆示波器，将阳极波形存储下。

(5) 波形的测试采用记忆示波器录波，做一个 10∶1 的电阻分压装置，示波器只取 1/10 的被测量。

(6) 校验工作至少应有两人参加，由一人操作、读表，一人监护和记录。

(7) 所有元件、仪器、仪表应放在绝缘垫上。

(8) 试验接线完毕后，必须经两人都检查正确无误后方可通电进行试验。

(9) 所用仪表一般不应低于 0.5 级。

(10) 所有使用接线应牢固可靠。

（11）合电源开关前先应查看调压器、变阻器在适当的位置，严防大电流冲击，防止短路。

（12）改变控制角时注意电阻负载的容量。

模块2　晶闸管低压大电流试验

一、操作说明

检验晶闸管控制触发性能、晶闸管整流装置输出能力及大电流工况下的温升参数。

二、操作步骤

（1）励磁调节器工作正常，整流装置的冷却系统工作正常，试验仪器齐备。

（2）按照如图8-32所示进行试验接线，负载电阻容量不得低于1kW，电流300A以上。

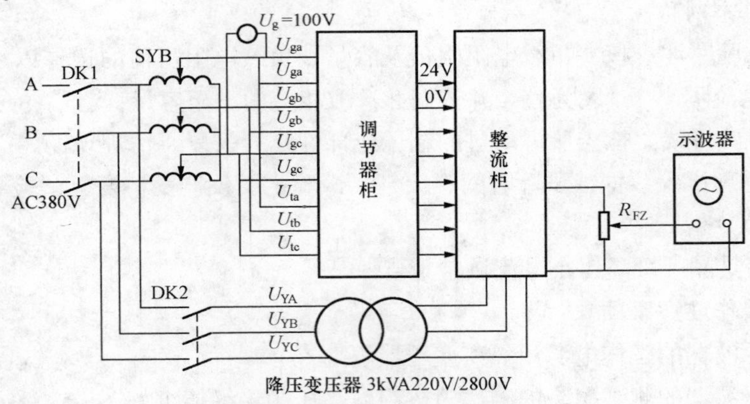

图8-32　调节器带功率柜低压大电流试验接线

DK1、DK2—刀开关；R_{FZ}—负载电阻

（3）使用示波器检测使晶闸管开通并维持住的最低阳极电压：将输入晶闸管整流装置的交流侧电压调整至晶闸管开通并维持住的最低阳极电压，记录最低阳极电压值。

（4）当调整升高阳极电压，记录产生正常脉冲的临界电压值。

（5）观察脉冲及触发相位的正确性。对SCR触发脉冲的要求如下：

1）对于双脉冲其总宽度应不小于100°，幅值应不小于3V，脉冲前沿应不大于3μs。

2）对于脉冲列其总宽度应不小于100°，幅值应不小于3V，脉冲前沿应不大于2μs。

3）所有脉冲应无毛刺和干扰波，脉冲相位正确，60°间隔准确无误，如图 8-33 所示。

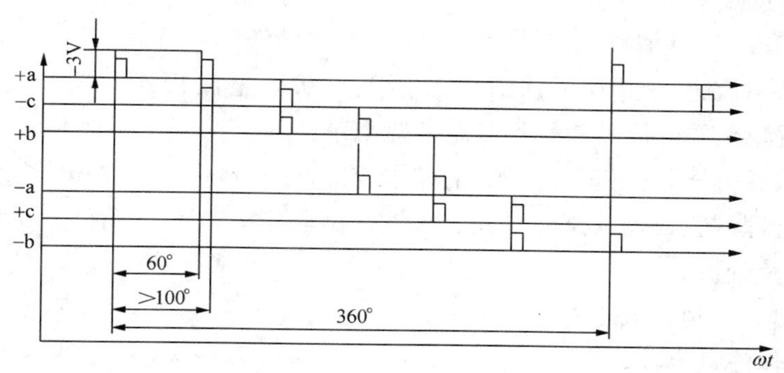

图 8-33　六相脉冲相位及波形图

(6) 改变给定电压值、观察整流、逆变、整流的工作情况，这里因带电阻性负载、故逆变不明显，只能说明现象。

(7) 将输入晶闸管整流装置的交流侧电压调整至 20V 左右。

(8) 直流侧采用通流铜排进行短接或接低值大电流负载电阻。

(9) 开启晶闸管整流装置的冷却系统。

(10) 励磁调节器工作在恒角度控制方式下。

(11) 通过励磁调节器手动增磁使整流装置输出电流逐渐上升，观测输出锯齿波形应有稳定的 6 个波峰，且一致性好，如图 8-34 所示。

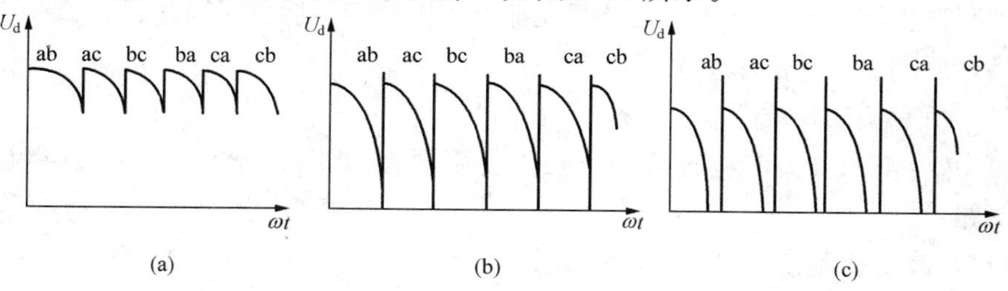

图 8-34　整流电压波形图

(a) $0°\leqslant\alpha\leqslant60°$；(b) $\alpha=60°$；(c) $60°\leqslant\alpha\leqslant90°$

(12) 观测输出电流指示调至 50％额定电流，停留 30min 左右。观测直流输出、交流三相电流值，使用测温仪检测整流器各部分温升等有关量。测温点是散热器端部、散热器根部（和管壳相接处）、散热器汇流排及连接螺母、螺栓等。

(13) 然后继续手动增磁改变控制角度，直至晶闸管整流装置输出电流达额定值，运行 2h 以上（型式试验需做 72h）。注意：在更换晶闸管后，该项试验（指单

块屏试验）必须要做。

（14）在此期间每30min左右测量各电气量及温度量一次，直至测点温度稳定，不再上升。

（15）将电流进一步升至顶值电流倍数（功率整流柜额定输出电流），持续20s。当电流减至额定值后测量各点温升并记录。

（16）试验拆线，检查所拆动过的端子或部件是否恢复，清理现场。

（17）整理试验数据（试验时间、天气、试验主要仪器及精度、试验数据、试验人）记录及分析。

（18）出具晶闸管低压大电试验报告。

三、操作注意事项

（1）示波器的工作电源用隔离变压器隔离。

（2）示波器的测试探头的测试极棒用耐高压的绝缘棒绑好。

（3）分压装置用绝缘的相色带吊着悬空。保持安全距离示波器调好后，两人分别拿绝缘测试极棒接触阳极开关处不同相的导电部分，一人根据情况，调节示波器，并操作记忆示波器，将阳极波形存储下。

（4）波形的测试采用记忆示波器录波，做一个10∶1的电阻分压装置，示波器只取1/10的被测量。

（5）校验工作至少应有两人参加，由一人操作、读表，一人监护和记录。

（6）所有元件、仪器、仪表应放在绝缘垫上。

（7）试验接线完毕后，必须经两人都检查正确无误后方可通电进行试验。

（8）所用仪表一般不应低于0.5级。

（9）所有使用接线应牢固可靠。

（10）合电源开关前应查看调压器、变阻器在适当的位置，严防大电流冲击，防止短路。

（11）改变控制角时注意电阻负载的容量。

模块3　整流柜高电压试验

一、操作说明

通过此试验能发现晶闸管均流、均压及抽屉内部元件的问题，以便为闭环运行做好准备。

二、操作步骤

（1）按照试验接线图进行接线，如图8-35所示。

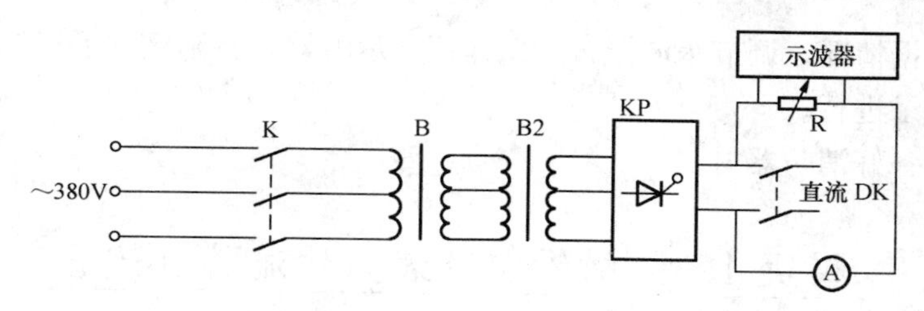

图 8-35 高电压试验接线图

K—刀开关；R—110Ω 滑线电阻；B—三相调压器；
A—电流表；B2—升压变压器；KP—整流桥

（2）检查试验接线，无问题方可通电试验。

（3）合上隔离开关 K，使用万用表检查三相电源对称。

（4）调节三相调压器 B，使电压缓慢上升，并注意升压变压器 B2 二次侧的电压，电压加到额定值。

（5）晶闸管正常工作后，观测晶闸管均流、均压数据并记录。

（6）用示波器检查脉冲、移相、阻容各单元的输出波形应符合要求。

（7）测的数据与原始记录比较应无差别，如差别很大，应更换晶闸管，然后重复上试验项目，直到合格为止。

（8）试验拆线，检查所拆动过的端子或部件是否恢复，清理现场。

（9）整理试验数据（试验时间、天气、试验主要仪器及精度、试验数据、试验人）记录及分析。

（10）出具整流柜高电压试验报告。

三、操作注意事项

（1）机组运行中，当有一整流屏故障退出检修需要切电源时，应首先将脉冲电源切掉，然后再切阳极开关，避免带负荷切阳极开关，但带电检修时，一定要注意到此盘下面的阳极开关、直流隔离开关部分带高压，所以必须采取安全措施，如戴绝缘手套、穿绝缘鞋、地面铺绝缘胶皮等，防止误投和误触带电器具，此屏检修完后，应先合阳极开关、直流隔离开关，后投脉冲电源。

（2）试验时设专人监护，检查接线正确后方可通电试验，试验中观察大功率柜的运行状况，发现异常，马上停止试验。

（3）示波器的工作电源用隔离变压器隔离。

（4）示波器的测试探头的测试极棒用耐高压的绝缘棒绑好。

（5）分压装置用绝缘的相色带吊着悬空。保持安全距离。

（6）示波器调好后，两人分别拿绝缘测试极棒接触阳极开关处不同相的导电部分，一人根据情况，调节示波器，并操作记忆示波器，将阳极波形存储下恢复接线时要按照记录进行。

（7）准备好消防器材。

模块4　晶闸管整流装置均流特性试验

一、操作说明

（1）试验目的：检查并联功率柜的均流情况。

（2）试验条件：试验时按低压大电流的接线方式。现场机组带额定无功功率。

二、操作步骤

（1）按照图8-36接线，要求负载电阻容量不得低于1kW，额定电流300A以上。

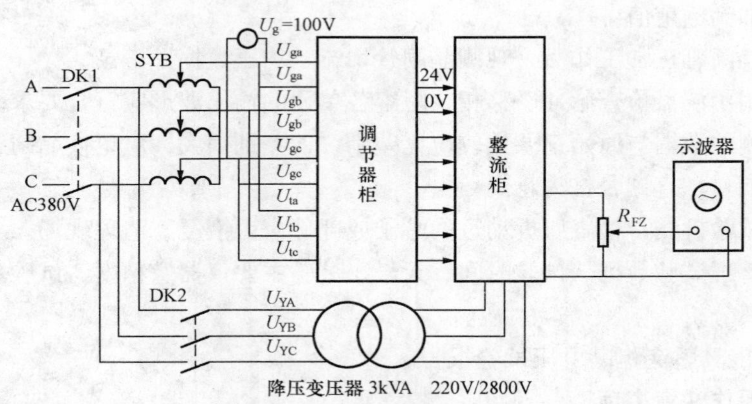

图8-36　调节器带功率柜均流特性试验接线

（2）静态试验。

1）将所有整流功率柜输出并联连接，带相应的大电流负载或直接将直流端口短路。

2）将输入晶闸管整流装置的交流侧电压调整至20V左右，直流侧采用通流铜排进行短接或接低值大电流负载电阻。

a. 开启晶闸管整流装置的冷却系统。

b. 励磁调节器工作在恒角度控制方式下。

c. 通过励磁调节器控制增磁使功率整流柜输出额定输出电流。

d. 测量每个整流桥的电流。

（3）动态试验。

1）发电机并网带额定无功功率运行。

2）通过调节器将整流功率柜带至额定励磁电流下。

测量每个整流桥的电流，并计算均流系数，计算公式见 DL/T 583—2006《大中型水轮发电机静止整流励磁系统及装置技术条件》公式（3），测得的均流系数应一般不小于 0.85。

（4）试验拆线，检查所拆动过的端子或部件是否恢复，清理现场。

（5）整理试验数据（试验时间、天气、试验主要仪器及精度、试验数据、试验人）记录及分析。

（6）出具晶闸管整流装置均流特性试验报告。

三、操作注意事项

（1）示波器的工作电源用隔离变压器隔离。

（2）示波器的测试探头的测试极棒用耐高压的绝缘棒绑好。

（3）分压装置用绝缘的相色带吊着悬空。保持安全距离示波器调好后，两人分别拿绝缘测试极棒接触阳极开关处不同相的导电部分，一人根据情况，调节示波器，并操作记忆示波器，将阳极波形存储下。

（4）波形的测试采用记忆示波器录波，做一个 10∶1 的电阻分压装置，示波器只取 1/10 的被测量。

（5）校验工作至少应有两人参加，由一人操作、读表，一人监护和记录。

（6）所有元件、仪器、仪表应放在绝缘垫上。

（7）试验接线完毕后，必须经两人都检查正确无误后方可通电进行试验。

（8）所用仪表一般不应低于 0.5 级。

（9）所有使用接线应牢固可靠。

（10）电源先应查看调压器、变阻器在适当的位置，严防大电流冲击，防止短路。

模块 5　脉冲变压器耐压试验

一、操作说明

脉冲变压器主要作用是隔离，其次是改善触发脉冲的质量。由于移相器输出的移相脉冲，是一个弱电信号，不能直接接入晶闸管的控制极 G，故一般要利用脉冲变压器进行信号的传递。脉冲变压器也是励磁装置的重要器件。

操作目的：检验脉冲变压器原边与副边（副边临时接地），原边与屏蔽层、副边与屏蔽层的电气绝缘强度是否符合标准要求。

二、操作步骤

（1）将脉冲变压器的输入端及输出端分别用细熔断丝短接。

（2）将绝缘电阻表的接地端接脉冲变压器的输入端，绝缘电阻表的线路端接脉冲变压器的输出端，用绝缘电阻表摇绝缘1min，绝缘电阻不低于1MΩ，判断绝缘符合要求后，继续下一步工作。测量绝缘电阻的仪表要求为：额定励磁电压小于或等于200V时采用1000V绝缘电阻表，大于200V时采用2500V绝缘电阻表。

（3）按照试验电路图接线，如图8-37所示。

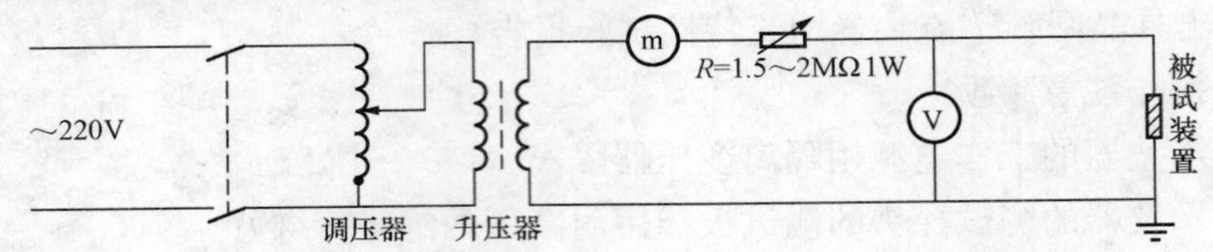

图8-37　脉冲变压器耐压试验接线

（4）检查试验接线。

（5）将调压器旋转到最小位置，合上电源刀闸，慢慢调节调压器，使输出电压升高，观察脉冲变压器及设备情况，发现异常即刻将调压器旋转到最小位置，拉开试验电源刀开关。

（6）当电压升高至要求的电压值后，保持1min，无异常现象后，将电压降下来。拉开电源刀开关。工频耐压试验1min无击穿闪络现象，其试验电压由制造厂确定，但不得小于回路出厂耐压值。

（7）用绝缘电阻表再次摇绝缘，检查耐压后脉冲变压器是否异常。

（8）检查绝缘正常后，拆除用于短接的细熔丝。

（9）试验拆线，检查所拆动过的端子或部件是否恢复，清理现场。

（10）整理试验数据（试验时间、天气、试验主要仪器及精度、试验数据、试验人）记录及分析。

（11）出具脉冲变压器耐压试验报告。

三、操作注意事项

（1）试验时设专人监护，检查接线正确后方可通电试验，试验中如发现放电现象，调压器要立刻回零，拉开电源刀开关，查找放电点，进行绝缘处理。确认正常后再做耐压试验。

（2）防止触电，准备好消防器材。

（3）拆除用于短接的细熔断丝，不能随便将熔断丝抛弃，要放到妥当的地方。

模块6　励磁调节器起励试验

一、操作说明

该试验是发电机空载阶段励磁的第一个试验，检查励磁系统基本接线和控制是否正确，测试励磁控制系统的起励特性。

进行调节器不同通道、自动和手动运行方式、远方和现地的起励操作。进行低设定值下起励。自动方式额定设定值下的起励、零起升压。

二、操作步骤

(1) 起励控制的静态检查。

1) 起励电源接线检查。

2) 他励限流电阻配置检查。

3) 闭环起励试验完毕。

4) 电压互感器回路检查结束电压互感器小开关投入。

5) 电压互感器熔丝电阻阻值检查。

6) 起励成功和不成功条件设置及模拟试验完成。

7) 远方信号检查。

8) 自动和手动控制的开环检查。

9) 调节器可进入正常工作区域的最小发电机电压检查。

10) 自并励静止励磁系统的核项试验结束。

(2) 自动方式开环检查。

1) 调节器临时外加电压互感器模拟信号和同步信号，调节器自动方式。

2) 电压互感器模拟信号置零，电压给定值置20%额定值，模拟开机操作，调节器输出控制电压 U_C 或控制角应当对应励磁电压最大输出。

3) 调大电压互感器模拟信号，当大于20%额定值后，调节器输出控制电压 U_C 或控制角应当减少。直至对应于负的最大值。

4) 置电压给定值为100%额定值，作同样的检查。

(3) 手动方式开环检查。

1) 手动控制一般是励磁电压或电流。调节器外加模拟励磁电流或电压信号和同步信号，调节器切手动运行方式。

2) 用励磁电流或电压信号代替电压互感器模拟信号，与自动方式一样的步骤进行检查。

(4) 试验时应有发电机过电压保护，试验时保护动作值可以设定115%～

125%额定电压，无延时动作分磁场断路器或者灭磁开关，经过模拟试验证明保护动作正确。

(5) 设置调节器工作通道和控制方式，设置起励电压，设置远方或者现地起励控制，确认他励起励电源投入且正常。

(6) 第一次起励设置起励电压一般不大于50%发电机额定电压，一般置于手动方式，通过操作开机起励按钮，励磁系统应能可靠起励。

(7) 录波仪记录发电机电压建压过程波形。

(8) 第一次起励成功后检查调节器各个通道的发电机电压、发电机励磁电流和电压，励磁机励磁电流和电压、同步信号测量值。

(9) 第一次自动方式起励一般将电压给定设置为最小值。

(10) 自动和手动零起升压试验是在PID参数整定后进行，给定值设置为发电机空载额定值。

(11) 试验拆线，检查所拆动过的端子或部件是否恢复，清理现场。

(12) 整理试验数据（试验时间、天气、试验主要仪器及精度、试验数据、试验人）记录及分析。

(13) 出具励磁调节器起励试验报告。

三、操作注意事项

(1) 试验要求两人以上进行。并作好监护，如果发电机电压波动太大或电压不可控制地上升，应立即对发动机逆变灭磁，在发动机逆变灭磁失败后分应分灭磁开关灭磁，机组启动前先进行模拟操作试验，各回路电阻正确可靠。

(2) 防止触电。

(3) 防止损坏试验设备。

(4) 现场使用材料、仪器仪表、工具摆放整齐、有序。

(5) 励磁操作、控制回路清扫、检查认真仔细。

(6) 试验接线正确，记录数据清楚，完备。

(7) 工作现场保持清洁、做到工完场清。

模块7　励磁设备交流耐压试验

一、操作说明

以功率柜为例说明耐压试验接线及方法，励磁设备装置的绝缘检测和交流耐压试验项目及质量标准见表8-7。

表 8-7　　励磁设备装置交流耐压试验项目及质量标准

序号	试验项目	试验电压（kV）	绝缘电阻（MΩ）	备　注
1	灭磁开关正断口对地	3.0～3.5	≥10	合上灭磁开关
2	灭磁开关负断口对地	3.0～3.5	≥10	合上灭磁开关
3	灭磁开关正断口之间	3.0～3.5	≥10	断开灭磁开关
4	灭磁开关负断开之间	3.0～3.5	≥10	断开灭磁开关
5	灭磁开关正、负断口之间	3.0～3.5	≥10	合上灭磁开关
6	转子侧主回路对地	2.0～3.0	≥5	断开转子引线
7	整流侧主回路对地	2.0～3.0	≥5	拉开功率柜 ZDK
8	整流组件对地	2.0～3.0	≥5	短路 SCR，阳极及正负极短路
9	脉冲变压器原、副之间	2.0～3.0	≥300	拔出原、副边引线，原边短路接地
10	ZYB（ZB）原、副之间	2.0	≥ 10	副边接地
11	ZYB 副边及引线对地	1.0	≥ 10	
12	61LH 副边及引线对地	1.0	≥ 10	
13	62LH 副边及引线对地	1.0	≥10	
14	直流操作回路对地	1.0	≥1	短接 601、602
15	合闸回路对地	1.0	≥5	短接 Z601、Z602
16	交流 380V 回路对地	1.0	≥5	三相短路、断开 N683

二、操作步骤

（1）按照图 8-38 所示进行交流耐压试验接线。

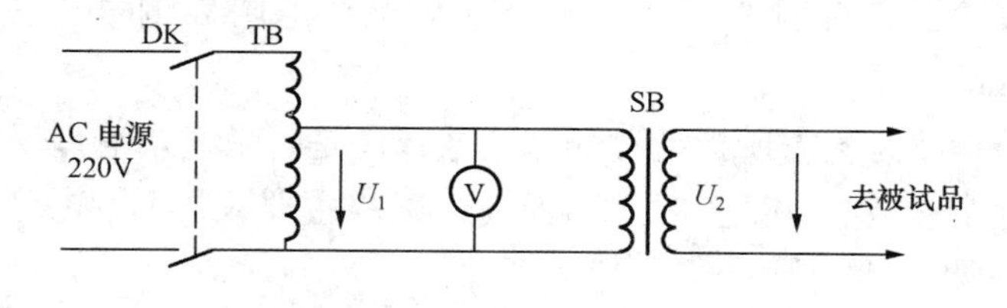

图 8-38　交流耐压试验接线图

（2）将功率柜内三相输入和两相输出回路短接（保护柜内器件），如图 8-39 所示。

（3）将功率柜三相和两相开关的外部回路对地短接（防止串电伤人）。

（4）断开 6 个脉冲变压器原边与调节器回路并对地短接（脉冲变压器耐压）。

（5）将绝缘电阻表的接地端接脉冲变压器的输入端，绝缘电阻表的线路端接脉冲变压器的输出端，用绝缘电阻表摇绝缘（1000V）1min，判断绝缘符合要求后继

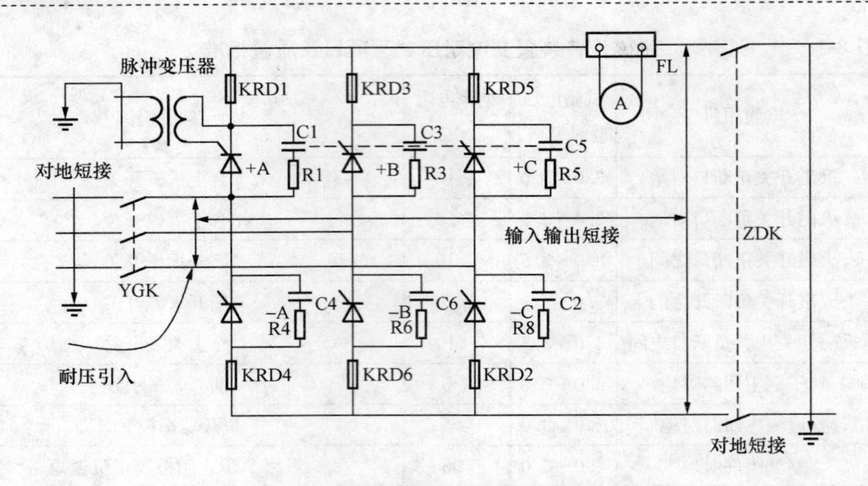

图 8-39 功率柜整体耐压试验

续下一步工作。

（6）完成试验接线后，检查无误后合交流刀开关 DK，迅速调整调压器 TB 和升压变压器 SB。

（7）电压表试验时设专人监护，试验中如发现放电现象，调压器要立刻回零，拉开电源刀开关，查找放电点，进行绝缘处理。

（8）确认正常后再做耐压试验显示电压值满足设备试验所需电压值，持续工频耐压 1min。

（9）标准交流试验电压下耐压 1min 无击穿闪络现象。

（10）用绝缘电阻表再次摇绝缘（1000V），检查耐压后脉冲变压器是否异常。

（11）如试验设备有困难时，可用 2500V 绝缘电阻表测量绝缘电阻的方法代替，时间为 1min。

（12）试验拆线，检查所拆动过的端子或部件是否恢复，清理现场。

（13）整理试验数据（试验时间、天气、试验主要仪器及精度、试验数据、试验人）记录及分析。

（14）出具励磁设备交流耐压试验报告。

三、操作注意事项

（1）试验时设专人监护，检查接线正确后方可通电试验，试验中如发现放电现象，调压器要立刻回零，拉开电源刀开关，查找放电点，进行绝缘处理。确认正常后再做耐压试验。

（2）试验变压器的铁芯和外壳必须妥善可靠接地。一般采取 SB 的 X 端接地。

（3）对于有可能串电的相关回路也必须接地，防止串电伤人。

（4）电压表应根据试验电压的要求和SB变比选择合适的量程。试验前首先不接负载升压一次，以判断回路正确性。

（5）根据工作内容和条件，允许用相应的绝缘检查的方式替代，但时间应不少于1min。

（6）绝缘测试应分别在耐压试验前、后各进行一次。

（7）励磁装置的部分检修一般不进行交流耐压试验，设备或回路的绝缘允许用绝缘检查的方式和要求进行。

模块8　低励限制试验

一、操作说明

低励限制试验目的是检查低励限制功能，检查调整设定值。

低励限制的功能是用于防止励磁过低导致发电机失去静态稳定，或因发电机端部磁密度过高引起的发热，一般按照有功功率 $P=S_n$ 时，允许无功功率 $Q=-0.05Q_n$ 及 $P=0$ 时 $Q=-0.3Q_n$ 两点来确定低励限制动作曲线，其中 S_n、Q_n 为视在功率和额定无功功率。

对低励限制的要求，为了防止电力系统暂态过程中低励限制回路的动作影响正确的调节，低励限制回路应有一定的时间延时，延时时间可以考虑为0.1～0.3s，低励限制动作后不应当阻断电力系统稳定器PSS的作用。

欠励限制有效条件为：发电机出口断路器合且当前无功值小于0。当欠励限制条件不满足时，欠励限制不起作用。欠励限制动作时，调节器发“欠励限制”报警信号，闭锁减磁操作。欠励限制和定子电流限制曲线如图8-40所示。

二、操作步骤

（1）与运行值班员联系，确认具备励磁调节器通电试验条件，将励磁用厂用电源投入，励磁直流操作电源开关投入。

（2）静态实验。

1）利用继电保护测试仪模拟发电机电压电流输入调节器，检查有功功率、无功功率和电压测量值是否正确。

2）按照不同的低励限制整定要求设置低励限制曲线。一般情况下给出额定电压下有功功率等于零和有功功率额定值下的无功功率两点数值，实验人员按照调节器低励限制曲线设置动作值，如图8-41所示。

3）调整发电机电压、电流和相角，对应不同的发电机电压（如 $95U_n$、$100U_n$、$105U_n$）测量低励限制动作时的有功功率和无功功率关系曲线，在要求的两点应当

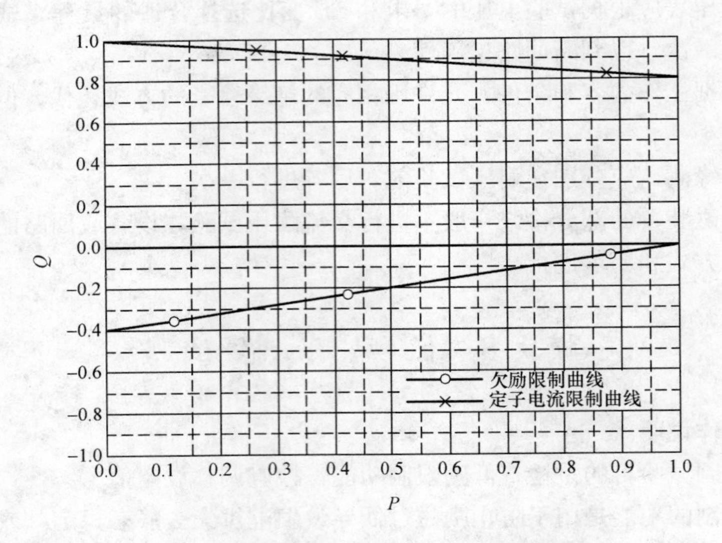

图 8-40　欠励限制和定子电流限制曲线

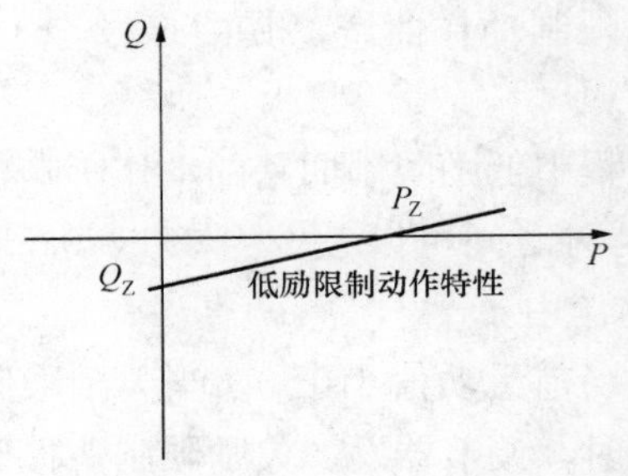

图 8-41　低励限制动作特性

动作一致。

4）调节器具有低励保护功能时，调整继电保护测试仪输出信号继续进相，直至低励保护动作产生调节器切换。

5）与低励限制动作线一样，作出低励保护动作线，两线之间应当有足够的距离（$0.15Q_n$）防止低励保护动作，既低励限制动作但是尚未阻止无功功率减少时发电机无功功率已经达到低励限制保护动作线。

6）有时低励限制作用延迟是因为低励限制放大倍数不够，这种情况需要低励限制放大倍数，过大的低励限制放大倍数将首先在有功功率额定时低励限制动作出现振荡，这在动态实验中将进行检查。

7）对于功角型低励限制，要求发电厂提供功角限制值。设定该值，输入模拟信号，检查低励限制动作和发信情况。

（3）动态试验。

1）发电机并网后，保持发电机有功为最小值且稳定，逐步减少励磁，发电机无功逐步减少，当无功进相到规定值时，低励限制动作。

2）增加发电机无功，当无功进相减少到一定值时，低励限制动作返回、报警解除。

3）低励限制动作发信应在低励限制动作时产生，或略小于该进相功率时产生。

4）继续进行减少励磁操作，无功功率应当保持不变，证明低励限制有效，检查“欠励限制”的报警指示及其信号接点输出是否正确。

5）保持发电机无功进相状态不变，逐渐增加发电机有功，检查发电机进相无功值应随之减小。

6）欠励运行过程中，系统运行稳定，无功功率波形无明显的摆动，观察无功功率稳定情况，记录低励限制发信时的无功功率和最终限制的无功功率值。

低励限制的放大倍数过大将引起低励限制时无功功率不稳定，过小时将导致低励限制限制值与设计值差别过大。

7）如果进相引起厂用电电压过低，可以改变低励限制设定值后进行实验。

8）核定要求的无功功率值。如果采用计入电压影响的低励限制，需要按照实验时的发电机电压予以修正。按照单机对穷大系统和采用恒定励磁的条件，按照静态稳定极限公式进行低励限制动作判断。

9）如果实验有偏差，调整低励限制动作线后再进行实验，直到实测值在容许的误差范围内，如2％～3％的额定容量。

10）在发电机有功功率达到额定时在进行上述实验，验证该点的低励限制值符合设计要求并且运行稳定。需要时发电机在正常运行的下限，如70％额定有功功率处补测一点低励限制动作值。

11）对于功角型低励限制，需要在发电机空载建压后测量功角零位，设定值为电厂要求的功角限制值加上功角零位补偿值，设定后在进行上述有功功率为零和额定值下的低励限制动作实验。

（4）在稳定缓慢减少励磁实验结束后进行电压给定阶越实验，以检验低励限制动作的快速性。

1）无功功率初值比低励限制略大，给定值负阶越的阶越量从小逐渐加大。

2）可以临时退出低励保护，以防止其动作。先进行有功功率为零时的实验，再进行有功功率额定时的实验。

3）记录发电机电压、无功功率波动。发电机电压应大于90％额定值，无功功率从进入低励限制范围到限制起作用的时间为0.1～0.3s。

（5）试验拆线，检查所拆动过的端子或部件是否恢复，清理现场。

（6）整理试验数据（试验时间、天气、试验主要仪器及精度、试验数据、试验人）记录及分析。

（7）出具低励限制试验报告。

三、操作注意事项

（1）低励限制实验时要求机组运行人员加强监盘，及时调整励磁，维持高压母线电压基本不变。

（2）应注意欠励磁限制功能应先于失磁保护动作。

模块 9　过励限制试验

一、操作说明

过励限制试验目的是检查过励限制功能、过励保护功能和强励瞬时限制功能，检查调整有关设定值。过励限制功能用于防止励磁过大导致发电机转子绕组过热。

过励限制单元应具有与发电机转子绕组发热特性匹配的反时限特性，在达到允许时间后限制励磁电流到长期运行电流值。

过励限制启动值一般在 1.1 倍的额定励磁电流，过励限制的限制值一般在 0.95～1.05 倍的额定励磁电流。进入过励限制后转子电流应低于长期工作电流。以便于发电机转子和励磁设备温度回落，为了防止连续过励造成转子绕组和励磁设备温度过高，调节器连续进行过励运行，应在恢复正常后才允许再一次过励。

强励反时限按式（8-7）进行计算

$$t=\frac{(I_f-1.1)^2}{(I_L-1.1)^2}\times T_q \tag{8-7}$$

式（8-7）中的 T_q 即为最大强励允许时间。当励磁电流大于过励限制值时，开始进行强励反时限计算和计时，并发出“强励动作”报警信号，在此期间，励磁电流按强励限制值限制。反时限到达后，励磁电流按过励限制值限制，发“过励限制”报警信号，闭锁增磁操作，并开始计时，直到冷却时间到达后，才允许再次强励。

二、操作步骤

（1）确认设备编号。

（2）与运行值班员联系，确认具备励磁调节器通电试验条件；将励磁用厂用电源投入，励磁直流操作电源开关投入。

（3）检查励磁电流测量环节正确。

（4）整定过励限制值、强励瞬时限制值和过励保护动作值。

1）过励限制的特性是根据被保护设备过电流特性和常规发电机—变压器组后备保护动作时间而设计的过电流限制。

2）根据发电机强励能力（强励电流倍数和强励时间）设置强励限制值。强励限制值的设定与强励瞬时限制方式有关。

3）用转子电流或电压限制强励时直接按照转子电流或电压的强励倍数整定。

4）用励磁机励磁电流或电压进行限制时，根据强励倍数和整流柜的过电流能力设置过励保护不同的级别，分别完成切换调节器、切换到备励或解列灭磁。

5）交接试验和大修实验时要检查过励限制、保护和强励限制整定值。

(5) 过励限制和过励保护试验。

1）过励保护和强励瞬时限制采用静态时加入模拟信号的方法进行检查。

2）过励磁限制功能试验条件为发电机处于并网状态。

3）发电机并网后，设置发电机处于滞相区间运行。

4）过励磁限制功能限制曲线整定好以后，调节器在自动调节方式下，投入过励限制功能。

5）将有功功率稳定在一定值上，无功功率保持在较小的数值，使发电机运行点处于过励磁限制功能限制曲线以内。

6）增加励磁电流，使无功功率逐步增加，最终超出限制曲线，过励磁限制功能动作。

7）观察过励磁限制功能动作延时数秒后，发电机无功功率应被限定在限制曲线整定值上，要求无功功率无明显的摆动。

(6) 试验拆线，检查所拆动过的端子或部件是否恢复，清理现场。

(7) 整理试验数据（试验时间、天气、试验主要仪器及精度、试验数据、试验人）记录及分析。

(8) 出具过励限制试验报告。

三、操作注意事项

现场试验时运行人员需要配合试验及时调整其他发电机励磁控制母线电压在规定范围内。

模块10　低频保护试验

一、操作说明

低频保护试验目的是验证调节器低频保护的正确性，检验调节器在低频保护动作前的正常控制作用，在设定的频率下限进行灭磁，以防止发电机励磁设备过电流和超出调节器正常控制范围。

试验条件：测频功能已检查完毕。

二、操作步骤

(1) 确认设备编号。

(2) 与运行值班员联系，确认具备励磁调节器通电试验条件；将励磁用厂用电源投入，励磁直流操作电源开关投入。

(3) 静态试验。

1) 输入50Hz可变频信号。

2) 降低变频信号，调整低频保护整定值，使得频率为45Hz时低频保护动作，发出低频保护信号，控制角移到最大，电压给定值置零。

3) 当模拟发电机并网时，低频保护不起作用。

(4) 动态试验。

1) 自动开机，发电机转子电压和水轮机转速升至额定。

2) 将调速器切手动运行，减少导叶开度，降低发电机转速，使发电机的电压频率降至低频保护整定值45Hz，低频保护随即动作，发出低频保护动作信号，发电机电压迅速降至零。

(5) 试验拆线，检查所拆动过的端子或部件是否恢复，清理现场。

(6) 整理试验数据（试验时间、天气、试验主要仪器及精度、试验数据、试验人）记录及分析。

(7) 出具低频保护试验报告。

三、操作注意事项

(1) 调节器的伏/赫限制45Hz以上对电压校正，45Hz以下调节器低频保护动作，给定清零灭磁，故此两项实验可结合起来做。

(2) 现场实验时要依据机组可能的调节转速范围进行。

模块11 伏/赫限制试验

一、操作说明

伏/赫限制试验目的是测试励磁调节器的电压/频率限制特性。伏/赫限制又称V/Hz限制，是发电机的一种过励磁限制，应与发电机和主变压器的过励磁保护相匹配，起到防止发电机和主变压器发生过励磁。发电机或主变压器的过励磁表现为铁芯过热，有反时限特征。

随着频率的下降，发电机端电压也要下降，而自动电压调节器为维持发电机端电压就不断增加励磁电流，直到励磁电流限制动作为止。显然，此时应对调节器的恒电压运行方式进行适当的调整，伏/赫限制就是调整的方法之一。现在大多数调节器的伏/赫限制，采用电压百分数与频率百分数的比值是否大于1.1作为判据。正常运行时，电压与频率的比值为1，当频率下降而电压不变时，两者的比值开始大于1。若频率的继续下降使两者的比值大于1.1倍时，伏/赫限制动作，调节器自动减少给定值，使发电机端电压下降，保持电压与频率的比值不大于1.1。当发电机频率下降很多时，伏/赫限制直接逆变灭磁。V/Hz限制动作后不允许进行增磁操作，自动减电压给定值使V/Hz比值为限制值。

二、操作步骤

(1) 静态试验。

1) 测量环节检查。分别进行频率不变改变电压和电压不变改变频率的V/Hz比值检查，改变电压和改变频率获得的V/Hz比值应当相同。

2) 按照提供的V/Hz限制特性整定值进行设定。

3) 输入发电机电压信号，测定V/Hz限制启动值、限制值和复归值。

4) 测定V/Hz限制延时时间，调整模拟发电机电压和频率到V/Hz限制将动作的边沿，突增发电机电压，录波记录模拟发电机发电机电压和V/Hz限制信号，测量V/Hz限制延时时间。

5) 如果V/Hz限制采用反时限，则可以调整电压突增量大小，测量不同V/Hz值下的延时，作出反时限曲线。

(2) 动态试验。

1) 出厂试验时在试验机组上进行试验。调整发电机电压和转速，记录发电机转速电压、频率和V/Hz限制延时动作时间，应基本符合静态测量结果，V/Hz限制动作后运行稳定。

2) 大修试验时在发电机空载下进行试验。

a. 先将发电机转速和电压调节到额定值。

b. 发电机在空载额定转速及额定电压下，励磁调节器处于自动方式运行。

c. 逐步缓慢降低机组频率，或结合增加电压。

d. 当机组频率降低至47.5Hz时，限制功能应开始动作。

e. 随着机组频率的逐步降低，发电机机端电压逐步自动下降，观察转子电流没有明显增大。

f. 当机组频率降低至45Hz时，发电机逆变灭磁，机端电压降到最低。

(3) 试验拆线，检查所拆动过的端子或部件是否恢复，清理现场。

(4) 整理试验数据（试验时间、天气、试验主要仪器及精度、试验数据、试验人）记录及分析。

(5) 出具伏/赫限制试验报告。

三、操作注意事项

(1) 试验时临时将发电机和主变压器过励保护只投信号不跳闸。

(2) 试验时发电机电压控制在预定的最大值之内，转速控制在许可的最小值之上。

(3) 当 V/Hz 限制有反时限和瞬时特性两段组成时，需要分别进行试验检查。

模块 12　移 相 特 性 试 验

一、操作说明

移相特性试验操作目的是检查励磁调节器移相触发回路的正确性。移相器的工作原理有许多，最常用的是余弦移相。所谓余弦移相，从理论上讲，控制角 α 等于控制电压百分数的反余弦值。从实际电路来说，将直流控制电压同交流同步电压叠加，其合成电压的过零点就发生变化，再利用这个变化的点所产生脉冲就是随控制电压大小变化的移相脉冲，这就是余弦移相器的工作原理。

移相触发一般要求包括同步电路的相位，同步信号的滤波，控制电压和控制角关系，控制角限制，余弦移相，触发脉冲的对称性，脉冲上升沿、幅值和带负荷能力，最低可正常工作的同步电压，脉冲封锁和开放，逆变控制，丢脉冲检测等。还有其他特定的功能，如同步电压缺相。对定频调宽 PWM 控制方式要测量控制频率、脉冲幅值、占空比、最小占空比限制等。

二、操作步骤

(1) 确认设备编号。

(2) 与运行值班员联系，确认具备励磁调节器通电试验条件，将励磁用厂用电源投入，励磁直流操作电源开关投入。

(3) 设置调节器的运行方式为定角度方式。

(4) 模拟调节器运行的条件，使调节器输出脉冲。

(5) 用示波器观察进行发出脉冲与同步信号之间相差的调整，检查触发脉冲角度的指示与实测是否一致。

(6) 调整最大和最小触发控制角限制。检查各项要求是否满足。尤其注意整流器交流侧电压在换相期间波形突变对同步信号的影响。同步信号电压畸变，应当基本不影响控制电压与输出直流电压的线性关系和最大、最小控制角。

(7) 改变控制电压，测量控制角与控制电压之间的关系曲线（移相特性），检查各套移相触发、脉冲触发、脉冲形成和脉冲放大回路输出脉冲的相位，控制角的不对称度不应大于 3°～5°，脉冲幅值及波形基本对称一致。

(8) 用示波器观察脉冲波形不应有干扰脉冲和脉冲毛刺，脉冲波形应符合要求。

(9) 单元试验时，在整个移相范围和接近实际的换相缺口下（可以构建一个缩小比例的整流器模拟装置，产生与实际相同的、带换相缺口的三相交流电压波形，或者用可编程波形发生器构成带换相缺口的同步信号）检查同步滤波和相位的正确性。

(10) 在总体静特性试验时进行高压大电流电阻性负载试验，检测移相范围的整流区内交流侧线电压过零点与触发脉冲之间的角度和调节器计算的控制角是否一致来判断同步相位的正确性。

(11) 在发电厂现场检查整流装置交流侧电压、控制角与直流输出电压的关系来判断同步相位的正确性。

(12) 当直流输出电压与整流元件压降接近时，用交流侧线电压过零点与触发脉冲之间的角度和调节器计算的控制角是否一致来判断同步相位的正确性。

(13) 试验拆线，检查所拆动过的端子或部件是否恢复，清理现场。

(14) 整理试验数据（试验时间、天气、试验主要仪器及精度、试验数据、试验人）记录及分析。

(15) 出具移相特性试验报告。

三、操作注意事项

(1) 使用示波器要注意以下几点：

1) 示波器的工作电源用隔离变压器隔离。

2) 示波器的测试探头的测试极棒用耐高压的绝缘棒绑好。

3) 分压装置用绝缘的相色带吊着悬空。保持安全距离。

4) 示波器调好后，两人分别拿绝缘测试极棒接触阳极开关处不同相的导电部分，一人根据情况，调节示波器，并操作记忆示波器，存储阳极波形。

(2) 对于三相全控桥，移相范围控制在 15°～140°。

(3) 做好监护，防止触电和损坏设备。

(4) 现场作业文明生产要求：

1) 现场使用材料、仪器仪表、工具摆放整齐、有序。

2) 试验接线正确，记录数据清楚，完备。

3) 工作现场保持清洁，做到工完场清。

模块13　恒无功功率调节试验

一、操作说明

试验目的是检查恒无功功率调节特性。

二、操作步骤

(1) 确认设备编号。

(2) 恒无功功率功能投入、本通道运行、发电机出口断路器合闸。

(3) 如果定子电流限制器、强励、过励三者中任一个动作，则恒无功功率控制可以进行减磁，但不能增磁。

(4) 如果欠励或者低励磁电流动作，则恒无功功率控制可以进行增磁，但不能减磁。

(5) 通过通信设置恒无功功率控制给定值，也可以直接以当前无功值作为给定值。

(6) 当有增减磁操作时，恒无功功率控制给定值自动更新为当前无功值，即恒无功功率控制投入时，增减磁操作直接操作无功给定值。

(7) 恒无功功率功能自动退出条件：手动运行、解列或者恒功率因数投入。

(8) 增磁使发电机无功为正。

(9) 通过调试软件或者调节器显示屏上的功能按键将调节器置为“恒无功功率调节”，励磁系统将以当前的无功值为设定值进行调节，增减机组有功功率，无功仍保持不变，控制精度为±1%。

(10) 检查“恒无功功率调节”的状态显示及信号接点输出是否正确。

(11) 退出恒无功功率调节，由监控系统通过串行通信口向励磁系统输入“恒无功调节”指令及设定无功数值，调节器将按照串行通信口下达的设定值进行调节，检查“恒无功功率调节”的状态显示及信号接点输出是否正确。

(12) 试验拆线，检查所拆动过的端子或部件是否恢复，清理现场。

(13) 整理试验数据（试验时间、天气、试验主要仪器及精度、试验数据、试验人）记录及分析。

(14) 出具恒无功功率调节试验报告。

三、操作注意事项

(1) 操作过程中注意监视发动机转子和发动机定子电流以及发动机电压和频率防止强励、过励、欠励等情况下发动机运行时间过长，防止损坏试验设备。

(2) 现场作业文明生产要求：

1) 现场使用材料、仪器仪表、工具摆放整齐、有序。

2) 工作现场保持清洁，做到工完场清。

模块 14　恒功率因数调节试验

一、操作说明

试验目的是检查恒无功功率因数的调节特性。

二、操作步骤

（1）所有检修作业结束，将励磁系统所有电源恢复，机组恢复备用状态。机组具备开条件。

（2）确认设备编号。

（3）恒功率因数功能投入、本通道运行、发电机出口断路器合。

（4）如果定子电流限制器、强励、过励三者中任一个动作，则恒功率因数控制能减磁，但不能增磁。

（5）如果欠励或者低励磁电流动作，则恒功率因数控制能增磁，但不能减磁。

（6）通过通信设置恒功率因数控制给定值，也可以直接以当前功率因数作为给定值。

（7）当有增、减磁操作时，恒功率因数控制给定值自动更新为当前无功值。

（8）恒功率因数功能自动退出条件：手动运行、解列或者恒无功功率投入。

（9）远方或近方增磁使发电机无功为正。

（10）通过调试软件或者调节柜显示屏上的功能按键将调节器置为“恒功率因数调节”。

（11）励磁系统将以当前的功率因数值为设定值进行调节。

（12）增减机组有功功率，无功将随之不变。

（13）检查“恒功率因数调节”的状态显示及信号接点输出是否正确。

（14）退出恒功率因数调节，由监控系统通过串行通信口向励磁系统输入“恒功率因数调节”指令及设定功率因数数值，调节器将按照串行通信口下达的设定值进行调节，检查“恒功率因数调节”的状态显示及信号接点输出是否正确。

（15）试验拆线，检查所拆动过的端子或部件是否恢复，清理现场。

（16）整理试验数据（试验时间、天气、试验主要仪器及精度、试验数据、试验人）记录及分析。

（17）出具恒功率因数调节试验报告。

三、操作注意事项

（1）操作过程中注意监视发动机转子和发动机定子电流以及发动机电压和频率防止强励、过励、欠励等情况下发动机运行时间过长，防止损坏试验设备。

（2）现场作业文明生产要求：

1）现场使用材料、仪器仪表、工具摆放整齐、有序。

2）工作现场保持清洁，做到工完场清。

模块 15 自动/手动及双通道切换试验

一、操作说明

考核发电机励磁调节器自动/手动及双通道的各种切换过程中励磁电流的波动和机端电压变化情况。检验相互跟踪情况，是否可快速正确跟踪并能够实现无扰动切换。无扰动切换包含两层意思，即稳态的差异很小和动态的波动很小。

发电机空载运行下的切换、发电机负载运行下的切换时，励磁调节装置的各个通道间应实现自动跟踪。任一通道故障时均能发出信号，运行的通道发生故障时能进行自动切换。通道的切换不应造成发电机电压和无功功率的明显波动。切换装置的自动跟踪部分应具有防止跟踪异常情况或故障情况的措施。

切换超差的原因可能是给定值跟踪不良、控制电压或控制角跟踪不良、故障判断时间过长、切换时间过长。

二、操作步骤

（1）确认设备编号。

（2）与运行值班员联系，确认具备励磁调节器通电试验条件；将励磁用厂用电源投入，励磁直流操作电源开关投入。

（3）调节器自动/手动及双通道切换静态试验：

1）在开环小电流情况下，发电机励磁调节器工作电源投入。

2）调节器工作在自动方式下，使晶闸管导通小电流正常工作。

3）调节触发控制角度为强励角或强减角。

4）做调节器主从通道切换试验，用示波器观测晶闸管导通角度是否变化。

5）并测量晶闸管输出直流侧电压值，不应有明显变化。

（4）在发电机空载运行条件下，调节器做自动/手动通道切换试验

1）调节不同的发电机电压，观测机组机端电压是否出现波动及波动量，并进行录波。

2）然后对调节器做主从通道切换试验，用示波器观测晶闸管导通角度是否变化。

3）测量晶闸管输出直流侧电压值，不应有明显变化。

4）观测机组机端电压是否出现波动及波动量，并进行录波。

（5）调节器运行于A通道，分别模拟以下故障，应能自动切换到B通道或C通道，观察调节器显示屏状态指示和输出到监控系统的信号是否正常。

1）电压互感器断相试验方法：将电压互感器三相输入电压任意断开一路。

2）电源故障：指微机通道5V电源，试验方法是断开A调节器的电源开关。

3）调节器故障试验方法：将A调节器CPU板上复位按钮复位。

（6）调节器运行于B通道时，分别模拟以上故障，应能自动切换到C通道，且发电机电压基本无波动。

（7）发电机并网运行情况下，带一定负荷。调节器双通道工作正常。调节器做自动/手动通道切换试验。

1）调节不同的发电机电压，观测机组机端电压是否出现波动及波动量，并进行录波，发电机机端电压稳态值的变化小于1%额定电压。

2）对调节器做主从通道切换试验，观测机组无功是否出现波动及波动量，并进行录波。发电机负载下自动跟踪后切换时无功功率稳态值的变化小于20%额定无功功率，动态值可略大于上述稳态变动量。

（8）试验拆线，检查所拆动过的端子或部件是否恢复，清理现场。

（9）整理试验数据（试验时间、天气、试验主要仪器及精度、试验数据、试验人）记录及分析。

（10）出具自动/手动及双通道切换试验报告。

三、操作注意事项

（1）对于双通道的调节器需要对每个通道进行手动/自动切换试验，以分别验证切换的正确性。调节器手动/自动相互跟踪有一个过程，因此在做切换操作时应保证其跟踪时间。

（2）防止触电。

（3）防止损坏试验设备。

（4）现场作业文明生产要求：

1）现场使用材料、仪器仪表、工具摆放整齐、有序。

2）工作现场保持清洁，做到工完场清。

模块16　励磁变压器试验

一、操作说明

励磁变压器试验项目执行国家标准中相关规定，其中介电强度试验电压要求执行GB 50150—2006《电气设备安装》中5.1.2的规定，高压直流输电用换流变压器要求执行GB/T 18494.2—2007《变流变压器　第2部分：高压直流输电用换流变压器》，电气设备交接试验要求执行GB 50150—2006的规定。

二、操作步骤

（1）打开励磁变压器一次侧和二次侧电缆连线，对变压器外观进行清扫。

(2) 利用双臂电桥测试励磁变压器一次和二次绕组绕组直流电阻测量。

(3) 电压比和连接组编号检定。

(4) 空载电流和空载损耗测量。

(5) 短路阻抗和负载损耗测量。

(6) 绕组对地绝缘电阻和绝缘系统电容的介质损耗的测量(GB/T 6451—2008《油浸式电力变压器技术参数和要求》、GB/T 10228—2008《干式电力变压器技术参数和要求》)。

(7) 绝缘例行检查试验(GB/T 10228—2008《干式电力变压器技术参数和要求》)。

(8) 绝缘油试验。

(9) 冷却装置控制箱检查试验。

(10) 密封试验(GB 6451—1995《油浸式电力变压器技术参数和要求》)。

(11) 外施电压耐压实验(可以用发电机自励或他励方式取得试验电源,也可以外加电源进行试验)。

1) 在发电机额定工况下测定励磁变压器低压侧三相电压,不对称度不应大于5%。

2) 励磁变压器在1.3倍额定电压下的工频感应过电压试验,其耐压持续时间为3min。

3) 在10%的发电机额定励磁电流下采用电阻法或红外线测温仪测定其绕组、铁芯及构件螺杆等处温升不得超过GB 1094.2中的有关规定。

(12) 试验拆线,检查所拆动过的端子或部件是否恢复,清理现场。

(13) 整理试验数据(试验时间、天气、试验主要仪器及精度、试验数据、试验人)记录及分析。

(14) 出具励磁变压器试验报告。

三、操作注意事项

为了防止向一次侧和二次侧反送电需打开励磁变压器一次侧和二次侧电缆连线,耐压和过电压试验时,合电源开关前检查变阻器和变压器在适当位置,防止大电流冲击。耐压试验后,必须将变压器绕组对地短路放电。

模块17 灭磁和转子过电压保护检修

一、操作说明

检修前熟悉灭磁及过压装置动作原理及大修前设备运行情况,熟悉《电业安全工作规程》中的“保证安全的组织措施和技术措施”，熟悉本厂《电气设备检修规程》中“励磁系统”部分。

灭磁和转子过电压保护检修目的是保证水轮发电机组灭磁和过电压保护装置的完好性，使装置保持良好的运行状况，满足装置在各种故障下能正确动作。

GB/T 7409.3—1997《同步电机励磁系统大、中型同步发电机励磁系统技术要求》中5.16条要求在下述三种情况下可靠灭磁：

(1) 发电机运行在系统中，其磁场电流不超过额定值，定子回路外部短路或内部短路。

(2) 发电机空载运行。

(3) 发电机空载误强励。

DL/T 730—2000《进口水轮发电机（发电/电动机）设备技术规范》中要求在发电机事故停机、空载误强励和正常逆变灭磁失败时，能迅速、可靠地灭磁。

DL/583《大中型水轮发电机静止整流励磁系统及装置技术条件》中要求在任何需要灭磁的工况下（包括发电机空载误强励情况下），自动灭磁装置及开关都必须保证可靠灭磁，灭磁时间要短。

二、操作步骤

(1) 检修前应做好下列安全措施：

1) 灭磁开关在分闸位置。

2) 380V、220V、直流220V操作电源断开。

3) 确认无电后，方可进行检修工作。

(2) 检修前的准备工作。

1) 查看运行缺陷记录本，向运行人员了解检修前装置运行情况。

2) 根据所了解的情况，制定检修项目。

3) 准备好所用材料，备件、图纸、工具等。

(3) 绝缘电阻和介电强度试验（见绝缘电阻和介电强度试验模块）。

(4) 合、分闸线圈直流电阻测量（见直流电阻测量模块）。

(5) 80%U_e低电压磁场断路器可靠合闸试验。

1) 按如图8-42所示接线图进行接线。

2) 由两人检查接线正确。

3) 调整滑线变阻器电阻在最大。

4) 试验开关合闸，调节滑线变阻器滑动触头，电压表指示在80%U_e。

5) 断开试验用刀开关，后再合上刀开关，检查磁场断路器的其合闸情况，磁场断路器应可靠动作。

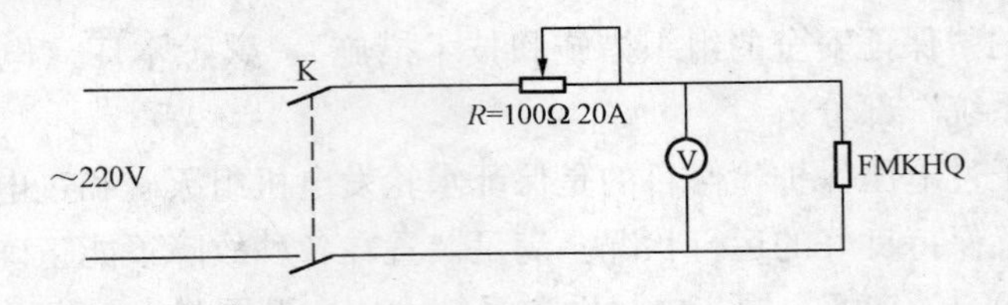

图 8-42　80%U_e 低电压操作试验

(6) 65%U_e 低电压磁场断路器可靠分闸试验：

1) 按图 8-43 所示接线图进行接线。试验开关分闸，检查其分闸情况，应可靠动作。

2) 由两人检查接线正确。

3) 调整滑线变阻器电阻在输出最小位置。

4) 试验开关合闸，调节滑线变阻器滑动触头，电压表指示在 65%U_e。

5) 检查磁场断路器分闸情况，磁场断路器应可靠动作。

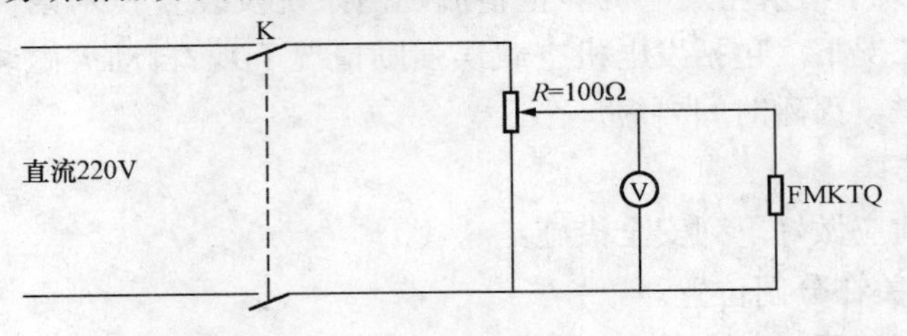

图 8-43　65%U_e 低电压操作试验

(7) 最小、最大操作电压下分合闸试验。

1) 在最小操作电压下磁场断路器分别进行 5 次合闸和 5 次分闸操作。DL/T 596—1996《电力设备预防性试验规程》中第 12.9 条指出，分、合闸电磁铁线圈的最低动作电压应在额定操作电压值的 30%～65%。磁场断路器在操作电压额定值的 80%时应可靠合闸，在操作电压额定值的 65%时应可靠分闸，在操作电压额定值的 30%时不动作。试验采用多道电子毫秒计记录动作时间，各个触头动作的一致性符合要求。

2) 最大操作电压下磁场断路器分合闸试验。最大操作电压为产品规定的或励磁系统标准规定的最大直流操作电压 110%额定值，在最大操作电压下 5 次合闸和 5 次自由脱扣。采用多道电子毫秒计记录动作时间，各个触头动作的一致性符合要求。

(8) 重合闸闭锁（防跳）试验。

1) 在已合闸状态下保持合闸操作命令和合闸操作电源。

2）在上述条件下，下达分闸命令，电路虽然保持合闸命令但是应保持分闸状态，不会再重合闸。注意在短时间内灭磁开关动作次数不宜过多，因为分、合闸线圈均为短时工作制，连续带电会使线圈发热，不容易在低电压下可靠动作。

（9）放电触头的调整。

1）放电触头的调整检验要根据制造厂对磁场断路器结构的设计特点实施。

在分闸命令下达，主触头从原来合闸状态改变为最终分闸状态之前，放电触头就提前从原来分闸状态改变到合闸状态，造成主触头与放电触头有一很短的同时闭合状态的时段，以保证磁场放电断路器在断流灭磁过程中，磁场绕组始终不会开路。

2）检验调整，在合闸命令下达主触头从原来分闸状态改变为合闸状态后，放电触头才延迟从原来合闸状态改变到分闸状态，这也是为了造成主触头与放电触头有一很短的同时闭合状态的时段。

对于采用SiC灭磁动作的磁场断路器，要注意检验常闭放电触头在断开状态下的间距，防止发电机运行中转子绕组中产生的过电压击穿该间隙所造成的电弧被正常励磁电压维持住，导致SiC灭磁电阻长期带电通流被烧毁。

（10）氧化锌电阻的试验（见ZnO非线性电阻试验）。

（11）试验拆线，检查所拆动过的端子或部件是否恢复，清理现场。

（12）出具检修工作报告。

三、操作注意事项

（1）校验工作至少应有两人参加，由一人操作、读表，一人监护和记录，所有元件、仪器、仪表应放在绝缘垫上。

（2）放电触头调整时，不要把手放到触头之间，防止挤伤。

（3）试验接线完毕后，必须经两人都检查正确无误后方可通电进行试验。

（4）所用仪表一般不应低于0.5级。

（5）所有使用接线应牢固可靠。

（6）耐压和试验时，合电源开关前检查变阻器和变压器在适当位置，防止大电流冲击，防止短路。耐压试验后，必须将回路对地短路放电。

模块18　快速直流断路器的检修调试

一、操作说明（以UR36-82S型快速直流断路器为例）

UR36-82S型快速直流断路器是一种单极、双向、电磁控制及自然冷却的快速直流断路器，UR36-82S型快速直流断路器外观如图8-44所示。

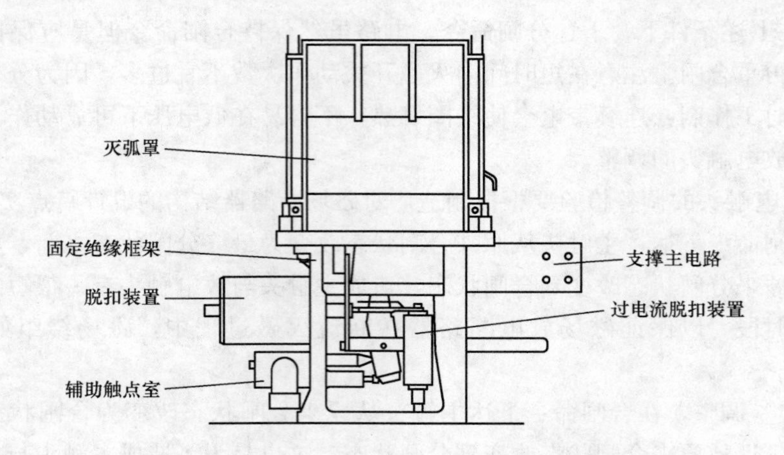

图 8-44 UR36-82S 型快速直流断路器外观

开关随主机检修同时进行，但在事故跳闸的情况下，应将灭磁开关电源和励磁直流控制电源切掉，切励磁直流控制电源，打开开关灭弧罩，进行主、弧触头及灭弧栅检查。在经历 250 次的过载切断（电流值比临界值高）或经历 500 次手动切断后（电流值小于临界值）应做详细检测（直径的测量）。

设备规范及参数为：

(1) 额定工作电压 2000V。

(2) 额定工作电流 3600A。

(3) 最大灭磁能量 1MJ。

(4) 电流整顶定范围 2000～8000A。

(5) 主电路对地及二次线绝缘耐压 4000V 交流。

(6) QLC 直流接触器 CZO-150/20 额定电压。

(7) QRC 直流接触器 CZO-150/10。

(8) 电压传感器 HEC2500V-F。

(9) 32KM 直流接触器（合灭磁开关）CZO-150。

(10) 33KM 直流接触器（跳灭磁开关）CZO-150。

UR36-82S 型快速直流断路器主要部件有用于支撑主电路的由加强型聚酯纤维制成的固定绝缘框架、脱扣装置、过电流脱扣装置、辅助触点室、灭弧罩，如图 8-44 所示。

UR36-82S 型快速直流断路器主电路包含一个用于支持动触头的下主接线端子，一个上主接线端子（主接线）和一个银生金表面的条形触点，如图 8-45 所示。

合闸装置包含一大块内封铸有合闸线圈的罐形磁铁，磁铁内含有可动铁芯，接触压力弹簧和铁芯复位弹簧，所有这些部件都是和合闸拉杆连装在一起的，垫叉被安装在该拉杆的尾部。

过电流脱扣装置包含一个同铁片层叠而成的衔铁，一个连接在拉杆上被弹簧牵制的可动铁芯，通过该拉杆可以设置调节整定电流的临界值。5个辅助点由动触头控制的换向触点，它们位于合闸装置下方的塑料室内。

灭弧室是由被安装在两个挡墙板之间的电极臂、灭弧墙板和消电离板组成。主电路是由控制动触头的合闸装置来合闸的。

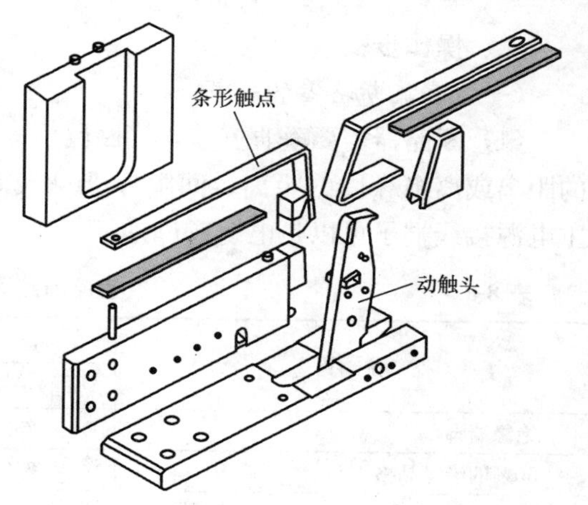

图 8-45　UR36-82S 型快速直流断路器主电路

静触头和动触头的表面是由银合金制成的。在动触头和下主接线端子之间的是软连接部件，合闸时的振动由吸收器吸收而减缓振动。如果断路器由于某种原因（或接受一个合适的开断指令）引起开断，该开断动作是由推杆装置拉动动触头完成任务的。该推杆装置也同样可操作 5 个换向触点。

合闸装置：动触头是通过垫叉来关合的，垫叉是通过合闸装置和压紧动触头的制动片完成动作的。如果一个 0.5～1s 的电流脉冲流过合闸线圈，则断路器合闸。此时可使磁场产生上升，此磁场用来吸引连接在垫叉上的可动铁芯，该铁芯压紧弹簧，从而使动触头受紧而不松动。当断路器接收到“脱扣信号”后，断路器脱扣，复位弹簧拉回垫叉，同时推杆打开动触头。控制线圈的直流电压可有以下的等级供选择：220V/110V、72V/36V、64/32V、48/24V DC。

合闸线圈的连接和极性：合闸装置室是接地的。

脱扣装置正向脱扣：是由一个跌片状衔铁和一个连接在拉杆上的可动衔铁组成，拉杆由一弹簧牵制着，脱扣电流临界值可该拉杆进行调节，一旦有过电流（短路或过载），由主电路构成的线圈绕组可使定衔铁产生磁场，动衔铁被拉向上，碰撞垫子叉，从而使动触头快速脱扣释放，在因过电流引起断路器脱扣后，合闸装置通过断开信号“OFF”重新复位。作为一个选择，由过电流引起的合闸临界值可以是 2～5kA、4～10kA、2～8kA 或 4～15kA。

调整是通过螺母来完成，从可动衔铁外加槽的刻度上可读出。

灭弧过程：当断路器断开时，由于主回路和触头自身在设计上的优点和先进性，使得在两个触头之间产生的电弧被迅速推进灭弧罩内而自然吹弧。

二、操作步骤

（一）直流断路器的安装

（1）断路器需要垂直安装，当断路器安装在柜子内或手车中，一定要确保对地的距离或离绝缘墙的距离，间隙标准见表 8-8，间隙 A、B、C 值如图 8-46 所示，主电源接线端子可以是电缆或母排。

表 8-8　　直流断路器间隙

位置	最小距离		
	A	B	C
绝缘墙脚	750	75	100
50%的绝缘晶格	750	—	—
金属墙	750	200	300

（2）灭弧罩通过铰连安装在断路器上，导电接点是通过法兰或卡钉夹板连接的。

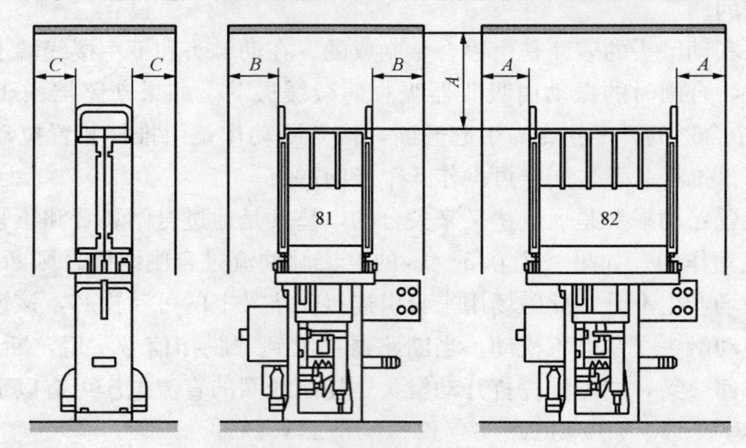

图 8-46　直流断路器间隙 A、B、C 值

（3）连接。电缆或母排电源导线被螺钉紧固在有 4 个直径为 14mm 的安装孔的上、下主接线端子上。

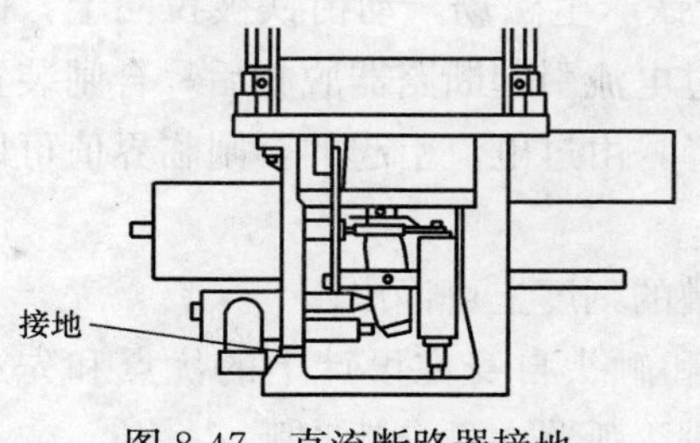

图 8-47　直流断路器接地

（4）连接端子。连接端子采用 VEAM 旋转型插头，带 22 个可连接 1.5～2.5mm^2 导线的插头，需用一个多芯电缆。

（5）接地在多孔连接器的右侧，有一个用于使合闸装置和多孔连接器接地连接螺栓，接地须通过一个截面积不小于 50mm^2 的导线连接，如图 8-47 所示。

（6）更换部件准则。

1）由燃弧引起的磨损更换部件准则见表 8-9。

表 8-9　　燃弧引起的磨损更换部件准则

须更换的部件	更　换　准　则
动触头 静触头片* 触头引铁 电极 触头引铁	当 W 的尺寸达到（3±0.5)mm
挡弧板	当被板的厚度被燃烧至一半时（12mm）
外导电臂	当其截面达到原面积的一半时（20mm×4mm）

*　表示这些部件应该同时更换。

2）机械部件的磨损需要更换部件准则。根据表 8-10 中所给循环次数更换部件（次数是经过计算或估计的）。

表 8-10　　机械部件的磨损更换部件准则

部 件 名	循环次数（每隔多少次）	
制动组件	25 000	
合闸拉杆	—	100 000
弹簧垫圈 34/12，34/12，3	—	50 000
复位弹簧	—	50 000
铁芯	—	100 000
推杆组件	—	50 000
阻尼器	—	50 000
制动卡	25 000	
完全更换的脱扣装置或返回 Secher-on 公司修理	准则：每 10 000 次脱扣或每天 3 次脱扣需每隔 10 年	

（二）直流断路器的维护、检修

（1）断路器触头用干布擦尽触头片上的煤烟，如有大块的玻璃粉，用金属刷刷去。严禁用锉锉触头、润滑触头。

（2）当 W 变成 38mm±0.5mm 时，主触头就必须更换。主触头（即动、静触头）的接触磨损可达到 10mm，经验表明只有经过数年的使用才会产生上述的磨损，这样的磨损可导致触头的压力减小，合闸冲程增大 5mm。

（3）触头检查。

1）取下灭弧罩，完全取下固定螺栓和断路器灭弧罩的支托。对于固定支架，松开在导电臂上和上盖板边缘的连接法兰并旋转90°。在断路器上的一侧转动灭弧罩，检查各种受损的部件。

2）外观检查动触头、静触头片和导电极，挡弧板，灭弧罩的进气口，外导电臂和挡弧片。

3）测量W_2的尺寸大小。W_2是通过检测封盖上突出在外的轴套的长度得出的。断路器新触头$W_2 = 8mm \pm 1mm$，磨损触头$W_2 = 3mm \pm 1mm$，如图8-48所示。

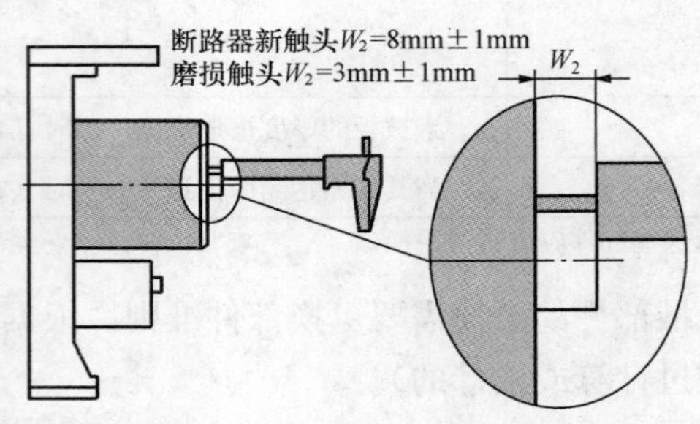

图8-48　如何确定W_2的尺寸

4）用干布和吸尘器清理灭弧罩入口、挡弧板、支架上板、在截断室底部的框架。

5）用手动检查合闸装置来测量触头的磨损。如图8-49和图8-50所示，此时必须将断路器切断电源断开并接地安装。

a. 取下灭弧罩，完全取下固定螺栓。

b. 拿出挡弧板。

c. 用手动合闸装置合上断路器。

d. 用一个软尺测量静触头的支衬和动触头导电臂间的距离。

e. 当测量的尺寸W_1达到38mm±0.5mm，时，必须换主触头。

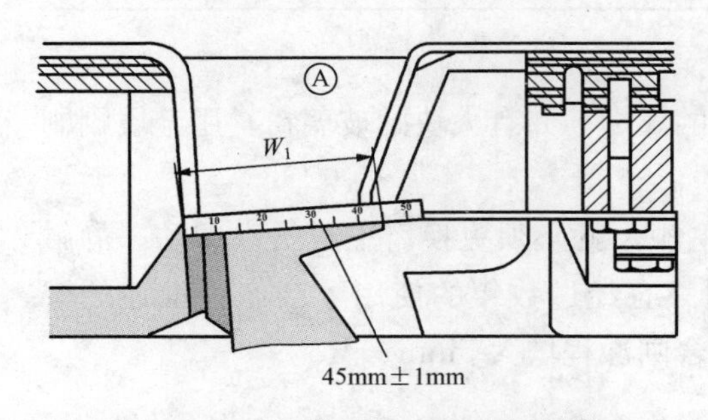

图8-49　新触头在断路器关合状态时的测量

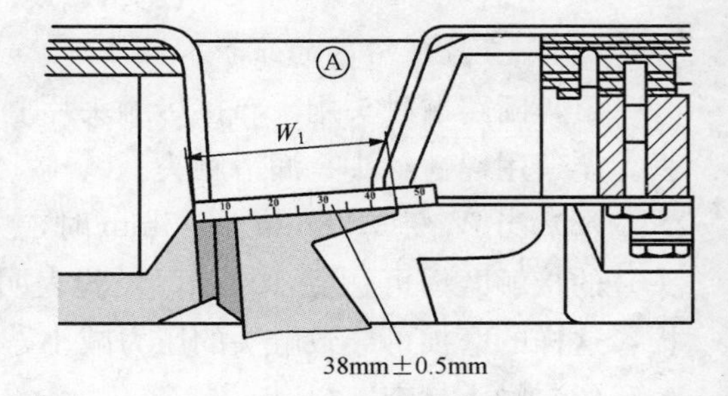

图8-50　磨损触头在断路器关合状态时的测量

6）挡弧板的检查。

a. 当断路器发生严重过电流或短路时，检查挡板的状态。

b. 从断路器上取下灭弧罩，移开挡弧板，用干布和吸尘器清洁。

c. 如果这些板呈现有裂缝，或燃烧受损的深度超过原厚度12mm的一半，就须更换这些板。

7）灭弧罩的检查。

a. 当更换主触头或定期检查时，必须详细检查灭弧罩。

b. 灭弧罩入口处是灭弧罩最好的检查处。

c. 只要导电臂的损坏不超过原截面积的一半，灭弧罩仍可以继续使用。

（4）装置外观所有紧固部件检查。

1）检查所有类似的螺栓、螺母、夹卡等零件是否紧固。通过紧固拉紧转矩来检查螺栓和螺母结合是否紧固。

2）用刷子润滑动组件和棘齿上的掣卡。

（5）静触头的拆卸。取下灭弧罩，移开挡弧板。固定式的操作（S）：拆下法兰，然后再移开低处的M8螺母和支撑静触头导杆的弹簧垫圈，提起导杆的尾端直到该导杆从螺纹杆上脱离。手车式的操作（TD）：松开卡钉，然后移开夹板上的安装螺栓，同时松开嵌在上主端子排上的两个螺母，从而使静触头完全地脱离，向上抽出触头。

（6）电极的拆卸。如图8-51所示。固定式的操作（S）：移动法兰，然后再移开低处的M8螺母和支撑静触头导杆的弹簧垫圈。手车式的操作（TD）：完全移开两个导电臂，移开连接排下方的法兰（通过推入固定部分，再向上拉，从而插入带吹弧铁芯的电极，通过滑离的方式使电极从吹弧铁芯中分离）。

（7）动触头的拆卸。如图8-52所示，拆下和下连接母排相连的软连接，然后

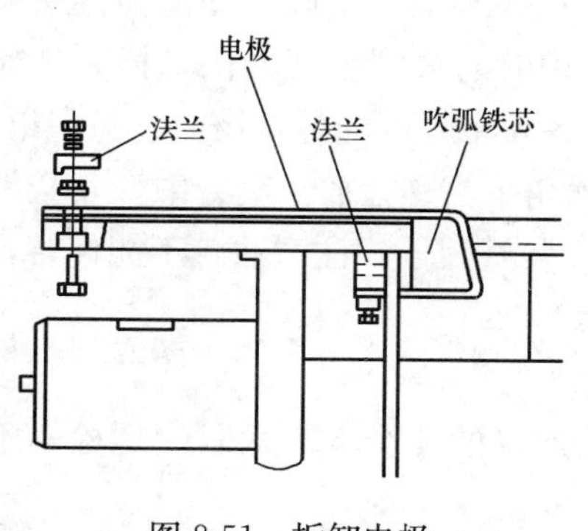

图8-51　拆卸电极

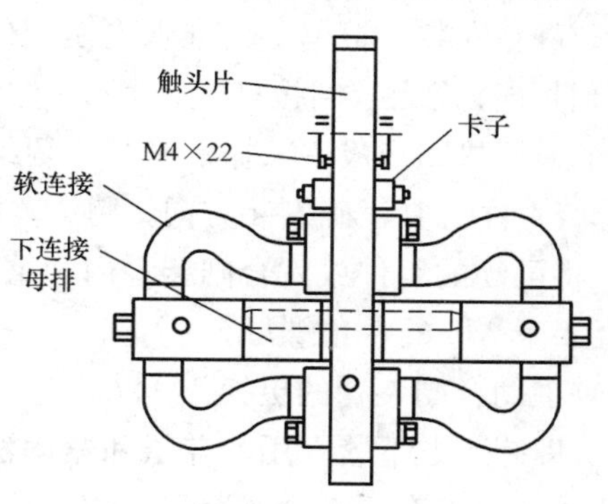

图8-52　拆下动触头

移动带卡子的触头片，拆下带螺纹螺母和销子的卡子，只要拆下一边的螺母即可，移开两个六角螺栓（M4×22），该螺栓是作为动触头片上弹簧的制动销用，将推杆的尾端从其在触头片上的位置抽出，推出触头片中的销子，通过从顶板的上方抽出触头片。

（8）合闸装置的拆卸。

1）整套装置的更换。

a. 端子、螺栓拆卸。从设备的端子C和D上移走两根接线，移开合闸装置室上的接地连接用的两个M6的固定螺栓，拧下3个M8。

b. 重新安装。注意挡叉是否在合适的一边，是否正好卡在掣动片上。

放好设备，用三个M8的螺母螺紧，不要忘记弹簧垫圈；用手抬起挡叉，检查当脱扣时是否在其合适的位置；检查X和Y两间隙，调整它们（如必要时）；把两根导线连接 到合闸线圈装置上的C和D两端子上；用两个M6的螺栓旋紧接地连接。

2）挡叉的更换

a. 拆卸。放下合闸装置，移开弹性挡簧，移开固定销子。

b. 重新安装。挡叉连同销子一起提供，取下销子，使合闸拉杆卡住挡叉（是否居中无关紧要），将整个合闸装置安在断路器上。

3）弹性挡簧、合闸拉杆、铁芯的更换。放下合闸装置，并取下挡叉。

a. 拆卸。取下盖子，用笔标注转换法兰的位置。

取下可动部件，即拉杆、铁芯、套管和垫圈，用一个钳口被保护过的虎钳夹住拉杆的尾部，保持可动部件垂直状态（套管须向上），取下套管上的螺栓，并移走套管，取下带11个弹性垫圈和铁芯，弹性垫圈起到减振作用。取下另外29个弹性垫圈，该弹性垫圈起到压力弹簧的作用。

b. 重新安装。根据更换准则更换配件。在安装前，正确地润滑弹性垫圈，将29个弹性垫圈滑入合闸拉杆上，其中每2个相邻的垫圈是反向的，插入铁芯，插入11个弹性垫圈形成一减振器，其中两组（各4个）内的各自反向，另一组3个。放入套管，注意其正确安装方向，将M6的六角平头螺栓放入套管中，安全旋入并旋紧，将可动的组件放入合闸装置内，重新安装好盖子，注意法兰不能偏转，紧固盖子上4个M6的六角螺母。

4）手动合闸装置的更换。

a. 拆卸。取下紧固用的盖子和紧固法兰连接的4个M6六角帽螺栓，不要转动法兰。取下整套手动合闸装置。移走柱体和盖子。

b. 重新安装。将盖子放在线圈主体上放入手动合闸装置。在不转动法兰的位

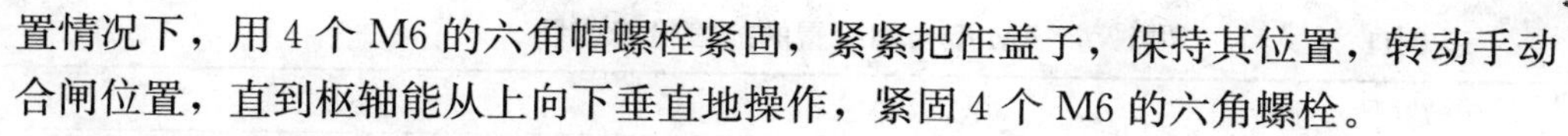

置情况下，用 4 个 M6 的六角帽螺栓紧固，紧紧把住盖子，保持其位置，转动手动合闸位置，直到枢轴能从上向下垂直地操作，紧固 4 个 M6 的六角螺栓。

5）辅助触点的更换。

a. 拆卸。拆下辅助触点室，取下透明的盖子，取下第一个开关，然后第一个绝缘子，直到发现有问题的开关，标注并拆下 3 个或 4 个端子连接器（5U 型），更换并关。

b. 重新安装。5U 型的电缆连接（3 个接线—反向接点），恢复原来开关的连接。重新安装在新开关上，插入开关和绝缘子。检查 5 个接点的开断情况（用手动托板），重新盖好盖子，重新安装好辅助触点室不要忘记接地螺栓的连接。

6）推杆或减振器的更换。

a. 拆卸。移去辅助触点的接线，然后将推杆从其在动触头的位置上移开，推出旋转件，取下推杆。

b. 重新安装。更换准则见更换标准。将推杆插入框架内。将推杆尾部啮合在动触头的相应位置上，检查旋转接头支架是否正确位于框架底部，调整好间隙，重新接通动辅助触点以线路，不要忘记接地螺栓。

7）减振器的更换。

a. 拆卸。从柜架上移去带减振器的套管，从套管上取下减振器。

b. 重新安装。在套管中插入新的减振器，手持紧减振组件并装入框架中，用拇指紧压减振器的阳模，将减振组件推进框架的底部，如果必要可合上断路器，重新连接辅助触点的接线，不要忘记接地螺栓的连接。

8）正向脱扣装置的更换。

a. 拆卸。拆下带掣卡的托板，拆下带套管的减振器，抽出推杆组件，移走两个在下连接母排上托板凹槽内的嵌片，移去下连接母排上的固定螺栓，然后移去连接母排，拆下脱扣装置上的两个 M8×90 的紧固螺栓，然后放下脱扣装置。

b. 重新安装。在新的脱扣装置上装上螺母，不紧固，用框架上的两个 M8×90 的螺栓装上脱扣装置，通过框架和脱扣装置装入下端连接母排，托板上销子应放在 3 个 M8 螺栓上，并放入两个嵌片，装入托板上的销子并使其居中，上紧螺栓，然后拆下托板上的销子，重新安装托板，将推杆插入框架中，再插入托板，将减振器和它的绝缘套管装入框架中，托板应放置在框架凹槽的中部、静触头的前方，合上断路器并调整好间隙。注意：当重新放置正向脱扣装置时，须重新校准断路器，以便确定合闸电流和整定电流间的当量值。

（9）M 型合闸装置的故障检修项目见表 8-11。

表 8-11　　M型合闸装置的故障检修项目

故　障	原　因	解决方法
设备不能维持在合闸状态	合闸电流太小（$<I_{min}$）	检查交流电源的大小给电池充电
	脱扣脉冲太短（<0.5s）	修改脉冲延时（回动时）
	间隙太大	减少间隙
设备由最大脱扣电流引起脱扣后不能回到原来的静止的位置（正向或反向脱扣）	合闸时间太短（<0.5s）	修改脉冲延时（回动时）
	设备的间隙不符合脱扣电流不符合（$I<I_{min}$或$I<I_{max}$）	添加或验孔 （1）脱扣电阻值 R_s （2）并联电阻值，如果没有可引人 R_p （3）间隙的状态：初始设定未经调整 （4）被拆过或经不正确设置：依据程序来调整

（10）试验拆线，检查所拆动过的端子或部件是否恢复，清理现场。

（11）出具直流断路器调试报告。

三、操作注意事项

（1）在高压时和没有接地装置时，请勿接触断路器。断路器进行开合操作时，不要使用手靠近移动部件。否则，将会引起严重损坏。

（2）当安装断路器时，须将脱扣电流临界值调整至要求值。

（3）校验工作至少应有两人参加，由一人操作、读表，一人监护和记录。

（4）所有元件、仪器、仪表应放在绝缘垫上。

（5）试验接线完毕后，必须经两人都检查正确无误后方可通电进行试验。

（6）所用仪表一般不应低于0.5级。

（7）所有使用接线应牢固可靠。

（8）上电源先应查看调压器、变阻器在适当的位置，严防大电流冲击，防止短路。

模块19　电压互感器断线保护试验

一、操作说明

电压互感器断线保护试验目的是验证调节器励磁电压互感器或仪表测量电压互感器断线后的动作正确性，实验条件为发电机空载运行，调节器以正常方式运行。

首先了解调节器的通道和控制方式。采用单电压互感器信号的调节器有一组自

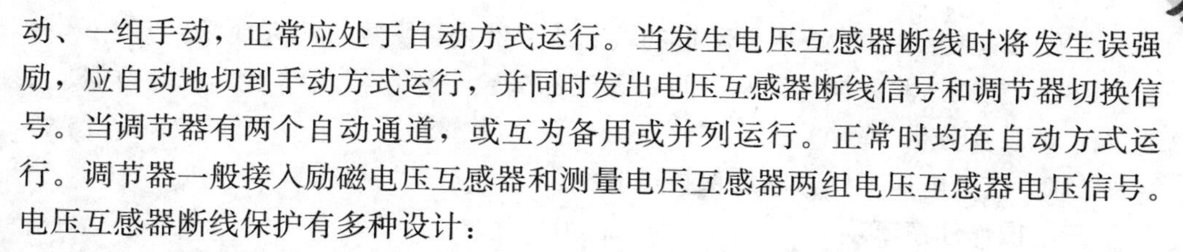

动、一组手动，正常应处于自动方式运行。当发生电压互感器断线时将发生误强励，应自动地切到手动方式运行，并同时发出电压互感器断线信号和调节器切换信号。当调节器有两个自动通道，或互为备用或并列运行。正常时均在自动方式运行。调节器一般接入励磁电压互感器和测量电压互感器两组电压互感器电压信号。电压互感器断线保护有多种设计：

（1）每个调节器通道都接入不同的两组电压互感器，正常以固定一组电压互感器参与调节，每个调节器通道自动判断电压互感器是否正常。当发现参与调节的电压互感器断线时自动将另一组电压互感器作为调节信号。这是一种切换信号不切换运行通道的设计。

（2）每个调节器通道都接入不同的两组电压互感器，两通道设置不同的电压互感器参与调节，每组调节器自动判断电压互感器是否正常，当发现参与调节的电压互感器断线时，自动将本通道退出运行切换到另一通道运行。从而维持励磁系统的恒定电压控制状态，有利于电力系统稳定。

电压互感器断线信号检测原理：有的按照电压互感器信号突变大于10%作为电压互感器断线信号，有的比较两组电压互感器有效值或整流输出电压，当差值大于10%额定值时发出电压互感器断线信号。第一组电压互感器断线后继而发生第二组电压互感器断线时仍能正确发出电压互感器断线信。

二、操作步骤

（1）确认设备编号。

（2）与运行值班员联系，发电机组开机，发电机电压处于空载状态。

（3）设置A套为主状态。

（4）在端子排上断开A、B、C任意一条励磁电压互感器线，以模拟励磁电压互感器断线。

（5）励磁电压互感器断线后，A套“UF”显示值约为没断励磁电压互感器线前的一半，“电压互感器断线”指示灯亮、“自动/手动”灯灭，如有调节器切换则发出调节器切换信号，同时端子排上“电压互感器断线动作”节点导通。

（6）发电机电压或无功功率应当基本不变。

（7）切换去向应能自动判断。

（8）双电压互感器的调节器再次发生电压互感器断线时应能切到手动方式运行。

（9）双通道调节器在备用通道故障时电压互感器断线切换到手动方式运行。

（10）恢复被切断的电压互感器后，调节器的电压互感器断线信号随即复归，发电机保持稳定运行不变。

（11）B套为主状态，重复上述过程。

（12）试验拆线，检查所拆动过的端子或部件是否恢复，清理现场。

（13）整理试验数据（试验时间、天气、试验主要仪器及精度、试验数据、试验人）记录及分析。

（14）出具电压互感器断线保护试验报告。

三、操作注意事项

（1）防止触电，拆除电压互感器到励磁调节器盘内二次引线时，要防止造成电压互感器二次短路，同时机组空载运行时间不要过长，要在电厂要求范围内。

（2）防止损坏试验设备。

（3）作好监护，由两人以上完成。

模块20 自动电压给定调节速度测定

一、操作说明

控制自动电压调节器给定调节速度的目的在于发动机并网后对无功功率的调节的速度控制在适当的范围内。一般并网后对发电机无功功率调节的速度适合时，发电机同期操作对电压调节的速度也是合适的。为了加快发电机空载时的电压调节速度，有的调节器按照电压大小、按照并网前后分别设计不同的电压给定值调节速度。

实验条件为在调节器静态下和发电机空载和负载下进行。

二、操作步骤

（1）确认设备编号。

（2）与运行值班员联系，确认具备励磁调节器通电试验条件；将励磁用厂用电源投入，励磁直流操作电源开关投入。

（3）预整定自动电压调节器给定调节速度可以在调节器静态下进行。设置调节器在自动或手动方式进行增减给定操作。

（4）测量、计算和预整定给定值调节速度到规定的范围。

（5）有的调节器空载和负载设计的调节速度不同，则需要分别模拟不同的情况进行试验。

（6）为了防止调节器给定值调节失控，调节器设置了每次最大调节量的限制。

（7）发电机在空载运行的状态下，用秒表记录，发电机电压从启励到额定的时间，满足要求。

（8）观察发电机同期操作时电压调节的速度合适，并网情况下无功功率的调节速度合适，满足自动电压调节器的给定速度不大于每秒1%额定电压，不小于每秒0.3%额定电压。

(9) 试验拆线，检查所拆动过的端子或部件是否恢复，清理现场。

(10) 整理试验数据（试验时间、天气、试验主要仪器及精度、试验数据、试验人）记录及分析。

(11) 出具自动电压给定调节速度测定试验报告。

三、操作注意事项

(1) 机组空载运行时间不要过长，要在电厂要求范围内，控制调压范围，防止发动机电压过高或过低。

模块 21 发电机空载电压给定阶跃试验

一、操作说明

这是一种时域的测量方法，直接褒贬自动运行方式的电压给定值，或者在调节器的电压相加点上加上阶越量，记录发动机电压波动，分析该波动的品质，与标准进行对比。

发电机空载电压给定阶跃试验的目的是测试并且调整自动调节器的 PID 参数，使得在线性范围内的自动电压调节动态品质达到标准要求。初步检查励磁系统的静态放大倍数。发电机空载电压给定阶越试验，也是励磁系统模型参数确认试验的重要内容。

实验条件为发电机空载运行，机组转速稳定，调节器工作正常。

DL/T 650—1998《大型汽轮发电机自并励静止励磁系统技术条件》中规定："发电机空载阶跃响应：阶跃量为发电机额定电压的 5%，超调量不大于阶跃量的 30%，振荡次数不大于 3 次，上升时间不大于 0.6s，调节时间不大于 5s。"

GB/T 7409.3—2007《同步电机励磁系统大、中型同步发电机大励磁系统技术要求》中规定："在空载额定情况下，当发电机给定阶跃为±10%时，发电机电压超调量应不大于阶跃量的 50%，摆动次数不超过 3 次，调节时间应不超过 10s。触摸屏上有 5%阶跃及 10%阶跃按钮供选择，均为先上跃后下跃。试验过程录波。阶跃的性能指标可通过录波曲线数据计算。"

二、试验步骤

(1) 确认设备编号。

(2) 与运行值班员联系，确认具备励磁调节器通电试验条件；将励磁用厂用电源投入，励磁直流操作电源开关投入。

(3) 设置调节器处于自动方式。

(4) 调试计算机进入调试软件或进入调节器人机画面，设置阶越试验方式、阶

越量。

（5）增加发电机转速至额定并且保持稳定，对于新安装投运的励磁调节器，可以参考同类型机组的PID参数（为了防止发生异常，可以先在低电压下进行小于5%阶越量的阶越试验，初步调整调节器PID参数，阶越响应品质大体合适后再在额定值下细调）。

（6）调整发电机电压为95%额定电压。通过调节器试验调试界面做励磁调节器空载电压给定值5%阶越试验，或者外加5%给定值到电压相加点。

（7）采用调节器内部或者外部录波器记录发电机电压和调节器输出（或励磁电压、励磁机励磁电压）波形。

（8）观察调节器输出或励磁电压、励磁机励磁电压波形，应未进入限幅区。

（9）在5%阶越量试验合格后，将发电机电压调整至额定值，通过调节器的试验调试界面做励磁调节器空载电压给定值10%阶越试验，或者外加10%给定值到电压相加点。

（10）采用调节器内部或者外部录波器记录发电机电压和调节器输出（或励磁电压、励磁机励磁电压）波形。

（11）观察调节器输出或励磁电压、励磁机励磁电压波形，应未进入限幅区。

（12）计算发电机电压阶越的超调量、上升时间、调节时间和振荡次数。如果不符合标准，修改调节器的有关参数，重做阶越试验。直到品质符合标准。

（13）励磁系统静态放大倍数估算。

（14）校验励磁系统动态放大倍数。

（15）试验拆线，检查所拆动过的端子或部件是否恢复，清理现场。

（16）整理试验数据（试验时间、天气、试验主要仪器及精度、试验数据、试验人）记录及分析。

（17）出具发电机空载电压给定阶跃试验报告。

三、操作注意事项

（1）正常并列运行的双通道励磁调节器需要设置为单通道运行后进行阶跃试验。

（2）参数确认后在将确认的参数设置到另一通道，切换到另一通道运行，进行另一通道的阶跃试验，两通道阶跃相应应一致。

模块22　自动和手动调节范围测定

一、操作说明

自动和手动调节范围测定目的是测试自动和手动方式下发电机电压和转子电压

（电流）的调节范围和稳定情况，以便满足各种情况下发电机并网和输送功率的要求。

试验条件为自动方式下发电机电压调节范围在发电机空载时进行。手动方式下转子电压（电流）调节范围在发电机空载和负载下进行。在 GB/T 7409.3—2007《同步电机励磁系统大、中型同步发电机大励磁系统技术要求》、DL/T 750—2001《回转式空气预热器运行维护规程》和 DL/T 583—2006《大中型水轮发电机静止整流励磁系统及装置技术条件》中要求自动方式下调节器应能在发电机空载额定电压的 70%～110%范围内进行稳定、平滑的调节。手动方式下调节器应能在发电机空载额定电压的 20%～110%范围内稳定、平滑的调节，DL/T 843—2003《大型汽轮发电机交流励磁机励磁系统技术条件》则要求自动方式下调节器应能在发电机空载额定电压的 80%～110%范围内满足要求。

判别标准为自动和手动控制方式的调节范围应不小于规定的范围。发动机端电压应调节稳定、平滑。

二、操作步骤

（1）确认设备编号。

（2）所有检修作业结束，将励磁系统所有电源恢复，机组恢复备用状态，机组具备开机试验条件。

（3）在发电机空载状态下，设置调节器通道、自动或手动方式。

（4）起励后进行增、减给定操作，调节器 A/B 通道上限分别升压至 V/F 动作，下限调至低于 70%额定电压；或要求达到调节范围的电压上、下限。

（5）手动通道上限调至 110%额定电压，如果允许可调至 120%电压限制起作用，下限调至最小值。

（6）记录发电机电压转子电压、转子电流和给定值，同时观察运行稳定情况。

（7）进行发电机负载下的手动方式给定调整范围测定时，为了防止定子过电流，有功功率应低于额定值。

（8）自动给定上限可以采用开环测试的方法。在调节器静态时，输入模拟的发电机电压至上限值，逐渐增加自动电压给定值，观察调节器输出由零变化到负载额定值。

（9）记录调节器自动和手动状态下机端电压并填入表 8-12。

（10）试验拆线，检查所拆动过的端子或部件是否恢复，清理现场。

（11）整理试验数据（试验时间、天气、试验主要仪器及精度、试验数据、试验人）记录及分析。

（12）出具自动和手动调节范围检测报告。

表 8-12　　调 节 范 围

调节范围	标 准 值
机端电压　上限：__________ 下限：__________	上限：110%额定电压 下限：70%额定电压
机端电压　上限：__________ 下限：__________	上限：110%额定电压 下限：70%额定电压
机端电压　上限：__________ 下限：__________	上限：110%额定励磁电压 下限：10%～20%空载励磁电压

三、操作注意事项

(1) 发电机空载时，手动方式的上限应不小于发电机空载励磁电压（电流）的110%。

(2) 发电机负载时，手动方式的下限一般应当与发电机有功功率有关，当有功功率增加时自动提高下限值。手动方式的下限值应与手动方式下发电机的静稳极限留有一定的余量，同时也要防止过高的下限值引起过高的机端电压，给运行的操作带来不便。

(3) 有的自动调节器在发电机空载和负载下的调节范围不同，要分别模拟这两种情况测量其调节范围。

(4) 如果发电机电压波动或电压不可控制地上升，应立即分段灭磁开关。

(5) 有的励磁调节器在70%额定电压以下设有去积分环节，电压高于70%额定电压时积分环节投入，两种调节方式所对应的发电机电压调整性能（反应速度）有些差别特别在交界点处非常明显。

模块 23　自并励静止励磁系统核相试验

一、操作说明

采用相位控制方式的整流器件都需要建立正确的主电压和移相范围关系。检查励磁系统检修后特别是新设备安装后励磁变压器（副励磁机）、同步信号、触发脉冲，功率整流装置接线的正确性，验证晶闸管整流元件的移相范围。

试验条件是励磁系统接线检查校核完毕，通电正常。

核相试验的要求是在试验过程中功率装置输出的控制角度应与调节器显示一致，波形连续变化而无颠覆。调节器测量值准确，检测相序正确。

二、操作步骤

（1）确认设备编号。

（2）与运行值班员联系，确认具备励磁调节器通电试验条件；将励磁用厂用电源投入，励磁直流操作电源开关投入。

（3）设计供电方式，选择小电流整流负载。可以有两种供电方式，一种是厂用电供电方式，如图 8-53 所示；另一种是电力系统倒送电方式，如图 8-54 所示。

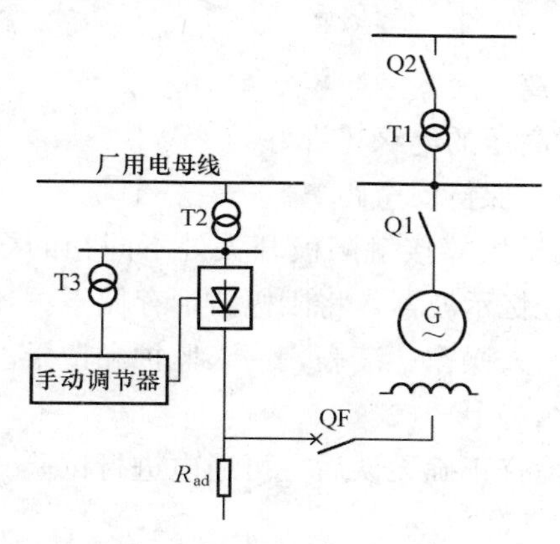

图 8-53　厂用电供电方式进行自并励静止励磁系统核相试验

Q1—发电机开关；Q2—主变压器高压侧开关；QF—磁场断路器；T1—主变压器；T2—励磁变压器；T3—同步变压器；R_{ad}—附加试验电阻

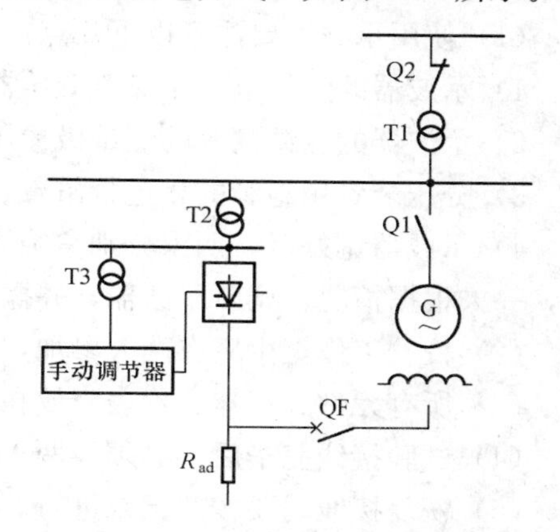

图 8-54　电力系统倒送电供电方式进行自并励静止励磁系统核相试验

（4）由电力系统倒送电至励磁系统，让励磁变压器、励磁调节柜、功率整流装置、励磁电压互感器带电。

（5）按照机组正常开机逻辑模拟开机条件，使调节器进入运行状态。

（6）用示波器观察晶闸管输出波形与控制角一致性，当励磁电压高时，整流输出经过分压衰减、隔离后进入示波器。

（7）测量整流输出电压，用整流的交直流关系式计算控制角。各相位关系应当符合设计要求。

（8）观察调节器模拟量各项测量值。

（9）交流励磁机励磁系统核相试验。交流励磁机励磁系统核相试验如图 8-55 所示，

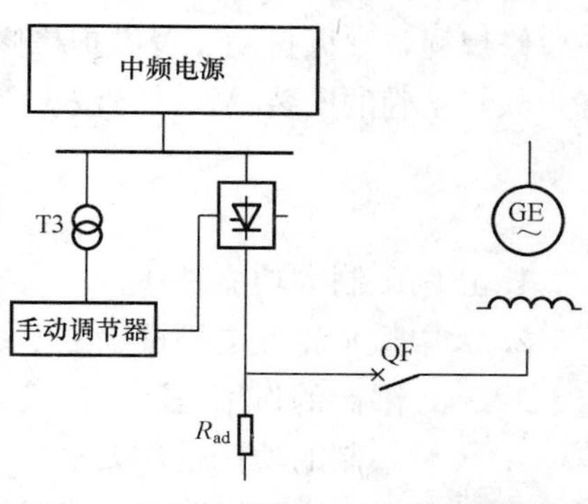

图 8-55　交流励磁机励磁系统核相接线图

要求和方法同自并励静止励磁系统。

（10）试验拆线，检查所拆动过的端子或部件是否恢复，清理现场。

（11）整理试验数据（试验时间、天气、试验主要仪器及精度、试验数据、试验人）记录及分析。

（12）出具自并励静止励磁系统核相试验报告。

三、操作注意事项

（1）使用示波器要注意以下几点：

1）示波器的工作电源用隔离变压器隔离。

2）示波器的测试探头的测试极棒用耐高压的绝缘棒绑好。

3）分压装置用绝缘的相色带吊着悬空，保持安全距离。

4）示波器调好后，两人分别拿绝缘测试极棒接触阳极开关处不同相的导电部分，一人根据情况，调节示波器，并操作记忆示波器，将阳极波形存储下。

（2）校验工作至少应有两人参加，由一人操作、读表，一人监护和记录。

（3）所有元件、仪器、仪表应放在绝缘垫上。

（4）试验接线完毕后，必须经两人都检查正确无误后方可通电进行试验。

（5）恢复接线时要按照记录进行。

科 目 小 结

本科目面向水电厂自动装置现场维护和检修工作，按照培训目标，以自动装置维护和检修工作中的基本技能操作为主要培训内容，对励磁系统自动元件、自动装置的特性试验、耐压试验、运行试验、保护试验；灭磁和转子过电压保护检修；快速直流断路器的检修调试；励磁系统设备更换等专业技能操作项目进行了详细的阐述。

通过本科目的技能操作培训，使水电自动装置检修工能正确运用安全规程和维护检修规程，掌握自动装置维护检修工作中规范的维护检修工艺，标准的测量、检查步骤，正确的安装、调试方法。

练 习 题

1. 过励限制的功能是什么？
2. 大中型水轮发电机按励磁系统的供电方式分有几种励磁方式？
3. U/F 限制的作用是什么？其动作结果是什么？
4. 欠励限制的功能是什么？
5. 若励磁功率柜脉冲掉一相运行，则励磁系统会产生什么现象？

6. 三相全控桥双脉冲和宽脉冲触发各有何特点？

8. 晶闸管整流装置均流特性试验的条件是什么？

9. 脉冲变压器主要作用是什么？

10. 余弦移相器工作原理是什么？

11. 自动/手动及双通道切换试验目的、方法是什么？

12. 直流断路器 80%U_e 低电压操作试验接线及方法是什么？

13. 什么是线性电阻和非线性电阻？

14. 简述常规励磁 PID 调节的含义。

15. 画出晶闸管小电流试验、低压大电流试验接线图，并说明试验操作步骤。

16. 整流柜高电压试验的目的是什么？

17. 什么是晶闸管整流装置均流特性？

18. 励磁调节器起励试验应注意什么？

19. 励磁调节器低励限制、过励限制、低频保护、伏赫限制试验中如何整定限值？

20. 励磁调节器运行中何时使用恒无功功率调节、何时使用恒功率因数调节？

21. 励磁变压器试验项目有哪些？

22. 怎样进行快速直流断路器的检修调试？

23. 发电机空载电压给定阶跃试验操作步骤是什么？

24. 励磁系统设备更换需要向厂家提供什么参数？

25. 励磁系统设备更换的步骤是什么？

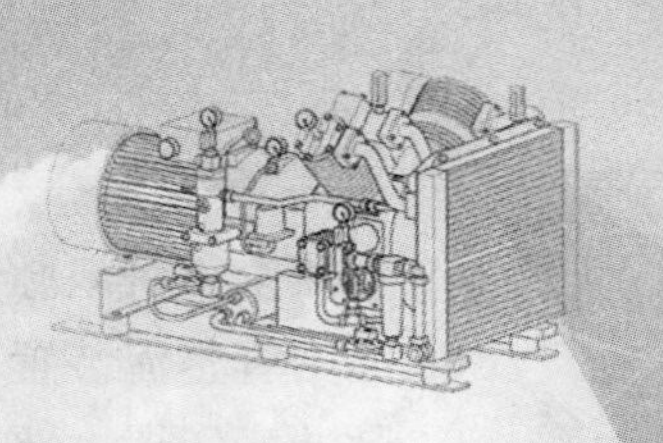

科目九

调速系统设备的维护、检修及故障处理

调速系统设备的维护、检修及故障处理培训规范

科目名称	调速系统设备的维护、检修及故障处理	类别	专业技能
培训方式	实践性/脱产培训	培训学时	实践性 152 学时/脱产培训 76 学时
培训目标	1. 掌握调速系统的组成、设备的结构，熟知技术图纸。 2. 掌握调速系统设备运行操作的正确方法和步骤。 3. 能运用相关标准对调速系统自动化元件及调速器进行调试和检修。 4. 掌握调速器特性试验、模拟运行试验的方法、步骤及标准。 5. 能判断调速器一般性故障并进行分析和处理。		
培训内容	模块 1　微机调速器导叶接力器反馈传感器调整 模块 2　微机调速器步进电动机反馈电阻调整 模块 3　微机调速器步进电动机驱动器的调整 模块 4　微机调速器故障冗错试验 模块 5　微机调速器模拟紧急停机试验 模块 6　微机调速器各工况间的试验 模块 7　微机调速器频率测量特性试验 模块 8　微机调速器 PID 特性试验 模块 9　微机调速器永态转差系数 b_p（调差率 e_p）校验 模块 10　微机调速器模拟运行试验 模块 11　微机调速器调节模式切换试验 模块 12　微机调速器电源消失试验 模块 13　微机调速器空载运行频率摆动值大故障处理 模块 14　微机调速器运行参数设置不合理故障处理 模块 15　微机调速器采集信号故障处理 模块 16　微机调速器监视关键参数 模块 17　微机调速器空载达不到额定转速故障处理 模块 18　微机调速器导叶反馈故障处理 模块 19　微机调速器自行检出的故障处理		

续表

场地、主要设施、设备和工器具、材料	1. 场地：现场设备所在地、自动培训室。 2. 主要设施和设备：调速器及二次回路等。 3. 主要工器具：数字式万用表、单臂电桥、500V 绝缘电阻表、清洁工具包、电工组合工具、吸尘器、毛刷、试验电源盘、验电笔、温度计、湿度计等。 4. 主要材料：控制电缆、绝缘软导线、绝缘硬导线、标签、尼龙扎带、酒精、抹布等。
安全事项、防护措施	1. 检修前交代作业内容、作业范围、危险点告知、安全措施和注意事项。 2. 戴安全帽，穿工作服（防静电服），穿绝缘鞋，高空作业需佩戴安全带。 3. 加强监护，严格执行电业安全工作规程。 4. 对于需停电检修的设备，要认真进行验电检查，确保无电及安全措施完善后才能开始检修工作。
考核方式	笔试：120 分钟 操作：120 分钟 完成维护和检修任务后，针对模块技能操作评分标准进行考核。

调速系统基本结构与类型

一、调速系统的作用

水轮发电机组把水能转变为电能供工业、农业、商业及人民生活等用户使用。用户在用电过程中除要求供电安全可靠外，对电网电能质量也有十分严格的要求。按我国电力部门规定，电网的额定频率为50Hz，大电网允许的频率偏差为±0.2Hz。对我国的中小电网来说，系统负荷波动有时会达到其总容量的5%～10%；而且即使是大的电力系统，其负荷波动也往往会达到其总容量的2%～3%。电力系统负荷的不断变化导致了系统频率的波动。

调速器是水电厂的一个主要控制设备之一，它的主要作用就是保持水轮发电机组转速（频率）恒定或在一定的允许范围之内。随着调速的发展，它的功能也不断得到扩展，机组的启动、停机、调相、并网和加减负荷等操作也是调速器的主要功能。另外，还有许多附加功能，如有功功率的成组调节、按有差特性分配各机组之间的负荷、按水位调节、按开度调节及机组的波动控制等。同时，调速器还是安全监控系统的执行部分之一，当发生电气事故，发电机跳闸以后，调速器可以及时地将水轮发电机关闭，防止事态扩大。一旦事故消除，调速器又可以迅速地启动机组，增加了备用机组快速投入运行的灵活性。

衡量一台调速器好坏的技术标准，主要是依据它的静态质量指标和动态质量指标。静态质量指标主要指调速器的转速死区、静态特性的非线性度、调速器随动系统的不准确度等。动态特性指标指调节过程的快速衰减和良好的稳定性。评价过渡过程的好坏有一系列技术指标，如超调量、超调次数、高速时间和衰减率等。总之，一台好的调速器在稳态运行时应能维持一定的静态准确度，并能稳定地运行，在各种扰动信号作用下，应能达到快速收敛，满足过渡过程品质各项指标。尤其甩负荷工况，应能确保机组安全，使大波动过渡过程品质也符合要求。通常调速器应符合以下技术要求：

（1）空载稳定运行时，维持频率的精确度。

（2）稳态运行时机组功率应维持在一定的准确度。

（3）接力器不动时间应小于规定值。

（4）调速器转速死区小于规定值。

（5）随动系统不准确度应小于规定值。

（6）机组甩100%负荷时，最大转速上升值及最大水压上升值应满足调节，保证计算要求，且调整时间及其他动态指标均应满足调速器相关国家标准规定的技术

指标。

各项技术指标的具体规定值，根据情况和条件不同，数值也不同，可参见有关国家标准。

目前全国各大水电厂广泛使用的是微机调速器，它具有如下特点：

（1）控制品质好。发电机组调速系统是一个非线性系统。要想使机组在启动升速、同期并网、发电、甩负荷等各种工况下均处于最优运行状态，调速系统的结构和参数需要随着机组的不同运行工况，在线进行修改。微机调速器可以很方便地做到这一点，能够实现机组运行全过程最优控制。微机调速器还可以实现自适应控制、智能控制等高级控制来提高调速系统的调节品质。

（2）功能多。微机调速器除了可以实现普通调速器的功能以外，还可以实现普通调速器不易实现的功能，如机组自动启动和升速控制、自动同期并列控制等功能。

（3）灵活性好。由于微机调速器在一套完善的硬件设备做好以后，各种不同功能和性能的实现主要由软件来决定，这就使微机调速器可以很方便地增减功能和特性。

（4）运行稳定、抗干扰能力强、工作可靠。模拟电液调速器是用模拟电路实现的，模拟电路受工作环境温度和工作电源电压的影响会产生漂移，影响调速器运行的稳定性。为了克服漂移，常使电路变得很复杂。微机调速器是用微机数字电路来实现的。由于数字电路的工作对环境温度和电源电压的变化不敏感，这就克服了各种漂移的影响。而且当前应用的各种微机包括工控机和可编控制器非常可靠，这就使得微机调速器具有较强的抗干扰能力和较高的可靠性。

二、调速系统的结构组成

水轮发电机组微机调速器的类型很多，但结构组成和工作原理大同小异。微机调速器结构示意图如图 9-1 所示。

当前水轮发电机微机调速器的系统结构模式：单调节式微机调速器是由微机控制系统、电液转换器和随动系统组成。双调节式微机调速器是由微机控制系统、导叶液电转换器和随动系统、协联控制器、轮叶电液转换器和随动系统组成。图 9-1 中虚线框内是微机控制器。电液转换器和随动系统一般水电厂不属于自动装置检修工的工作范畴，这里就不再介绍。

微机调速器除了具有传统调速器调节机组转速和有功功率的作用之外，一般均有频率跟踪控制功能，有的还具有相角跟踪控制功能（控制发电机电压的频率和相角、跟踪电力系统电压的频率和相角）。由于微机调速器具有调速和同期控制的双重功能，有时也称为发电机组调速和同期控制器。

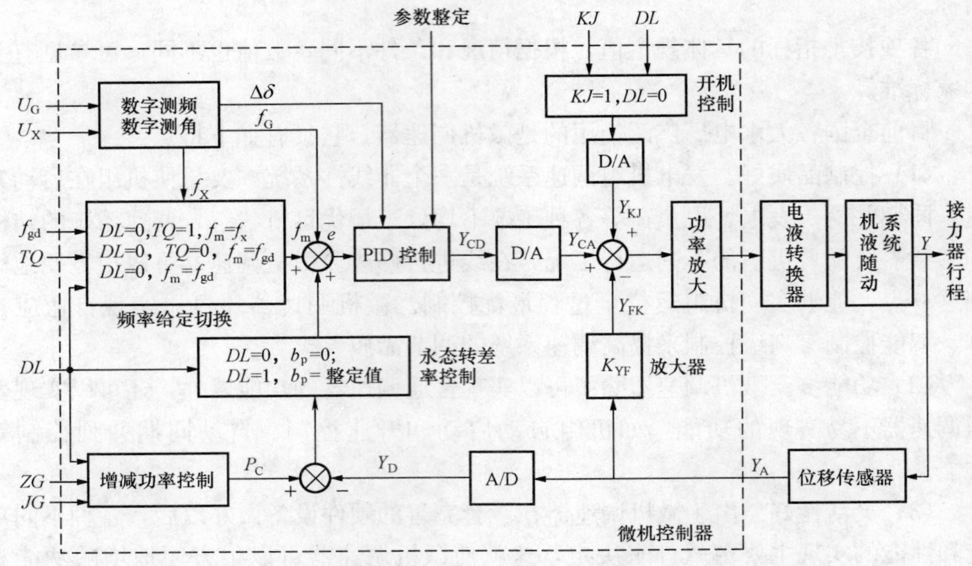

图 9-1　微机调速器结构框图

微机控制器的输入为发电机电压 U_G 和电力系统电压 U_x。数字测频和数字测角测出发电机频率 f_G、系统频率 f_x、发电机电压与系统电压之间的相角差 $\Delta\delta$。频率给定切换、PID 控制、永态转差率控制、增减功率控制是由软件来实现的。微机控制器根据机组的运行状态在上述各种软件的控制下自动地变换调速器结构，实现它的各种控制功能。

Y 为接力器行程。位移传感器将机械位移 Y 转换成模拟电压，Y_A 是用模拟电压表示的接力器行程，Y_D 是用数字电量来表示的接力器行程。

1. 主机

微处理器（CPU）是控制器的核心，它与存储器（RAM、ROM 或 EPROM）一起，通常称为主机。微机控制器硬件结构如图 9-2 所示。

2. 输入、输出接口电路

在计算机控制系统中，输入和输出过程通道的信息不能直接与主机的总线相接，必须由接口电路完成信息传递任务。现在各种型号的 CPU 芯片都有相应的通用接口芯片，有串行接口、并行接口、管理接口（计数/定时、中断管理等）、模/数的转换设备（D/A、A/D）等。无论何种机型，都可方便地扩充接口电路。

3. 输入、输出过程通道

为了实现机组调速控制的各种功能，须将发电机的频率、接力器机械行程等状态量按照要求送到接口电路。计算机计算出的调节量要去控制水轮机导叶开度，也

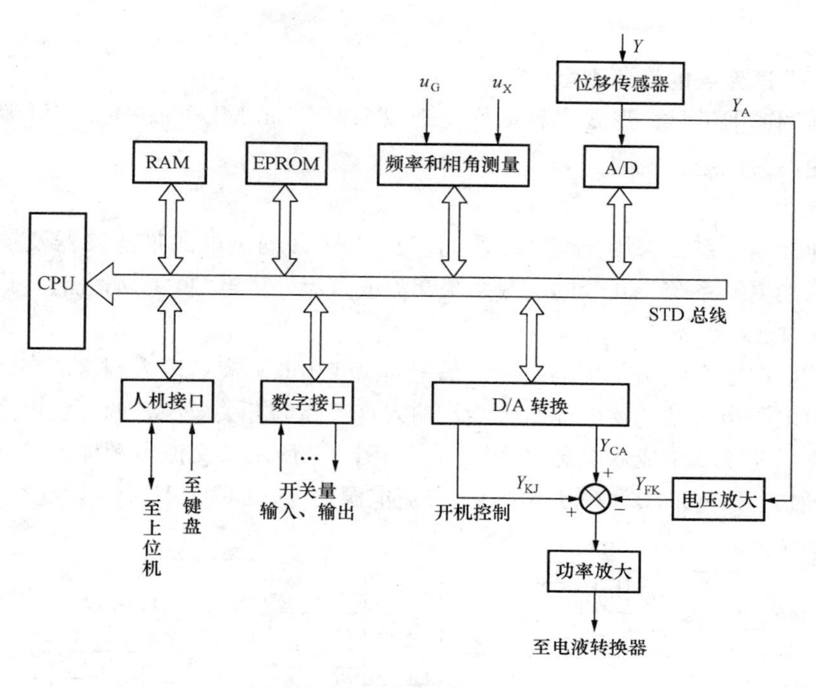

图 9-2　微机控制器硬件结构

需要把计算机接口电路输出的信号变换成适合电液转换器输入的电量。控制计算机的接口电路与被控制对象之间的信息传输和变换设备称为输入、输出过程通道。输入、输出过程通道是在接口电路和被控对象之间传递信号的媒介，必须与两者很好地配合。

（1）数字测频和数字测相角。频率和相角测量的作用是将发电机电压和系统电压的频率及两个电压之间的相角变换成数字电量。

（2）位移传感器。位移传感器的作用是将水轮发电机接力器的行程（表示导叶的开度）变成与其成正比的模拟直流电压（0～5V）或直流电流（0～10mA 或 4～20mA）信号。

（3）功率放大器。功率放大器是微机控制系统的输出通道，其功能是对模/数转换输出的模拟电压进行功率放大，以便能推动电液转换器工作。

硬件是控制系统中传递信息的载体，而软件（也称为程序）则决定控制规律，对控制系统的特性有重大影响。软件通常分为系统软件和应用软件。应用软件是为了实现调速器的功能而编写的各种程序的总称。系统是为应用软件服务的，包括操作系统、编译程序、检查程序等。微机调速器的应用软件包括主程序和许多子程序，调速器的形式和厂家不同，其结构和内容也千差万别，限于篇幅不作一一

介绍。

三、调速系统的设备类型

目前调速器型号、形式多种多样，现以 BWT-150-MB＋E984-265 可编程控制器型调速器为例进行说明。

1. 电源

调速器电气系统采用交流 220V、直流 220V 并列供电的带滤波器及抗干扰装置的冗余的电源系统。冗余的电源系统交流或直流外供电源之一消失时，均不影响调速器正常工作。

交流电源取自电站厂用电系统，采用隔离变压器隔离后输入到交流高频开关电源，直流电源由电站的蓄电池组供给，输入直流高频开关电源，两开关电源的输出经二极管后并联，组成双电源冗余结构，如图 9-3 所示。交流电源输入 AC220V×(1±20%)，频率 50Hz×(1±10%)，直流电源输入，DC220V×(1±20%)。

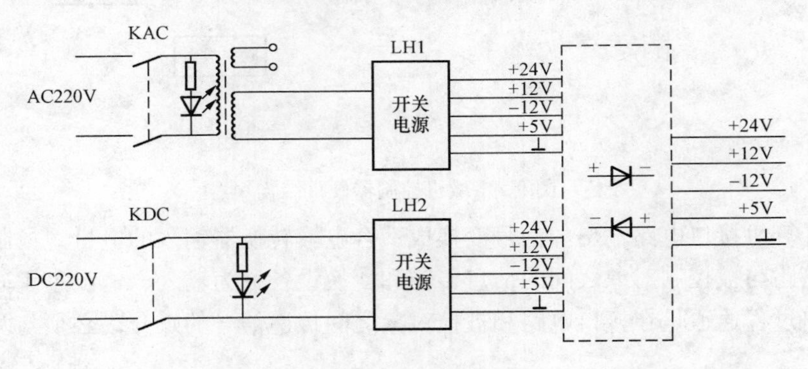

图 9-3　调速器双电源冗余结构

2. 可编程控制器

如图 9-4 所示，调速系统的电气控制部分采用法国施耐德 MODICONTSX 系列可编程控制器 PLC，配备单机系统，电气输出为步进电动机输出型式以及电气导叶的电气开度限制。

机械部分主要包括无油电—位移转换机构、机械手动操作机构、引导阀、主配压阀、紧急停机电磁阀组成无明管、静态无油耗的 PWM 脉宽控制型式。

电气调节器采用可编程控制器 PLC，配置单机电气控制系统。

电气控制部分采集导叶开度、水头、功率等模拟量信号。机频、网频信号，来自监控系统的开关量指令信号以及断路器位置信号来进行调速器工作状况的判断和对导叶进行闭环的控制。采用归零式的系统结构，在稳定运行或故障情况下自动复中零输出。当调速器内部发生故障时，保证了水轮机运行稳定和出力不波动，在系

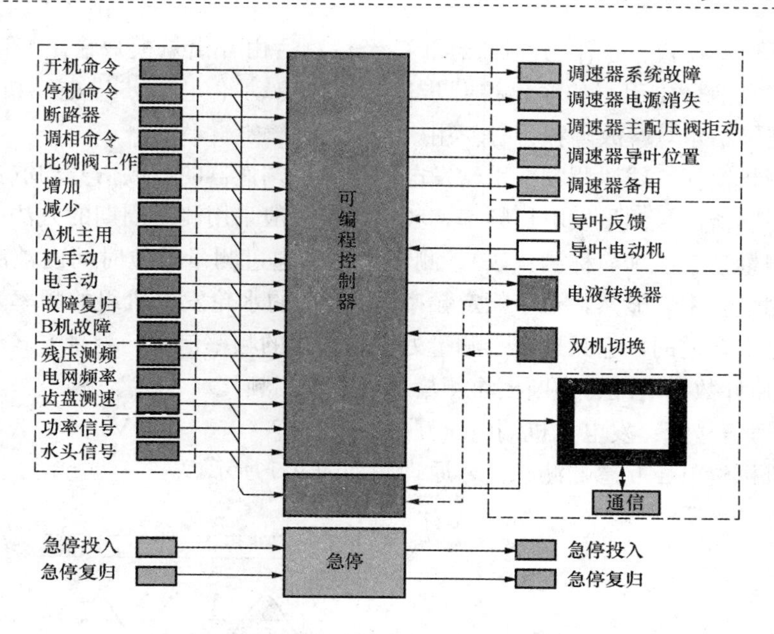

图 9-4　调速系统的电气控制部分

统事故时，保证机组安全停机。调速器具有远方控制和现地控制功能，并有 modbus plus 通信接口实现监控系统的通信和数字信号控制，输入接点能与发电厂计算机监控系统进行开关输入信号的控制。可编程控制器组成由 CPU 模板、模入量模板、开入量模板、开出量模板、测频模板等组成。

（1）CPU 模板。储存用户程序和数据；用扫描的方式接受现场输入设备的状态或数据，并存入输入状态表或数据寄存器中，诊断电源、PC 内部工作状态和编程过程中的语法错误，完成用户程序中规定的逻辑运算或算术运算等任务，根据运算结果，实现输出控制、制表打印、数据通信等功能。

（2）模入量模板。将水电站水头、机组实际功率、导叶接力器行程、步进电动机反馈等模拟电压（或电流）信号转换为数字量供基本单元 CPU 在运算中使用，如果是双重调节调速器，还有桨叶接力器行程信号，水头信号作为机组启动过程中确定空载开度和并网运行时确定限制电气开度的位置用，机组实际功率信号作为功率调节模式运行时的反馈信号，导叶接力器行程反馈信号作为数字液压伺服系统或供容错功能选用。

（3）开入量模板。开入量模板是作为调速器采集外回路设备状态信号，如断路器位置信号、开机令、停机令、调相令、有功增加、有功增减少、故障复归信号等，为 CPU 在运算中使用。

(4) 开出量模板。是作为调速器CPU经运算后由开出量模板输出控制调速器执行元件和发信号使用。如输出控制步进电动机启动/停止、步进电动机正转/反转、停机连锁指示灯、故障报警等使用。

(5) 测频模板。残压测频，水轮发电机组微机调速器的测频信号均取自发电机机端电压互感器信号测量发电机频率，频率测量一般采用测量周期的方法（简称测周法）或测量频率法（简称测频法）。测频法是指通过测量单位时间内被测信号的频率数来测量频率。显然，对于额定频率为50Hz的水轮发电机组的频率来说，用这种方法是不合适的，它只适合于测量处于高频段的频率信号。测量方式有：

1) 高速计数模块配合中断模块测量（可编程测频）。

2) 频率信号源：发电机机端电压互感器，交流（0.3～150V）。

发电机机端电压互感器测频信号原理图如图9-5所示。

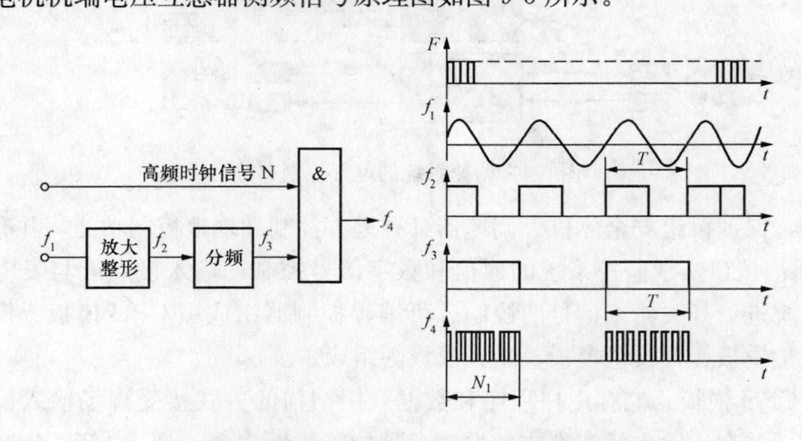

图9-5　发电机机端电压互感器测频信号原理图

3. 机械液压系统

机械部分主要有电转机构、机械手动操作机构、引导阀、主配压阀、紧急停机电磁阀等组成无明管、无杠杆、静态无油耗、切换无扰动、直连结构型的机械液压随动系统。BW（S）T系统如图9-6所示。

4. 无油单弹簧自复中电—位移转换器

电—位移转换器是调速器连接电气部分和机械液压部分的重要元件，其结构如图9-7所示。

它能把电动机的转矩和转角转换成为具有一定操作力的位移输出，并具有断电自动复中回零的功能。它的作用是把调速器电气部分输出的综合电气信号转换成具有一定操作力和位移量的机械位移信号，去驱动末级液压放大系统，对水轮发电机组进行调节。

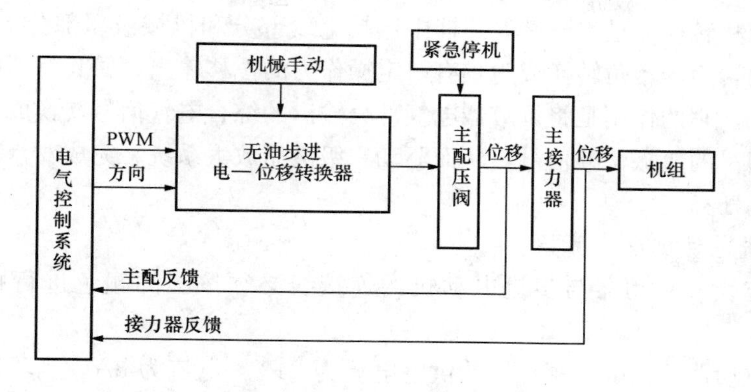

图 9-6　BW（S）T 可编程控制器型调速器系统

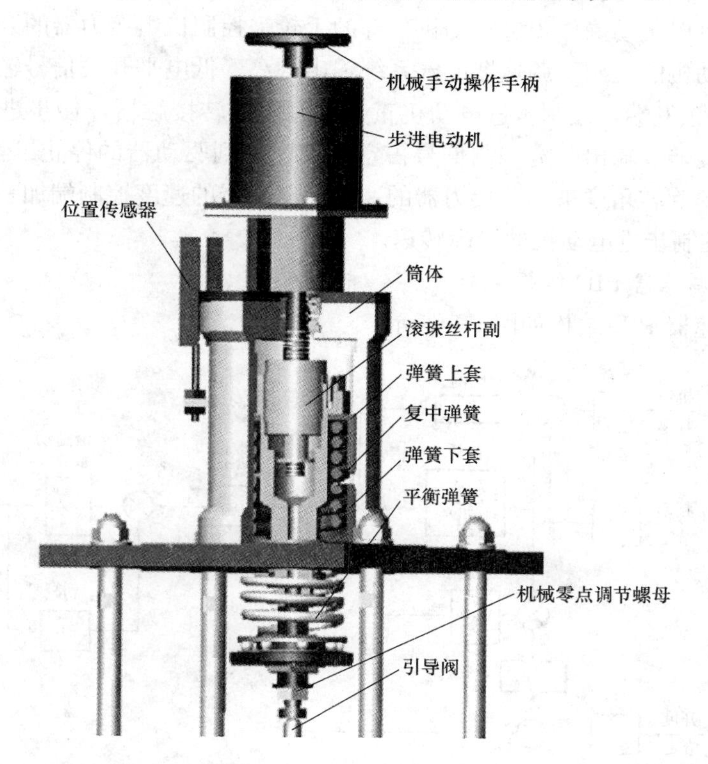

图 9-7　无油单弹簧自复中电—位移转换器结构

无油单弹簧自复中电—位移转换器包括筒体、步进电动机、滚珠丝杆副、弹簧上套、复中弹簧、弹簧下套、平衡弹簧构成。电—位移转换过程由纯机械传动完成，滚珠丝杆运动灵活、可靠、摩擦阻力小，能可逆运行。传动部分无液压件，无油耗。

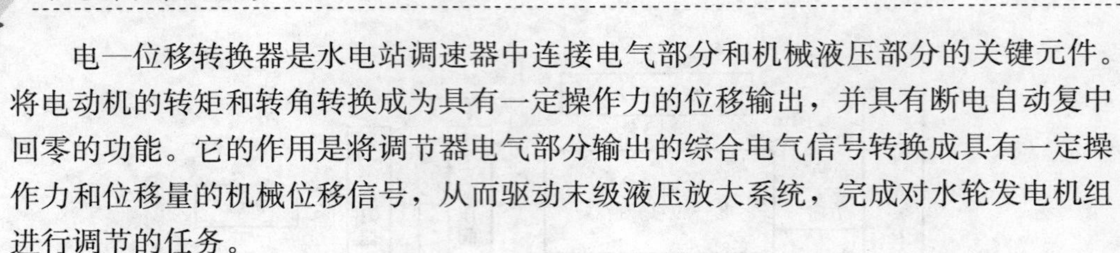

电—位移转换器是水电站调速器中连接电气部分和机械液压部分的关键元件。将电动机的转矩和转角转换成为具有一定操作力的位移输出，并具有断电自动复中回零的功能。它的作用是将调节器电气部分输出的综合电气信号转换成具有一定操作力和位移量的机械位移信号，从而驱动末级液压放大系统，完成对水轮发电机组进行调节的任务。

5. 步进电动机与驱动器

（1）连线。驱动器与步进电动机的连接线必须按图的颜色进行接线，不能接错。

（2）驱动器的供电。驱动器的供电电源为24V，电流为3A，当驱动器的供电电源消失后，步进电动机处于自由状态，复中弹簧张力作用于上、下弹簧套限位复中。这时，可以手动操作步进电动机顶部的手轮来控制机组接力器的开启、关闭。

（3）电动机的控制。调速器电气系统输出的高、低电平开关信号输送到驱动器的正转/反转触发端，控制步进电动机正、反方向旋转接触器，使步进电动机正方向或反方向旋转。输出脉宽调制信号占空比PWM到驱动器的停止/运行端，控制步进电动机的旋转角度来调节接力器的速度。驱动器的速度控制端加一恒定的电压2V～3.5V控制步进电动机的最高转速。

6. 微机调速器PID结构

微机调速器PID结构如图9-8所示。

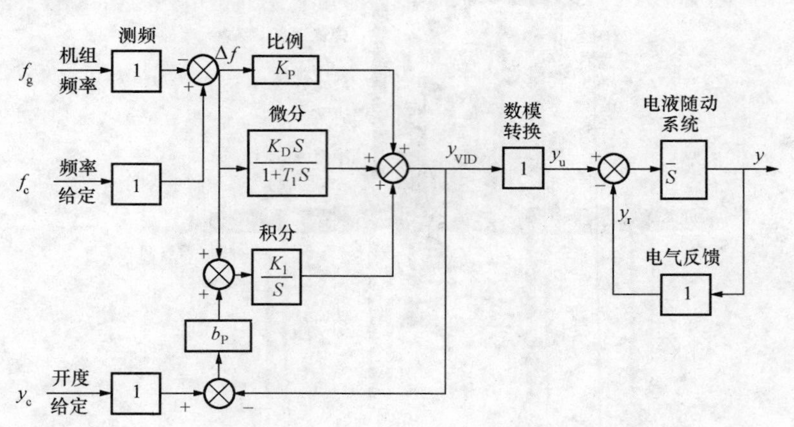

图9-8 微机调速器PID结构

7. MODBUS通信接口

一般有两个RS-232通信口，采用MODBUS通信协议进行通信，其中一个口可以用于计算机通信连接，MODBUS通信协议用于编程或数据传输，具有ASCⅡ

和 RTU 两种通信方式，最多 247 台设备可连到 MODBUS 通信网络，传输波特率最大为 19 200；另一个 Modbus 接口可连接液晶触摸屏，实时动态显示修改参数。

模块 1　微机调速器导叶接力器反馈传感器调整

一、操作说明

一般在无水条件下进行导叶反馈传感器的调整工作，以方便操作接力器开启或关闭进行导叶的零点和满度调整。在以下情况下应进行导叶反馈传感器的调整：

（1）运行中若发现停机后导叶有开度指示，配合调速器机械零点，对导叶反馈传感器进行调整。

（2）对导叶反馈传感器进行调整时，若反馈为电流输出，零点时测量反馈电流值应略大于 4mA，防止运行中出现导叶反馈断线故障。

（3）反馈传感器调整完毕，将接力器全关至全开操作几次，检查导叶零点和导叶全开值是否改变，若改变超过规定值，应重新调整，直到满足要求为止。

WDS 系列拉绳式电流导叶位移传感器其原理是把直线位移量转变为旋转电阻值。把一个高柔性的不锈钢丝绕在由一个长寿马达控制的轮毂上，轮毂与一高精度多圈电位器或编码器作轴向连接，从而实现非电量到电量的转换，供电电压为14～27V DC，功耗最大 30mA。电流输出、电压输出反馈元件的原理接线如图 9-9 所示。

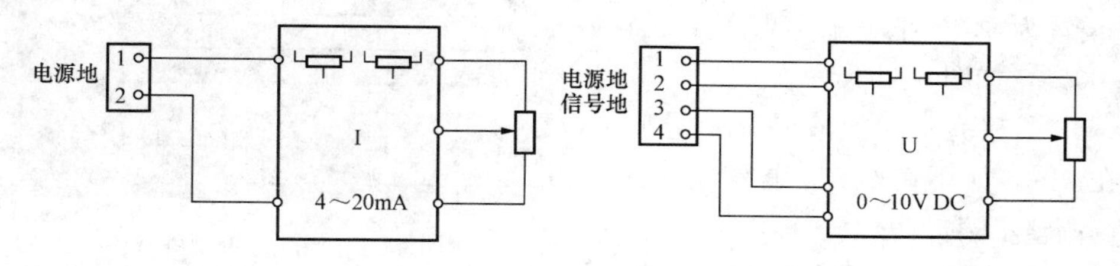

图 9-9　拉绳式导叶位移传感器原理接线图

拉绳式导叶反馈传感器有输出 4～20mA 电流和 0～10V 电压两种形式，一般安装在水轮机接力器上，反馈电阻固定在接力器伸缩轴上的固定处，反馈电阻拉绳挂钩挂在接力器伸缩轴上，随接力器的开关而变化。以拉绳式电流导叶位移传感器 WDS-750-P60-SR-I，输出电流为 4～20mA 和通用型导叶位置传感器为例进行调试说明。使用的技术资料有 BWT-150 调速器使用说明书、二次控制回路端子接线图、检修记录。WDS-750-P60-SR-I 型导叶位移传感器接线原理图如图 9-10 所示。

位移传感器

DC24V+　　4～20mA 电流输出

PLC 模拟量输入模块

图 9-10　导叶电流反馈原理图

二、操作步骤

(1) 测量零点的调整。

1) 在触摸屏上按“导叶反馈调整”按钮，输入密码，进入导叶零点满度整定画面如图 9-11 所示，该画面的主要功能是将显示和 A/D 转换值一一对应。可编程控制器实测值是指有 A/D 通道读入的值，其范围为 0～4000，其值不可在画面中修改。

2) 测量零点（导叶全关）:

a. 机手动将导叶接力器全关，将电流表串接在反馈回路中，在此状态下调整反馈传感器“零点输出”旋钮，测量导叶反馈传感器电流输出在 4.2～4.3mA 之间即可。

b. 测量零点（全关）：当导叶全关时，将可编程控制器的实测值 D 中的测量数值，在测量零点（全关）D_1 设置画面中设置。

c. 显示零点（全关）：当导叶全关时，导叶的实际值一般为 0%，其值可在画面中设置。

例如：导叶开至 20%时，可编程控制器实测值 $D=812$，此时把测量零点 D_1 设置为 812，把显示零点 Y1 设置为 20.00%，如图 9-11 所示。

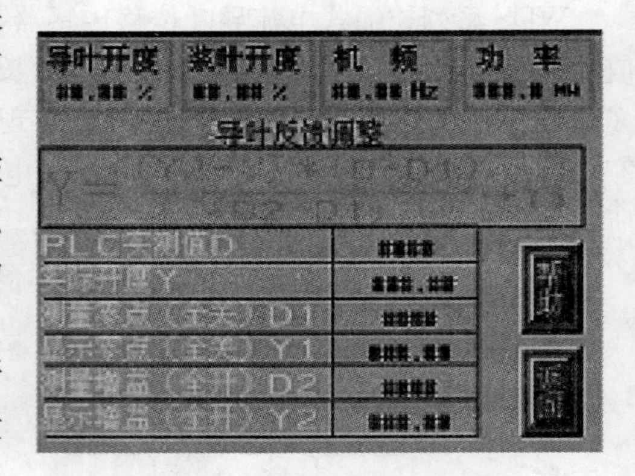

图 9-11　导叶零点满度整定

d. 调整完毕，使液晶显示导叶开度在 0%，如不在 0%应重复进行测量零点调整步骤。

3) 满度调整（导叶全开）:

a. 机手动将导叶接力器全开，导叶反馈传感器可输出较大电流值，接力器行程不同导叶反馈传感器输出电流值有所差别。

b. 将电流表串接在反馈回路中，调整满度电位器时，导叶全开时反馈电流值在 17mA 左右（接力器行程为 500mm）。

c. 测量增益（全开）：当导叶全开时，可编程控制器的实测值 D 中的测量数值，在测量增益（全开）D_2 设置画面中设置。

d. 显示增益（全开）：当导叶全开时，导叶的实际值，一般为 100%。其值可在画面中设置。

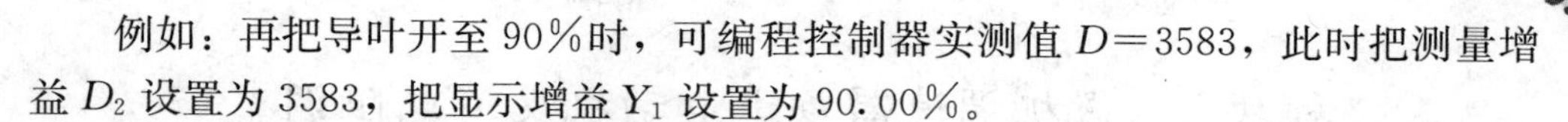

例如：再把导叶开至90%时，可编程控制器实测值 $D=3583$，此时把测量增益 D_2 设置为3583，把显示增益 Y_1 设置为90.00%。

e. 调整完毕，使液晶显示导叶开度在99.9%，如不在99.9%应重复进行满度调整步骤。

(2) 通用型导叶位置传感器调整。

通用型导叶位置传感器利用两个电位器组合把位移转化为电压信号，输入到AD转换模块转换为接力器的位置数据。原理如图9-12所示，电位器1为反馈增益调整，电位器2输出反映接力器位置，调整反馈零点。

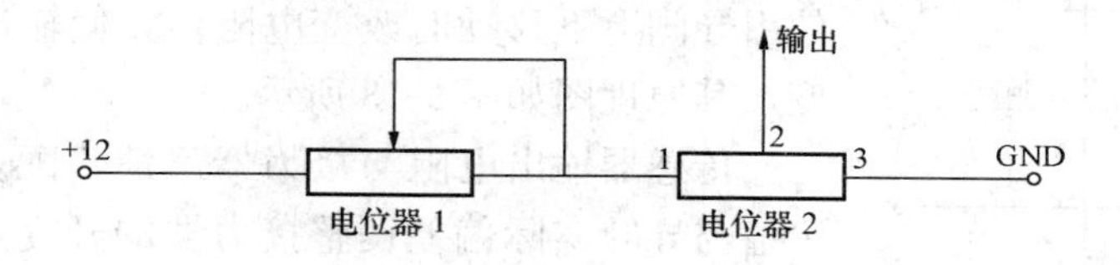

图9-12　导叶电压反馈原理图

1) 开、关接力器，确认反馈接线正确，即观察导叶反馈值变化是否与动作相符。若指示与运动方向相反，把电位器2的1、3两脚互换。

2) 机手动把接力器全关，松开电位器2与接力器的连接。调整反馈电位器2，使电位器2的2脚输出电压在0.08～0.15V，固定电位器2与接力器的连接，使电位器输出可以随接力器的开关相应变化。在触摸屏上导叶反馈调整画面设置测量零点（对应导叶全关时PLC实测值）和显示零点值（0.00%）。调整开度表面板螺栓，使指针指示0.00%位置。

3) 手动把接力器全开，调整电位器1使2脚输出为9.85～9.90V，在触摸屏上导叶反馈调整画面设置导叶测量增益（对应导叶全开时PLC实测值）和显示增益（99.99%或100%）。调整开度表后电位器，使指针指示在100%位置。

采用其他厂家生产的导叶位置传感器则参照说明书进行调整。

(3) 试验拆线，检查所拆动过的端子或部件是否恢复，清理现场。

(4) 整理试验数据（试验时间、天气、试验主要仪器及精度、试验数据、试验人）记录及分析。

(5) 出具导叶接力器反馈传感器调整试验报告。

三、操作注意事项

(1) 确认接力器、导叶无人作业。

(2) 导叶反馈传感器输出电流为直流，范围为4～20mA。

(3) PLC实测值的设置范围不能超出规定范围。

模块2 微机调速器步进电动机反馈电阻调整

一、操作说明

步进电动机反馈电阻固定在步进电动机上，滑动部分通过滑臂安装在调速器引导阀上，滑动触头随引导阀上下移动来改变传感器输出电阻，把位移量转换为电压信号输出，步进电动机反馈电阻输出4～10V电压。

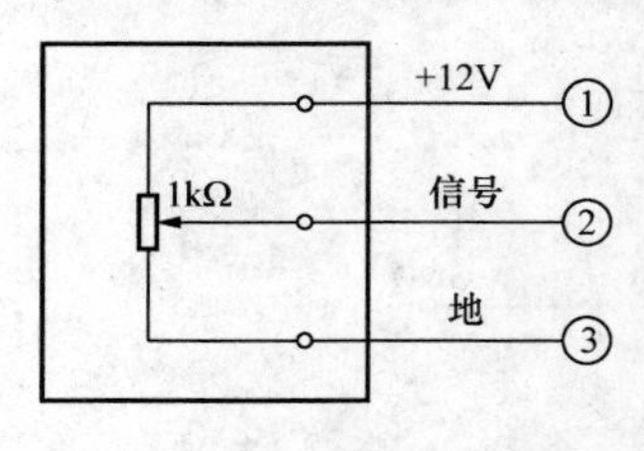

图9-13 步进电动机反馈电阻接线原理图

步进电动机反馈电阻阻值变化是由调速器开、关使引导阀上下移动时改变电阻值，使输出电压发生改变，其原理图如图9-13所示。

传感器输出电阻与接力器反馈相配合，按开度给定值与导叶实际偏差调整接力器的开度，使开度给定值与导叶实际开度相等。在以下情况应进行步进电动机反馈电阻的调整：

（1）机组小修若调速器反馈元件无松动，可不进行调整。

（2）当机组B级（或A级）检修时，反馈元件拆除回装后，应对反馈元件进行调整。

使用的技术资料有BWT-150调速器使用说明书、二次控制回路端子接线图、检修记录。

二、操作步骤

（1）设机械手/自动切换阀在自动位置，面板选择开关置于手动位置，使接力器稳定（在20%～80%之间任意位置）不变。

（2）调整反馈电阻滑动杆与引导阀的连接螺母，使反馈电阻输出为4.95～5.05V（反馈电阻滑动杆与引导阀的连接要牢固）。

（3）后来生产的调速器对电压数值无要求，只需调整反馈电阻的中间位置，其电压值为4.95～5.05V即可，原则是满足引导阀所有的行程在传感器的可用范围内，然后在触摸屏上的反馈设置画面中将电动机反馈的PLC实测值，在步进电动机反馈画面中设置即可。

（4）将引导阀带动反馈电阻滑动杆向下移动是调速器关方向时，反馈电阻输出电压值变大，如果变小将反馈电阻非中心头的两端导线互换。

（5）试验拆线，检查所拆动过的端子或部件是否恢复，清理现场。

（6）整理试验数据（试验时间、天气、试验主要仪器及精度、试验数据、试验

人）记录及分析。

（7）出具步进电动机反馈电阻调整报告。

三、操作注意事项

（1）反馈电阻滑动轴与引导阀的连接螺母紧固后，应使用油漆进行漆封。

（2）固定在辅助配压阀引导阀上的滑动杆与反馈电阻应垂直，滑动过程不应有卡滞现象。

模块3　微机调速器步进电动机驱动器的调整

一、操作说明

在稳态接力器不动时自动或电手动工况下，微调驱动器 low speed 及 grow time 电位器使得步进电动机上的操作手柄有明显的微微颤动，以克服机械响应的滞后和死区。

步进电动机型号有多种，一般采用 RM29B2D（RORZE 公司步进电动机），其接线原理图如图 9-14 所示。

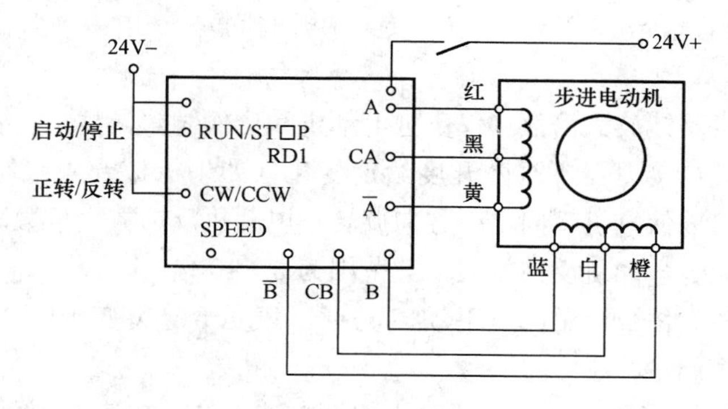

图 9-14　步进电动机接线原理图

使用的技术资料有 BWT-150 调速器使用说明书、二次控制回路端子接线图、检修记录。

二、操作步骤

（1）电动机驱动器调试（仅步进电动机）如图 9-15 所示。

1）调整开度表后电位器 W2 使驱动器 speed 对 Gnd 端电压为 3.3～3.5V。

2）调整驱动器 stop current 旋钮（停止电流）在 7。

3）调整驱动器 run current 旋钮（启动电流）在 7。

4）调整驱动器 low speed 旋钮（OV 对应的转速）在 4～5。

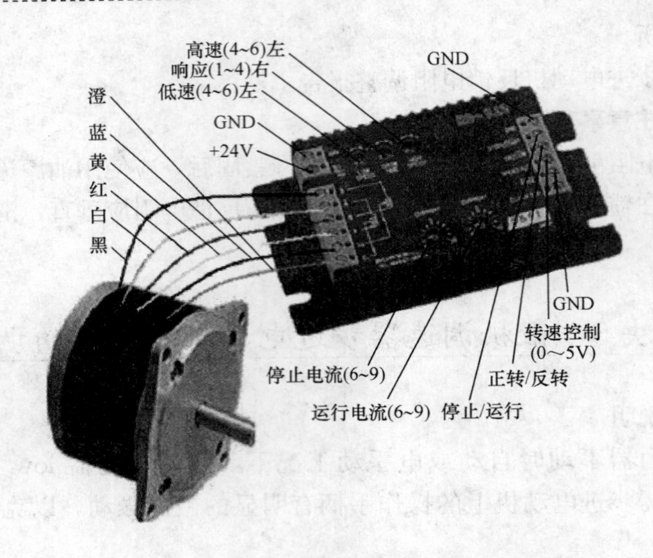

图 9-15　电动机驱动器

5）调整驱动器 high speed 旋钮（5V 对应的转速）在 7～8。

6）调整驱动器 grow time 旋钮（转速上升时间），在电手动时步进电动机轻微摆动。

(2) 电动机反馈放大倍数（仅步进电动机和比例阀）调整。电手动工况下，增加开度给定，模拟接力器不跟随开度给定变化（如果机械开限限制接力器行程），改变反馈放大倍数使电机不向单一方向旋转。电动机反馈放大倍数越大，系数放大倍数也相应增大。电动机反馈放大倍数范围为 3～10 倍。

(3) 系统放大倍数调整。电手动工况下，开度给定突变 10%，接力器响应开度给定变化的超调量较小。

系统放大倍数太大，静特性死区小但会有交叉点，空载时接力器反复频率较高，频率摆动大。系统放大倍数范围 3～25 倍。

(4) 调整两相步进电动机通电后的转动方向，只需将电动机与驱动器接线的 A＋和 A－（或者 B＋和 B－）对调即可。

(5) 检查混合式步进电动机驱动器的脱机信号 FREE，当脱机信号 FREE 为低电平时，驱动器输出到电动机的电流被切断，电动机转子处于自由状态（脱机状态）。在有些自动化设备中，如果在驱动器不断电的情况下要求直接转动电动机轴（手动方式），就可以将 FREE 信号置低，使电动机进行手动操作或调节。手动完成后，再将 FREE 信号置高，以继续自动控制。

(6) 试验拆线，检查所拆动过的端子或部件是否恢复，清理现场。

（7）整理试验数据（试验时间、天气、试验主要仪器及精度、试验数据、试验人）记录及分析。

（8）出具步进电动机驱动器的调整报告。

三、操作注意事项

（1）步进电动机驱动器的调整使用专用小螺钉旋具，禁止使用不合适的螺钉旋具进行调整，以防将调整螺栓拧脱扣。

（2）调整前后做好记录。

模块4　微机调速器故障冗错试验

一、操作说明

模拟开机试验，检验调速器故障报警是否正确，观察接力器故障前和故障复归后接力器行程的变化量。

使用的技术资料有BW（S）T-80/100/150/200可编程调速器说明书、二次控制回路端子接线图、检修记录。

二、操作步骤

（1）将调速器内部提供的5V工频信号电源并入机频和网频输入端子上，模拟机频和网频信号。

（2）调速器在自动位置，开度调节模式。

（3）用现地“增加/减少”开度操作把手将接力器开到任意开度。

（4）短接断路器合闸信号输入端子，模拟机组断路器合闸，调速器进入负载运行状态。

（5）分别断开机频信号、网频信号、接力器位移反馈信号模拟机频故障、网频故障和导叶反馈断线故障。观察故障报警是否正确，观察机频、网频故障和接力器故障前和故障复归后接力器行程的变化量。

（6）将调速器直流工作电源、交流工作电源拉开，模拟电源消失，接力器开度保持不变。

（7）负载工况，再投入电源，接力器开度不变。

（8）将步进电动机反馈电阻引线在调速器端子排上断开，模拟电动机反馈故障，检查故障前与复归后的接力器行程变化。

（9）试验拆线，检查所拆动过的端子或部件是否恢复，清理现场。

（10）整理试验数据（试验时间、天气、试验主要仪器及精度、试验数据、试验人）记录及分析。

(11) 出具故障冗错试验报告。

三、操作注意事项

(1) 短接机频和网频输入5V工频信号电源时，防止误接线或误碰强电回路。

(2) 恢复接线时，防止接线压线皮造成接触不良。

模块5　微机调速器模拟紧急停机试验

一、操作说明

模拟紧急停机操作，可以检验控制回路及调速器紧急停机部分工作的可靠性，在机组机械或电气保护引出动作后，保证机组迅速停机，防止机组事故扩大。

二、操作步骤

(1) 将调速器内部提供的5V工频信号电源并入机频和网频输入端子上，模拟机频和网频信号。

(2) 设调速器在自动位置，开度调节模式。

(3) 用现地“增加/减少”开度操作把手将接力器开到任意开度。

(4) 短接断路器合闸信号输入端子，模拟机组断路器合闸，调速器进入负载运行状态。

(5) 短接机组油压装置低油压事故压力开关信号，模拟机组机械事故信号动作输出紧急停机令，调速器关闭导叶。

(6) 机组停机后，在上位机或现地机旁盘及时复归事故按钮，进行事故信号复归。

(7) 试验拆线，检查所拆动过的端子或部件是否恢复，清理现场。

(8) 整理试验数据（试验时间、天气、试验主要仪器及精度、试验数据、试验人）记录及分析。

(9) 出具模拟紧急停机试验报告。

三、操作注意事项

(1) 短接机频和网频输入5V工频信号电源时，防止误接线或误碰强电。

(2) 恢复接线时，防止接线压线皮造成接触不良。

模块6　微机调速器各工况间的试验

一、操作说明

调速器交流、直流电源应能同时接入，交流、直流电源互为备用，其中之一故障时可自行切换并发出信号，电源转换时接力器开度变化值不应超过其全行程的2%。调速器应保证机组在各种工况和运行方式下稳定运行。

使用的技术资料有BW（S）T无油步进式水轮机调速器说明书、二次控制回路端子接线图、检修记录。

二、操作步骤

（1）断路器在合闸状态，在端子排上断开机频信号时，导叶开度应保持不变。

（2）开机过程，断路器未合时，在端子排上断开机频信号时，导叶开度应关到空载开度。

（3）调速器负载工况下，在端子排上断开输入测频信号时，机组应保持所带负荷，不影响机组正常停机和事故停机。

（4）拉开交流电源开关，导叶开度应保持不变。

（5）拉开直流电源开关，导叶开度应保持不变。

（6）在端子排上模拟电源消失时，开度保持不变。当电源恢复后，自动跟踪当前开度，无扰动地恢复到当前运行工况。

（7）断路器在合闸状态，中控室操作员站发调相令后调速器应进入调相运行工作工况。

（8）空载状态下模拟机频断线时，导叶保持最小空载开度，并有故障信号输出。

（9）负载状态下模拟机频有断线时，保持当前开度负荷不变化，并发出故障信号。故障恢复后可进行自动调节。

（10）在空载状态下模拟网频消失时，机频应跟踪频率给定。

（11）在负载状态下模拟网频消失时，应保持当前导叶开度，并报出故障信号。

（12）模拟导叶反馈断线时，应保持当前导叶开度，并报出故障信号。

（13）模拟步进电动机反馈断线时，应保持当前导叶开度，并报出故障信号。

（14）进行调速器自动—电手动、电手动—自动工况转换；导叶开度应保持不变。

（15）进行调速器自动—机手动、机手动—自动工况转换，导叶开度应保持不变。

（16）进行频率、功率、开度调节模式之间的切换，导叶开度应保持不变。

（17）试验拆线，检查所拆动过的端子或部件是否恢复，清理现场。

（18）整理试验数据（试验时间、天气、试验主要仪器及精度、试验数据、试验人）记录及分析。

（19）出具调速器各工况间的转换试验报告。

三、操作准备工作

（1）合交流、直流电源开关时，先投入交流电源开关，再投入直流电源开关；切交流、直流电源开关时，先切直流电源开关，再切交流电源开关。

（2）在模拟断路器合闸、切闸，开机令，机频断线，步进电动机反馈断线的操作时，注意信号电源与其他电源不要接触，特别注意严禁 5V 工频信号电源不得与 AC220V、DC220V（或 DC110V）回路串接，否则会损坏元器件。

（3）恢复接线时按照记录进行，接线完毕需经第二人检查。

（4）做好各项试验记录。

模块 7　微机调速器频率测量特性试验

一、操作说明

将标准频率信号发生器输出的频率信号加入到调速器的机频和网频信号输入端子，测量并绘制测频特性曲线，校核调速器 PLC 测量精度。调速器智能测频模块采用 Inter 公司 51 系列高档单片机 80C51 作为测频模块的核心器件，用高速计数方式对机频进行周期计数，机频信号分辨率可达到 0.001Hz 以上。使用的技术资料有 BW(S)T-80/100/150/200 可编程调速器说明书、二次控制回路端子接线图、检修记录。

二、操作步骤

（1）检查钢管无水。

（2）检查标准频率信号发生器完好。

（3）调速器网频输入信号线断开或将调速器置于不跟踪工况。

（4）调速器机频输入信号线断开，外加标准频率信号。

（5）用标准频率信号发生器外加机频信号，所加机频信号分辨率应达到 0.001Hz 以上；频给信号给定范围为 45～55Hz。

（6）记录调速器机频测量显示值对应输入机频给定频率值见表 9-1。

表 9-1　　频率给定与测量显示频率记录表　　Hz

频率给定	45.05	46.05	47.05	48.05	49.05	50.05	51.05	52.05	53.05	54.05	55.05
测量显示频率	45.05	46.05	47.05	48.05	49.05	50.05	51.05	52.05	53.05	54.05	55.05

（7）画出频率测量特性曲线，如图 9-16 所示。横坐标是频率给定值，纵坐标是调速器频率测量值。试验时，按照表 9-1 所列频率给定值逐个将外加频率信号输入到调速器机频信号，待调速器测频稳定后，记录调速器机频显示值并填入表 9-1

的测量显示频率值一栏中，根据频率给定值与对应测量显示值绘制特性曲线，如图 9-16 所示。

(8) 试验拆线，检查所拆动过的端子或部件是否恢复，清理现场。

(9) 整理试验数据（试验时间、天气、试验主要仪器及精度、试验数据、试验人）记录及分析。

(10) 出具晶闸管低压大电试验报告。

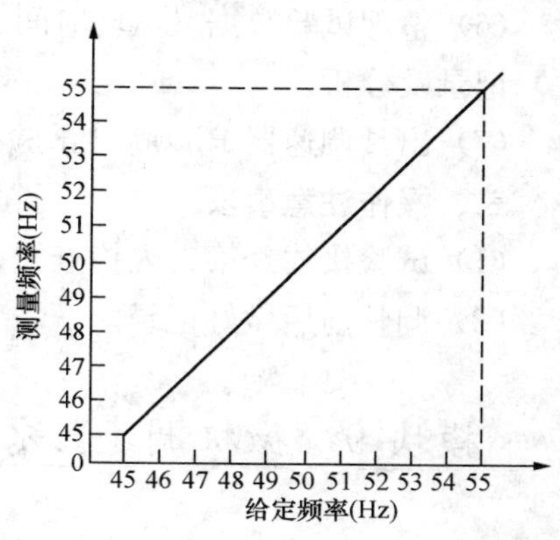

图 9-16 频率测量特性曲线

三、操作注意事项

(1) 标准频率信号发生器试验接线经第二人检查无误后，方可加电。

(2) 断开的机频、网频信号接线包好绝缘。

(3) 恢复接线时，防止接线压线皮造成接触不良。

(4) 做好接线记录。

模块 8 微机调速器 PID 特性试验

一、操作说明

模拟机组在负载状态，用 TG2000 水轮机调速器和机组同期测试系统测试仪和标准信号发生器，使频率给定阶跃变化至 f_G=52.00Hz。

使用的技术资料有 BW(S)T-80/100/150/200 可编程调速器说明书、二次控制回路端子接线图、检修记录。

二、操作步骤

(1) 将调速器内部提供的 5V 工频信号电源并入断路器合闸信号端子，模拟断路器合闸。

(2) 永态转差系数 b_p=1%～10%，开度调节模式减少开度给定至最小值（与水头信号有关），设调速器为频率调节模式，使永态转差系数 b_p=0、暂态转差系数 b_t、缓冲时间常数 T_d、加速度时间常数 T_n 为校验值，频率给定 f_G=50.00Hz。

(3) 使频率给定阶跃变化至 f_G=52.00Hz（即 Δ=4%），同时用 TG2000 水轮机调速器和机组同期测试系统测试。

(4) 记录调节器输出变化波形；将理论值与试验值进行比较是否相符。

(5) 试验拆线，检查所拆动过的端子或部件是否恢复，清理现场。

（6）整理试验数据（试验时间、天气、试验主要仪器及精度、试验数据、试验人）记录及分析。

（7）出具调速器 PID 特性试验报告。

三、操作注意事项

（1）试验接线经第二人检查无误后方可通电，信号线与电源禁止串电。

（2）调整前后做好记录。

模块 9　微机调速器永态转差系数 b_p（调差率 e_p）校验

一、操作说明

在无水情况下，改变输入频率信号，测量导叶接力器某两点输出值（或机组某两点功率输出值）及对应的输入频率信号值，计算各刻度下的实测永态转差系数（调差率）。

使用的技术资料有 BW(S)T-80/100/150/200 可编程调速器说明书、二次控制回路端子接线图、检修记录。

二、操作步骤

（1）设置增益为整定值，频率给定为额定值，暂态转差系数 b_t、缓冲时间常数 T_d 设置为最小值。

（2）K_P 为中间值、K_I 为最大值，K_D 置最小值。

（3）置永态转差系数 b_p（调差率 e_p）＝2％、6％。

（4）改变输入频率信号，选择 25％和 75％行程（或功率）位置附近作为实测点测量导叶接力器两点输出值（或机组某两点功率输出值）及对应的输入频率信号值。

（5）计算各刻度下的实际永态转差系数（调差率），与原始永态转差系数 b_p（调差率 e_p）比较。

（6）试验拆线，检查所拆动过的端子或部件是否恢复，清理现场。

（7）整理试验数据（试验时间、天气、试验主要仪器及精度、试验数据、试验人）记录及分析。

（8）出具永态转差系数 b_p（调差率 e_p）校验报告。

三、操作注意事项

（1）选择 25％和 75％行程（或功率）位置附近作为实测点。

（2）按时做好试验记录。

模块10　微机调速器模拟运行试验

一、操作说明

对开机、并网、调相、甩负荷、停机模拟试验可以检验调速器各工况之间能否正确转换，也可检验控制回路接线的正确性，为调速器实际开机运行提供保证。微机调速器工作状态转换如图9-17所示。

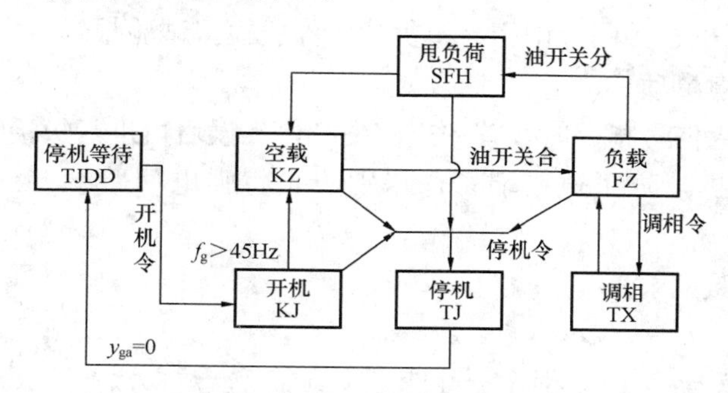

图9-17　微机调速器工作状态转换

使用的技术资料有BWT-150调速器使用说明书、二次控制回路端子接线图、检修记录。

二、操作步骤

(1) 调速器交、直流工作电源投入，“急停复归”灯亮。

(2) 将调速器设置为开度调节模式。

(3) 由频率信号发生器模拟机频，网频信号仍为实际网频。

(4) 在现地机旁盘操作“开机/停机”把手向调速器发出开机令，调速器进入空载运行状态。

(5) 将调速器内部提供的5V工频信号电源并入断路器合闸信号端子上，模拟断路器合闸，调速器进入负载运行状态。

(6) 将5V工频信号电源并入调相信号输入接线端子上，模拟发电机由发电运行工况转调相运行工况，调速器按两段关闭将接力器关回，先快速将接力器关到15%，然后慢速关到零。

(7) 处于调相循环状态，如调相令解除，则自动将电开限按水头值打开到某开度，开度给定回到空载位置。

(8) 调速器在负载运行状态，在现地机旁盘操作“增加/减少”开度把手关闭导叶，将导叶关闭5%以下。

(9) 将断路器合闸信号短接线断开，模拟断路器跳闸，调速器操作关导叶，调速器进入空载运行状态。

(10) 在现地机旁盘操作“开机/停机”把手向调速器发出停机令，控制回路操作调速器关闭导叶进行停机。

(11) 试验拆线，检查所拆动过的端子或部件是否恢复，清理现场。

(12) 整理试验数据（试验时间、天气、试验主要仪器及精度、试验数据、试验人）记录及分析。

(13) 出具开机、并网、调相、甩负荷、停机模拟试验报告。

三、操作注意事项

(1) 短接输入信号指令时，首先查阅图纸，无误后再进行短接线工作。

(2) 做好监护，防止短错端子，特别防止将强电回路端接到输入信号指令回路。

(3) 做好试验记录。

模块 11　微机调速器调节模式切换试验

一、操作说明

调节模式切换试验是检验调速器在非频率模式时，当机频超过 50Hz±设定值时，自动切换到频率模式进行自动调节，以维持系统频率在规定范围内。在功率模式下，若功率反馈信号故障后，调速器自动切换到开度调节模式进行调节等各项模式切换，通过各种模式的切换检验调速器工作的正确性，使调速器在调节模式切换后能正常工作。使用的技术资料有 BWT-150 调速器使用说明书、二次控制回路端子接线图、检修记录。调节模式间的转换关系如图 9-18 所示。

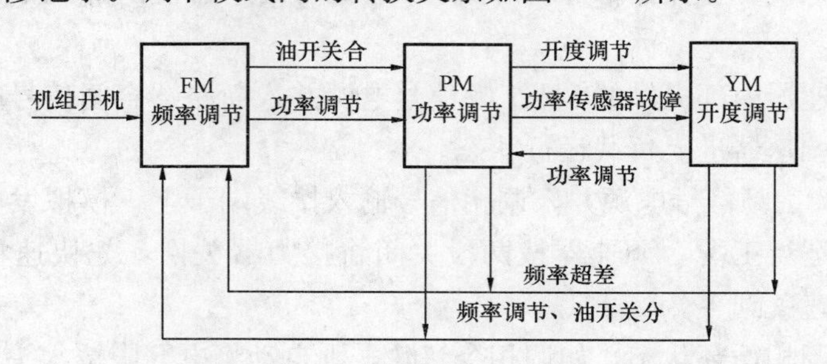

图 9-18　调节模式间的转换关系

二、操作步骤

(1) 设置调速器工作在负载状态。

（2）在非频率模式时，机频超过 50Hz±0.5Hz 或 50Hz±设定值时，自动切换到频率模式。

（3）在功率模式下，模拟功率故障，将功率信号断开，即把模拟输入功率信号的 4～20mA 电流中断，调速器自动切换到开度调节模式。

（4）在调速器面板进行功率调节模式转至开度调节模式，开度调节模式转至功率调节模式，检查开度变化情况。

（5）试验拆线，检查所拆动过的端子或部件是否恢复，清理现场。

（6）整理试验数据（试验时间、天气、试验主要仪器及精度、试验数据、试验人）记录及分析。

（7）出具调节模式切换试验报告。

三、操作注意事项

（1）调频操作时防止机组频率波动过大。

（2）模拟功率故障时，4～20mA 输入信号注意防止误接线。

（3）调速器 CPU 读取有功功率变送器信号，断开网线时间不宜过长，做完试验立即恢复。

（4）做好试验记录。

模块 12　微机调速器电源消失试验

一、操作说明

电源消失试验是检查调速器工作电源消失前、后对接力器行程变化幅度进行比较，当电源消失时，保持开度不变。当电源恢复后，自动跟踪当前开度，无扰动的恢复到当前运行工况。

使用的技术资料有 BW(S)T-80/100/150/200 可编程调速器说明书、二次控制回路端子接线图、检修记录。

二、操作步骤

（1）设置调速器工作在负载状态。

（2）先拉开调速器直流工作电源开关，再拉开交流工作电源开关，接力器保持不变。

（3）先投入调速器交流工作电源开关，再投入直流工作电源开关，接力器保持不变。

（4）试验拆线，检查所拆动过的端子或部件是否恢复，清理现场。

（5）整理试验数据（试验时间、天气、试验主要仪器及精度、试验数据、试验

人）记录及分析。

（6）出具调速器电源消失试验报告。

三、操作注意事项

（1）操作时，首先切除直流电源，然后再切除交流电源。

（2）恢复电源操作时，首先投入交流电源，然后再投入直流电源。

（3）注意观察调速器开度变化。

（4）做好试验记录。

模块13　微机调速器空载运行频率摆动值大故障处理

一、操作说明

空载运行频率摆动值有以下几种情况：

（1）机组手动空载频率摆动达0.5～1.0Hz，自动空载频率摆动为0.3～0.6Hz。

（2）机组手动空载频率摆动0.3～0.4Hz，自动空载频率摆动达0.3～0.6Hz，且调节PID调节参数暂态转差系数b_t、缓冲时间常数T_d、加速度时间常数T_n无明显效果。

（3）机组手动空载频率摆动0.2～0.3Hz，自动空载频率摆动小于0.3Hz，但未达到国家要求。

（4）机组手动空载频率摆动0.2～0.3Hz，自动空载频率摆动大于等于0.6Hz，调PID参数无明显改善。

（5）被控机组频率跟踪于待并电网，而电网频率摆动大导致机组频率摆动大。

使用的技术资料有BW(S)T-80/100/150/200可编程调速器说明书、二次控制回路端子接线图、检修记录。

二、操作步骤

（1）机组手动空载频率摆动大，进一步选择PID调节参数（暂态转差系数b_t、缓冲时间常数T_d、加速度时间常数T_n）和调整频率补偿系数，尽量减小机组自动空载频率摆动值，如果自动频率摆动还大于手动频率摆动值，则增大T_n。

（2）接力器反应时间常数T_y值过大或过小，调整电液（机械）随动系统放大系数，从而减小或加大接力器反应时间常数T_y。当调节过程中接力器出现频率较高的抽动和过调时，应减小系统放大系数；若接力器动作迟缓，则应增大系统放大系数。

（3）PID调节参数b_t、T_d、T_n整定不合适，合理选择PID调节参数，适当的

增大系统放大系数，特别注意它们之间的配合。

(4) 接力器至导水机构或导水机构的机械与电气反馈装置之间有过大的死区，处理机械与反馈机构的间隙减小死区。

(5) 被控机组并入的电网是小电网，电网频率摆动大，调整 PLC 微机调速器的 PID 调节参数：b_t、T_d 向减小的方向改变，T_n 向稍大的方向改变。

(6) 出具调速器故障处理报告。

三、操作注意事项

(1) 短接输入信号指令时，首先查阅图纸，无误后再进行短接线工作。

(2) 做好监护，防止短错端子，特别防止将强电回路端接到输入信号指令回路。

(3) 做好试验记录。

模块 14　微机调速器运行参数设置不合理故障处理

一、操作说明

运行参数、水头有关的问题有以下几种情况：

(1) 开机过程中，开机达不到空载开度，机组频率达不到额定频率 50Hz。

(2) 自动电气开度限制值设置不合理，导叶接力器增大不到合理的最大开度。

(3) 机组效率低，运行中振动偏大机组效率低，运行中振动偏大。

使用的技术资料有 BW(S)T-80/100/150/200 可编程调速器说明书、二次控制回路端子接线图、检修记录。

二、操作步骤

(1) 开机过程中，开机达不到空载开度，机组频率达不到额定频率 50Hz 故障处理方法：

1) 运行参数中的最小、最大空载开度设置不合理，从新设置运行参数中的最小、最大空载开度。

2) 当前水库水位过低，人工设定的水头值与实际水头不对应，需人为设定正确的参数和水头值。

(2) 电气开度限制值设置不合理，导叶接力器增大不到合理的最大开度故障的处理方法：

1) 运行参数中的最小、最大负载电气开限设置不合理，从新设置运行参数中的最小、最大负载电气开限。

2) 当前水库水位过低，人工设定的水头值与实际水头不对应，需人为设定正

确的参数和水头值。

（3）机组效率低，运行中振动偏大，调节调速器协联关系不正常故障的处理方法：人工设定的水头值不等于实际水头值，使差值得到的协联关系不正确，应人工设定正确水头值。

（4）出具调速器故障处理报告。

三、操作注意事项

（1）检查参数时专人监护，防止误修改参数。

（2）做好故障检查记录。

模块 15　微机调速器采集信号故障处理

一、操作说明

采集信号故障有以下几种情况：

（1）显示“测频故障”。

（2）显示“位置反馈故障”。

（3）显示“功率反馈故障”。

（4）调速器交流（直流）电源指示灯灭。

使用的技术资料有 BW(S)T-80/100/150/200 可编程调速器说明书、二次控制回路端子接线图、检修记录。

二、操作步骤

（1）环节故障或频率信号断线，检查测频环节的隔离变压器及频率信号的接线。

（2）接力器开度传感器断线，检查并修复导叶（轮叶）接力器开度传感器。

（3）功率变送器故障，检查机组功率变送器，必要时更换。

（4）直流电源消失，检查并恢复交流（直流）电源供电，必要时更换空气开关或者开关电源模块。

（5）出具调速器故障处理报告。

三、操作注意事项

（1）带电进行故障处理时，调速器切机手动运行，检查完毕恢复自动运行时，检查开度给定值和导叶实际开度相同，导叶平衡指示应在零位，才能进行由机手动到自动的转换操作。

（2）做好监护，防止误动带电设备。

（3）做好故障检查记录。

模块 16　微机调速器监视关键参数

一、操作说明

机组频率、控制输出与导叶接力器实际位置指示值、电转平衡指示、PID 调节参数：暂态转差系数 b_t、缓冲时间常数 T_d、加速度时间常数 T_n、永态转差系数 b_p、人工失灵区 E 等运行参数值、机组水头值等参数，这些参数的正常是保证调速器稳定运行的重要因素。机组频率不正常，将有大幅度波动，相应的测频故障号出现；控制输出与导叶接力器实际位置指示值如果偏差过大，说明机械零位偏移。通过监视关键参数发现问题，采取相应措施，进行相应的处理。

使用的技术资料有 BW(S)T-80/100/150/200 可编程调速器说明书、二次控制回路端子接线图、检修记录。

二、操作步骤

(1) 机组频率有不正常的大幅度波动，相应的测频故障号出现，如出现测频故障，检查测频环节及测频联络线电路并采取相应措施。如果网频长时间为 50.00Hz，则会出现测频故障后自动复归。

(2) 控制输出与导叶接力器实际位置指示值偏差过大说明机械零位偏移，在适当的时候（并网运行时或无水工况下）调整该零点。

(3) 调速器稳定时电转平衡指针偏离中间平衡位置。

1) 调速器稳定时，指针偏离中间平衡位置过大，说明（电转装置零位）主配位置传感器中位偏移，在适当的时候（并网运行时或无水工况下）调整该零点。

2) 电转衡指示偏向开启（关闭）方向、而导叶接力器不向开启（关闭）方向运动，这说明电转装置卡阻，应进行拆装检查处理。

(4) PID 调节参数 b_t、T_d、T_n 及 b_p、E 等运行参数值改变，修正 b_t、T_d、T_n 及 b_p、E 等运行参数值。

(5) 水头的设定值与实际值如有较大差别，自动水头工况时则检查水头变送器，手动水头工况时则手动修正水头的设定值。

三、操作注意事项

(1) 调速器稳定时电转平衡指针偏离中间平衡位置处理一般应在停机无水工况下进行，试验无误后方可投入运行。

(2) 带电进行故障处理时，调速器切机手动运行，检查完毕恢复自动运行时，检查开度给定值和导叶实际开度相同，导叶平衡指示应在零位，才能进行由机手动到自动的转换操作。

(3) 做好监护，导叶处应无人工作。

(4) 做好故障检查记录。

模块17 微机调速器空载达不到额定转速故障处理

一、操作说明

微机调速器在开机过程空载达不到额定转速，涉及开度限制未打开、机频故障，水头值设置不当等原因，应进行参数的检查，及时更改参数设置。

使用的技术资料有BW(S)T-80/100/150/200可编程调速器说明书、二次控制回路端子接线图、检修记录。

二、操作步骤

(1) 检查开限是否限制接力器行程，打开开限值。

(2) 检查开机过程中是否有机频故障信号发出，有机频故障信号，检查测频模块和开机机组残压电压。

(3) 若上述检查正常，则减小水位差输入。

(4) 检查电气开限是否限制控制输出。

(5) 检查水位差信号是否与实际一致。

(6) 若上述检查正常，把最小空载开度增大。

(7) 出具调速器故障处理报告。

三、操作注意事项

(1) 检查参数时专人监护，防止误修改参数。

(2) 做好故障检查记录。

模块18 微机调速器导叶反馈故障处理

一、操作说明

在运行过程中导叶反馈断线，调速器将进入开环调节状态，中控室不能对调速器进行操作，因此运行中将注意检查导叶反馈回路。

使用的技术资料有BW(S)T-80/100/150/200可编程调速器说明书、二次控制回路端子接线图、检修记录。

二、操作步骤

(1) 检查反馈传感器输入电源。

(2) 检查反馈传感器输出电压是否与接力器位置对应，若超过范围，调整反馈传感器；若反馈传感器输出电压为电源电压或无输出信号，更换反馈传感器。

(3) 检查 A/D 转换模块输入端电压是否超过范围，在范围内，则更换 A/D 模块。

(4) 出具调速器故障处理报告。

三、操作注意事项

(1) 检查参数时专人监护，防止误修改参数。

(2) 做好故障检查记录。

模块 19　微机调速器自行检出的故障处理

一、操作说明

微机调速器自行检出的故障有以下几种情况：

(1) 微机调速器显示“测频不正常”；

(2) 微机调速器显示“导叶不正常”。

使用的技术资料有 BW(S)T-80/100/150/200 可编程调速器说明书、二次控制回路端子接线图、检修记录。

二、操作步骤

(1) 测频环节故障或频率信号断线，检查测频环节及频率信号接线，故障恢复可进行自动调节。

(2) 导叶（桨叶）接力器变送器断线，检查并修复导叶（轮叶）接力器开度变送器。

(3) 出具调速器故障处理报告。

三、操作注意事项

(1) 当机频故障时调速器保持当前开度不变化，首先查阅图纸，检查时注意不要误动其他带电部位。

(2) 导叶（桨叶）接力器变送器断线报警后，调速器为开环调节状态，自动工况不能进行调节。

(3) 故障处理期间，调速器切机手动运行，检查完毕恢复自动运行时，检查开度给定值和导叶实际开度相同，导叶平衡指示应在零位，才能进行由机手动到自动的转换操作。

(4) 做好检查记录。

科　目　小　结

本科目面向水电厂自动装置现场维护和检修工作，按照培训目标，以自动装置维护和检修工作中的基本技能操作为主要培训内容，对调速系统的组成、设备的结构；调速系统设备运行操作；调速系统设备的维护和检修；调速系统自动化元件及调速器的调试；特性试验、模拟运行试验；调速器故障的分析和处理等专业技能操作项目进行了详细的阐述。

通过本科目的技能操作培训，使水电自动装置检修工能正确运用安全规程和维护检修规程，掌握自动装置维护检修工作中规范的维护检修工艺，标准的测量、检查步骤，正确的安装、调试方法。

练　习　题

1. 接力器采用两段关闭的作用是什么？

2. 什么是反馈、硬反馈、负反馈？

3. 简述微机调速器的液压系统的工作原理。

4. 什么是调速器的静态特性和永态转差系数？

5. 调速器电气控制系统应完成哪些静态模拟试验？

6. 水电站微机调速器一般有哪几种调节模式？

7. 试述暂态转差系数对调节系统动态特性的影响。

8. 试述缓冲时间常数对调节系统动态特性的影响。

9. 试述永态转差系数 b_p 对调节系统动态特性的影响。

10. 如何调整微机调速器导叶接力器反馈传感器、步进电动机反馈电阻及步进电动机驱动器？

11. 微机调速器各工况间的试验有何特点？

12. 如何校验微机调速器永态转差系数 b_p（调差率 e_p）？

13. 微机调速器空载运行频率摆动值大故障如何处理？

14. 微机调速器运行参数设置不合理如何故障处理？

15. 微机调速器采集信号故障如何处理？

16. 哪类微机调速器关键参数需要重点监视？

17. 微机调速器运行时检查哪些项目？

18. 微机调速器自行检出的故障如何处理？

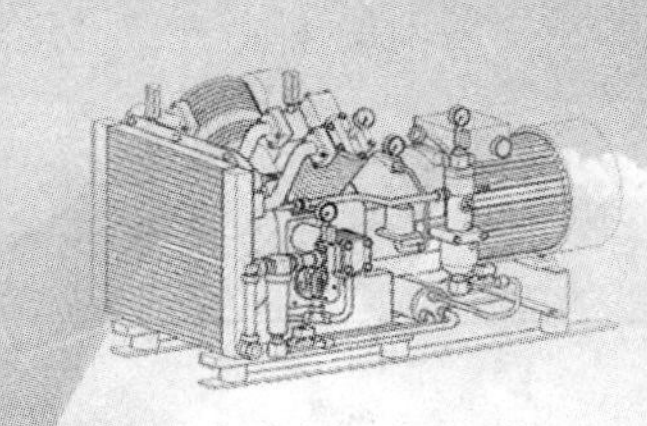

科目十

监控系统设备的维护、检修及故障处理

监控系统设备的维护、检修及故障处理培训规范

科目名称	监控系统设备的维护、检修及故障处理	类别	专业技能
培训方式	实践性/脱产培训	培训学时	实践性 128 学时/ 脱产培训 64 学时
培训目标	1. 掌握计算机监控系统的基本检修项目和要求 2. 掌握可编程控制器的编程、调试、检修和维护方法及标准 3. 掌握常用网络介质的测试方法及标准 4. 掌握网络连通性测试基本方法及标准 5. 掌握计算机系统的病毒防治以及工作站的检修方法及标准 6. 理解监控系统与其他系统的通信安全要求和隔离方法及标准 7. 掌握监控系统整体及其单一设备的运行、退出步骤		
培训内容	模块 1　可编程控制器原理和基本模板的识别 模块 2　可编程控制器编程 模块 3　可编程控制器检修和维护 模块 4　双绞线测试 模块 5　线缆查找和定位 模块 6　光纤熔接 模块 7　光纤测试 模块 8　网络连通性检查及常见故障处理 模块 9　病毒的清除与防护 模块 10　工作站检修 模块 11　监控系统与外部通信 模块 12　设备的投运和退运 模块 13　监控系统整体启动运行 模块 14　监控系统整体退出运行 模块 15　监控系统维护 模块 16　监控系统整体检修		

续表

场地、主要设施、设备和工器具、材料	1. 场地：水电厂中控室、计算机室、现地控制单元。 2. 主要设施和设备：布线系统、工作站、可编程控制器、不间断电源系统等。 3. 主要工器具：双绞线压线钳、双绞线剥线器、斜口钳、模块冲压工具、清洁工具包、数字万用表、验电笔、绝缘电阻表、波形失真仪、示波器、频率表、穿线器、接地电阻测量仪、视频故障定位器、尘埃粒子计数器、普通声级计、干扰场强测试仪、交直流高斯计、照度计、吸收管、采样器、比色管、分光光度计、计算器、温度计、湿度计等。 4. 主要材料：电缆、双绞线、RJ45 接头、保护套、各类接线模块、酒精、标签、尼龙扎带、抹布等。 5. 主要软件：操作系统安装盘、安全软件、检测程序、应用程序等。 6. 主要附件和配件：移动硬盘、U 盘、软盘驱动器、刻录光驱、空白光盘、空白磁带、阵列硬盘等。
安全事项、防护措施	1. 检修前交代作业内容、作业范围、危险点告知、安全措施和注意事项。 2. 戴安全帽、穿工作服（防静电服）、穿绝缘鞋，高空作业需佩戴安全带。 3. 加强监护，严格执行电业安全工作规程。 4. 对于需停电检修的设备，要认真进行验电检查，确保无电及安全措施完善后才能开始检修工作。 5. 检修前要对系统和数据进行安全、完整、正确的备份。 6. 遵守国家有关计算机信息安全和保密的有关规定。
考核方式	笔试：120 分钟 操作：120 分钟 完成维护和检修任务后，针对模块技能操作评分标准进行考核。

监控系统的结构组成及设备类型

一、计算机监控系统的主要构成部件

（1）网络架构。为了充分利用网络带宽，主干网络采用交换式以太网，上位机和现地单元距离较远时，建议采用光纤介质进行通信。

（2）服务器。网络管理一般采用双服务器（主域控制器和额外域控制器、集群）热备配置，数据库服务器也采用双套配置，在机器性能允许时可以将数据库配置到域控制器上。如果采用镜像数据库方案，为了实现故障自动切换，可能需要配置一台仲裁服务器，如果采用集群部署方式，则不需要额外的仲裁服务器。

（3）操作员工作站。为了监控的可靠性，操作员工作站一般冗余配置两台或两台以上，机组的工况转换、负荷调整、设备的倒闸操作、运行状态，每件事都在操作员工作站上进行。

（4）通信服务器（或通信终端）。通信服务器（或通信终端）用来实现厂站端计算机监控系统和上级调度自动化系统的远动或远程通信。

（5）其他工作站。计算机监控系统同时还设有其他工作站，这些工作站承担着诸如报表查询、经济运行、语音报警、数据采集等任务。这些任务根据需要可分别单独部署，也可将几种任务分类合并部署。例如，网络管理和反病毒任务可部署在一台计算机上，而报表和查询任务可部署在一台计算机上。

（6）现地单元。现地单元是完成机组和设备生产过程控制的主要执行机构，现地单元的核心是可编程控制器，其控制的对象主要有水轮发电机组、开关站、全厂公用系统等。

（7）网络设备。主要包括传输介质、路由器、交换机、集线器、中继器、网桥、网关、中继器、转换器等。

（8）电源系统。应该采用不间断电源系统，电源系统主要由交流配电屏和不间断电源系统构成。

（9）容灾备份设备。对系统文件和数据进行备份并保存在永久介质上，用于系统故障后的状态恢复。

（10）辅助设备。包括外部设备（如打印机、传真机、扫描仪）、网络检测设备、环境设备等。

（11）网络通信安全装置。为防范黑客及恶意代码等对电力二次系统的攻击侵害及由此引发电力系统事故，计算机监控系统、电力通信及数据网络等与其他系统间的通信要经过安全装置进行横向隔离，隔离装置一般采用防火墙、路由器、电力专用横向单向安全隔离装置等，这种为保护电力二次系统安全而建立的安全防护体系，叫做电力二次系统防护。

(12) 软件系统。按照用途分为以下几类：

1) 系统程序。主要指操作系统，如 Microsoft Windows 系列、UNIX、LINUX 等。

2) 一般应用程序。如提供数据服务、执行监控、实现报表查询、经济运行任务的程序。

3) 数据库系统。主要有关系数据库和工厂实时历史数据库两种，关系数据库如 Microsoft SQL Server、Oracle、Sybase，工厂实时历史数据库系统如 Wonderware ActiveFactory InSQL Server、GE Intellution iHistorian 等。

4) 开发和编程工具。一是用于应用程序开发和调试的高级语言如 C/C^{++}、Microsoft VC/VB/C♯、Borland Delphi 等；二是专用于图形界面开发的 HMI/SCADA 软件，如 Wonderware InTouch、GE Intellution iFIX、Siemens SIMATIC WinCC 等；三是用于可编程控制器逻辑控制的编程软件，如 GEVersaPro、Siemens Step7、Schneider Unity Pro 等。

5) 安全和防护软件。指反病毒软件、防火墙程序，如瑞星、金山等。

6) 网络管理程序，如支持 SNMP 协议的网络管理程序 HP Open View NNM、SiteView NMM 等。

二、监控系统的设备类型

计算机监控系统的组网拓扑结构可采用总线型网络、星型网络或环型网络。

总线型网络的代表是以太网（Ethernet，物理层规范为 IEEE802.3），它通过同轴电缆、T 形插头、终端匹配器、网络接口卡、连接器、中继器等将计算机连接到一起，对总线的控制为载波监听多路访问/冲突检测方式（CSMA/CD），通信速率从 10、100Mbit/s 一直到 1000Mbit/s，是最流行的局域网络，但因为总线网络上一台设备的故障可能造成整个网络的瘫痪，所以目前水电厂一般采用星型网络，原来采用总线型网络的也已逐渐改造成星型网络。

星型网络的特点是：如果网络上一台计算机出现故障，则只有这台计算机不能发送和接收数据，网络的其余部分工作正常，其他计算机继续通过集线器或交换机通信。这种结构便于查错，如果网络不通，或者计算机出现故障，从集线器或交换机可以直接看出来。在集线器或交换机上有很多端口，每个端口都有指示灯，从指示灯的状态就可以看出问题出在什么地方。但是，由于每台计算机均连接在集线器或交换机上，如果集线器或交换机出现故障，则整个网络将瘫痪，另外，这种网络结构中也产生噪声。从 10BASE－T 以太网开始，总线型以太网发展成网络设备通过双绞线连接到集线器（HUB）上、共享集线器带宽的星型以太网络，星型以太网络的最新发展是交换式以太网，星型网络还有采用异步传输模式（ATM）交换机组成的网络，但ATM协议不支持广播功能。水电厂基本都采用非交换式或交换式以太网，本书涉及的网络也主要是这一类网络。

环型网络的代表主要是令牌环网，这是理论通信速率最快的网络，早期的环型拓扑结构一点断开，整个网络也就断开，其存在的问题和总线型网络类似，新型的环网为解决这一问题，已经采用专门的设备和FDDI双环结构来提高可靠性。

有的水电厂为了与原有网络设备兼容，可能会混合采用几种网络结构，还有的采用上述3种以外的网络，例如令牌总线网络（物理层规范为IEEE802.4），Modicon公司984系列。

模块1　可编程控制器原理和基本模板的识别

一、操作说明

现地单元也就是现地控制单元（LCU），主要包括可编程控制器、现地工作站和不间断电源系统，其中不间断电源系统为可编程控制器和现地工作站提供后备电源保护，以小容量后备式不间断电源系统居多。

现地工作站和可编程控制器之间一般实现本地对等通信或主从通信，现地工作站以图形化方式显示可编程控制器的控制过程，并能通过可编程控制器控制机组或设备的运行工况。现地工作站一般采用触摸屏工业计算机，在功能上仅实现了上位机中对应本机组或设备的软件系统，可以看作上位机的子集，检修方法和操作员站类似。不间断电源系统和现地工作站的检修可分别参考不间断电源系统和工作站检修的相关内容，现地工作站和可编程控制器的联合调试可参照上位机调试模块。

可编程控制器是现地单元最重要的组成部分，下面对可编程控制器原理及其典型模板进行详细讲解。

1. 可编程控制器的构成

国际电工委员会（IEC）对可编程控制器的定义是：可编程控制器是一种数字运算操作的电子系统，专为在工业环境下应用而设计。它采用可编程序的存储器，用来在其内部存储执行逻辑运算、顺序控制、定时、计数和算术运算等操作的指令，并通过数字的、模拟的输入和输出，控制各种类型的机械或生产过程。可编程控制器具有通用性强、使用方便、适应面广、可靠性高、抗干扰能力强、编程简单等特点。

可编程控制器的基本构成有中央处理单元（CPU）、存储器、输入/输出（I/O）部件、电源部件四部分如图10-1所示。

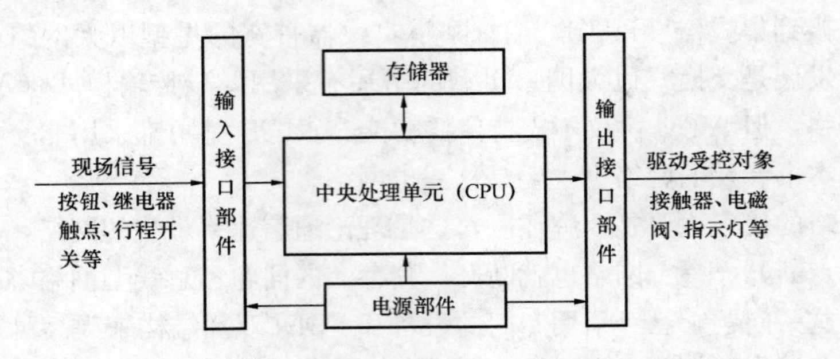

图 10-1　可编程控制器的基本构成

可编程控制器按 I/O 点数分类，可分为：微型可编程控制器，32I/O 点；小型可编程控制器，256I/O 点；中型可编程控制器，1024I/O 点；大型可编程控制器，4096I/O 点；巨型可编程控制器，8195I/O 点。

可编程控制器从结构上分，有固定式和模板式两种。固定式可编程控制器包括 CPU 板、I/O 板、显示面板、内存块、电源等，这些元素组合成一个不可拆卸的整体。模板式可编程控制器包括 CPU 模板、I/O 模板、电源模板、网络（通信）模板、底板或机架，这些模板可以按照一定规则组合配置，另外，可编程控制器还需要使用编程器将用户程序下载到可编程控制器的存储器中，下面以模板式可编程控制器为例对可编程控制器各部分进行说明。

(1) CPU 模板。CPU 模板主要包括中央处理单元（CPU）和存储器。

1）中央处理单元（CPU）。CPU 由运算器、控制器、寄存器及实现它们之间联系的数据、控制及状态总线构成，CPU 单元还包括外围芯片、总线接口及其他接口电路。CPU 是可编程控制器的核心，其功能为：

a. 用扫描方式接收现场输入装置的状态或数据，并存入输入映象寄存器或数据寄存器。

b. 接收并存储从编程器输入的用户程序和数据。

c. 诊断电源和可编程控制器内部电路的工作状态及编程过程中的语法错误。

d. 在可编程控制器进入运行状态后，要执行用户程序，进行数据处理，最后更新输出状态。

2）存储器。存储器用于存储程序及数据，是可编程控制器不可缺少的组成单元，存储器被划分成两部分：

a. 系统程序存储器，一般采用只读存储器（ROM、EPROM），用来存放系统程序和系统数据，用户对其内容无法进行改变。

b. 用户程序存储器，采用随机存储器（RAM），用来存放用户程序和用户数

据，用户对其内容可根据需要进行改变。

CPU 运算速度和存储器容量决定着可编程控制器的工作速度、限制着可编程控制器的控制规模（即 I/O 点数）。

（2）I/O 模板。PLC 与电气回路的接口，是通过输入输出（I/O）接口电路完成的。I/O 模板集成了 PLC 的 I/O 接口电路，其输入寄存器反映输入信号状态，输出寄存器反映输出锁存器状态。输入模板将电信号变换成数字信号进入 PLC 系统，输出模板相反。I/O 模板分为开关量输入（DI）、开关量输出（DO）、模拟量输入（AI）、模拟量输出（AO）等模板。

开关量是指只有开和关（或 1 和 0）两种状态的信号，模拟量是指连续变化的量。常用的 I/O 分类如下：

1）开关量：按电压水平分，有 220V AC/V DC、110V AC/V DC、24V DC；按隔离方式分，输入模板一般采用光电隔离，输出模板则有继电器隔离、晶体管隔离、晶闸管隔离等。按通道点数分，有 16 点、32 点输入模板，有 8 点、16 点输出模板。

2）模拟量：按信号类型分，有电流型（4～20mA，0～20mA）、电压型（0～10V，0～5V，－10～10V），按精度分，有 12 位、16 位等。

除了上述通用 I/O 模板外，还有特殊 I/O 模板，如热电阻、热电偶、脉冲模板等。I/O 模板可与 CPU 放在一起，也可通过远程 I/O 接口和介质远程放置。通常，I/O 模板上还具有状态显示和 I/O 接线端子排。

（3）电源模板。电源模板输出直流稳压电源，一方面供内部电路使用，另一方面还可以提供稳压电源，为现场的开关信号、传感器供电。

（4）网络模板。为实现远程监控，可编程控制器必须具有网络通信能力，目前可编程控制器的网络模板能够支持多种网络通信协议，如以太网、令牌网等。

（5）底板或机架。模板式可编程控制器底板或机架的作用是：在电气上实现各模板间的联系，使 CPU 能访问底板上的所有模板；机械上实现各模板间的连接，使各模板构成一个整体。

（6）编程器。编程器是可编程控制器开发、调试、维护不可缺少的关键设备，用于编程、对系统作一些设定、监控可编程控制器及可编程控制器所控制的系统的工作状况，但它不直接参与现场控制运行。编程器分为简单型和智能型两种，简单型编程器功能较为单一，一般是小型手持式编程器，只能用指令清单在线编程。智能型编程器则用计算机安装相关的软件实现编程，既可在线（Online）编程，也可离线（Offline）编程，可以采用指令（IL）、梯形图（LD）、功能块（FBD）等多种指令系统编程。

2. 可编程控制器的工作原理

可编程控制器采用循环扫描方式执行程序，执行程序的过程分为三个阶段，即输入采样阶段、程序执行阶段、输出刷新阶段。

（1）输入采样阶段。可编程控制器以扫描工作方式按顺序对所有输入端的输入状态进行采样，并存到输入映像寄存器中，此时输入映像寄存器被刷新。接着进入程序处理阶段，在程序执行阶段或其他阶段，即使输入状态发生变化，输入映像寄存器的内容也不会改变，输入状态的变化只有在下一个扫描周期的输入采样阶段才能被采样到。

（2）程序执行阶段。可编程控制器按顺序扫描和执行程序。对于梯形图逻辑，总是按照先上后下、从左到右的顺序进行扫描。当遇到程序跳转指令时，则根据跳转条件是否满足来决定程序是否跳转。当指令中涉及输入、输出状态时，可编程控制器从输入映像寄存器和输出映像寄存器中读出，根据用户程序进行运算，运算的结果再存入输出映像寄存器中。对于元件映像寄存器来说，其内容会随程序执行的过程而变化。

（3）输出刷新阶段。当所有程序执行完毕后，进入输出处理阶段。在这一阶段里，可编程控制器将输出映像寄存器中与输出有关的状态转存到输出锁存储器中，然后通过驱动电路控制外部设备。

3. 主要的可编程控制器生产厂家及型号

（1）施耐德公司，如 Quantum、Premium、Momentum 等产品。

（2）罗克韦尔公司（包括 AB 公司），如 SLC、Micro Logix、Control Logix 等产品。

（3）西门子公司的产品，如 SIMATIC S7-400/300/200 系列产品。

（4）GE 公司的产品，如 GE 90/30 系列。

（5）日本欧姆龙、三菱、富士、松下等公司产品，如 OMRON C200H。

二、操作步骤

下面是关于施耐德公司 QUANTUM TSX PLC 和西门子公司 SIMATIC S7-300 可编程控制器模板型号的例子。

1. QUANTUM TSX PLC

（1）CPU 模板：140CPU43412A、140CPU53414A、140CPU65160。

（2）I/O 模板：开入 140 DDI15310、140DDI35300，开出 140DRA84000、140DRC83000，模入 140ACI03000、140AVI03000，模出 140AVO02000、140ACO02000。

（3）网络模板：以太网 140NOE77110 模板、ProfibusDP 140CRP81100 通信模板。

（4）远程 I/O（RIO）模板：RIO 主站模板 140CRP93200、RIO 分站模板 140CRA93200。

（5）电源模板（CPS）：140CPS12400、140CPS21100。

（6）底板和底板扩展模板：140 XBP10000、140XBE10000。

一个典型的 QUANTUM TSX 可编程控制器系统典型配置如图 10-2 所示。

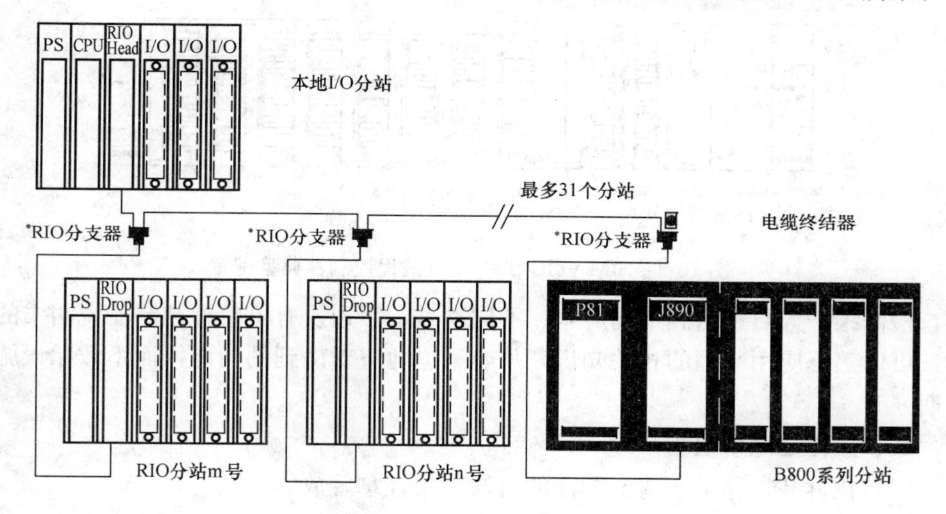

图 10-2　QUANTUM TSX 可编程控制器系统典型配置

2. SIMATIC S7-300 可编程控制器

（1）CPU 模板：CPU 313C、CPU 314。

（2）I/O 模板：开入 SM 321DI32×DC24V、SM321DI32×AC120V，开出 SM322DO32×DC24V/0.5A、SM322DO32×AC120/230V/1A，模入 SM331AI8×16、SM331AI8×14，模出 SM332AO4×12、SM332AO8×12。

（3）接口模板 IM360（0 号机架使用）、M360（1～3 号机架使用）。

（4）电源模板（CPS）：PS305 2A、PS307 2A。

（5）S7-300 模板机架（即导轨）。

一个典型的 SIMATIC S7-300 可编程控制器系统配置如图 10-3 所示。

为了正确识别可编程控制器模板，要熟悉常用的中英文专业术语、英文缩写和符号，至少掌握 1 种主要可编程控制器厂商的产品。在接触到模板时，模板上面一般都有明显的标志或者简要说明，有的模板还印刷有接线原理图，这些能让检修维护人员对该模板有一个大致的轮廓，然后详细阅读模板的说明书，了解模板工作原理、机械性能和电气性能。

可编程控制器模板的识别是一项非常重要的基本技能，具有较强的识别能力

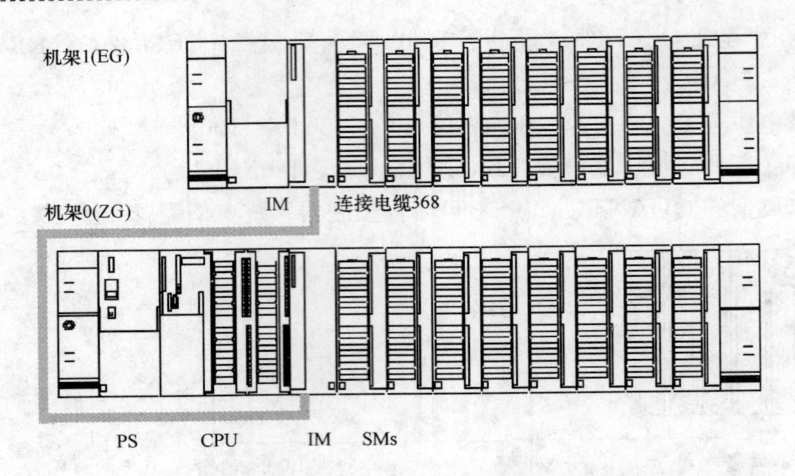

图 10-3　SIMATIC S7-300 可编程控制器典型配置

后，检修维护人员在遇到不同厂家、不同型号，手边没有可编程控制器说明书的时候，可以熟练应用掌握的相关知识，从容不迫地应对碰到的问题，而不致贻误施工工期。

三、操作注意事项

（1）在拆装、移动、清洁配件的时候，要轻拿轻放。

（2）尽可能详细阅读可编程控制器模板说明书，熟悉模板的机械和电气特性。

模块 2　可编程控制器编程

一、操作说明

为了完成既定控制策略，用户需要把自己的控制思路赋予可编程控制器，这就需要对可编程控制器进行编程。由于各厂家可编程控制器的指令系统和编程方法不同，给用户使用带来很大不便，为此 IEC 制订了基于 Windows 的编程语言标准 IEC 61131-3，符合这个标准的编程语言的编程步骤基本相同。该标准规定了指令语言（IL)、梯形图（LD)、顺序功能控制（SFC)、功能块图（FBD)、结构化文本（ST）五种编程语言，其中指令语言和结构化文本是文本化编程语言，梯形图和功能块图是图形编程语言，功能块图在这两类编程语言中均可使用。

现场用户最常用的编程语言是梯形图，因为它直观易懂。梯形图是通过连线把可编程控制器的梯形图指令符号连接在一起的连通图，用以表达所使用可编程控制器指令的执行顺序，它与电气原理图非常相似。为使用户能完成类似继电器线路的控制系统梯形图，可编程控制器厂家都会编制一套控制算法功能块，称为指令系统，固化在存储器ROM中，用户在编制应用程序时可以调用。指令系统大致可以分为两类，即基本指令和扩展指令。通常，可编程控制器的指令系统包括内部继电器指令、逻辑运算指令、算术运算指令、定时器/计数器指令、寄存器指令、移位指令、传送指令、比较指令、转换指令等，为编程带来极大方便。

二、操作步骤

STEP7 V5.2是Siemens为其S7-300/400系列可编程控制器开发的编程工具，符合IEC61131-3标准，是现阶段Windows系统编程软件的代表。STEP7V5.2能够使用多种语言进行编程，这里只介绍最常用的梯形图编程。

（1）创建一个项目结构。项目就像一个文件夹，所有数据都以分层的结构存在于其中。在创建一个项目之后，所有其他任务都在这个项目下执行。

方法：启动STEP7软件，使用菜单命令File>New，生成一个新的项目。

（2）组态一个站。组态一个站就是指定你要使用的可编程控制器，例如S7-300、S7-400等。

方法：使用菜单命令Insert>Station，插入一个站点，然后在SIMATIC 300站、SIMATIC 400站中作选择。

选择“SIMATIC 300站”，插入S7程序，如图10-4所示是SIMATIC 300站S7程序示例。

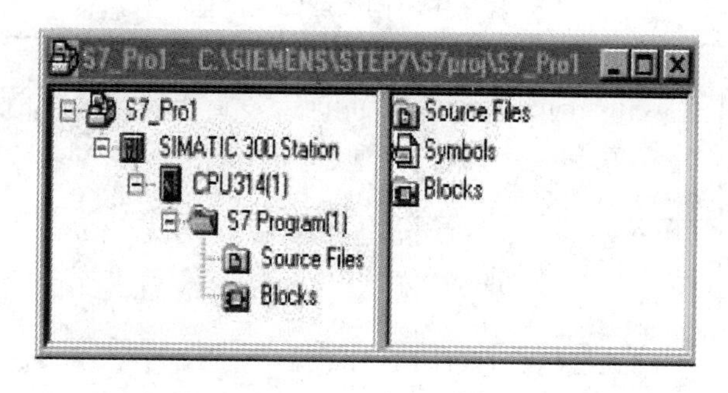

图10-4　SIMATIC 300站S7程序示例

（3）组态硬件。组态硬件就是在组态表中指定控制方案所要使用的模板以及在用户程序中以什么样的地址来访问这些模板，地址一般不用修改由程序自动生成。模板的特性也可以用参数进行赋值。使用这个功能，可以为自动化项目的硬件进行组态和参数赋值。

1）组态机架和模板。从电子目录中选择一个机架，并在机架中将选中的模板安排在所需要的槽上。

2）给模板赋值。在向模板作参数赋值过程中，所有参数用对话框来设置。通过只在对话框中提供有效的选项，系统可以防止不正确的输入。

（4）组态网络和通信连接。通信的基础是预先组态网络，也就是要创建一个满足控制方案的子网，设置网络特性、设置网络连接特性以及任何联网的站所需要的连接。

1）选择通信的站。给通信站点在表中输入数据源和数据目标，将自动生成要下载的所有块，并且自动完整地下载到所有的CPU中。

2）设置通信连接。从集成的块库中选择通信或功能块，为所选的通信或功能块赋值。

（5）定义符号。在符号表中定义局部或共享符号，用更具描述性的符号名替代绝对地址，使程序具有更好的可读性绝对地址。一个绝对地址由一个地址标识符和一个存储地址组成（如Q4.0、I1.1、M2.0、FB21）。例如，可以将符号名MOTOR_ON赋给地址Q4.0，然后在程序指令中就可以使用MOTOR_ON寻址。在项目窗口中双击符号表，可打开符号表并进行编辑。

（6）创建程序。用梯形图编程语言创建一个与模板相连接或与模板无关的程序并存储。STEP 7编程软件支持结构化编程程序，结构化编程的组成单元是逻辑块和数据块，其中逻辑块有系统逻辑块和用户逻辑块。表10-1为S7程序中不同类型的块清单。

表10-1　S7程序中不同类型的块清单

块类型	功能简要描述
组织块（OB）	组织块（OB）是操作系统和用户程序之间的接口。它们由操作系统调用并控制循环，通过编程组织块，用户可以指定CPU的反应。组织块有优先级，高优先级的OB可以中断低优先级的OB
系统功能块（SFB）	SFB是集成在S7CPU中的功能块。SFB作为操作系统的一部分，不占用户程序空间。用户在使用时必须为SFB生成背景数据块，并将其下载到CPU中作为用户程序的一部分
系统功能（SFC）	SFC是集成在S7CPU中预先编好程序并通过测试的功能。可在用户程序中调用SFC。SFC属于操作系统的一部分，不是用户程序的一部分
功能块（FB）	FB是用户编程的块，当FB执行结束时，存在背景DB中的数据不会丢失，但存在本地数据堆栈中的数据将丢失
功能（FC）	FC包含经常使用的程序，FC是用户编程的块，当FC执行结束后，FC存储在局域数据堆栈中的临时变量会丢失，要将数据永久存储，可以使用共享数据块
背景数据块（DB）	当一个FB/SFB被调用时，背景DB与该块相关联，它们可在编译过程中自动生成
数据块（DB）	DB是用于存储用户数据的数据区域，除了指定给一个功能的数据，还可以定义被任何块使用的共享数据块

用户逻辑块包括OB、FB、FC，用户编程时必须编辑这三部分。用户逻辑块

具有变量声明部分、程序指令部分和属性部分。数据块（DB）可用于存储可访问的值，数据块只有变量声明部分，背景数据块、共享数据块都属于数据块。“S7 program”路径之下的文件夹“Blocks”用于存放各种块，该文件夹中的块由用户下载到 S7 CPU 中用于执行控制任务。文件夹中会自动生成一个空的组织块 OB1，在 S7 CPU 中必须用该组织块来执行用户程序，如图 10-5 所示为 S7 CPU 对结构化用户程序的调用。

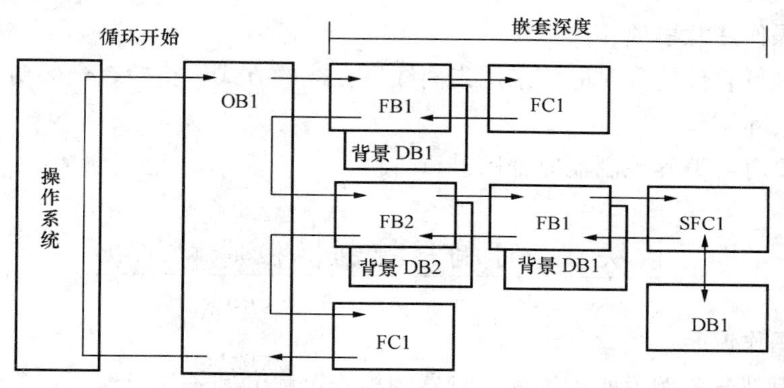

图 10-5　S7 CPU 对结构化用户程序的调用

（7）下载程序到可编程控制器。完成所有的组态、参数赋值和编程任务之后，可以下载整个用户程序到可编程控制器。方法是将模式选择开关设置为 STOP，在 SIMATIC 管理器中，选择菜单命令可编程控制器>Compile And Download Objects。

（8）测试程序。程序下载到可编程控制器以后，还要通过监视和驱动外部设备验证用户的控制逻辑是否正确。

1）一般使用变量表进行程序测试，变量表有如下功能：

a. 监视变量：用变量表显示用户程序或 CPU 中每个变量的当前值。

b. 修改变量：用变量表将固定值赋给用户程序或 CPU 变量。

c. 强制变量：用变量表给用户程序或 CPU 中变量赋予一个固定值，这个值不能被用户程序覆盖，图 10-6 所示为一个变量表示例。

2）要使用监视（Monitor）和修改（Modify）功能可按如下进行：

		Address		Symbol	Display Format	Status Val	Force Valu
1		//OB1 Network 1					
2		I	0.1	"Pushbutton 1"	BOOL	true	
3		I	0.2	"Pushbutton 2"	BOOL	true	
4		Q	4.0	"Green light"	BOOL	false	
5		//OB1 Network 3					
6		I	0.5	"Automatic On"	BOOL	true	
7		I	0.6	"Manual On"	BOOL	true	
8		Q	4.2	"Automatic mode"	BOOL	true	true

图 10-6　变量表示例

a. 生成新的变量表或打开已存在的变量表。

b. 编辑或检查变量表的内容。

c. 用菜单命令 PLC>Connect to，建立当前变量表与 CPU 之间的在线连接。

d. 用菜单命令 Variable>Trigger，选择合适的触发点并设置触发频率。

e. 菜单命令 Variable>Monitor 和 Variable>Modify，可使监视和修改功能在有效和无效之间转换。

三、操作注意事项

（1）进行软件编程时应该采用先离线后在线的方式，待检查全部功能开发完成后再进行实际调试。

（2）要对可编程控制器原程序进行备份。

模块 3　可编程控制器检修和维护

一、操作说明

以机组部分为例说明可编程控制器的检修过程，开关站可编程控制器和厂用系统可编程控制器检修类似。

检修前应检查具备下列条件：

（1）与可编程控制器相连的其他系统，如励磁、同期、调速器、主阀（或快速闸门）、转速装置、压油装置、保护、表计、公共信号系统等已调试完成。

（2）各类接地符合要求。

（3）环境参数符合要求。

（4）外回路接线结束，且绝缘电阻和介电强度符合要求：1000V 绝缘电阻表测定交流回路外部端子对地的绝缘电阻应大于 10MΩ，不接地直流回路对地的绝缘电阻不小于 1MΩ。500V 以下 60V 及以上端子与外壳间应能承受交流 2000V 电压 1min，60V 以下端子与外壳间应能承受交流 500V 电压 1min。

（5）不间断电源系统符合要求。

（6）现地工作站硬件符合要求，必要的软件已安装和配置。

（7）可编程控制器屏内的其他设备和回路已经过检查合格。

（8）网络设备和网络介质已经检测合格。

（9）部分操作需要运行和其他专业人员配合。

二、操作步骤

1. 停电

所有直流、交流电源在切除状态，可编程控制器在停电状态。

2. 与外部隔离

拔出所有输入/输出（I/O）模板或其接线端子，使可编程控制器与外部回路隔离。接线端子和模板无法与可编程控制器分离时，应在未通电情况下仔细检查不同电源回路间有无短接现象。

3. 外回路通电检查

依次投入除可编程控制器工作电源以外的其他电源，每投入一套电源，需要在可编程控制器接线端子上检查电压是否合格，还要检查该电源在其他回路的端子上有无串电和干扰现象。无异常后切除所有电源。

本步骤的目的是防止串电、短路现象烧损介电强度较低的可编程控制器模板。

4. 可编程控制器通电检查

插入所有输入/输出（I/O）模板或其接线端子，使可编程控制器与外部回路恢复连接。编程器与可编程控制器通信电缆连接，不间断电源系统上电，检查不间断电源系统输出电压正常后，现地工作站上电，可编程控制器上电且在非运行状态。编程器与可编程控制器在线连接，检查组态和用户程序。必须采取以下措施之一对可编程控制器输出进行限制：

（1）仅进行模板组态，没有用户程序。

（2）在模板组态中使输出模板无效。

（3）在用户程序中屏蔽软继电器输出。

（4）存在安全隐患的回路停电或者断引。

限制步骤的作用是：当可编程控制器处于调试阶段的不确定状态时，防止有事故和操作信号输出引起设备动作和伤及人身。

限制步骤完成后，使可编程控制器进入运行或调试状态，依次投入其他工作电源，每投入一套电源，观察可编程控制器有无异常现象。

5. 本地网络检查

检查可编程控制器本地和远程站连接模板活动状态，检查可编程控制器现场总线通信，检查现地工作站与可编程控制器通信状况，若不正常则使用编程软件检查模板组态并进行调整，使其处于正确的活动状态。在编程器上进行可编程控制器整体组态检查，确认可编程控制器模板状态正确。

6. 输入信号校验

（1）模拟量输入校验。模拟量输入信号有电气量和非电气量两种，电气量一般通过变送器转换成 4～20mA 的有源信号提供给可编程控制器，非电气量一般由可编程控制器提供电源给传感器和测温电阻。

1）接线检查。

2）模拟量模板通道参数配置检查，若正确则会有采样到的二进制数据。

3）打开软件的变量表监视窗口，操作外部设备，使其液位、压力、流量、开度等非电气量改变，进一步确认模拟量的测量范围和测量结果。电气量可通过施加电气试验信号到变送器上进行校核，温度量可在机组首次开机过程中校核。

4）同时在现地工作站的模拟量窗口检查经换算后的实际数值是否正确。

（2）开关量输入校验。开入量反映设备（如继电器、按钮、转换开关、行程开关、仪表）的位置与状态。

1）接线检查。

2）打开软件的变量表监视窗口，操作外部设备，使其状态、位置发生变化；模拟设备故障状态，使其产生故障信号。以上每个信号的确认要求各切换 2 次以上。

3）同时在现地工作站的相关窗口上检查显示是否和实际信号正确对应。

7. 输出信号校验

（1）模拟量输出校验。使用可编程控制器进行模拟量信号输出在机组控制应用中较为少见。

1）接线检查。

2）模拟量模板通道参数配置检查。

3）打开软件的变量表监视窗口，选择两个不同的数值，分别写入输出通道地址中，使用表计分别测量输出是否和预期吻合。

（2）开关量输出校验。开出量试验会使设备（如继电器、电磁阀、故障和事故音响等）动作。

1）该步骤会驱动外部设备动作，应做好安全防护措施，防止设备动作挤伤人员，防止操作过程引入高压危及设备和人身安全。

2）检查接线无误后，使用导线在可编程控制器屏后短接外部端子模拟可编程控制器输出，使设备动作。每个输出要求各短接切换 2 次以上，对于不允许长时间励磁的设备应当及时拿开导线。注意：短接时导线的一端先接触到（公共）端子上，再用导线的另一端接触相应端子，然后观察短接点，短接时如果火花较大，应立即拿开导线，检查回路是否存在短路现象或者调查设备动作电流过大的原因；设备正常动作后，先拿开导线的一端，对于产生较大火花的直流回路，应检查二极管是否正确配置。该步骤的目的是为了保护可编程控制器开关量输出模板或者隔离继电器的电气触点。

3）所有外部设备的短接动作试验完成后，在编程器上撤销对可编程控制器的

输出限制。

4）打开软件的变量监视和强制窗口，通过强制输出信号在“1”和“0”之间变换，检查设备动作过程和设备返回状态是否正确。每个输出要求各强制切换2次以上，对于不允许长时间励磁的设备应当及时取消强制状态。

5）确认已经取消所有的强制操作。

6）在现地工作站上进行部分操作，检查是否也能够正确动作。

8. 实时性测试

现地控制单元级装置的响应能力应该满足对于生产过程的数据采集时间或控制命令执行时间的要求。

（1）数据采集时间分类。

1）状态和报警点采集周期：1s或2s。

2）模拟点采集周期：电量为1s或2s，非电量为1～30s。

3）事件顺序记录点（SOE）分辨率：1级≤20ms，2级≤10ms，3级≤5ms。事件顺序记录的时钟同步精度应高于所要求的事件分辨率。

（2）现地控制单元级装置接受控制命令到开始执行的时间应小于1s。

9. 逻辑回路模拟试验

如果有机组控制方式转换开关，切换到“现地”。

机组的逻辑回路模拟试验为无水模拟试验，分为单一回路试验和整体回路试验，试验目的是为了检验可编程控制器用户逻辑程序是否符合控制要求。试验时应尽量通过对设备的实际操作进行试验（如使用按钮、转换开关等）。条件确实暂时难以满足的，如果是外部设备接点可用导线短接使条件满足；如果是内部逻辑，则需要通过软件进行强制操作。

（1）如果引水钢管已经充水，必须做好防止水轮机潜动措施，在导叶漏水量测定合格后，可采用主阀（快速闸门）全关或调速器机械开限全关两者之一作为防转措施。

（2）用通信电缆连接编程器和可编程控制器，启动程序，调出变量监视和强制表窗口，激活在线动画状态。

机组回路和整体回路试验是对回路控制逻辑正确性的检查，主要内容有：

1）主阀（快速闸门）开、关试验。

2）调速器的启动、停机、增减磁指令试验。

3）励磁调节器的启励、停机（逆变灭磁）、开度增减指令试验。

4）准同期并列模拟试验、机组解列模拟试验。

5）故障报警回路试验。

6）事故回路动作试验。

7）开、停机回路试验。

8）模拟并列条件下的有功、无功负荷调节试验。

9）调相回路试验。

如果动作过程不符合要求，应对程序逻辑进行调整，重新试验，直到合格为止。

3）在现地工作站上进行相关操作，检查是否也能够正确动作。

10. 自动开、停机试验

（1）手动开、停机试验结束后进行自动开、停机试验，检查下列装置：

1）主阀（或快速闸门）控制方式在远方自动位置。

2）调速器切自动，机械开限全开。

3）励磁调节器和电制动装置在自动位置。

4）同期选择开关在自动准同期位置。

5）如果有机组控制方式转换开关，切换到“现地”。

（2）用通信电缆连接编程器和可编程控制器，打开程序窗口和变量监视表，激活在线动画状态。自动开、停机试验过程如下：

1）按下开机按钮、开机令发出并保持。

2）如果主阀（快速闸门）未全开，则确认导叶全关后开主阀（快速闸门）。

3）机组机械润滑、冷却系统投入。

4）向调速器发开机令，机组转速上升。

5）转速上升到额定的90%时，向励磁调节器发开机令，调节器开始建压。

6）机端电压上升到额定的50%时，启动准同期装置。

7）同期条件满足后，机组并网，开机令复归。

8）进行有功、无功负荷调节，观察变化是否正确。

9）按下调相按钮，机组进入调相工况，导叶全关，调相补气回路动作，调节无功负荷，观察变化是否正确。

10）按下调相转发电按钮，机组返回发电工况，导叶开启，调节有功、无功负荷，观察变化是否正确。

11）减有功、无功负荷，按下停机按钮，停机令发出并保持。

12）向调速器、励磁调节器发停机令。

13）导叶开度关到空载以下，机组解列。

14）导叶全关后，机组转速下降，调节器逆变灭磁，制动回路启动。

15）转速继续下降，电制动投入或机械制动投入。

16）机组转速为零后延时，制动、冷却、润滑回路复归。

17）停机令复归。

如果动作过程不符合要求，应对程序逻辑进行调整，重新试验，直到合格为止。

（3）在现地工作站上也进行相关操作，检查是否也能够正确动作。

11. 接入计算机监控系统网络

对照网络规划表检查网络配置是否正确，保证地址唯一后，将可编程控制器网络介质接入计算机监控系统，使可编程控制器实现和上位机通信。如果该可编程控制器的网络通信进行了冗余配置，应该进行冗余切换试验，方法如下：

（1）拔出或停运其中一个网络通道，可编程控制器和上位机数据通信正常，并满足以下条件：实时任务不中断，未引起除本网络通道中断以外的其他报警，机组运行状态无变化。

（2）恢复停运的网络通道，可编程控制器和上位机数据通信正常，两个网络通道同时正常工作，并满足以下条件：实时任务不中断，未引起其他报警，机组运行状态无变化，本网络通道中断报警复归。

（3）交换网络通道试验顺序，重复以上试验步骤。

12. 双机热备试验

机组运行在空载状态或带少量负荷。

（1）切除主CPU模板电源，热备（HSBY）CPU模板立即进入控制模式，主CPU模板故障报警，同时满足以下条件：实时任务不中断，未引起主CPU模板故障以外的其他报警，机组运行状态无变化，所有模板工作状态无变化，网络通信无中断现象。

（2）恢复主CPU模板电源，几秒钟后主CPU模板进入控制模式保证，并满足以下条件：实时任务不中断，机组运行状态无变化，所有模板工作状态无变化，网络通信无中断现象，未引起其他报警，主CPU模板故障报警复归。

13. 可编程控制器的日常维护

可编程控制器的可靠性很高，但环境的影响及内部元件的老化等因素，也会造成可编程控制器不能正常工作。如果等到可编程控制器报警或故障发生后再去检查、修理，总归是被动的。如果能经常定期地做好维护、检修，就可以做到系统始终工作在最佳状态下。因此，定期检修与做好日常维护是非常重要的，可编程控制器的日常维护内容见表10-2。

一般情况下检修时间以每6个月至一年1次为宜，当外部环境条件较差时，可根据具体情况缩短检修间隔时间。

表 10-2　　可编程控制器日常维护内容

序号	维护项目	维护内容
1	供电电源	在电源端子检查电压变化
2	输入输出电源	在输入输出端子外检查电压变化
3	安装状态	各单元是否可靠固定、有无松动，连接电缆的连接器是否完全插入旋紧，外部配件的螺钉是否松动
4	寿命元件	锂电池寿命
5	外部环境	柜内的温度与湿度，积尘情况
6	工作状态	CPU运行灯正常、模板故障灯无指示、网络通信灯闪烁，PLC屏无异响、无异味
7	不间断电源系统	无报警指示、外壳无烫手感。定期切换到电池供电 5min
8	现地工作站	和可编程控制器通信正常、窗口画面显示正确

14. 出具可编程控制器检修工作报告

三、操作注意事项

（1）调速器切手动，导叶机械开限全关。

（2）引水钢管已充水时，主阀（或快速闸门）全关，控制方式切现地手动。

（3）与可编程控制器相连的其他系统如果已经通电，并有电压引到可编程控制器屏外部接线端子，应做好停电措施或防触电措施。

（4）在拆装、移动、清洁配件的时候，要轻拿轻放。

模块4　双绞线测试

一、操作说明

1. 双绞线的主要技术参数

（1）直流环路电阻。直流环路电阻会消耗一部分信号，并将其转变成热量。它是指一对导线电阻的和，ISO 11801 规格的双绞线的直流电阻不得大于 19.2Ω。每对间的差异不能太大（<0.1Ω），否则表示接触不良，必须检查连接点。

（2）特性阻抗。特性阻抗包括电阻及频率为 1～100MHz 的电感阻抗及电容阻抗，它与一对电线之间的距离及绝缘体的电气性能有关。各种电缆有不同的特性阻抗，而双绞线电缆有 100、120Ω 及 150Ω 几种。特性阻抗是线缆对通过的信号的阻碍能力，它受直流电阻，电容和电感的影响，要求在整条电缆中必须保持是一个常数。

（3）近端串扰（Near-End-Cross-Talk，NEXT）。近端串扰是判断网络布线系统性能的最重要的参数，由于双绞线铜芯线传输时，信号强的会去干扰信号弱的，NEXT 就是传送跟接收的铜芯线因为信号强弱不同所引起的，近端串扰就是一条

UTP链路中一对线与另一对线的信号耦合。对于UTP链路，NEXT是一个关键的性能指标，也是最难精确测量的一个指标。串扰分为NEXT（近端串扰）与FEXT（远端串扰），但TSB-67标准只要求进行NEXT的测量。NEXT并不表示在近端点所产生的串扰值，它只是表示在近端点所测量到的串扰值。这个量值会随电缆长度不同而变，电缆越长，其值变得越小。同时发送端的信号也会衰减，对其他线对的串扰也相对变小。实验证明，只有在40m内测量得到的NEXT是较真实的。如果另一端是远于40m的信息插座，那么它会产生一定程度的串扰，但测试仪可能无法测量到这个串扰值。因此，最好在两个端点都进行NEXT测量。现在的测试仪都配有相应设备，使得在链路一端就能测量出两端的NEXT值。

NEXT的计算机有一个式子以dB为单位，即

$$\mathrm{NEXT} = 10\log(P_{\mathrm{i}}/P_{\mathrm{c}})$$

式中　P_{i}——传送信号端强弱（干扰端）。

P_{c}——接收端信号强度（被干扰端）。

NEXT值越大，传输效率越好。

（4）衰减。衰减是又一个信号损失度量，是指信号在一定长度的线缆中的损耗。衰减与线缆的长度有关，随着长度增加，信号衰减也随之增加，衰减也用dB作为单位，同时，衰减随频率而变化，所以应测量应用范围内全部频率上的衰减。

（5）结构性回波损耗（SRL）。SRL是衡量线缆阻抗一致性的标准，阻抗的变化引起反射、噪声的形成，并使一部分信号的能量被反射到发送端。SRL还是测量能量变化的标准，由于线缆结构变化而导致阻抗变化，使得信号的能量发生变化。

（6）等效式远端串扰（Epual Level Fext，ELFEXT）：等效远端串所与衰减的差值以dB为单位。是信噪比的另一种表示方式，即两个以上的信号朝同一方向传输时的情况。

（7）综合远端串扰（Power Sum ELFEXT）。综合近端串扰和综合远端串扰的指标正在制定过程中，有许多公司推出自己的指标。

（8）回波损耗（Returm Loss）。回波损耗是关心某一频率范围内反射信号的功率，与特性阻抗有关，下面3种因素是影响回波损耗数值的主要因素：

1）电缆制造过程中的结构变化。

2）连接器。

3）安装。

（9）衰减串扰比（Attenuation-to-crosstalk Ratio，ACR）。在某些频度范围，串扰与衰减量的比例关系是反映电缆性能的另一个重要参数。ACR有时也以信噪比（Signal-Noice Ratio，SNR）表示，它由最差的衰减量与NEXT量值的差值计

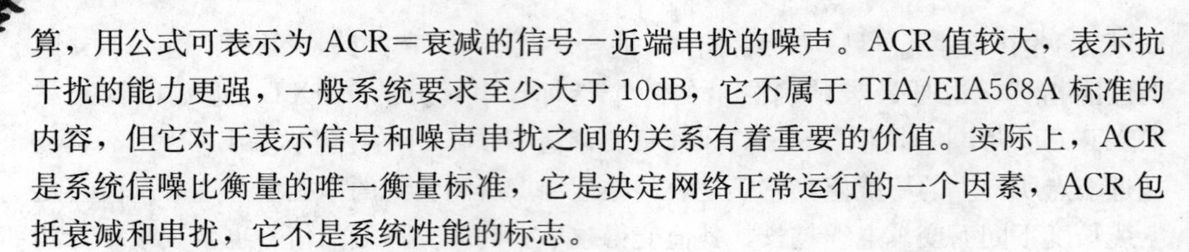
算，用公式可表示为 ACR=衰减的信号－近端串扰的噪声。ACR 值较大，表示抗干扰的能力更强，一般系统要求至少大于 10dB，它不属于 TIA/EIA568A 标准的内容，但它对于表示信号和噪声串扰之间的关系有着重要的价值。实际上，ACR 是系统信噪比衡量的唯一衡量标准，它是决定网络正常运行的一个因素，ACR 包括衰减和串扰，它不是系统性能的标志。

2. 双绞线的基本测试项目

为了测试 UTP 布线系统，水平连接被假设为包括包括一个电信插座/连接器，一个转换点，90m 的 UTP5 类、超 5 类和 6 类电缆，一个包含两个模块或配线面板的交叉连接组件，和总长 10m 的接插电缆，然后将电缆的水平连接分为基本链路（也叫永久链路，Basic Link）和通道链路（Channel Link）。基本链路包括水平分布电缆、电信插座/连接器或交换点，和水平交叉部件。基本链路被假设为链路中的永久部分，只包括建筑物中固定电缆部分，不包含插座至网络设备末端的连接电缆。通道链路则由基本链路和交叉连接设备，用户设备，交叉连接跳线组成。

测试标准定义了两个级别的电缆性能要求——级别Ⅰ和级别Ⅱ，后者要求更为严格。使用自动电缆测试器来测试和认证双绞线电缆的安装是否合乎标准之前，应该知道该装置支持哪一个级别的性能。

依据 EIA/TIA568、TSB-67、TSB-95 标准的要求，为了认证 UTP 双绞线电缆的布线质量，应当测试下列指标：

（1）接线图（WireMap）。这一测试是确认链路的连接。这不仅是一个简单的逻辑连接测试，而是要确认链路一端的每一个针与另一端相应的针连接，而不是连在任何其他导体或屏幕上。此外，WireMap 测试要确认链路线缆的线对正确，而且不能产生任何串扰。保持线对正确绞接是非常重要的测试项目，该测试属于连接性能测试。

正确的连线图要求端到端相应的针的连接是：1 对 1，2 对 2，3 对 3，4 对 4，5 对 5，6 对 6，7 对 7，8 对 8。如果接错，便有开路、短路、反向、交错和串对 5 种情况出现。

（2）链路长度。每一个链路长度都应记录在管理系统中，链路的长度可以用电子长度测量来估算，电子长度测量是基于链路的传输延迟和电缆的额定传播速率（nominal velocity propagation，NVP）值而实现的。NVP 表示电信号在电缆中传输速度与光在真空中传输速度之比值。当测量了一个信号在链路往返一次的时间后，就得知电缆的 NVP 值，从而计算出链路的电子长度。处理 NVP 的不确定性时，实际上至少有 10%的误差。为了正确解决这一问题，必须以一已知长度的典型电缆来校验 NVP 值。基本链路的最大长度是 90m，外加 4m 的测试仪误差，专用电缆区的长度为 94cm，通道链路的最大长度是 100m。计入电缆厂商所规定的

NVP 的最大误差和长度测量的时域反射（Time Domain Reflection，TDR）技术的误差，测量长度的误差极限如下：

基本链路 94m＋15％×94m＝108.1m

通道链路 100m＋15％×100m＝115m

如果长度超过指标，则信号损耗较大。

NVP 的计算公式为

$$\mathrm{NVP} = 2L/(Tc) \qquad (10\text{-}1)$$

式中　L——电缆长度；

T——信号传送与接收之间的时间差；

c——真空状态下的光速（300 000 000m/s）。

一般 UTP 的 NVP 值为 72％，但不同厂家的产品会稍有差别。

（3）衰减。

（4）近端串扰。

（5）综合近端串扰。

（6）等效远端串扰。

（7）综合等效远端串扰。

（8）回波损耗。

（9）传输延迟。

（10）延迟误差。

（11）直流环路电阻，一对导线电阻的和不得大于 19.2Ω，每对间的差异应小于 0.1Ω。

（12）综合衰减串扰比，一般系统要求至少大于 10dB。

双绞线测试的主要性能标准如下表 10-3 所示。

表 10-3　　双绞线测试的主要性能标准

线对映射	基本链路（<94m）			通道链路（<100m）		
	5 类	超 5 类	6 类	5 类	超 5 类	6 类
	针脚连接正确	针脚连接正确	针脚连接正确	针脚连接正确	针脚连接正确	针脚连接正确
衰减（dB）						
1MHz	2.1	2.1	2.1	2.5	2.1	2.2
10MHz	6.3	6.3	6.2	7.0	6.3	6.4
100MHz	21.6	21.6	20.7	24.0	21.6	21.6
200MHz			30.4			31.8

续表

线对映射	基本链路（＜94m）			通道链路（＜100m）		
	5类	超5类	6类	5类	超5类	6类
	针脚连接正确	针脚连接正确	针脚连接正确	针脚连接正确	针脚连接正确	针脚连接正确
近端串扰 NEXT（dB）						
1MHz	60.0	64	73.5	60.3	63.0	72.7
10MHz	45.5	49	57.8	44.0	47.0	56.6
100MHz	29.3	32.3	41.9	27.1	30.0	39.9
200MHz			36.9			34.8
综合近端串扰 PS-NEXT（dB）						
1MHz		60	71.2		60.0	71.2
10MHz		45.5	55.5		44.0	54
100MHz		29.3	39.3		27.0	37.1
200MHz			34.3			31.9
等效远端串扰 ELFEXT（dB）						
1MHz	57	61	65.2	57.0	59.0	63.2
10MHz	37	41	45.2	37.0	39.0	43.2
100MHz	17	21	25.2	17.0	19.0	23.2
200MHz			19.2			17.2
综合等效远端串扰 PS-ELFEXT（dB）						
1MHz	54.4	58	62.2	54.4	56.0	60.2
10MHz	34.4	38	42.2	34.4	36.0	40.2
100MHz	14.4	18	22.2	14.4	16.0	20.2
200MHz			16.2			14.2
回波损耗 Return Loss（dB）						
1～20MHz	15	17	19	15	17	19
20～100MHz	15－10	17－7	19－10	15－10	17－7	19－10
100～200MHz	log（f/20）	log（f/20）	log（f/20）	log（f/20）	log（f/20）	log（f/20）
传输延迟	＜548ns	＜548ns	＜548ns	＜548ns	＜548ns	＜548ns
延迟偏差	＜45ns	＜45ns	＜45ns	＜45ns	＜45ns	＜45ns

二、操作步骤

安装好连接器后，就要使用电缆测试器来测试电缆，以确保连接的正确。如果

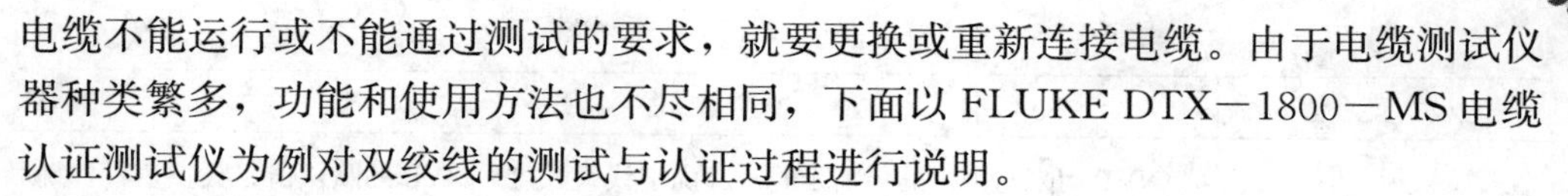

电缆不能运行或不能通过测试的要求，就要更换或重新连接电缆。由于电缆测试仪器种类繁多，功能和使用方法也不尽相同，下面以 FLUKE DTX－1800－MS 电缆认证测试仪为例对双绞线的测试与认证过程进行说明。

1. 初始设置

开启测试仪将旋转开关转至 SPECIAL FUNCTIONS（特殊功能），检查内存空间可用后，将旋转开关转至 SETUP（设置）创建任务文件夹、设置绘图数据存储频率范围、测试人员、地点、单位名称以及测试日期和时间。

2. 给双绞线布线设置基准

依图 10-7 所示接线，将旋转开关转至 SPECIAL FUNCTIONS（特殊功能），然后开启智能远端；选中“设置基准”，按 ENTER（输入）键。如果同时连接了光缆模块及铜缆适配器，接下来选择“链路接口适配器”，最后按 TEST（测试）键。基准设置是保证双绞线测试准确度的关键步骤。

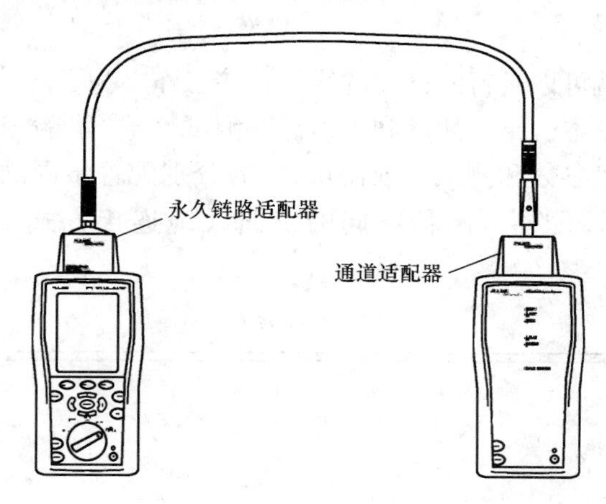

图 10-7　双绞线的基准连接

3. 双绞线测试定值设置

将旋转开关转至 SETUP（设置）开始设置，使用上、下、左、右箭头键选择或设置，按 ENTER（输入）键确认。双绞线测试设置值见表 10-4。

表 10-4　　双绞线测试设置值

设　置　值	说　　明
SETUP>双绞线>线缆类型	选择一种适用于被测线缆的线缆类型，既可以在线缆类型中按类型及制造商分类选择。也可选择自定义创建电缆类型
SETUP>双绞线>测试极限	既可以为测试任务选择适当的测试极限值，也可以自定义创建测试极限值

续表

设 置 值	说 明
SETUP>双绞线>NVP	NVP用来与测得的传播延时一起确定线缆长度。NVP的默认值是典型值，要确定实际的数值，可使用至少15～30m的确定长度的同类型线缆进行长度测试，更改NVP，直到测得的长度与线缆已知实际长度相同，然后保留该NVP的值作为测试基准
SETUP>双绞线>插座配置	输出配置设置值决定测试哪一个线缆对以及将哪一个线对号指定给该线对，可根据实际选择以下接线标准：T568A、T568B、令牌环、以太网、以太网交叉
SETUP>双绞线>HDTDX/HDTDR	Autotests（自动测试）条件下，测试仪仅以PASS（通过）或FAIL（失败）显示HDTDX（高精度时域串扰分析）和HDTDR（高精度时域反射计分析）的结果
SETUP>双绞线>AC线序	选择启用该选项用来通过一个未通电的以太网供电（PoE）跨接设备来测试布线系统

4．线缆连接

设置完成后，就可以进行测试前的线缆连接工作，为了测试的准确性，测试分为永久链路（也叫基本链路）测试和通道链路测试（基本链路和通道链路的概念见网络传输介质的技术参数和测试标准模块），需分别配置不同的适配器：永久链路适配器和通道链路适配器。两种不同的链路线缆连接方式如图10-8和图10-9所示。

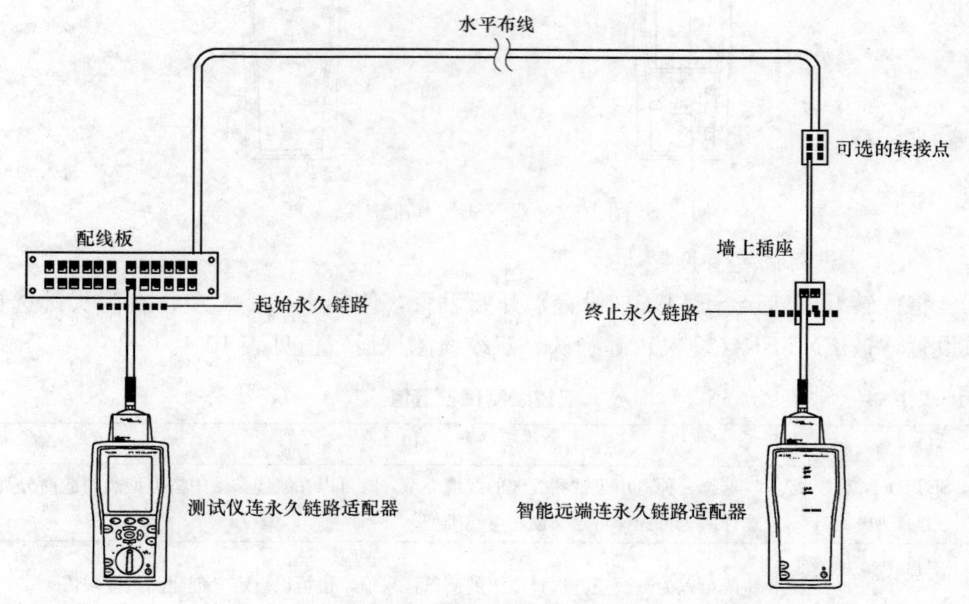

图10-8　永久链路测试连接

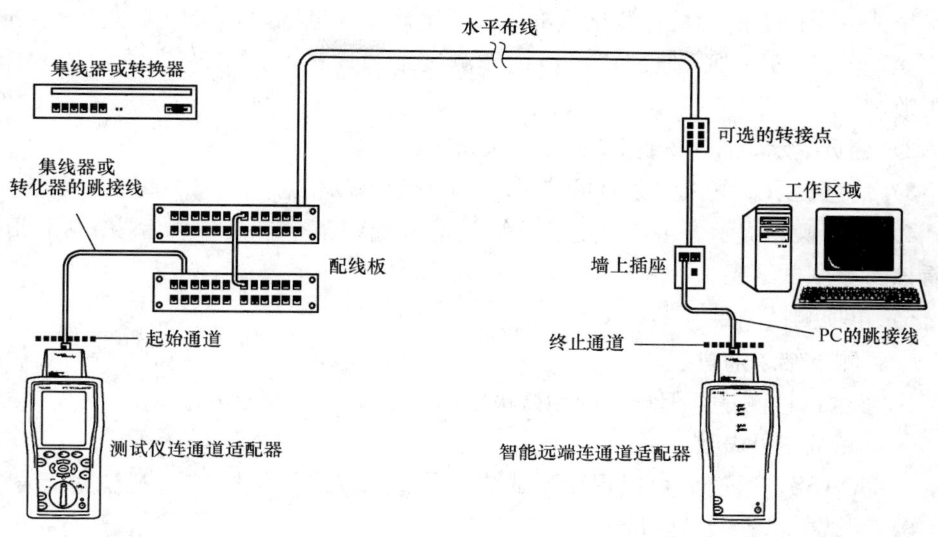

图 10-9　通道链路测试连接

5. 自动测试

(1) 用合适的适配器连接测试仪及智能远端后，将旋转开关转至“设置”，然后选择“双绞线”。重设或选择在第 3 操作项中设置的“线缆类型”和“测试极限”或者最近使用的九个极限值。

(2) 将旋转开关转至 AUTOTEST，然后开启智能永久链路测试连接远端。

(3) 按测试仪或智能远端的 TEST 键。若要随时停止测试按 EXIT（退出）键。

(4) 测试仪会在完成测试后显示“自动测试概要”屏幕（如图 10-10 所示），若要查看特定参数的测试结果，可用上、下键选中该参数，然后按 ENTER 键。

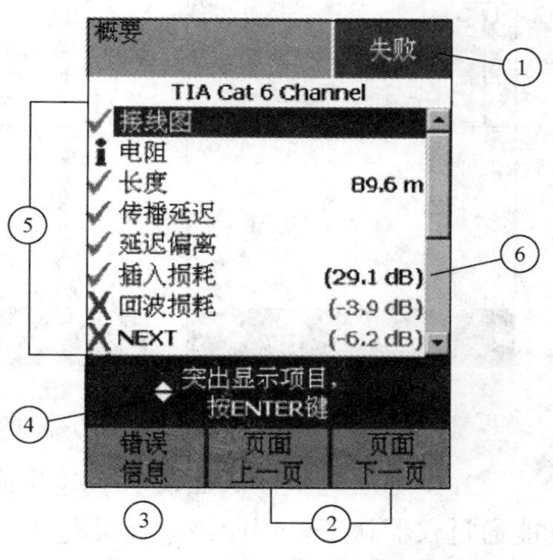

图 10-10　自动测试概要屏幕

关于自动测试概要屏幕的说明：

1) 汇总测试结果。

PASS（通过）：所有参数均在极限范围内。

FAIL（失败）：有一个或一个以上的参数超出极限值。

PASS（通过）* /FAIL（失败）*：

有一个或一个以上的参数在测试仪准确度的不确定性范围内，且特定的测试标准要求“*”注记。PASS（通过）* 可以视作测试结果通过，FAIL（失败）* 应视作完全失败。

2）翻页提示。按 F2 或 F3 键来滚动屏幕画面。

3）信息提示。测试失败时可按 F1 键来查看诊断信息。

4）画面操作提示。可使用上、下箭头键来选中某个参数，然后按 ENTER 键查看该参数测试结果。

5）单项测试结果。

√：测试结果通过。

i：参数已被测量，但选定的测试极限内没有通过/失败极限值。

×：测试结果失败。

：PASS（通过） 可以视作测试结果通过，FAIL（失败）* 应视作完全失败。

6）测试中找到最差余量。

（5）如果自动测试失败，按 F1 键来查看可能的失败原因。

（6）若要保存测试结果，按 SAVE（保存）键，选择或建立一个线缆标识码后再按一次 SAVE（保存）键保存测试结果。

（7）自动诊断。如果自动测试失败，按 F1 键查阅诊断信息。诊断屏幕画面会显示可能的失败原因及解决问题的建议措施。如图 10-11 所示为自动诊断屏幕画面的实例。

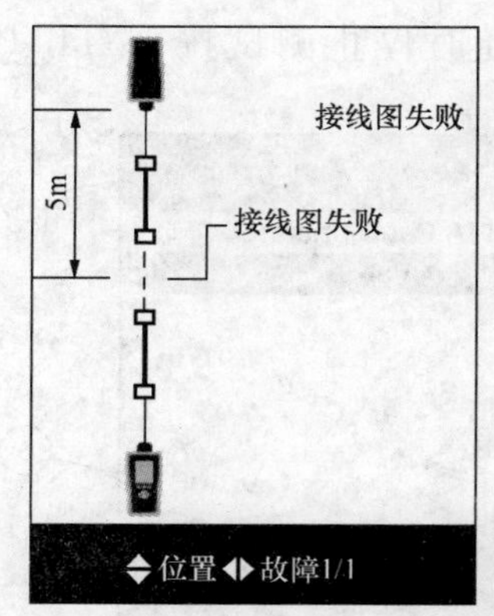

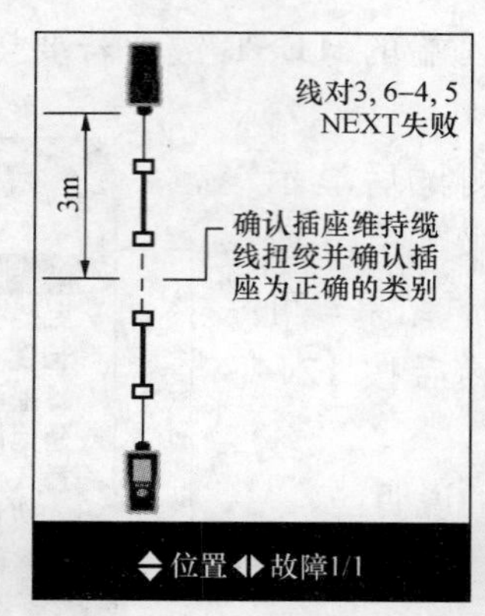

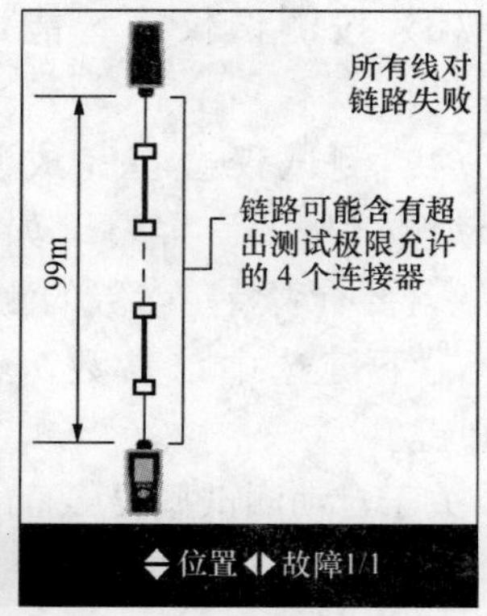

图 10-11　自动诊断屏幕画面

（8）如果通过仪器认证，则给每根通过认证的线缆填上校验日期，如果有线缆未能通过仪器认证，则应该对该线缆进行仔细检查，必要时重新连接和更换，然后重复步骤（4）～（6）。测试完成后，将电缆认证测试仪的 USB 接口与计算机连接，将认证结果传到计算机上，使用测试仪携带的 Linkware 软件进行分析和整理，最后生成测试报告。

6. 出具双绞线测试报告

三、操作注意事项

(1) 将测试仪连接网络时确认将要使用的功能不会中断网络运行。

(2) 不要将 RJ45 以外的其他连接器插入适配器插孔，不然会损坏插孔。

(3) 在进行线缆测试期间，不要操作如对讲机及移动电话等便携式传输设备。

(4) 在连接或拆除模块前，先将测试仪关闭。

模块 5　线缆查找和定位

一、操作说明

线缆查找和定位是日常维护工作的重要内容，为了提高工作效率和安全性，常常要使用一些专用设备来协助检修维护人员，本模块将介绍几种利用常用设备进行故障线缆查找和定位的方法和步骤。

二、操作步骤

(1) 确定链路的另一端运行在交换机或集线器的哪一个端口上。

在检修过程中，常常会碰到一台机器网络的物理连接需要转移到别的网段，或者为了处理网络连通问题而需要确定另一端连接到哪一个运行交换机或集线器的哪一个端口，但由于中间环节过多，传输介质有可能是双绞线和光纤，也可能是两者混合，这种情况下不允许检修人员简单地通过拔下连接器来排查，因为这种做法有可能造成其他设备的网络故障。此时最安全有效的方法就是利用测试设备的端口闪烁功能来确定，其工作原理就是测试设备会在有关线对上产生链路脉冲，使端口的活动 LED 指示灯闪烁。下面仍以 FLUKE DTX-1800-MS 电缆认证测试仪为例进行说明。

1) 首先给电缆认证测试仪安装 DTX-NSM 网络服务模块，如果开始端是双绞线连接器，则用跳线直接连接，如果是光纤连接器，还需要 SFP 模块再经合适的跳线连接，如 10-12 所示。

2) 将旋转开关转至 MONITOR（监视器），选择网络连通性，然后按 TEST 键。

3) 按 F2 端口闪烁。当端口闪烁功能处于活动状态时，网络连通性屏幕上的交换机/集线器图标中的方框会闪烁。

4) 查找集线器或交换机上正在闪烁的活动 LED 指示灯，则说明链路连接的端

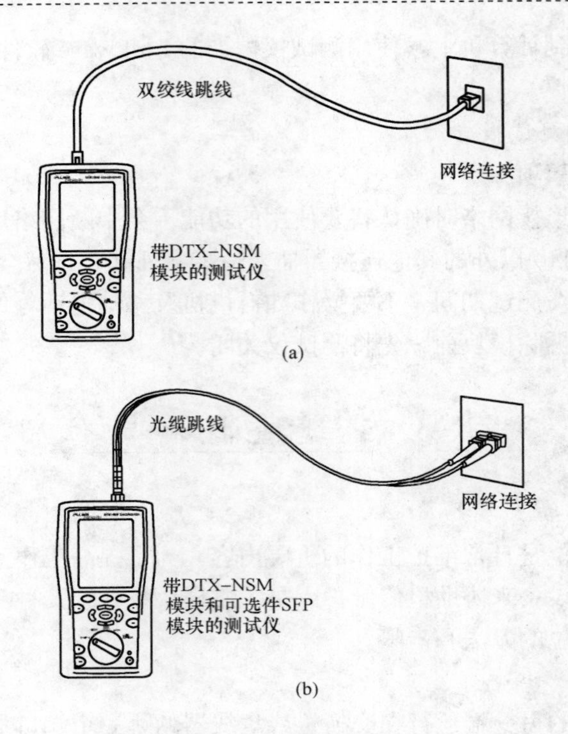

图 10-12　网络测试连接

（a）双绞线链路；（b）光缆链路

口是该指示灯对应的端口。

（2）从隐蔽处和杂乱的线缆中查找某一根铜缆。确定某一根铜缆的位置和走向是检修中常常碰到的问题，由于铜缆往往混杂在大量的电缆中，或者是隐藏在地板、天花板、墙壁等一些看不到的地方，确定起来非常困难，风险也很大，这时就要用到音频发生器。其工作原理是音频发生器通过在某一根铜缆上加载音频信号后，通过探针检测从铜缆上辐射出来的音频电磁波从而找到要找的铜缆。音频发生器产生的模拟音频信号如果施加在和运行网络连接的铜缆上，那么音频脉冲就会被吸收，这时探针很难检测到信号，FLUKE IntelliTonePro200 智能数字查线仪克服了这个缺点，它能够发出同步数字音频，使用数字音频探针进行检测。下面简要介绍利用该设备查线的方法。

1）把要查找的铜缆用跳线接入数字查线仪的音频发生器，然后将旋转开关设置到“服务”，然后按下“数字音频”发射键施加数字音频。

2）旋转数字音频探针的开关到“定位”位置。

3）移动探针，当探测到信号时会发出声音，同时同步灯会有所指示，表明要

查找的目标就在附近。

4）定位查找过程中，可通过在探针的“定位”和“隔离”之间切换来实现。定位是指通过最大的辐射测量法定位距离稍远一些的线缆，隔离是指通过最小的辐射测量法隔离在一捆线缆中的一根线缆。

（3）对双绞线链路进行识别。双绞线链路进行识别，是指对于已经完成施工的布线系统，需要对每条线路进行核实和确认敷设位置是否正确。一般的电缆鉴定仪和测试仪都有双绞线链路识别功能，使用时要求有ID定位器，每个ID定位器都有唯一的编号，使用多个ID定位器可以同时识别多条双绞线链路。下面以FLUKE-DTX-1800-MS电缆认证测试仪及其ID定位器附件为例说明双绞线链路识别的方法。

1）给测试仪安装DTX-NSM网络服务模块后，将测试仪和ID定位器依照图10-13所示进行连接。

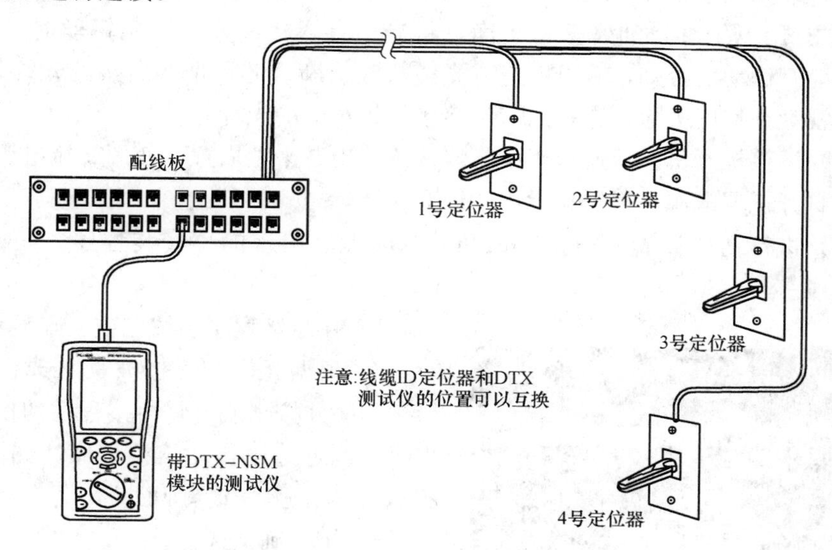

图10-13 利用ID定位器来识别链路

2）将旋转开关转至MONITOR（监视器），选择ID定位器，然后按TEST键。

3）将测试仪连接到不同的插座，每次按TEST进行重新扫描，直到显示找到线缆ID并且识别编号。

三、操作注意事项

（1）要仔细核对和分析设备情况，不要随意从运行设备上拔出网线，避免出现人为责任事故。

（2）查找线缆时不能使用蛮力，防止牵动或损坏正常运行的线缆。

模块6　光　纤　熔　接

一、操作说明

光纤的接续质量直接关系到计算机监控系统网络的可靠运行和数据吞吐能力，但光纤是精密通信介质的现实，给光纤的接续工艺提出了非常苛刻的要求，因此规范的操作方法将是保证光纤光纤接续质量的必然要求，本模块介绍使用光纤熔接技术实现光纤接续的步骤和方法。

二、操作步骤

本例采用 FITEL S176 光纤熔接机进行讲解。

（1）开剥光缆，并将光缆固定到接续盒内。注意不要伤到束管，开剥长度取1m左右，用卫生纸将油膏擦拭干净，将光缆穿入接续盒，固定钢丝时一定要压紧，不能有松动。否则，有可能造成光缆打滚折断纤芯，把要熔接的光纤外护套、钢丝等视盘纤长度去除，查找出需要熔接的相对应的光纤。

（2）熔接机开机。从便携箱中将熔接机移出并平整放置，使用交流电源或使用电池，打开机器电源，机器显示出“FITEL”标志。

（3）进行初始设置。根据“FITEL”标志后出现的“安装程序”画面提示，选择程序。

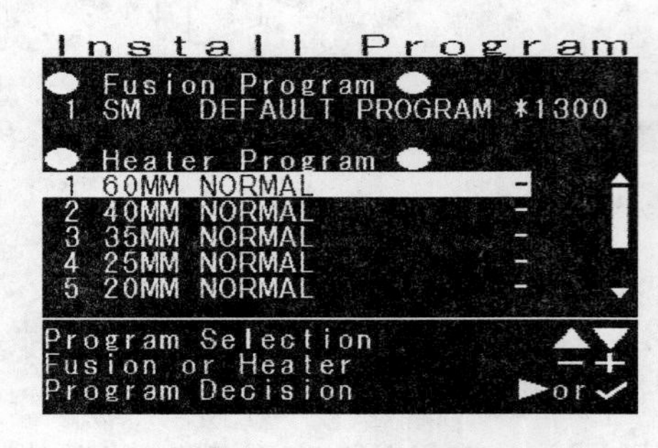

图 10-14　安装程序选择画面

1）在熔接程序中按△或▽来显示画面。

2）根据光纤和工作波长来选择合适的熔接程序并按＋或－将熔接程序切换到加热程序，也可选用自动熔接程序，如图 10-14 所示为安装程序选择画面。

3）按√确认选择。

4）监视器上显示“系统复位”，机器重置到初始状态，准备开始操作。

5）重置操作完成后，机器发出嘟嘟声，同时监视器上显示“准备好”。一旦 S176 型光纤熔接机开机，电弧检查程序结束后，就会出现系统待机画面，如图 10-15 所示。

（4）光纤端面制备。合格的端面制备是熔接的必要条件，端面质量好坏将直接影响到熔接质量。光纤端面的制备包括剥覆、清洁和切割三个环节。

1）光纤的剥覆。

a. 用蘸有酒精的纱布清洁光纤涂覆层，长度大约为从断面起 100mm。

b. 将光纤穿过热缩管。分别将光纤穿过热缩管。将不同束管、不同颜色的光纤分开，穿过热缩管。剥去涂覆层的光纤很脆弱，使用热缩管，可以保护光纤熔接头。

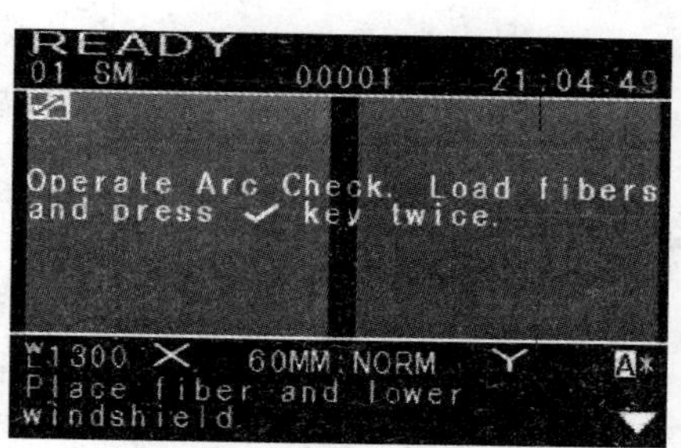

图 10-15　系统待机画面

c. 用剥纤钳剥去涂覆层，约 30～40mm。左手拇指和食指捏紧光纤，使之成水平状，所露长度以 5cm 为准，余纤在无名指、小拇指之间自然打弯，以增加力度，防止打滑。要求剥纤要快，剥纤钳应与光纤垂直，上方向内倾斜一定角度，然后用钳口轻轻卡住光纤，右手随之用力，顺光纤轴向平向外推出去，整个过程要一气呵成，尽量一次剥覆彻底，不能犹豫停滞。操作完后，拿好光纤，以免损坏裸纤。

2）裸纤的清洁。清洁裸纤，首先要观察光纤剥除部分的涂覆层是否全部剥除，若有残留，应重新剥除。如有极少量不易剥除的涂覆层，可用另一块纱布蘸适量酒精，一边浸渍，一边逐步擦除。清洁时，夹住已剥覆的光纤，顺光纤轴向擦拭，不能做往复运动。建议每次使用后要换新的纱布，可以防止裸纤的再次污染。拿好光纤，以免损坏裸纤。

3）切割。切刀有手动和电动两种，外涂层 0.25mm 的光纤切割长度为 8～16mm，外涂层 0.9mm 的光纤切割长度为 16mm。切割时，切刀的摆放要平稳，切割动作要自然平稳、不急不缓，避免断纤、斜角、毛刺及裂痕等不良端面的产生，保证切割的质量。同时，要谨防端面污染。在接续中应根据环境，对切刀 V 形槽、压板、刀刃进行清洁。裸纤的清洁、切割和熔接的时间应紧密衔接，不可间隔过长，特别是已制备好的端面，切勿放在空气中。移动时要轻拿轻放，防止与其他物件擦碰，切割后绝不能清洁光纤。

（5）放置光纤。

1）将剥好的光纤轻放在 V 形槽中。根据光纤切割长度调整光纤在压板中的位置，放置时光纤端面应处于 V 形槽端面和电极之间，确保光纤尖端被放置在电极的中央，V 形凹槽的末端，如图 10-16 所示。另外，光纤覆层为 900μm 厚度时须使用端面板。

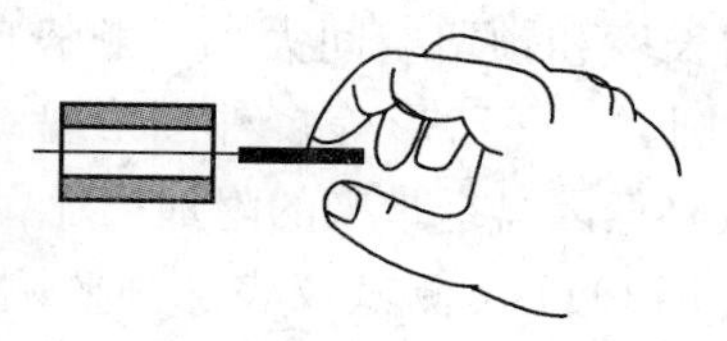

图 10-16　光纤的放置

2）轻轻地盖上光纤压板，然后合上光纤压脚。

3）盖上防风罩。

（6）熔接。按熔接键（▶）开始熔接。

（7）取出光纤。

1）取出光纤前先抬起加热器的两个夹具。

2）抬起防风罩。对光纤进行张力测试（200g）。测试过程中，屏幕上会出现“张力测试”。

3）等到张力测试结束后，在移除已接合光纤之前会显示出“取出光纤”字样。2s后“取出光纤”会变为“放置光纤”。同时，S176熔接机会自动为下一次接续重设发动机。

4）取出已接续光纤，轻轻牵引光纤，将其拉紧。

（8）热缩管加热。

1）将热缩管中心移至熔接点，然后放入加热器中。要确保熔接点和热缩管都在加热器中心、金属加强件处于下方、要确保光纤没有扭曲。

2）用右手拉紧光纤，压下接合后的光纤以使右边的加热器夹具可以压下去。

3）关闭加热器盖子。

4）按加热键（-∿∿-）激活加热器。监视器在加热程序中会显示出加热的过程，当加热和冷却操作结束后就会听到嘟嘟声。要停止加热操作可以按按钮，加热过程就会停止，冷却过程立刻开始，再次按按钮，冷风扇也会停止。加热器可使用20mm微型热缩套管和40、60mm一般热缩套管，20mm热缩管需40s，60mm热缩管为85s。

5）从加热器中移开光纤，检查热缩管以查看加热结果。

（9）盘纤整理。科学的盘纤方法，不仅可以避免因挤压造成的断纤现象，使光纤布局合理、附加损耗小，能够经得住时间和恶劣环境的考验，而且有利于以后的检查维修。

1）按先中间后两边顺序盘纤，即先将热缩后的套管逐个放置于固定槽中，然后再处理两侧余纤，这样有利于保护光纤接点，避免盘纤可能造成的损害。在光纤预留盘空间小、光纤不易盘绕和固定时，常用此种方法。

2）从一端开始盘纤，固定热缩管，然后再处理另一侧余纤。优点为可根据一侧余纤长度灵活选择光缆护套管安放固定位置，方便、快捷，可避免出现急弯、小圈现象。

3）根据实际情况采用多种图形盘纤。按余纤的长度和预留空间大小，顺势自然盘绕，千万不能生拉硬拽，应灵活地采用圆、椭圆、“～”形等多种图形盘纤（半径≥4cm），尽可能最大限度利用预留空间和有效降低因盘纤带来的附加损耗。

（10）接续质量检查。在熔接的整个过程中，要用OTDR测试仪表加强监测，保证光纤的熔接质量、减小因盘纤带来的附加损耗和封盒可能对光纤造成的损害，

决不能仅凭肉眼进行判断好坏。

1）熔接过程中对每一芯光纤进行实时跟踪监测，检查每一个熔接点的质量。

2）每次盘纤后，对所盘光纤进行例检，以确定盘纤带来的附加损耗。

3）封接续盒前对所有光纤进行统一测定，以查明有无漏测和光纤预留空间对光纤及接头有无挤压。

4）封盒后，对所有光纤进行最后监测，以检查封盒是否对光纤有损害。

三、操作注意事项

（1）在使用中和使用后要清洁光纤熔接机的灰尘、特别是夹具，各镜面和V形槽内的粉尘和光纤碎末光纤，以及切刀的V形槽、压板、刀刃等部位。

（2）切割时要保证切割端面垂直，光纤的端面不要接触任何地方，碰到则需要重新清洁和切割。

（3）在熔接的整个过程中，熔接机防风盖不能打开。

（4）加热热缩套管时，光纤熔接部位一定要放在正中间，加一定张力，防止加热过程出现气泡，固定不充分等现象，套管加热后拿出时注意不要接触以免烫伤。

（5）整理工具时防止碎光纤头飞入眼睛。

模块7　光　纤　测　试

一、操作说明

1. 光纤的种类

光纤是指能以传递光信号实现通信的光导纤维，多根光导纤维构成光缆。光纤用来通信有很多优势，例如质量小、体积小、传输距离远、容量大、抗电磁干扰能力强。

光纤根据工作模式的不同分为多模和单模光纤，单模光纤以单一模式传播，传输频带宽、传输容量大、传播距离远，但单模光纤本身和配套设备的成本高。多模光纤以多种模式工作，传输速率相对于单模光纤为低、距离短、传输容量小，但成本较低，两者区别见表10-5。

表10-5　多模和单模光纤的区别

多模光纤	工作模式：传输多种模式或者多种不同路径的光束 光源类型：发光二极管LED 工作波长：850nm、1300nm
单模光纤	工作模式：只带有一种模式或者不同路径的光束 光源类型：激光 工作波长：1310、1550nm

单模光纤的常用规格有 8/125μm、9/125μm、10/125μm 等，多模光纤的常用规格有 50/125μm、62.5/125μm 等。光缆的种类主要有中心束管式光缆（12 芯以下）、层绞式光缆、带状式光缆，光缆的主要用料有纤芯、光纤油膏、护套材料、PBT（聚对苯二甲酸丁二醇酯）。

单模光纤较为复杂，常用的单模光纤有：

（1）G.652 单模光纤。常称为非色散位移光纤，其零色散位于 1.3μm 窗口低损耗区，工作波长为 1310nm，损耗为 0.36dB/km。随着光纤工业和半导体激光技术的成功推进，光纤线路的工作波长可转移到更低损耗（0.22dB/km）的 1550nm 光纤窗口。

（2）G.653 单模光纤。常称为色散位移光纤，其零色散波长移位到损耗极低的 1550nm 处。

（3）LEAF 单模光纤。单模非零色散位移光纤，工作在 1550nm 窗口。

2. 光纤网络中所需的元件

（1）光纤连接器。在计算机网络的连接中，光纤可以通过 SC、ST、FC 或者 LC 光纤连接器与网络设备连接。

（2）光纤收发器。光纤收发器包含光发射和光接收装置，允许在两个端点之间进行双向信息传递。

（3）光纤介质转换器。同时使用了双绞线和光缆的网络结构，需要一个光纤介质转换器，该转换器允许一个网段从双绞线过渡到光缆，或者从光缆过渡到双绞线。

（4）光纤耦合器。接收光纤连接器的硬件。

（5）光纤连接器面板。可安装多个耦合器。

（6）光纤连接器嵌板。固定光纤互连装置中耦合器用的嵌板。

（7）交叉连接模块。光纤跳线的端接器，可通过光纤跳线灵活变动传输路由。

（8）光纤互连装置。可直接端接多根光纤。

3. 光纤的交叉连接和互联

（1）光纤交叉连接。光纤交叉连接与铜线交叉连接相似，它为设备传输管理提供一个集中的场所。交叉连接模块允许用户利用光纤跳线（两头有端接好的连接器）来为线路重新安排路由，增加新的线路和拆去老的线路。

（2）光纤互连。光纤互连是直接将来自不同光缆的光纤互连起来而不必通过光纤跳线。当主要需求不是线路的重新安排，而是要求适量的光能量的损耗时，就使用互连模块，互连的光能量损耗比交叉连接要小。这是由于在互连中光信号只通过一次连接，而在交叉连接中光信号要通过二次连接。

4. 光纤的主要技术指标

（1）光纤材料特性。在光纤的应用中，光纤种类虽然多，但是测试仪器基本相同，测试内容主要是衰减性能。光纤材料为玻璃和塑料，有单模、多模之分。

（2）光纤的连续性。光纤的连续性是对光纤的基本要求，因此对光纤的连续性进行测试是最基本的测量之一。进行测量时，通常是把红色激光、发光二极管或者其他可见光注入光纤，并在光纤的末端监视光的输出。如果光纤中由断裂或者不连续点，则光纤的输出端功率会减小或者根本没有光透出。

（3）光纤的衰减。光纤的衰减主要是光纤本身的固有吸收和散射造成的，衰减系数越大，光信号在光纤中衰减得越严重。在特定的波长下，从光纤输出端的功率中减去输入端的功率，再除以光纤的长度即可得到光纤的衰减系数。光纤通道可允许的最大衰减应不超出表 10-6 所列的数值。

表 10-6　　光纤通道可允许的最大衰减

链路长度（m）	多模衰减值（dB）		单模衰减值（dB）	
	850nm	1300nm	1310nm	1550nm
100	2.5	2.2	2.2	2.2
150	3.9	2.2	2.7	2.7
1500	7.4	3.6	3.6	3.6

（4）光纤波长窗口参数。综合布线通道光纤波长窗口参数应符合表 10-7 的规定。

表 10-7　　光纤波长窗口参数　　nm

光纤模式及标称波长	波　长			
多模 850nm	790	910	850	50
多模 1300nm	1285	1330	1300	150
单模 1310nm	1288	1339	1310	10
单模 1550nm	1525	1575	1550	10

注　1. 多模光纤：芯线标称直径为 62.5/125μm 或 50/125μm；并符合 GB/T 12357《通信用多模光纤系列》规定的 Alb 和 Ala 光纤。850nm 波长时最大衰减为 3.5dB/km（20℃）；最小模式带宽为 200MHzkm（20℃）；1300nm 波长时最大衰减为 1dB/km（20℃）；最小模式带宽为 500MHzkm（20℃）。

2. 单模光纤：芯线应符合 GB/T 9771《通信用单模光纤》系列标准的 B1.1 类光纤。1310nm 波长和 1550nm 波长时最大衰减为 1dB/km；截止波长应小于 1280nm。1310nm 时色散应≤6PS/（km·nm）；1550nm 时色散应≤20PS/（km·nm）。

3. 光纤连接硬件：最大衰减 0.5dB；最小回波损耗为多模 20dB，单模 26dB。

（5）光纤的带宽。带宽是光纤系统的重要参数之一，带宽越宽，信息传输速率越高，各种光纤传输速率也不尽相同。带宽主要受到色散的影响，光纤的色散越小，其带宽就越宽。一般用两种方法测量高频信号在传输过程中的模式色散效应。第一种是采用频域测量方法，将扫频的正弦波信号加到光纤的发射器，然后在接收端测量光的输出。信号的幅度较峰值下降 3dB 的频率点即是系统的带宽。第二种是采用时域测量方法，测出脉冲通过光纤后被展宽的程度来确定系统的带宽。

（6）反射损耗。光纤传输系统中的反射是由多种因素造成的，其中包括由光纤连接器和光纤接续等引起的反射。对于单模光纤来说，反射损耗尤其重要，因为光源的性能会受反射光的影响。综合布线光纤通道任一接口的光纤反射损耗，应满足：

1）多模光纤（标称波长 850nm 或 1300nm）的最小回波损耗限值≥20dB。

2）单模光纤（标称波长 1310nm 或 1550nm）的最小回波损耗限值≥26dB。

（7）传输延迟。有些应用系统对光缆布线通道的最大传输延迟有专门的要求，可按照 GB/T 8401 规定的相移法或脉冲时延法进行测量。

5. 光纤的测试标准

影响光纤传输性能的主要参数是光功率损耗，损耗主要是由光纤本身、接头和熔接点造成的。但由于光纤的长度、接头和熔接点数目的不定，造成光纤链路的测试标准不像双绞线那样是固定的，因此对每一条光纤链路测试的标准都必须通过计算才能得出。具体计算公式为

$$\text{光纤链路的损耗极限} = (\text{光纤长度} \times \text{衰减系数}) + (\text{接头衰减} \times \text{数量}) + (\text{熔接点衰减} \times \text{数量}) \quad (10\text{-}2)$$

标准中要求多模光纤只需测试一个波长即可，而单模光纤两个波长都要测到，式（10-2）中的各种损耗系数见表 10-8。

表 10-8　不同光纤的衰减系数

光纤类型	衰减系数
多模 1	3.75dB/km@850nm
多模 2	1.50dB/km@1300nm
单模室外 1	0.50dB/km@1310nm
单模室外 2	0.50dB/km@1550nm
单模室内 1	1.00dB/km@1310nm
单模室内 2	1.00dB/km@1550nm

在测试完由光缆路径所产生的光功率损耗之后，将结果与光缆的损失预算（OLB）相比较，以确定安装是否在性能参数内。损失预算基于三个量而得到的，这三个量是电缆路径中的，连接器数量、分段的数量和电缆的长度。OLB 的基本计算公式如下

$$\text{OLB} = \text{电缆损失} + \text{分段损失} + \text{连接器损失} \quad (10\text{-}3)$$

在计算 OLB 的时候，将实际的光缆的长度、分段和连接器的数量都要乘上预先定义好的系数。这些系数随使用的光缆类型、网络使用的波长，所采用的标准和参考的来源变化而变化。对于连接器而言，相关系数变动的范围为 0.5～0.75dB，对于分段而言，相关系数取值 0.2dB 或 0.3dB。而对于电缆长度的相关系数，使用表 10-9 中所列出的值。

表 10-9　光纤链路预算中使用的电缆相关系数

光纤类型	850nm	1300nm	1550nm
多模光纤	3to3.76dB/km	1to1.5dB/km	
单模光纤		0.4dB/km	0.3dB/km

二、操作步骤

根据 TIA/ISO 和相关国家标准，测试光纤需要用两个波长测试。多模光缆要用波长为 850nm/1300nm（或者 850nm/1310nm）的 LED 光源，单模光纤要用波长为 1310nm/1550nm 的激光光源。而且测试方向应与应用时的光传输方向一致。新的标准要求，光纤的完整认证要经过两个阶段，即基本的光纤损耗或网络连通性测试（光纤布线认证）、更严格的光时域反射计（OTDR）测试。下面以 FLUKE-DTX-1800-MS 电缆认证测试仪为例分别介绍。

1. 光纤布线认证

（1）附件安装。首先要求给测试仪安装适当的光纤模块，光纤模块有 DTX-MFM2 多模模块、DTX-GFM2 千兆多模模块、DTX-SFM2 单模模块，可根据需要选装。另外，使用 DTX-MFM2 多模模块认证多模光纤时，为了改善测量结果的可重复性及一致性，应当使用心轴。由于光纤类型和接口的复杂性，还需要适当的连接适配器、基准测试线、跳线等。

（2）任务设置。开启测试仪将旋转开关转至 SPECIAL FUNCTIONS，检查内存空间可用后，将旋转开关转至 SETUP 创建任务文件夹、设置测试人员、地点、单位名称以及测试日期和时间。

（3）设置测试值。将旋转开关转至 SETUP 开始设置，使用上、下、左、右箭头键选择或设置，按 ENTER 键确认。光纤布线测试设置值见表 10-10。

表 10-10　光纤布线测试设置

设置值	说明
SETUP>光纤损耗>光纤类型	选择被测的光纤类型
SETUP>光纤损耗>测试极限	为测试任务选择适当的测试极限。测试仪将光纤测试结果与所选的测试极限相比较，以产生通过或失败的测试结果
SETUP>光纤损耗>远端端点设置	用智能远端模式来测试双重光纤布线 用环回模式来测试基准测试线与光缆绕线盘 用远端信号源模式及光学信号源来测试单独的光纤
SETUP>光纤损耗>双向	在“智能远端”或“环回”模式中启用“双向”时，测试仪提示要在测试半途切换测试连接。在每组波长条件下，测试仪可对每根光缆进行双向测量（850nm/1300nm，850nm/1310nm 或 1310nm/1550nm）
SETUP>光纤损耗>适配器数目 SETUP>光纤损耗>接续点数目	如果所选的极限值使用计算的损耗极限值，输入在设置参考后将被添加至光纤路径的适配器数目
SETUP>光纤损耗>连接器类型	选择用于布线的连接器类型
SETUP>光纤损耗>测试方法>方法 A，B，C	损耗结果包含设置基准后添加的连接。基准及测试连接可决定将哪个连接包含于结果当中。测试方法指所含端点连接数： 方法 A，损耗结果包含链路一端的一个连接。 方法 B，损耗结果包含链路两端的连接。 方法 C，损耗结果不包含链路各端的连接，仅测量光纤损耗
SETUP>光纤损耗>折射率 n>用户定义或默认值	测试仪使用目前选定的光纤类型所定义的默认折射率或用户定义的值。若要测定实际值，更改折射率，直到测得的长度符合光纤的已知长度，此时对应的折射率就是实际值
SPECIAL FUNCTIONS>设置基准和跳线长度	设置基准可以设置损耗测量的基准电平 设置基准后，输入所用的基准测试线的长度

（4）下面以远端信号源模式认证一根光纤为例说明认证的过程，智能远端和环回模式与此类似。

1）按照（3）中的操作步骤，设置参数见表 10-11。

表 10-11　　光纤布线测试设置例表

参　数	设　置　值
光纤类型	多模 62.5μm（850nm/1300nm）
测试极限	按 F1 键查看选择多模光纤极限值，也可输入计算损耗（也叫损失预算，OLB）作为测试极限（OLB 的算法见网络传输介质及其技术参数、测试标准模块）
远端端点设置	远端信号源
双向	不用
适配器数目 接续点数目	不用 不用
连接器类型	通用类型
测试方法	B
折射率	默认
设置基准	设置基准，在 3）中进行
跳线长度	2m，在 4）中进行

2）检查智能远端信号源。在 850nm 波长条件下，按住智能远端光缆模块上的按钮 3s 来启动输出端口，LED 指示灯亮红灯；再按一次可切换至 1300nm 波长，LED 指示灯亮绿灯。

3）设置基准。开启测试仪及智能远端（已安装 DTX-MFM2 多模模块），因为光纤模块的测量准确度受温度的影响比较大，保持模块测试期间的温度稳定有助于测量结果的稳定，所以在开启测试仪及智能远端后，要先进行一段时间的预热，使模块温度逐渐稳定在环境温度上，如果模块使用前的保存温度高于或低于环境温度，则等待更长时间使模块温度稳定。预热 5min 后，把准备使用的基准测试线和心轴连接到测试仪及智能远端上，如图 10-17 所示。转开关转至 SPECIALFUNCTIONS（特殊功能），然后开启智能远端；选中“设置基准”，按 ENTER 键确认。如果同时连接了光纤模块及铜缆适配器，接下来选择“光纤模块”，最后按 TEST 键进行基准设置。

4）设置基准后，输入所用的基准测试线的长度。

（5）清洁待测光纤的连接器，然后将测试仪及智能远端连接至光纤，连接如图 10-18 所示，测试仪将会显示该测试方向上的连接。

（6）将旋转开关转至 AUTOTEST，按 TEST 键，然后选择智能远端上的波长组。

（7）要保存测试结果，按 SAVE 键，建立光纤标识码后再按一下 SAVE 键。

（8）给通过认证的每根光纤填上校验日期，如果有光纤未能通过仪器认证，则

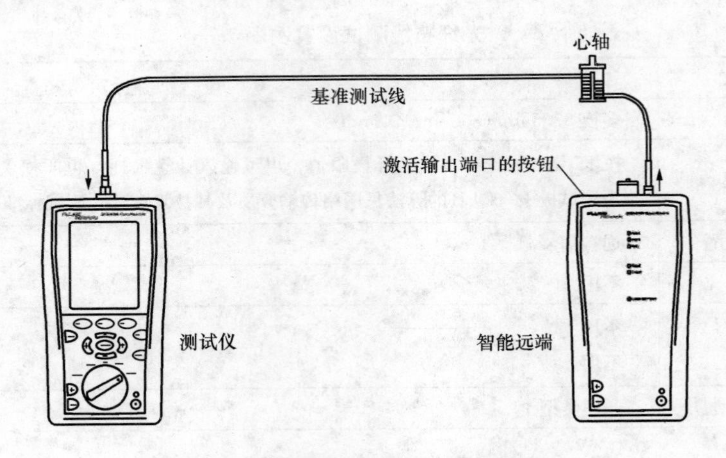

图 10-17 远端信号源模式基准连接

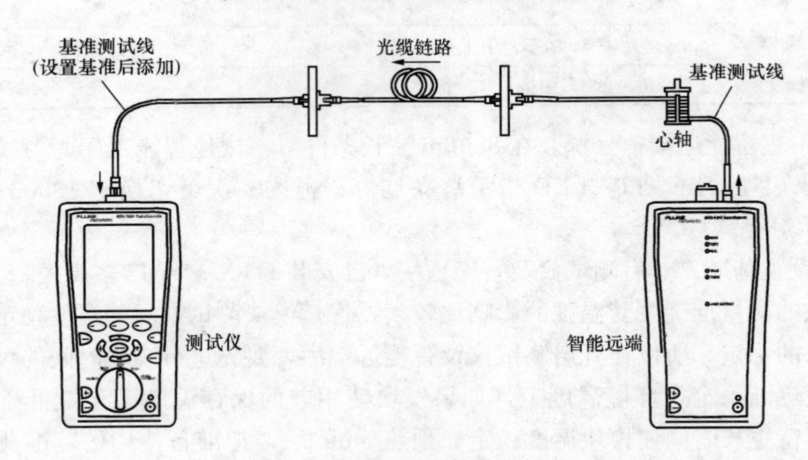

图 10-18 远端信号源模式测试连接

应该对该线缆进行仔细检查和处理，然后重复步骤（5）～（7）。

2. 光时域反射计（OTDR）测试

（1）附件安装。安装 DTX Compact OTDR 模块，预备发射光缆和接收光缆，清洁将要使用的连接器、适配器。

（2）任务设置。开启测试仪将旋转开关转至 SPECIAL FUNCTIONS，检查内存空间可用后，将旋转开关转至 SETUP 创建任务文件夹、设置测试人员、地点、单位名称以及测试日期和时间。

（3）选择自动 OTDR 模式：将旋转开关转至 AUTOTEST，按 F3 更改测试方式，然后选择自动。

（4）设置测试值。将旋转开关转至 SETUP 开始设置，给测试选取设置。将旋

转开关转至 SETUP，然后选择 OTDR，开始设置。主要的设置项见表 10-12。

表 10-12　　OTDR 测试设置

设　置	说　明
自动/手动	在自动测试屏幕上，按 F3 更改测试。在自动模式下，测试仪会根据布线的长度及总损耗来选择特定的设置值
OTDR 端口	多模或单模
测试极限	测试仪将 OTDR 测试结果与设定测试极限值相比较，以产生通过/失败结果
光缆类型	给将要测试的光缆选择一种适合的类型
波长	可以在一个波长、OTDR 模块支持的全部波长、设定的测试极限支持的全部波长下测试布线
发射补偿	可以消除发射光缆及接收光缆对 OTDR 测试结果的影响
测试位置	测试仪所处的光缆端点。根据该设置，测试仪将 OTDR 的结果分为端点 1 或端点 2 来指示所测试的是布线的哪一端
端点 1、端点 2	分配给布线端点的名称

注　1. 测试极限可以从仪器列表中选择，也可以使用损失预算（OLB）作为测试极限，OLB 的计算方法见网络传输介质的技术参数和测试标准模块。

2. 建议使用发射光缆和接收光缆，并启用发射补偿。

在使用发射光缆和接收光缆时，总损耗和长度包括发射光缆和接收光缆的损耗和长度，为了消除这些光缆对 OTDR 测量值的影响，应启用发射补偿功能，方法如下：

a. 将旋转开关转至 SETUP，选择 OTDR，然后选择将要测试的 OTDR 端口（多模或单模）。

b. 将旋转开关转至 SPECIAL FUNCTIONS，然后选择设置发射光缆补偿。

c. 在设置发射方式屏幕上，选中想要采用的补偿类型。

d. 按照测试仪屏幕上所示将光缆连接到测试仪的光时域反射计（OTDR）端口，然后按 TEST 键。

e. 测试仪将发射光缆的结束端和接收光缆的起始端（如果选择了接收光缆补偿）显示在事件表中。

f. 按 SAVE 键，然后按 F2 确定。

g. 如果需要禁用发射补偿功能，将旋转开关转至 SETUP，选择 OTDR，然后将发射补偿在选项卡 2 中设为禁用。

（5）如图 10-19 所示，将测试仪的 OTDR 端口连接至布线系统。另外，OTDR 也可从一端测试未敷设的光缆。

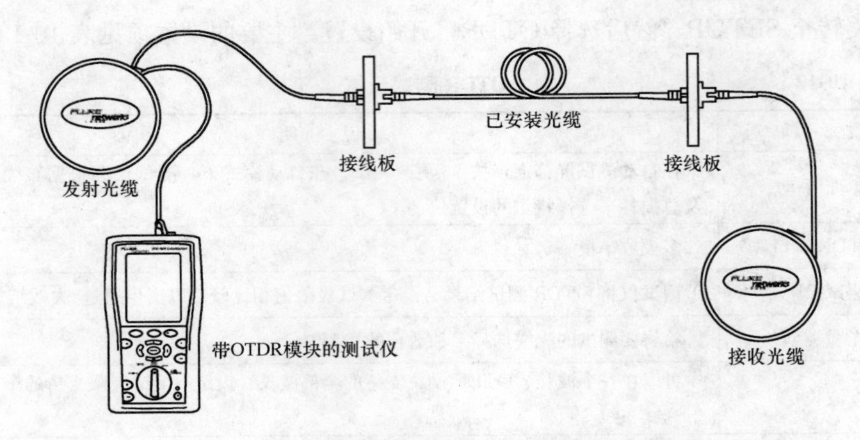

图 10-19　将 OTDR 模块与已安装的光缆连接

（6）按 TEST 键后将得到 OTDR 测试结果和曲线屏幕，如图 10-20 所示为 OTDR 测试结果示例，如图 10-21 所示为典型 OTDR 曲线。

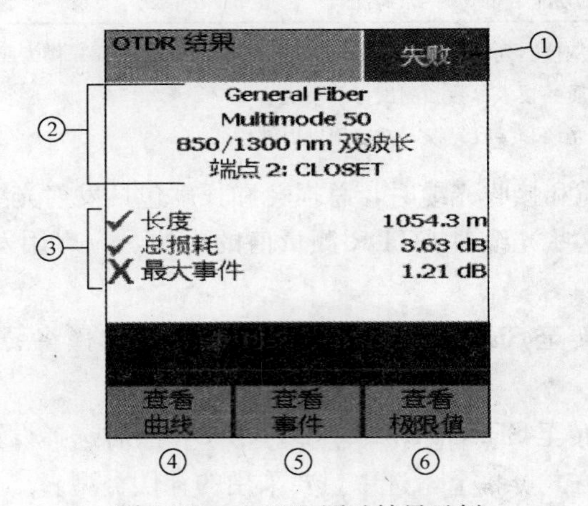

图 10-20　OTDR 测试结果示例

注：

① 测试总体结果：

PASS（通过）：所有测量值在极限值之内。

FAIL（失败）：一个或多个测量值超出极限值。

② 测试所用的极限值、光缆类型、波长和光缆端点编号（1 或 2）。

③ 所做的测量及每个测量的状态：

√：测量值在极限范围内。

i：测量在选定的测试极限内无通过/失败限制，仅供信息参考目的。

×：测量值超出极限范围。

④ 显示 OTDR 曲线。

⑤ 显示事件表。

⑥ 显示测试所用的极限值。

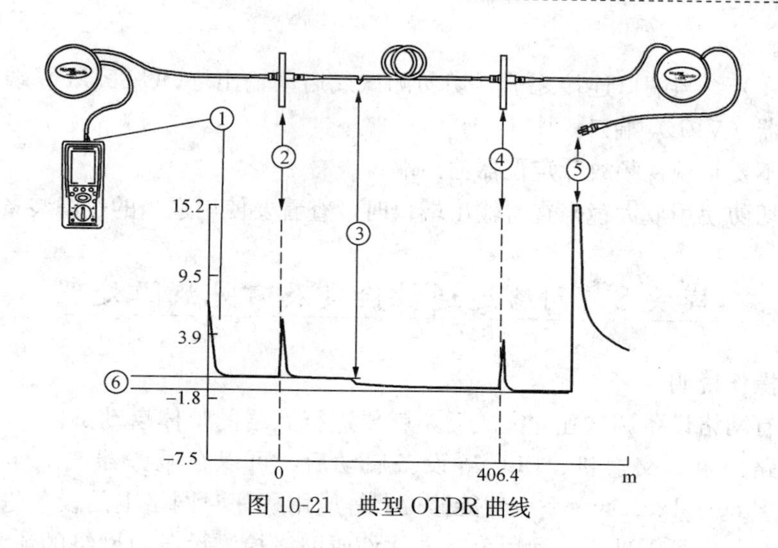

图 10-21 典型 OTDR 曲线

注：

① OTDR 端口连接引起的反射事件。

② 由布线中第一个连接引起的反射事件。该曲线是在使用发射光缆补偿的情况下生成的，因此发射光缆的端点用一条虚线标记，并且作为长度测量的 0m 点。

③ 光缆锐弯引起的细小事件。

④ 由布线中最后一个连接引起的反射事件。虚线标记了被测光缆的结束端和接收光缆的起始端。

⑤ 由接收光缆的端点引起的反射事件。

⑥ 布线的总损耗。由于采用了发射光缆和接收光缆补偿，总损耗不包括发射光缆和接收光缆的损耗。

（7）要保存测试结果，按 SAVE 键，建立光纤标识码后再按一下 SAVE 键。如果要将测试结果与已存在的光纤布线认证结果一起保存，输入现有结果的光纤标识码后然后按 SAVE 键即可。

（8）测试完成后，将电缆认证测试仪的 USB 接口与计算机连接，将认证结果传到计算机上，使用测试仪携带的 Link Ware 软件进行分析和整理，最后生成测试报告。

三、操作注意事项

因为激光会对眼睛造成伤害，所以在使用激光光源进行测试（单模光纤测试）时，有下列要求：

（1）切勿直视光学连接器内部。

（2）始终用防尘罩覆盖住光缆模块的输出（OUTPUT）端口或将基准测试线与端口连接。即使没有在进行测试时，也要覆盖住端口可以降低意外曝露于危险辐

射的风险。

（3）在光纤与端口连接之前，切勿测试或启动输出（OUTPUT）端口或视频故障定位器（VFL）端口。

（4）不要直视视频故障定位器输出端口。

（5）切勿使用放大镜来查看输出端口时，查看要使用适当的过滤装备。

模块8　网络连通性检查及常见故障处理

一、操作说明

当所有网络设备调试独立完成后，就要进行网络的整体启动试验，在服务器、工作站、路由器、交换机、PLC 等设备启动后，可以在服务器或工作站上使用 Ipconfig、Ping、Tracery、系统性能监视器等应用程序对网络上的设备进行简单的连通性检查，也可以进一步利用第三方软件或网络检测设备对网络的流量、服务、端口及健康状况进行监视和分析，利用分析结果查找和纠正网络故障。另外，网络的连通性、健康状况等也是网络运行过程中的日常维护内容。

当一台网络设备初次投入运行或者网络出现连接错误时，首先要进行网络连通性检查，以确定故障发生在网络的哪一层。通常的做法是先检查网络协议是否安装、协议配置是否正确，如果能够排除网络层、传输层的问题，就可以继续检查应用层和物理链路层是否有问题。对于服务器、工作站、路由器、PLC 这些必须分配网络地址的设备来说，可以使用 Ping 命令检查有无 ICMP 回应（本书所涉及的水电厂计算机监控系统网络均采用 TCP/IP 协议，其他协议如 NetWare SPX/IPX 请参阅有关资料）直接进行连通性检查，但对交换机（这里指二层交换）、集线器一类设备连通性的检查就有一些区别，除非其支持 SNMP 这样的管理协议（需要分配网络地址），否则对其连通性只能采用间接的检查手段，具体方法就是使用连在某个端口的设备去尝试和连在其他端口上的设备进行连接，如果连接成功，则说明交换机、集线器已经连通，否则说明未能连通。

在局域网内连通性检查的指标有收发包丢失率、回应不能超时且往返时间（RTT）短、生命周期（TTL）等。本模块介绍使用电缆认证测试仪进行更为专业的网络连通性检查的方法和步骤。

二、操作步骤

（一）网络连通性检查

下面以 FLUKE DTX-1800-MS 电缆认证测试仪为例说明网络连通性检查步骤：

（1）按照表 10-13 对已安装 DTX-NSM 或 DTX-SFP 模块的测试仪进行设置，

设置方法见双绞线测试模块。

表 10-13　　网络连通性测试设置

设　置	说　明
SETUP>网络设置>IP 地址分配	选择 Static（静态），手工输入测试仪的 IP 地址、子网掩码、网关地址。注意：该地址不能和其他设备的地址重复
SETUP>网络设置>Ping 次数	Ping 次数（3～50），建议设为 4 次
SETUP>网络设置>目标地址	输入要进行连通性检查的设备地址，如果地址少，可以手工输入；如果地址多，考虑日后维护过程要反复使用，可使用 Link Ware 软件按照网络规划表把所有设备的 IP 地址下载到测试仪中

（2）配置完成后，将安装了 DTX-NSM 或 DTX-SFP 模块的测试仪按图 10-22 所示接入运行中的网络。

（3）将旋转开关转至 MONITOR（监视器），然后选择网络连通性。

（4）按 TEST 键后，如果要连接一个设备，选中该设备后按 F3，要连接列表

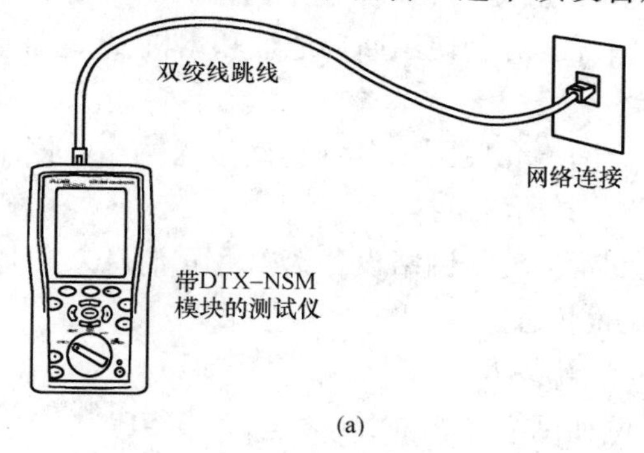

(a)

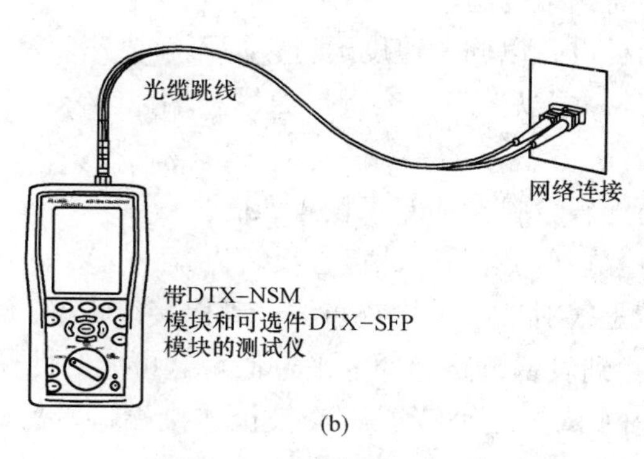

(b)

图 10-22　网络测试连接

（a）双绞线链路；（b）光缆链路

中的所有设备，按 F1 则连接全部设备。要查看设备的详细信息，先选中一个设备，然后按 ENTER 键。如图 10-23 所示为连通性检查结果实例。

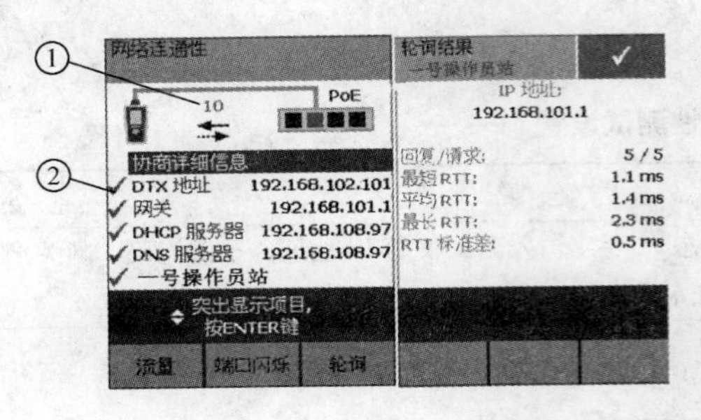

图 10-23　连通性检查结果实例

图 10-24 中①表示网络连接速度是 10Mbit/s，半双工；②表示设备的连接情况，绿色的"√"表示所有请求均收到回复，橙色的"√"表示有部分请求收到回复，"×"表示没有收到回复，说明连接存在问题。

(5) 将结果保存到测试仪中，整理和分析后编写测试报告。

(二) 常见网络连通性故障处理

(1) 某台网络设备不能和网络中其他设备连通的一般检查步骤：

1) 网络协议和地址检查。检查网络设备 TCP/IP 协议配置是否安装，IP 地址、子网掩码、网关地址配置是否正确。

2) 检查网卡工作情况。分别使用回环地址和本机 IP 地址验证本机协议和网卡启用后的运行情况。

3) 网络介质检查。网络介质两端是否正确接入网络，网络介质是否存在故障(开路、短路、串对等)，必要时更换。

4) 检查网络安全配置。确认网络设备上 ICMP 消息未被防火墙或者 IP Sec 安全策略配置为拦截和阻止状态。

(2) 常见连通性故障解决办法。

1) 速度不匹配：例如网络以 10Mbit/s 运行，而 PC 以 100Mbit/s 运行，这种速度不匹配问题会妨碍网络的连接。

解决方法：使两种设备以同一速度运行，即可解决速度不匹配的问题。

2) 双工不匹配：一端以半双工运行，而另一端以全双工运行，这种不匹配问题会妨碍网络的连接。

解决方法：重新配置设备，使双工设置匹配。

3) 极性反转：检测到的链路脉冲极性反转。

解决方法：可能是线对反接，检查布线，确保接线正确。

4) 电平低：检测到设备链路脉冲电平过低，这可能对性能产生不良影响。

解决方法：替换网卡或更换集线器/交换机连接端口。另外也可能是传输介质衰减过大所致，需要进行介质检查。

5) 传输线对开路：用于传输的线对 (1，2 或 3，6) 开路。这一问题会妨碍网

络连接。

解决方法：找出电缆并更换。

6）出具连通性故障报告。

三、操作注意事项

（1）测试装置的网络地址不能与本地网内其他设备冲突。

（2）连通性测试时要控制测试次数和数据块的大小。

模块 9　病毒的清除与防护

一、操作说明

计算机病毒就是指编制或者在计算机程序中插入的破坏计算机功能或者毁坏数据，影响计算机使用，并能自我复制的一组计算机指令或者程序代码，简单地说就是一段恶意代码。

病毒有破坏性、隐蔽性、潜伏性、传染性的特征，蠕虫和木马程序也属于病毒范畴。

因为病毒严重影响用户正常使用计算机，所以需要从系统中把病毒清除出去，清除病毒有手工清除和软件清除两种方法。手工清除法要求工作人员具备对系统和病毒机理的深刻认识，掌握识别和删除病毒代码的复杂方法，对人员有很高的要求，随着病毒技术的发展，其隐蔽性越来越强，破坏程度越来越大，手工清除病毒效率低下，不到万不得已，不会有人采用这种方法。现在的反病毒工作通常由专门的研究机构和专业人员来从事，他们在深入研究病毒特征和原理的基础上开发出用于病毒扫描和清除的软件，授权给用户进行病毒的查杀，使得普通用户从病毒困扰中解脱出来，专心从事自己的生产生活，这就是软件清除法。

执行病毒清除的过程叫做反病毒过程，也叫免疫过程，规范化的免疫方法和步骤叫做免疫程序。

常用的反病毒软件，国产的有瑞星、金山等，国外的有 Symantec、Kaspersky 等。

本模块将以 Kaspersky 系列反病毒软件为例介绍病毒的扫描和清除方法。

二、操作步骤

（一）病毒清除

1. 开始病毒清除之前的工作

（1）确认本机是否已经退出监控系统，并已停止本机所有用户应用程序的运行，例如数据库系统、监控软件、办公软件等。因为反病毒软件在病毒清除过程中可能会中止正常运行的监控程序，造成监控过程中断，从而酿成生产事故，所以为了生产安全，需要该机退出监控过程。另外，病毒代码也可能与正在运行的某些系统和用户模块有关联，如果不退出用户应用程序，会造成感染到这些模块上的病毒无法清除。

（2）拔掉网线等通信介质，断开本机与监控系统的网络连接。因为有些病毒会通过网络传播，已清除完病毒的计算机有可能通过网络被其他尚未进行病毒清除的计算机上的病毒再次感染，为防止这种现象，需要阻断该计算机与其他计算机的任何联系。

（3）确认系统是否需要安装补丁、升级或更新。有些系统被病毒感染是因为其在设计上存在缺陷和漏洞，在杀毒之前先安装系统的补丁程序将会自动弥补这些不足，而进行系统的升级或更新则是用户为了达到提升系统性能的目的对原有系统进行改动或替换。在执行反病毒程序之前安装补丁、升级或更新系统也是出于保证对系统实现全面病毒扫描和清除的考虑，可以避免出现反病毒死角。

（4）确认是否更新病毒数据库或者升级反病毒软件。目的是为了提高杀毒质量和效率。

（5）确认是否备份。反病毒软件就像一把双刃剑，既能清除病毒，也可能由于误判而破坏正常的系统数据。因此应该考虑对系统是否进行备份，对于规模较大、恢复困难的系统尤其如此。如果已经有一套系统的备份，应该先核对该备份的可用性，然后再决定是否需要重新备份系统。

（6）确认是否创建应急盘。为了应对系统被破坏后系统启动和恢复的需要，反病毒软件一般都建议创建一套应急盘，Kaspersky 在创建应急盘时需要有操作系统安装盘，而金山毒霸则自带创建应急盘的工具。

2．扫描

首先要设置反病毒软件将扫描哪些区域和对象，例如 Kaspersky 有启动对象、关键区域、我的电脑三种选择。在清除病毒时，建议进行至少一次全面扫描工作，所以这里选择扫描“我的电脑”，并且包括所有分支项目，如图 10-24 所示。

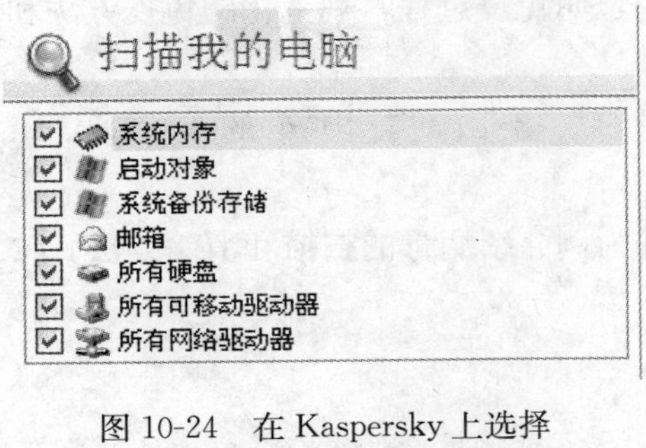

扫描设置完成后，启动扫描过程，Kaspersky 将显示扫描进度，如图 10-25 所示。如果检测到病毒，在报告栏会显示病毒的相关信息。

图 10-24　在 Kaspersky 上选择扫描“我的电脑”

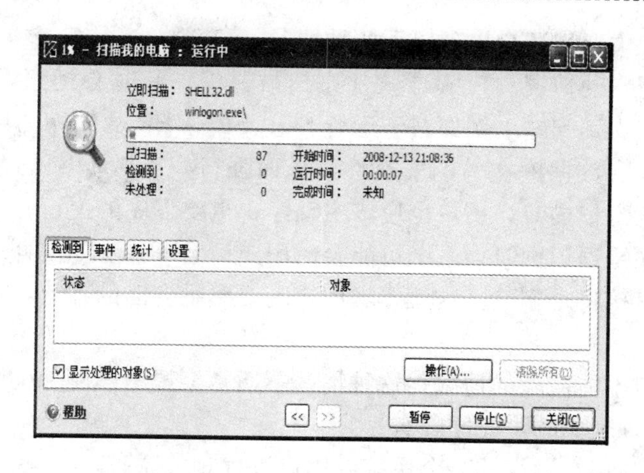

图 10-25　Kaspersky 扫描进度窗口

3. 杀毒

由于病毒感染文件方式的不同，现阶段常用的反病毒软件在杀毒过程中通常会涉及以下几种不同操作：

（1）清除。指把病毒代码彻底从被感染文件中删除。例如感染文件的如果是壳病毒，反病毒软件能够把病毒从被感染的文件剥离，并彻底删除病毒代码。

（2）删除。如果整个文件就是病毒（如广告、木马等），杀毒软件会将其整体删除；如果文件被注入型病毒感染，因为病毒本身和被感染的文件无法剥离，则杀毒软件会将病毒和被感染的文件一起删除。为了删除病毒，有时可能需要按照提示重新启动计算机。

（3）隔离。病毒隔离是文件回退的一项技术，目的是为了避免误删安全文件。反病毒软件在扫描到怀疑被感染了病毒的文件时，如果该文件是系统或某个程序所需要的重要文件，就会提示用户，用户在不能确定该文件是否真的被感染或者担心删除该文件会影响系统或程序的运行时，就可以选择将其隔离。反病毒软件会把所有怀疑的有害文件发送指定的安全隔离区域。以加密方式存储以避免继续感染计算机。等到用户能够确认该文件的安全性或者认为该文件对系统或程序的运行不可或缺时，可以在隔离区域中使用还原功能将文件恢复到查杀前的文件形态；如果用户能够确认该文件确实不安全并且认为该文件对系统或程序的运行无关紧要时，就可以在隔离区域中使用删除功能将其删除。需要注意的是，隔离起来的病毒是不会发作的，但如果病毒被解除隔离、恢复到原状态，那么仍会具有感染能力。

4. 跳过

由用户选择对某种病毒报告不执行任何操作。

在杀毒过程中通常还会出现以下两种情况：

(1) 错误识别的情况。反病毒软件在扫描过程中有时会把正常的文件当做病毒，这就是错误识别问题。例如对于运行 SQL SERVER 数据库的系统，反病毒软件常常会“怀疑”数据库文件的安全性，从而强行中断数据库服务。基于这个理由，在进行反病毒扫描时，用户也应该主动停止重要程序的运行，以免带来不可预计的损失。出现错误识别时，系统可能会向用户请示下一步如何处理，也可能不进行任何提示而直接将之删除。这就要求用户既要熟悉自已的系统，也要尽可能做好系统的备份。

(2) 识别但不能清除的情况。这种情况下通常会提示“删除失败”或者“清除失败”，造成这种现象的可能原因有：

1) 该病毒与正在运行的某个系统或用户进程相关联。

2) 病毒做了自我保护，例如存在守护进程。

因为前面介绍的杀毒方法都是在 Windows 操作系统正常模式下的病毒清除过程。在操作系统的正常模式下，大量的系统和用户任务被启动，病毒会跟系统或者用户正在运行的某个模块关联，尤其对于运行在操作系统核心保护模式下的病毒，系统会认为病毒是合法的程序而对其加以保护，禁止对其进行修改，这就导致产生病毒不能被清除的现象。

因此，在发现不能被清除的病毒后，最好在纯 DOS 模式或者 Windows 安全模式下进行查杀。

在纯 DOS 模式下，Windows 操作系统没有运行，病毒就更不可能运行，因此这时对其查杀，就绕过了系统的保护，达到干净杀毒的效果。但纯 DOS 模式下查毒有一定的局限性，只能针对 Windows95/98/Me 环境或者分区格式为 FAT16/FAT32 的 Windows2000/XP 环境。

在 Windows 安全模式下，操作系统仅仅运行一些最基本的程序模块，在此模式下，用户可以选择取消所有的自启动项目，终止不必要的系统进程和服务，从而绕过操作系统的阻挠，实现对病毒的彻底清除。

为了达到最好的反病毒效果，可以综合运用以上几种杀毒方式。

3) 试验和备份。通过试验检查系统是否能够正常工作。如果系统未作任何变动则不需要再次备份，保留原备份即可；如果系统有所改动，则应根据改动程度的大小考虑是否需要重新备份。

4) 建立和整理反病毒记录。记录的内容包括病毒名称、发现时间、感染文件类型（可选）、破坏程度（可选）、查杀结果、工作人员等。对不能准确识别的疑似病毒或者虽然能够识别但无法清除的病毒要进行初步分析和记录，及时向上级主管

部门汇报，以确定下一步处理方案。

（二）病毒的防护

与查毒杀毒相比，防毒工作显得更加重要和必要。查毒杀毒是被动的安全防御措施，只能降低损失程度，是对损失的挽回和补救；而防毒则是主动的安全防御措施，利用各种方法规范工作人员行为，建立严格的安全准入制度，控制病毒的传染途径，做到防患于未然。要做好防毒工作，必须着重从以下几点来抓：

（1）严格管理制度，防止在监控系统上的不规范活动。正常情况下，监控系统在运行后不会也不允许频繁进行系统的改动，监控系统与外部系统是隔离的，从而保证了不会有新的病毒侵入系统。所以平时一定要加强管理，禁止将未经过相关技术主管部门批准的设备接入监控系统，禁止将未经过相关技术主管部门审核的软件安装到监控系统。确实因工作需要在监控系统上的接入和修改活动要经过批准或授权，同时应履行工作票制度、交代制度。

（2）使用正版软件。电力系统是国家的基础和支柱产业，担负着经济效益和社会效益双重责任，其重要性不言而喻。相比电力系统的其他设施，软件花费只占很小的一部分，而软件的稳定和安全运行在电力生产过程控制中却起着举足轻重的作用。因此，基于国家相关知识产权和电力安全生产有关法律法规的规定，一定要使用正版软件。盗版软件在盗版过程中可能会出现局部损坏或病毒感染现象，再加上没有软件产品的授前培训和授后技术支持，在实际应用过程中要冒很大的安全风险。

（3）加强软件的免疫工作。对于具有较大规模的软件公司正式出版发行的软件，通常不会携带病毒。但在日常的应用中，常常会出现一些公司或者个人进行二次开发应用程序的现象，这些即将安装到监控系统上的应用程序可能是在他们自己内部的计算机、而不是在监控系统的工程师站上开发的，很有可能感染病毒，这必然存在安全隐患。因此，这一类的应用程序（也包括计划接入监控系统的计算机）在安装到监控系统之前，要履行严格的安全免疫程序，并经过相关技术主管部门批准后才能安装和运行。

（4）安装补丁程序。补丁程序是软件公司为了弥补软件安全漏洞、消除软件缺陷或者增强软件功能而向用户提供的售后技术支持，其表现形式一般是一个或者多个可供安装的程序模块。用户通常能够以在线下载方式安装这些补丁程序来升级自己的系统，但是出于安全方面的考虑，计算机监控系统是不能与外部网络直接连接的，所以只能以离线方式安装程序补丁。在以邮寄或者官方网站下载方式拿到程序补丁后，应当了解补丁的功能和作用，然后按照规定进入免疫程序。如果原系统运行稳定并且能够胜任目前的工作，建议不要马上安装，选择在更改或者大小修期间进行，因为补丁程序安装时可能要求系统退出运行，也可能要求安装完成后要进行试验，这些都会造成正常生产过程的中断。另外对补丁程序的管理与一般软件的管理一样，要求进行登记、分类、编号、命名、说明等。

（5）更新病毒数据库或者升级反病毒软件。反病毒软件一般都建有病毒数据库，病毒数据库中记录有病毒信息和反病毒的动作，病毒数据库随着已发现病毒的更新而不断更新和扩充。使用软件反病毒永远是被动的，今天的反病毒软件只能识别和清除截止到今天以前的已知病毒，不可能清除未知和未来的病毒。每增加一例新病毒甚至旧病毒的变种都要求反病毒软件推出一种新的杀毒方法，这种杀毒方法的推出意味着病毒数据库需要更新。出于安全考虑，更新病毒数据库的方式也只能以离线方式进行。同样，如果没有明确发现有病毒存在，也没有因为病毒的原因而造成系统出现运行不稳定的现象，病毒数据库的更新也建议放在更改或者大小修期间进行。另外，在更新病毒数据库以后，要求对系统进行一次全面的病毒扫描和清除过程。

升级反病毒软件是指用新版本的软件替换旧版本的软件，以获得反病毒能力和效率的提升。与更新病毒数据库一样，反病毒软件升级后也要求对系统进行一次全面的病毒扫描和清除过程。

（三）反病毒软件的运行时机

反病毒软件为了能够截获病毒线程和发现病毒特征码，需要访问系统内核和对系统内部的各类信息流进行过滤，从安全上来说虽然是必要的，但从技术上来说和病毒的有些工作原理是一样的。由于反病毒软件会占用系统资源（如 CPU 时间片、内存等）和增加防御环节，在日常生产过程中，如果让反病毒软件实时运行在机器中，将会使机器的速度和效率出现明显下降。因此，在已通过全面、“干净”的病毒扫描和病毒清除的计算机上，建议平时不要实时运行反病毒软件，可选择在更改和大、小修期间运行反病毒软件清除病毒。另外，在硬盘存储容量容许的前提下，建议不要卸载反病毒软件，也不要取消或者修改反病毒软件的默认启动和加载方式，在进行完病毒的全面扫描和清除后，使用反病毒软件本身的“退出功能”使反病毒软件退出运行即可，如图 10-26 所示为 Kaspersky（卡巴斯基）反病毒软件的退出菜单。虽然在每次计算机启动后都要执行一次反病毒软件的退出步骤，但是比起卸载后重新安装来说更有效率。

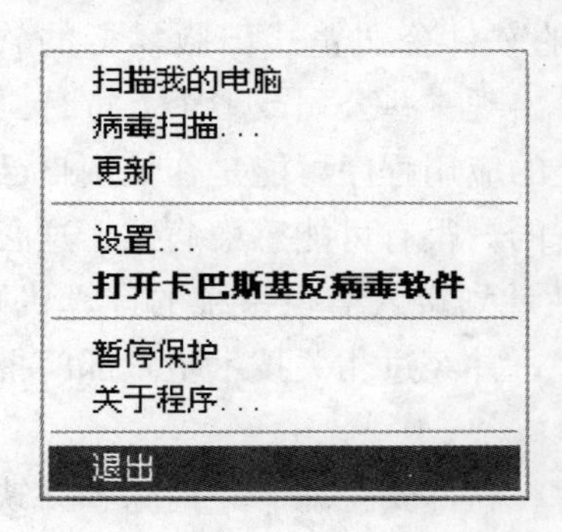

图 10-26　Kaspersky 反病毒软件的退出菜单

三、操作注意事项

（1）被执行免疫程序的计算机要退出监控过程。

（2）断开被执行免疫程序计算机和监控系统的网络连接。

（3）做好被执行免疫程序计算机系统的备份工作。

模块10　工作站检修

一、操作说明

在计算机监控系统中被赋予一定功能和任务的计算机就是工作站，比如操作员工作站、数据采集工作站、报表查询工作站等。工作站检修是涉及知识面较广、对检修技能要求较高、与生产环节联系较为紧密的综合性工作，所以要求在进行人员配备时，结构上要合理、数量上要足用，在配备软硬件设备时也要力求全面和完善。另外，在工作站检修时，一定需要一个本地管理员账户，还可能需要一个经过授权的全局账户。

二、操作步骤

1. 退出系统

（1）安全性检查。如果该工作站是冗余或热备配置，检查负担的任务是否已经正确切换到其他工作站上；如果该工作站是单点配置，则核对现场设备运行情况，确认工作站停用不会影响安全生产。

（2）停用工作站上的监控功能，监控程序退出。

（3）断开工作站与系统的网络通信连接。

（4）系统备份。如果系统原来有备份，并且本次检修不会有改动，那么保持原备份；如果系统将要有所改动，那么无论原来是否已经有备份都应该重新对系统备份（注意：系统备份可能需要本地管理权限）。

（5）工作站关机。正常的关机顺序为先关闭所有的程序，再关闭主机电源，最后关闭外设电源，关机时应避免强行关机操作。

（6）把工作站从控制台拆除。由于将要进行清洁工作，为防止污染其他设备，应将工作站搬到检修间或者与其他运行设备隔离的环境。

（7）核对历史记录，检查有无遗留设备缺陷。

2. 硬件检修

（1）分解。要按照产品说明书或者检修规程的要求进行分解，同时做好记录，分解后的元件和板卡应放置在绝缘、干燥的软垫上。

（2）清洁。不能把腐蚀性清洁剂用于工作站硬件的清洁，不能使用尖锐和坚硬

的工具擦拭元件和板卡，已清洁过的元件和板卡应该单独放置。

(3) 组装。把清洁过的元件和板卡遵照记录依次安装，保证正确、牢固和可靠。

(4) 替换缺陷硬件。若有硬件缺陷需要替换元件和板卡时，应使用同一型号进行替换，若使用兼容型号，可能需要驱动程序或者操作系统安装盘。另外，对关键设备进行替换时，应仔细核对产品说明书上有关硬件兼容性的认证信息，没有明确指出与本系统兼容性能相符的硬件不允许使用。

3. 软件检修

(1) 上电开机。正常的开机顺序为先打开显示器、音箱等外设的电源，然后再开主机电源。

(2) 检查引导和启动过程是否正确。引导或者启动过程不正常，说明硬件损坏或者硬件安装有错误，需要重新进行硬件部分检查；引导或者启动过程正常，则进行本地登录，如果更换了硬件，系统会提示安装驱动，可按照提示插入驱动程序或者操作系统安装盘执行安装过程。

(3) 卸载无用程序，删除无用数据文件和文档。程序的卸载一定要使用程序本身的反安装功能，也可以使用操作系统“控制面板”中“添加或删除程序”，不可直接手工删除。一般数据文件和文档可在核对确实无用或者已经备份后，直接以手工方式删除。卸载和删除过程可能会遇到操作失败的提示，应在中止关联程序的运行后重新尝试。

(4) 磁盘清理。磁盘清理程序的作用是清理磁盘中的垃圾文件和临时文件，以提高磁盘的容量和存储速度。系统通过长期的运行，会产生一些垃圾文件和临时文件，这些文件对系统今后的运行已经没有任何用处，但却占据着一定的存储空间。系统本身不会自动删除这些文件，但为了优化性能，系统提供了一个称为“磁盘清理”的功能，供用户删除这些垃圾文件和临时文件，为系统回收更多的可用磁盘空间。

进行磁盘清理的具体操作步骤如下：

1) 双击“我的电脑”图标，右键单击要进行清理的磁盘，并从其弹出的快捷菜单中选择“属性”命令。在弹出的对话框中切换到“常规”选项卡，单击“磁盘清理”按钮。用户也可以选择“开始”、“所有程序”、“附件”、“系统工具”、“磁盘清理”命令来打开“磁盘清理”对话框，然后在“选择驱动器”窗口中选择要清理的驱动器，单击“确定”按钮即可。

2) 程序开始自动查找所选驱动器上可以清理的文件，并弹出“磁盘清理”窗口。

3）选择需要清理的文件，这里建议全选，因为这些文件的清理不会对系统产生任何影响。单击“查看文件”按钮可查看在“要删除的文件”列表框中选定的文件夹的具体信息。

4）单击“确定”按钮，系统开始执行删除命令，在弹出的“您确信要执行这些操作吗?”对话框中选择“是”按钮，程序会完成相应的磁盘清理工作。

5）使用同样的方法对其他磁盘驱动器执行磁盘清理工作。

（5）磁盘碎片整理。当用户创建和删除文件和文件夹、安装新软件或从 Ineternet 下载文件时，在磁盘卷中就会形成碎片。通常情况下，计算机会在对文件来说足够大的第一个连续可用空间上存储文件，如果没有足够大的可用空间，计算机会将尽可能多的文件保存在最大的可用空间上，然后将剩余数据保存在下一个可用空间上，并依此类推。当卷中的大部分空间都被用作存储文件和文件夹后，大部分的新文件则被存储在卷中的碎片中。当一些文件被删除后，再存储新文件时就会在剩余的空间里随机填充。磁盘碎片的存在，降低了磁盘读写的性能，减少了可用的磁盘空间，导致整个系统的运行效率下降。

磁盘碎片整理程序会将计算机硬盘上的碎片文件和文件夹合并在一起，以便使每一项在磁盘卷上分别占据单个和连续的空间。这样，系统就可以更有效地访问文件和文件夹，更有效地保存新的文件和文件夹。通过合并文件和文件夹，磁盘碎片整理程序还将合并卷上的可用空间，以减少新文件出现碎片的可能性。总之，磁盘碎片整理程序能够有效加快磁盘的读写速度，提高磁盘空间的使用效率，从而达到优化系统性能的目的。

使用“磁盘碎片整理”程序整理磁盘的操作步骤如下：

1）双击“我的电脑”图标，右键单击要进行整理磁盘碎片的磁盘，并从其弹出的快捷菜单中选择“属性”命令，在弹出的对话框中，选择“工具”选项卡，单击“开始整理”按钮，将弹出“磁盘碎片整理程序”对话框。用户也可以选择“开始”、“所有程序”、“附件”、“系统工具”、“磁盘碎片整理程序”命令来打开“磁盘碎片整理程序”对话框。

2）选择要清理的驱动器，然后单击“碎片整理”按钮，如图 10-27 所示。

磁盘碎片整理程序首先会检测磁盘驱动器有无错误，如果有错误，将要求用户先运行“磁盘扫描程序”修正错误；如果没有错误，程序会读取磁盘驱动器的信息，然后才开始整理文件系统。

如果用户想知道磁盘碎片整理的具体过程，可以单击“显示资料”按钮。

磁盘碎片整理是一个非常漫长的过程，因此在执行磁盘碎片整理操作前，最好分析磁盘，看是否有必要对磁盘进行整理。对磁盘进行分析的方法是：在“磁盘碎

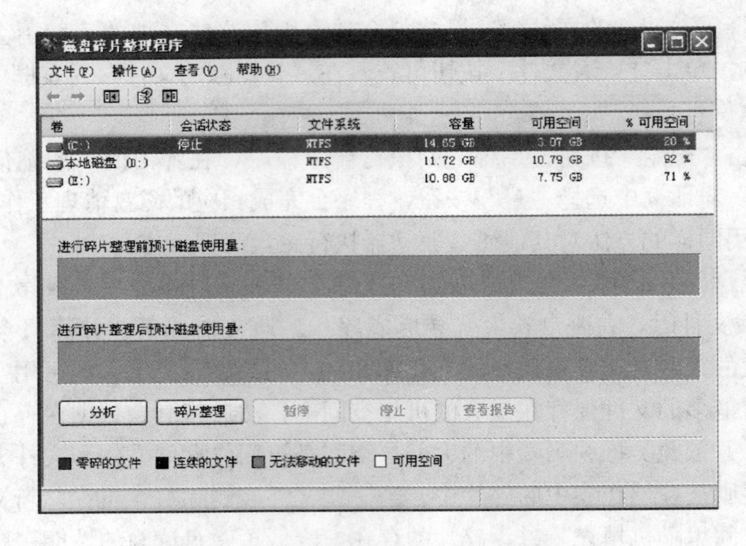

图 10-27　磁盘碎片整理程序对话框

片整理程序”对话框中选择磁盘后，单击“分析”按钮。

在磁盘碎片整理过程中，可能会提示用户磁盘碎片整理程序无法整理所有碎片，此时用户可根据实际情况与系统提示进行处理。

3）使用同样的方法对其他磁盘驱动器执行磁盘碎片整理工作。

4）在碎片整理完成后，单击“关闭”按钮，关闭磁盘碎片整理程序对话框。

（6）升级或更新系统。根据系统的历史运行状况和系统的最新发展情况，确定是否对系统进行升级或者更新，系统升级或更新的主要内容有操作系统、驱动程序、应用程序、数据库等。

（7）病毒清除。本步骤要求在系统完成升级或更新，再没有其他需要的变动后进行，目的是避免出现反病毒死角。要求使用最新的病毒数据库或者反病毒软件对系统进行病毒清除，同时要保证对系统执行了至少一次全面扫描。

4．试验

（1）关机。由于进行了系统的升级、更新和病毒清除，需要重新检查系统的开、关机过程，以确认对系统有无造成影响或者损坏。

（2）开机。开机时刻应距离上一次关机时刻至少有 10s 的时间间隔，重新启动后，检查引导和启动过程是否正确，有无错误和告警提示。

（3）系统检查。以本地管理员身份登录工作站，检查系统、网络应用程序的安装和配置是否正确，检查完成后再次关机。

（4）把工作站安装回控制台。工作站经检查没有错误后，按照要求重新安装到

控制台，安装过程不能影响其他正常运行的设备。

(5) 网络连通性检查。把工作站重新接入监控系统网络，然后开机启动，先以本地管理员身份登录，使用常用命令检查工作站的网络连通性。

(6) 加入监控系统。网络连通性检查正确后，使用全局账户加入并登录监控域，要求登录过程无中断现象且登录成功。

(7) 启动监控应用程序。要求加载过程正确、无错误提示（注意：该全局账户可能需要本地管理权限）。

(8) 数据通信检查。检查与数据库或者I/O驱动程序的连接状态是否正确，检查数据通信速度是否满足要求、检查数据通信是否完整和正确。

(9) 监控功能检查。分别打开各个画面，检查画面布置、逻辑关系、数值显示、操作和控制功能与现场工况正确对应。

(10) 切换试验。如果该工作站是冗余或热备配置，应当进行切换试验。切换试验分为手工切换和模拟故障切换两种情况，切换时要求过程平稳，实时任务不中断，不引起新的冲突，机组或设备运行状态无变化，网络通信无中断现象。

5. 确认是否需要重新备份系统

如果系统有所改变，应该重新备份系统。备份时，工作站应退出监控过程。备份完成后，在试验机（或本机）上使用新系统备份进行系统恢复过程测试，测试合格后，给新系统备份注明编号、名称、日期、工作人员、说明，并进行登记和保存。值得注意的是，系统备份和恢复试验虽然烦琐，但却是非常必要的。

6. 交代检修内容和结果

交代的内容包括检修的主要项目、系统有何变化、设备缺陷处理情况、遗留问题以及工作站是否可以运行等。

7. 建立或者整理检修记录

8. 保存备份

如果此前该系统已经有备份，应在新系统正常运行6个月以后，保留最近一次对系统的成功备份，废弃此前对该系统的所有较旧备份。

9. 清理现场

10. 出具工作站检修工作报告

三、操作注意事项

(1) 为防止静电危害工作站元件，工作之前人体要进行静电释放或穿静电防护服。

(2) 不能在开机状态下对工作站的硬件设备进行安装、拆除、移动等。

(3) 在拆装、移动、清洁配件的时候，要轻拿轻放。

(4) 工作站退出监控过程并断开与监控系统的网络连接。

(5) 做好工作站系统的备份工作。

模块 11　监控系统与外部通信

一、操作说明

外部通信是指计算机监控系统与其他系统之间的通信。电力二次系统安全防护规定，为防范黑客及恶意代码等对电力二次系统的攻击侵害及由此引发电力系统事故，计算机监控系统、电力调度数据网以及其他系统之间通信时应当建立电力二次系统安全防护体系，保障电力系统的安全稳定运行。

电力二次系统安全防护工作应当坚持安全分区、网络专用、横向隔离、纵向认证的原则，保障监控系统和电力调度数据网络的安全。发电企业、电网企业、供电企业内部基于计算机和网络技术的业务系统，原则上划分为生产控制大区和管理信息大区。

生产控制大区可以分为控制区（安全区Ⅰ）和非控制区（安全区Ⅱ）；控制区是指由具有实时监控功能、纵向连接使用电力调度数据网的实时子网或专用通道的各业务系统构成的安全区域。非控制区是指在生产控制范围内由在线运行但不直接参与控制、是电力生产过程的必要环节、纵向连接使用电力调度数据网的非实时子网的各业务系统构成的安全区域。

管理信息大区内部在不影响生产控制大区安全的前提下，可以根据各企业不同安全要求划分安全区。

在生产控制大区与管理信息大区之间必须设置经国家指定部门检测认定认证的电力专用横向单向安全隔离装置。生产控制大区内部的安全区之间应当采用具有访问控制功能的设备、防火墙或者相当功能的设施，实现逻辑隔离。在生产控制大区与广域网的纵向交接处应当设置经过国家指定部门检测认证的电力专用纵向加密认证装置或者加密认证网关及相应设施。

安全区边界应当采取必要的安全防护措施，禁止任何穿越生产控制大区和管理信息大区之间边界的通用网络服务。生产控制大区中的业务系统应当具有高安全性和高可靠性，禁止采用安全风险高的通用网络服务功能。

二、操作步骤

1. 外部通信连接方案

计算机监控系统与其他系统建立通信时的电力二次系统安全防护实施方案，须经过上级信息安全主管部门和相应调度机构的审核，方案实施完成后应当由上述机构验收。接入电力调度数据网络时，其接入技术方案和安全防护措施须经直接负责的电力调度部门核准。

如图 10-28 所示为计算机监控系统与其他系统的通信的一个例子。为实现水电厂经济运行，计算机监控系统需要与厂内水情自动化系统、流量系统、状态检修系统通信引入上下游水位、下游流量、机组振动状况等参数进行运算；为实现调度数据的实时传输，还需要与电力调度数据网进行通信连接；为实现对安全生产决策的有力支持，有时还需要监控系统实现和信息管理系统（MIS）的通信。

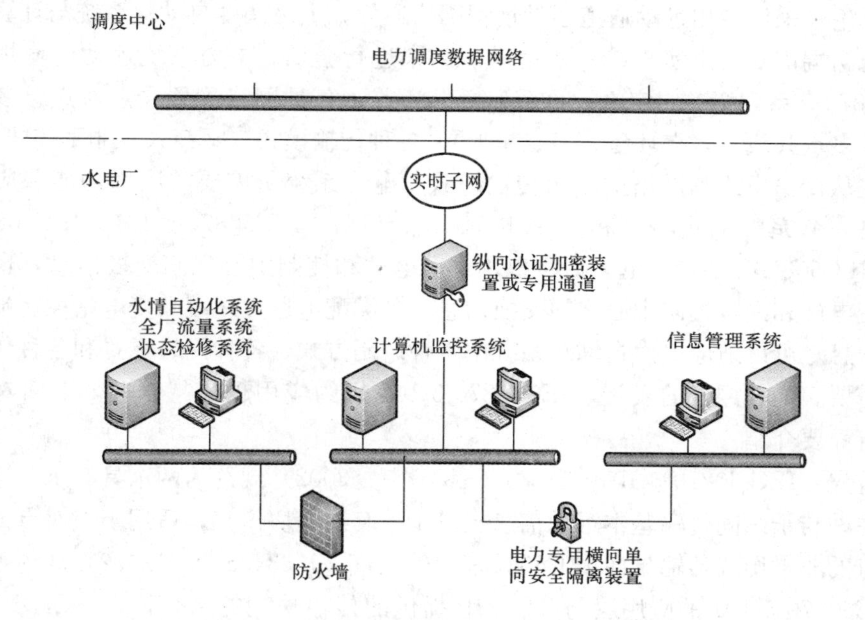

图 10-28　计算机监控系统与其他系统的通信

计算机监控系统属于生产控制大区内的控制区，而水情自动化系统、状态检修系统、流量系统属于非控制区，监控系统与它们通信时，可以采用路由器、防火墙进行逻辑隔离。计算机监控系统与实时子网之间采用纵向加密认证装置或者专用通道实现与电力调度数据网的通信。计算机监控系统与 MIS 系统的通信应当采用经过有关部门认证的电力专用横向单向安全隔离装置。

计算机监控系统与其他系统成功建立通信的指标有两个：一是数据能够正确、快速传输；二是安全性能符合电力二次系统安全防护规定和计算机信息系统安全保护条例。

2. 与调度自动化系统的通信

计算机监控系统应能随时接受各级调度的控制命令、运行参数，并将这些命令、参数经过运算处理后传给相应的现地控制单元，由现地控制单元执行具体控制过程。计算机监控系统还应向调度自动化系统发送水电厂的实时工况、运行参数及有关信息。从而达到由调度中心直接监视和控制水电厂运行的目的，使水电厂能实现少人值守或无人值班。

为实现上级调度自动化系统对水电厂的远动功能，计算机监控系统可采取以下的通信方式：

（1）与上级调度自动化系统之间采用专用远动通道互联。

（2）与电力调度数据网络之间实现网络远程通信，同时实现远动功能。

无论是采用专用远动通道还是远程网络通信，上级调度自动化系统与计算机监控系统两端都要通过实现统一的远动规约来进行会话。电力系统远动传输规约在IEC60870-5 系列标准中定义，该系列标准涵盖了各种网络配置（点对点、多个点对点、多点共线、多点环型、多点星形），各种传输模式（平衡式、非平衡式），网络的主从传输模式和网络的平衡传输模式，电力系统所需要的应用功能和应用信息，是一个完整的集合，和 IEC61334、配套标准 IEC60870-5-101、IEC60870-5-104、IEC60870-5-102 一起。既可以用于变电站和控制中心之间交换信息，也可以用于变电站和配电控制中心之间交换信息、各类配电远方终端和变电站控制端之间交换信息。可以适应电力自动化系统中各种调制方式、各种网络配置和各种传输模式的需要。随着网络的发展，IEC60870-5-104 规约应用越来越普遍，下面对该规约进行简要介绍。

首先，IEC 60870-5-101（DL/T 634.5101：2002）规约为两个具有永久连接电路的主站与子站间传输基本远动信息提供了一套通信协议集，适用于点对点或多个点对点的非平衡式传输。而 IEC60870-5-104（DL/T 634.5104：2002）规约则规定了 IEC60870-5-101 的应用层与 TCP/IP 提供的传输功能的结合，在 TCP/IP 框架内，可以运用不同的网络类型，包括 X.25、帧中继、ATM（异步传输模式）和 ISDN（综合服务数据网络）。由于实现了网络传输，此时应采用平衡式传输。该规约定义了开放的 TCP/IP 接口的使用，包含不同广域网类型（如 X.25、帧中继、ISDN 等）的路由器可通过公共的 TCP/IP 局域网接口互联，端口号为 2404，由 IANA（互联网数字分配授权）定义和确认。特别需要指出的是，被控站的时钟有与主站时钟同步的要求，但是按照 IEC60870-5-2 部分规定，只有链路层才能提供发送时钟命令的精确时间，因为 IEC60870-5-104 不使用链路层，所以 IEC60878-5-5 中定义的时钟同步过程无法应用于该规约中。然而，在最大网络延迟小于接收站要求的时钟精度时，仍然可以使用时钟同步。例如，如果网络提供者保证网络延迟不大于 400ms（X.25 广域网的典型值），并且被控站要求的精度为 1s，时钟同步过程就可以使用，从而避免了在几百甚至上千个被控站安装时钟同步接收器或类似的

装置。如图 10-29 所示为 IEC60870-5-104 规约主站冗余/非冗余配置方案。

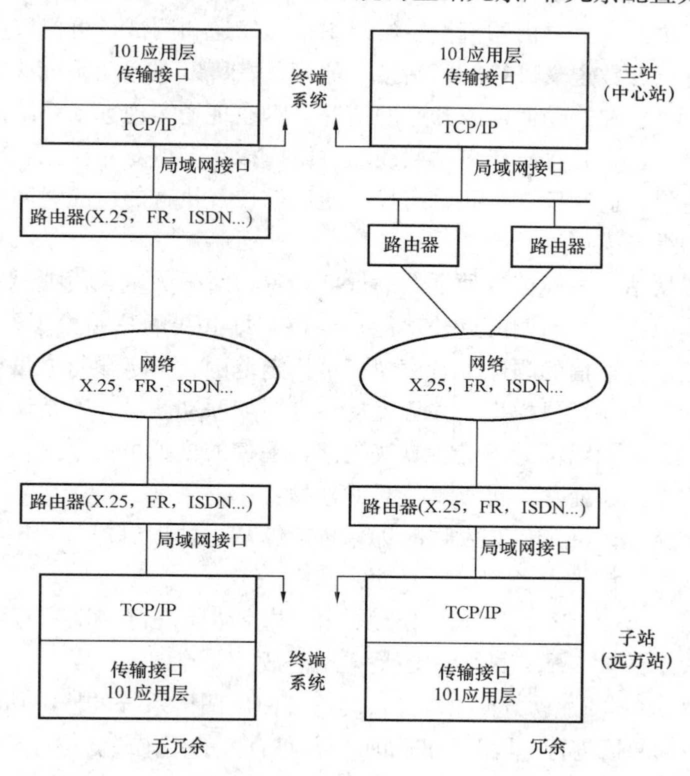

图 10-29　IEC60870-5-104 主站冗余/非冗余配置方案

注：其中局域网接口也可能冗余

从计算机监控系统的角度来说，对与上级调度自动化系统之间实现通信的方式并不关心，监控系统只是强调与上级调度自动化系统如何实现应用层会话，例如获取 AGC 控制量、维护和报告 AGC 工作状态。

计算机监控系统一般要增加一台通信服务器或者通信终端负责作为与上级调度自动化系统通信的桥梁，同时对通信过程进行监视和控制，例如在线显示和修改当前的通信参数、在线显示通信健康状态和通信报文。通信服务器或者通信终端应当封装多个电力系统远动规约，以方便用户在不同电气特性的通道接口之间进行选择和实现故障条件下的通道备份。

为提高效率，可以采用专业设备，例如蓝网 ABY-9000 电力系统远动传输规约调测系统进行通信通道的维护和调试，该设备具有以下功能：

（1）模拟主站、模拟从站进行设备仿真，可用于检测模拟通道、数据通道报文

传送的正确性、规约一致性及传送质量。

（2）模拟主站。可自由的模拟主站组织报文发送和测试，可模拟主站遥测、遥信、遥控、遥调参数定义进行新厂站接入的调试，可以在远动系统故障时进行规约的故障诊断，可以在远动通道未开通的情况下，在现场实现远动系统的闭环，支持手动报文编辑发送，并且支持多站共线的主站模拟，支持对时模拟，支持特定事件的分析，如遥信、遥测反应时间，遥控、遥调返校及执行的反应时间等，支持顺序遥控，遥调的批量模拟等功能。

（3）模拟从站：可模拟各种规约的远动装置，对开关量、模拟量等数据可进行手工设置，模拟遥控、遥调的返校功能。支持多站共线的从站模拟。可指定范围、指定时间间隔进行遥信的顺序批量模拟。可指定范围、指定顺行增量或顺机测点值进行遥测遥脉的顺序批量模拟，并且支持多点雪崩联动测试，支持调入所存报文及按厂站真实事件时间断面记录进行真实重演，遥控的模拟可关联遥信变化，遥调的模拟可关联主变挡位变化，可以支持对时模拟。

（4）能够从其内部产生和发送时钟，也能够从主站接口提取和接收时钟。

使用专业通道维护设备有以下好处：

1）当运行出现故障时，使用测试系统的主控功能进行测试，有助于快速判断究竟是厂站设备故障、通道故障，还是主站的故障。

2）当主站收到的远动数据出现异常时，可使用测试系统的侦听功能，对主站与厂站设备之间的通信进行一段时间的侦听，并将有关的变化或变位信息记录下来，维护人员可对这些记录文件进行查询分析，判断故障根源，为正确排除故障提供依据。

通信服务器或者通信终端如果进行了冗余或者热备配置，那么要进行模拟故障条件下的切换试验，成功的切换试验应当不影响系统和控制对象的运行，故障解除后恢复运行时还应无冲突和其他扰动。

3. 监控系统内部的同步时钟控制

监控系统（电站级和现地控制单元级）的时钟与调度自动化系统的时钟应能进行同步控制，这样它才能够提供具有正确时间顺序的带时标的事件和信息单元。同电力系统保护装置一样，时钟同步对于计算机监控系统来说也是至关重要的，时钟不同步可能造成由于安全策略的限制用户无法登录到服务器，数据库可能覆盖掉有用的数据而无法实现数据的完整性，精确而同步的时钟也能够让处在不同时区、不同地域的设备之间密切协同，在事故追忆过程中，同步时钟能让设备的动作次序和逻辑关系在时间轴上清晰地展现出来。

计算机监控系统的时钟可通过同步调度自动化系统主站得到（如果采用IEC60870-5-104远动规约，在最大网络延迟小于接收站要求的时钟精度时，仍然可以使用时钟同步)，也可从卫星定位系统（GPS）中接收卫星时钟。监控系统与调度自动化系统或GPS装置通信读取时钟后，先对读取延时进行补偿，然后再向系统中的设备提供授时服务。

计算机监控系统内的时钟同步控制方案有多种，有的采用每周或每月逐个进行手工修改时钟的方式，有的采用一些部署到系统上的C/S系统实现自动时钟同步，计算机监控系统同步时钟的主要应用设备是服务器、工作站和PLC，一般采用服务器和工作站先进行时钟同步控制，然后再由某台工作站，例如操作员工作站向PLC授时的方法。

采用手工方式定期调整时钟在较大的系统中是不可取的，一是手工方式既费时又费力，二是手工调整时钟的精度达不到要求。而采用专门的C/S方案需要更多的资金和系统开销。下面介绍利用操作系统自身功能实现系统内部时钟同步的方案。

假定有一台计算机名称为Timesrv，负责从调度自动化系统或者GPS装置接收同步时钟，然后再向监控系统内部的其他设备发布同步时钟。另外，系统内所有计算机的操作系统要求为Microsoft Windows XP/2000及以上。

（1）启动所有需要实现时钟同步的服务器和工作站的时钟服务。

以管理员或管理员组成员身份登录计算机，依次打开“控制面板”“管理工具”“服务”，选择“Windows Time“服务，双击后弹出“Windows Time属性”窗口，在“常规”选项卡中“启动类型”设为“自动”，点击“启动”按钮后时钟服务启动，如图10-30所示为时钟服务设置窗口。

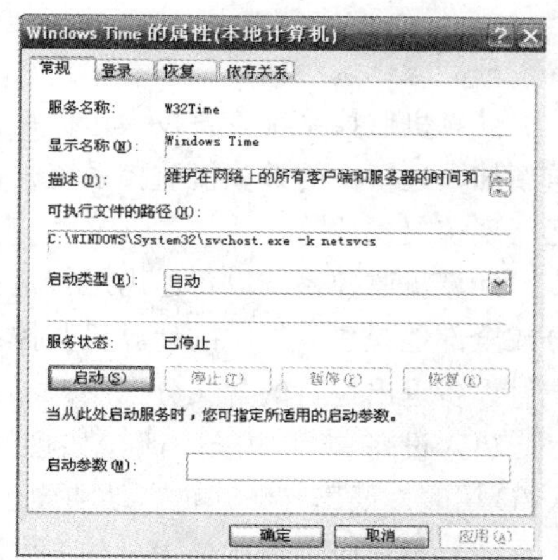

图10-30　时钟服务设置窗口

（2）在各台服务器和工作站上建立包含时钟同步命令的批处理文件。

在记事本中输入语句：NETTIME \ \ Time Srv/SET/Y。然后以timesysc. bat作为文件名保存。

（3）把批处理文件加入任务计划。

依次打开“控制面板”“管理工具”“任务计划”“添加任务计划”，启动任务计划向导，选“下一步”，“浏览”，选中刚才建立的timesysc. bat文件后，选择“每天”，其他保持默认，按“下一步”到“输入用户名和密码”，输入完成后，按“下一步”，然后点击“完成”。双击任务timesysc，在“设置”选项卡中取消“如超出

……”选项，按“确定”结束配置。如图10-31所示为任务timesysc的属性窗口。

图10-31　任务timesysc的属性窗口

三、操作注意事项

(1) 遵守电力二次系统安全防护和国家计算机信息安全的有关规定，严禁未经许可和未采取安全防护措施私自将计算机监控系统与其他系统进行物理连接。

(2) 计算机监控系统与其他系统的通信连接设备不仅要符合电力二次系统安全防护要求，还要经过上级电力调度部门和本单位技术主管部门核准后才能实施。

(3) 使用远动规约调测设备调试通道时要有调试方案，同时不能影响其他设备的正常运行。

模块12　设备的投运和退运

一、操作说明

计算机监控系统设备投入运行是指通过必要的措施和步骤，使退出运行的设备重新加入运行中的计算机监控系统，占用系统资源，承担监控任务，同时不会导致运行系统出现故障。

计算机监控系统设备退出运行是指通过必要的措施和步骤，使某个运行设备部分或全部地脱离运行中的计算机监控系统，同时不能造成系统运行故障。

设备退出运行的含义分三层：

(1) 设备应用功能关闭。如现地单元的远方功能、工作站上的AGC功能、AVC功能、低周（频）自启动功能，交换机的虚拟局域网功能等。

(2) 设备应用程序关闭。如工作站上的监控程序、数据采集程序等。

(3) 设备停电或系统关闭。设备或系统脱离监控系统，不再占用监控系统资源，例如网络地址、网络带宽、UPS供电负荷等。

二、操作步骤

1. 监控系统设备投入运行步骤

(1) 开具工作票，与上级调度部门或运行部门进行联系，做好安全和技术措施。

(2) 设备上电，系统启动，检查启动过程和网络连接是否正确。

（3）启动应用程序，启用监控功能，使该设备承担监控任务。

（4）按技术要求核对工况和数据是否正确，检查数据刷新速度是否符合要求。

（5）进行交代工作。

注：如果投运过程中出现设备故障应停止后续工作，在故障排除后重新执行以上步骤。

2. 设备退出运行步骤

（1）获得有关部门批准，开具工作票，与上级调度部门或运行部门进行联系。

（2）按技术要求进行软、硬件操作，做好隔离、切换或者替代措施。

（3）检查隔离、切换或者替代措施是否完善、正确，确认不会导致运行中的系统出现故障。

（4）设备退出运行（功能关闭、应用程序关闭、系统关闭）。

（5）进行交代工作。

为了设备随后能够顺利恢复，对于能够正常运行并且退出过程正确的操作系统、数据库系统的最近还原点不容许随意删除和修改（大修不受此限制）。

三、操作注意事项

严格遵循操作顺序，防止误操作现象，错误的操作会导致系统故障。

模块13　监控系统整体启动运行

一、操作说明

计算机监控系统整体启动之前，应当确认满足下列条件：

（1）环境设备已投入运行、系统环境参数测试完毕。

（2）不间断电源系统试验合格，维护旁路开关在切除位置，无论不间断电源系统是否已经启动，交流输出开关在切除位置。

（3）传输介质认证合格并已完成与网络设备的物理连接。

（4）网络设备已经分别调试完成。

（5）存储、备份和容灾设备可以运行。

（6）主域控制器和额外域控制器已配置和测试完成，活动目录和域名服务（DNS）安装并激活，控制器之间的切换试验已完成。

（7）本地工作组和全局域策略、用户账户、资源访问权限已设置和测试完成。

（8）数据库已经建立并完成部署，主备数据库的同步热备试验已完成，数据库系统已启动。

（9）各工作站已分别调试完毕。

（10）现地单元检修工作结束，能够独立完成本地监控任务。

（11）通信服务器（或通信终端）的上、下行通道已经单独调试完成。

（12）以上设备的本地网络地址已经设定，确认无冲突地址和非本地地址。

（13）如果是首次启用或者改动比较大，应该编制启动和试验大纲，获得技术管理部门批准。开具工作票，与上级调度部门或运行部门进行联系，做好安全和技术措施。

二、操作步骤

计算机监控系统整体启动运行步骤：

（1）不间断电源系统检查。检查计算机监控系统中除现地单元以外的所有设备电源开关在切除位置，不间断电源系统交流输出负荷开关全部在切除位，负荷开关以外绝缘测定合格（≥5MΩ，500V），无短路现象。启动不间断电源系统，检查工作状态正确，合交流输出开关，合各段负荷开关。

（2）网络设备上电运行。

（3）启动域控制器（或服务器）。主域控制器开机并以管理员身份登录（外置式存储、备份与容灾设备应先开机），额外域控制器开机并以管理员身份登录，启用域控制器上的有关服务。

（4）启动数据库。启动主数据库服务器和备份数据库服务器，如有仲裁服务器也应启动，均以管理员身份登录（注意：全局域管理员账户和数据库管理员账户可能会有所不同）。

（5）启动各工作站和通信服务器（或通信终端）。如果计算机还没有加入域，应先以本地管理员身份登录，然后利用全局账户使该计算机加入全局域，注销本地账户后使用全局账户重新登录到计算机。

注：为了使该全局账户能够访问本机资源、方便软件安装和维护，该全局账户可能需要本地管理权限。

（6）现地单元启动。控制方式从本地切到远方。由于现地单元有独立的不间断电源系统，此步骤可提前进行。

（7）测试或者检查网络工作状态。

（8）检查域内计算机工作状态。在主域控制器和额外域控制器上检查所有域内计算机的连接和会话状况，并核对是否同步和一致。

（9）数据通信检查。启动工作站上的应用程序，进行服务器和工作站间数据库连接、数据存取、数据交换、数据采集测试，检查状态是否正确。

（10）核对设备状态与数据是否正确对应。对操作员站和现地单元（机组、厂用系统、开关站）的开关量状态、模拟量（电量和非电量）数值进行校验与核对。现地切换设备状态、现地模拟报警及事故信号、操作员站下发操作指令，观察操作员站是否能正确反映设备状况，检查监控画面与控制逻辑是否正确。操作员站冗余配置时，控制、调整、操作指令应当在每台操作员站上分别执行，同时观察各站的同步情况。站间如果定义了主从握手，应当进行正常情况下和故障模式下的主从切换，并观察对控制对象有无影响。

(11) 故障模拟切换试验。如果是大修或者改造后的初次启动，在操作员站、SCADA服务器与现地单元、域控制器、数据库之间连接状态正确后，对于实现了冗余或热备配置的域控制器、数据库、网络、服务器、工作站等必须分别进行故障模拟切换试验；如果是正常启动可按本地技术规定有选择性地进行切换试验。

(12) 启用通信服务器（或者通信终端），实现上级调度自动化系统和厂内计算机监控系统的数据通信。操作厂内设备校核上行远动数据（遥信、遥测），调度系统下发控制指令校核下行远动数据（遥调、遥控），特别要对AGC/AVC/AFC控制量和AGC/AVC/AFC状态（远方、本地、切除等）进行校核。

(13) 检查与厂内其他系统的通信。检查与水情调度、状态检修、流量系统的通信，校验数据通信是否快速、正确和完整。

(14) 检查AGC状态。启用经济运行功能工作站，观察AGC控制量通过运算后分配到各机组的负荷数值的总和是否与AGC控制量符合。

(15) 启用计算机监控系统。在计算机监控系统上设置所有控制参数后，启用计算机监控系统进行机组和设备的监视控制，如果有常规监控系统，此时可退出常规监控。

作业完成后进行交代工作，如果系统新启用或进行了设备改造，应该编制施工总结。计算机监控系统中一部分设备的启动可参照整体启动进行，但应保证不会影响系统中其他设备的运行。另外新启用的计算机监控系统整体试运行期限为12个月。

三、操作注意事项

(1) 严格遵循操作顺序，防止误操作现象，错误的操作会导致系统故障。

(2) 严格按照设备的正常投运或开机步骤操作，确保一台设备正确投运或开机后才允许进行下一台设备的相关操作。

模块14　监控系统整体退出运行

一、操作说明

计算机监控系统整体退出运行之前，应当确认满足下列条件：开具工作票，与上级调度部门或运行部门进行联系，做好安全和技术措施。

二、操作步骤

计算机监控系统整体退出运行步骤：

（1）AGC/AVC/AFC等通过计算机监控系统实现的远程和远动控制功能关闭，低频自启动功能关闭。

（2）有常规监控系统的，全厂监控方式从计算机监控转到常规监控，利用模拟屏、操作台进行机组和设备控制；没有常规监控系统的，机组和设备现地单元控制方式从远方切换到本地，利用现地单元进行监控。

（3）各工作站退出运行，通信服务器（或者通信终端）退出运行。

（4）数据库服务器退出运行。

（5）额外域控制器退出运行。

（6）主域控制器退出运行。

（7）存储、备份与容灾设备（外置式硬盘阵列、磁带库、光盘库等）退出运行。

（8）网络设备退出运行。

（9）不间断电源系统退出运行。

（10）环境设备如需检修可停运，不需检修则不停运。

三、操作注意事项

（1）严格遵循操作顺序，防止误操作现象，错误的操作会导致系统故障。

（2）严格按照设备的正常退出或停机步骤操作，确保一台设备正确退出或停机后才允许进行下一台设备的相关操作。

模块15　监控系统维护

一、操作说明

水电厂监控系统是各种信息传输执行系统，一般不允许停运。故实际上一般不安排监控设备的停电定期检修工作。主要以加强监控设备的日常维护和定期检查，来保证监控设备的正常运行。经验表明一个复杂的电子设备长期保持通电运行状态将会增加它的可靠性，经常进行检查或投/切电源，将会对稳定运行的水电厂监控系统产生外部干扰引起元件损坏。也可能产生一些不必要的故障。因此，竭力推荐水电厂监控系统应总是处于运行状态，来保证设备的稳定，正常运行。

要做好日常维护工作，必须加强对监控设备的日常巡视工作，及时了解监控装置的运行情况，发现缺陷，及时消除和处理缺陷。

二、操作步骤

（1）设备运行场所环境参数检查。计算机设备运行场所的温度、相对湿度等环境参数应符合计算机运行环境要求。

（2）服务器、工作站、数据库检查。硬件外观无异常，软件无错误提示，无数据、画面停滞现象，无死机现象。

（3）容灾备份设备检查。磁带库、光盘库工作正常灯有指示，设备内有磁带、有光盘。阵列柜硬盘无松脱、无异声、报警灯无指示，各备份、容灾设备和服务器通信正确。

（4）通信服务器检查。应用程序上行、下行报文刷新快速、正确，AGC/AVC/AFC控制量下发有效，硬件外观无异常。

（5）网络设备（交换机、集线器、路由器、中继器、网桥、隔离装置、转换器等）检查。外观无异常，设备工作灯亮，连接端口数据通信灯闪烁，以太网碰撞灯或设备故障灯未频繁和长时间指示。

（6）介质、网络配线柜检查。网络配线架及插头检查无松动和脱落现象，介质无破损、断裂现象。

（7）现地单元（可编程控制器、现地工作站、不间断电源系统）检查。屏内接线无脱落、连接器和模板插接到位；可编程控制器和计算机有网络连接指示，运行灯有指示，无报警指示；不间断电源系统面板指示灯指示正确，无报警。

（8）电源盘及不间断电源系统工作状态检查。电源盘内电线接头无脱落，开关投切位置正确，电压、电流表有指示；加电状态下，不间断电源系统面板各指示灯指示正确，无报警、无异声、无烧焦味，蓄电池温度在技术要求范围内，如15～25℃，蓄电池电压指示在额定电压的±1V范围内。

三、操作注意事项

（1）设备停电后的再次上电时间间隔在10s以上。

（2）有些设备端口不容许直接带电插拔，要仔细阅读相关设备用户手册或者说明书进行安全操作。

（3）各项设置都要进行详细记录和试验。

（4）安全策略设置在保证安全的前提下不能影响正常的监控系统通信。

模块16　监控系统整体检修

一、操作说明

水电厂监控系统是各种信息传输执行系统，一般不允许停运。故实际上一般不安排监控设备的停电定期检修工作。主要以加强监控设备的日常维护和定期检查，来保证监控设备的正常运行。经验表明一个复杂的电子设备长期保持通电运行状态将会增加它的可靠性，经常进行检查或投/切电源，将会对稳定运行的水电厂监控系统产生外部干扰引起元件损坏。也可能产生一些不必要的故障。因此，竭力推荐水电厂监控系统应总是处于运行状态，来保证设备的稳定，正常运行。

二、操作步骤

（1）程序和数据全面备份、整理，应急系统的制作、保存，使用应急系统进行恢复试验：要求备份完整，说明详细，标识清晰，并办理存档手续。模拟严重故障，使用备份或应急系统在试验服务器和工作站上进行一次模拟恢复试验。

（2）环境参数校验和环境调节设备检查。

1）测定计算机场地环境参数并分析。

2）对空调、空气净化器等设备的表面和过滤网（罩）清洁，对电源线路进行检查，大的故障处理和保养工作应联系供应商完成。

（3）服务器和工作站软件系统检查、性能测试，磁盘扫描、磁盘碎片整理、磁盘清理、数据清理。要求文件无损坏，执行速度快，操作性能无明显下降。必要时可在做好备份的基础上，重新安装软件系统。

（4）硬件、软件升级（含系统软件、安全软件补丁的安装）升级或更新。可操作性、安全性、稳定性、可靠性比升级或者更新之前明显增强，无功能失效和下降现象，并且与系统中其他设备有较好的集成度与兼容性。

（5）网络设备检修和性能测试。

1）对老化、陈旧、损坏的电缆、设备要进行更换。

2）对网络介质、网络设备、安全设备等进行鉴定和认证，对记录进行分析，并得出结论。

（6）电源盘、不间断电源系统检修。

1）电源回路绝缘、介电强度测定，自动化元件、表计校验。

2）蓄电池放电试验及各单元电气特性试验。

3）不间断电源系统工作状态切换试验。

（7）调度通道检修和试验。协议和数据校验，传送质量和速率校验，通道延时校验，同步时钟校验。

（8）主域控制器和额外域控制器（或者FSMO主机）角色切换和同步试验。

1）手工切换。

2）模拟故障切换。

3）切换两次后，主域控制器和额外域控制器（或者FSMO主机）恢复原来的

角色。

4）主域控制器与额外域控制器（或者 FSMO 主机）系统数据（或活动目录数据库）同步检查。

以上试验要求响应快、切换平稳、管理和网络服务中断现象，域内设备无错误提示。

（9）主、备数据库角色切换和同步试验。

1）主数据库模拟故障，启动镜像或备份数据库。

2）主数据库恢复运行，镜像或备份数据库退出运行。

3）通过集群部署或仲裁方式实现自动切换的要求基本无数据丢失，恢复后数据库要保持同步。

4）手动切换时间小于 180s，自动切换时间小于 90s。

以上试验要求保证各数据库的完整性和一致性。

（10）冗余或热备系统切换试验。冗余或热备系统的切换试验分为手工切换和模拟故障自动切换，可能的冗余或热备系统有：

1）冗余操作员工作站。

2）冗余通信服务器（或通信终端）。

3）冗余 SCADA 服务器（由于集成原因，切换试验可能会丢失部分数据）。

4）冗余网络（采用端口聚合时要求基本无数据丢失）。

5）热备可编程控制器（可在机组或设备大修阶段进行）。

以上试验允许丢失部分数据，但不能引起设备和生产事故，同时还要满足各自对切换的快速性要求。

（11）容灾备份系统维护：

1）保证历史备份安全的情况下，备份各类新软件系统和数据，备份过程应当正确。

2）在试验工作站和试验服务器上进行故障恢复试验，恢复过程和结果正确。

3）条件允许时，建议在运行设备上进行实际恢复试验。

（12）网络整体检查和试验：参数设置正确，网络运行正常，控制过程满足要求，机组和其他生产设备的运行状态正确。

三、操作注意事项

（1）监控系统整体检修包括维护和小修项目。

（2）注意监控系统整体检修顺序要求。

科 目 小 结

本科目面向水电厂自动装置现场维护和检修工作，按照培训目标，以自动装置维护和检修工作中的基本技能操作为主要培训内容，对水电监控系统布线系统的安装、基本网络设备的安装、可编程控制器的安装、工作站系统的备份与还原、不间断供电系统的安装与操作等专业技能操作项目进行了详细的阐述。

参加本科目内容的学习以前，要求学员必须初步了解现场设备及其检修规程，熟悉电气安全规程，并具有一定的计算机软、硬件、网络理论基础。

通过本科目的技能操作培训，使水电自动装置检修工能正确运用安全规程和维护检修规程，掌握自动装置维护检修工作中规范的维护检修工艺，标准的测量、检查步骤，正确的试验、调试方法。

练 习 题

1. 模板式可编程控制器有哪些主要部件？
2. 可编程控制器的工作原理是什么？
3. 什么是梯形图？
4. 以 STEP7 V5.2 软件为例，简述可编程控制器程序的编制步骤。
5. 可编程控制器上电调试之前，为什么要采取一些限制措施？
6. 可编程控制器调试阶段，怎样监视和校核模拟量和开关量输入信号？
7. 可编程控制器调试阶段，怎样进行开关量输出校验？
8. 可编程控制器有哪些日常维护项目？
9. 判断双绞线布线系统性能的最重要的参数是什么，它是如何产生的？
10. 简述双绞线的基本测试项目。
11. 以 FLUKE DTX-1800-MS 电缆认证测试仪为例，说明测试结果中的 PASS、FAIL、PASS * / FAIL * 分别代表什么意思？
12. 音频发生器的工作原理是什么？
13. 画出利用 ID 定位器识别链路的接线图。
14. 光纤端面制备的三个环节是什么？
15. 多模光纤和单模光纤有什么区别？
16. 光缆损失预算（OLB）的公式是什么？
17. 光纤测试之前为什么要先对光纤模块进行预热？
18. 简述某网络设备不能和网络中其他设备连通的一般检查步骤。
19. 什么是病毒？病毒有哪些特征？

20. 反病毒软件能够识别但不能清除病毒，工作人员应该进行怎样的杀毒尝试?

21. 磁盘清理和磁盘碎片整理有什么区别?

22. 电力二次系统安全防护的目的是什么?

23. 画出 IEC60870-5-104 规约主站非冗余配置方案示意图。

24. 简述计算机监控系统整体启动的操作步骤。

25. 简述计算机监控系统整体退出运行的操作步骤。

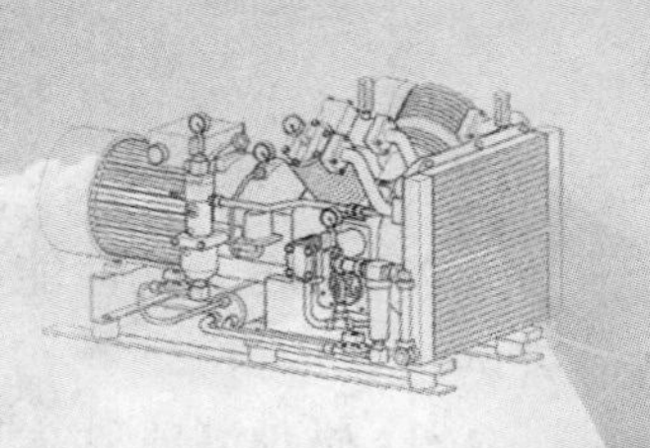

科目十一

同期系统设备的维护、检修及故障处理

同期系统设备的维护、检修及故障处理培训规范

<table>
<tr><td>科目名称</td><td>同期系统设备的维护、检修及故障处理</td><td>类别</td><td>专业技能</td></tr>
<tr><td>培训方式</td><td>实践性/脱产培训</td><td>培训学时</td><td>实践性 96 学时/
脱产培训 48 学时</td></tr>
<tr><td>培训目标</td><td colspan="3">1. 掌握同期回路组成及检查步骤、方法及标准。
2. 掌握同期控制器参数修改方法。
3. 掌握同期电压整定方法。
4. 掌握同步控制器现场调试方法、步骤、标准。
5. 掌握同期装置故障的检查及处理方法。</td></tr>
<tr><td>培训内容</td><td colspan="3">模块 1　同步控制器参数修改
模块 2　同期回路绝缘检查
模块 3　发电机准同期装置电压整定
模块 4　微机同期控制器现场调试
模块 5　同步检查继电器的检查
模块 6　同步控制器工作电源自动投入不良故障的检查及处理
模块 7　同期闭锁继电器回路故障处理
模块 8　手动投入同期故障处理
模块 9　组合同步指示器工作不正常故障处理
模块 10　同步控制器液晶屏错误提示及处理方法
模块 11　同步控制器出现同频工况检查及处理
模块 12　自动准同期并列操作失败检查及处理</td></tr>
<tr><td>场地、主要设施、设备和工器具、材料</td><td colspan="3">1. 场地：中控室、同期设备现场及同期地点。
2. 主要设施和设备：同期设备、同期回路及自动化元件等。
3. 主要工器具：电工组合工具、清洁工具包、数字万用表、验电笔、绝缘电阻表、吸尘器、毛刷、试验电源盘、温度计、湿度计等。
4. 主要材料：控制电缆、双绞线、酒精、标签、尼龙扎带、抹布等。</td></tr>
<tr><td>安全事项、防护措施</td><td colspan="3">1. 检修前交代作业内容、作业范围、危险点告知、安全措施和注意事项。
2. 戴安全帽、穿工作服（防静电服）、穿绝缘鞋，高空作业需佩戴安全带。
3. 加强监护，严格执行电业安全工作规程。
4. 对于需停电检修的设备，要认真进行验电检查，确保无电及安全措施完善后才能开始检修工作。</td></tr>
<tr><td>考核方式</td><td colspan="3">笔试：120 分钟
操作：120 分钟
完成维护和检修任务后，针对模块技能操作评分标准进行考核。</td></tr>
</table>

同期系统基本结构与类型

在水电厂乃至统一的电力系统内，许多台水轮发电机是并列运行的，这些并列运行的发电机转子都以同一个电角度旋转，并且转子间的相对位移角也在允许的范围内，这种运行状态称为同步，也称为同期。一般情况下，未投入系统运行的水轮发电机是不同步的，将水轮发电机投入系统作并联运行的操作过程称为水轮发电机同期并列，也叫整步并车。

同期操作是电力系统中一项非常重要的操作。正常运行时，当用电负荷增加时，及时将备用机组投入到系统中去，事故处理中也需要通过并列操作迅速恢复整个系统的安全。因此，在电力系统中并列操作几乎每天都需进行。多台发电机组、多个电厂和多个电力系统连接起来运行，可以提高供电可靠性，改善电能质量，合理分配负荷，减少系统备用容量，从而实现电力系统的稳定、经济运行。

在发电厂或变电站中，根据并列需要，设定某些断路器为同期点。一般发电机出口断路器、主变压器断路器、母线联络断路器、母线分段断路器、旁路断路器均为同期点。将同期点两侧的电压用电压互感器降压，通过二次回路引到同期装置中，同期装置根据引入的电压量进行判断，发出调整待并发电机转速、励磁电压的指令，当待并发电机与系统频率、电压、相角均符合并列条件时，发出断路器合闸命令。

如图 11-1 所示为发电机与发电机电压母线经发电机出口断路器并列时及两组母线经母联断路器进行并列时，同期电压引入的接线图。图 11-1 中，SS 和盗 SS1 分别为母联断路器 QF 和发电机出口断路器 QF1 的同期开关，它有“工作”和“断开”两个位置，当在工作位置时，其对应每对触点均接通，断开位置时则均断开。在图 11-1 中，母线 M1 和 M2 是断路器控制回路中的同期合闸小母线。

一、发电机出口断路器同期电压的引入

当利用发电机出口断路器 QF1 进行并列时，待并发电机同期电压是由发电机出口处电压互感器 TV 的二次绕组 U、W 相电压，经同期开关 SS1 触点 25～27、21～23 分别引至同期小母线 L1、L3 而对于运行母线侧，由于是双母线，其同期电压是由Ⅰ母线电压互感器 TV1 或Ⅱ母线电压互感器 TV2 的二次 U 相电压，该电压从电压小母线ⅠL1（或ⅡL1）经母线隔离开关 QS3（或 QS4）的辅助触点切换，再经同期转换开关 SS1 的触点 13～15 引至同期小母线 L1′。两侧电压互感器二次

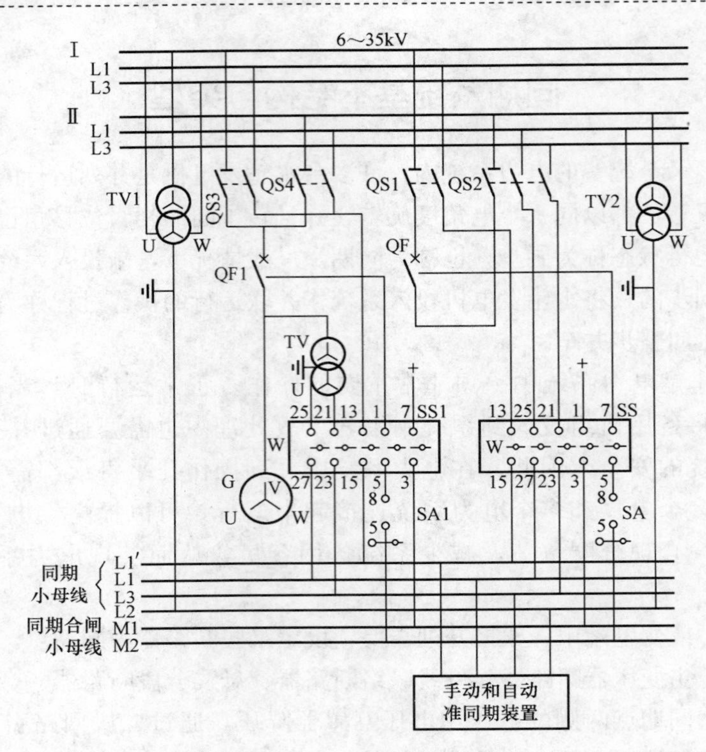

图 11-1　发电机出口断路器和母联断路器同期电压的引入（三相接线）

线圈均采用 V 相接地方式，V 相经接地后与同期小母线 L2 连接。经过 QS3 或 QS4 切换的目的，是为了确保引至同期电压小母线上的同期电压与所操作断路器两侧系统的电压完全一致。既当断路器 QF1 经隔离开关 QS3 接至Ⅰ母线时，应将Ⅰ母线的电压互感器 TV1 的二次电压从电压小母线ⅠL1 引至 L1′上；当断路器 QF1 经过 QS4 接至Ⅱ母线时，应将Ⅱ母线的电压互感器 TV2 的二次电压，从其电压小母线ⅡL1 引至 L1′上。由此可见，利用隔离开关的辅助触点，在进行倒闸操作的同时，二次电压的切换也自动地完成了。

二、母联断路器同期电压的引入

当利用母联断路器 QF 进行同期并列时，断路器两侧的同期电压是由母线电压互感器 TV1 和 TV2 的二次电压小母线，经母线隔离开关 QS1 和 QS2 的辅助触点和同期开关 SS 触点，引至同期电压小母线上的。Ⅰ母线电压互感器 TV1 的二次 U 相电压，从其小母线ⅠL1，经过 QS1 的辅助触点，再经同期开关 SS 的触点 13～15，引至 L1′上；Ⅱ母线的电压互感器 TV2 的二次 U、W 相电压，从其小母线ⅡL1 和ⅡL3，经过 QS2 的辅助触点，再经同期开关 SS 的触点 25～27、21～23 分别引至同期小母线 L1 和 L3 上。显然，此种接线Ⅱ母线侧为待并系统，而Ⅰ母线侧为运行系统。

三、双绕组变压器同期电压的引入

如图 11-2 (a)所示，对于具有 Yd11 接线的双绕组变压器 TM，当利用低压侧断路器 QF1 进行并列时，同期电压分别从高、低压侧电压互感器引入。

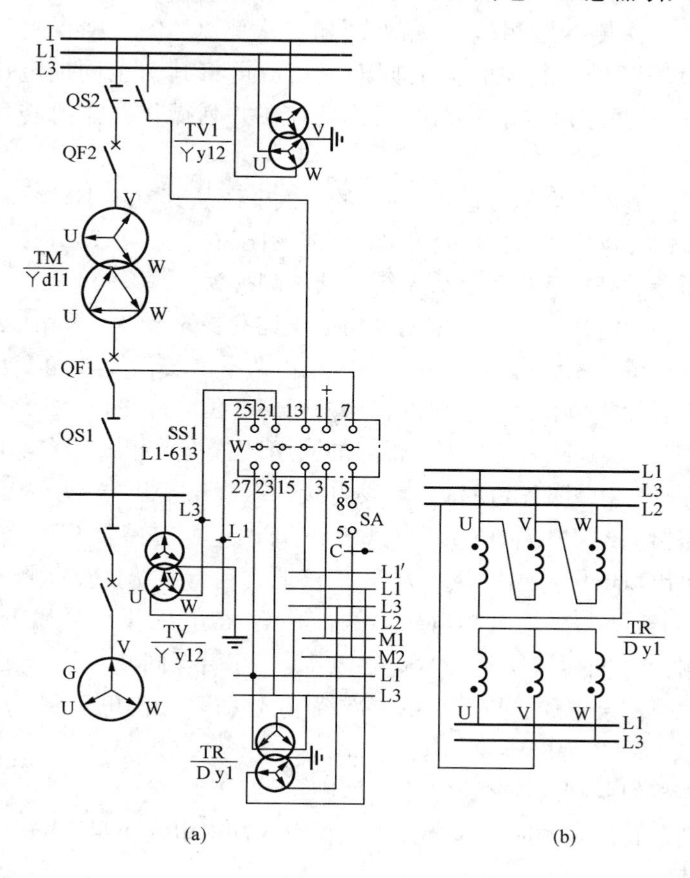

图 11-2　双绕组变压器同期电压的引入

由于变压器 TM 高、低压侧的电压相位相差 30°，即三角形电压超前星形侧 30°。而高、低压侧电压互感器 TV1 和 TV 又都采用了星形 Yy12 接线，它们的一、二次电压没有相位差。因此，TV1 和 TV 的二次侧电压的相位也差 30°，即 TV 的二次线电压超前 TV1 的二次线电压 30°。所以，同期电压不能直接采用电压互感器的二次线电压，而必须采用转角变压器 TR 对此相位进行补偿。

常用的转角变压器 TR 的接线如图 11-2（b)所示。转角变压器 TR 变比为 100/100/3，绕组采用 Dy1 接线，即星形侧线电压落后三角形侧线电压 30°，经补偿后，接至同期电压小母线上的二次电压相位就完全一致了。

变压器低压侧母线电压互感器 TV 二次电压，从其电压小母线 L1 和 L3，经过同期开关 SS1 触点 25～27、21～23 分别引至转角小母线 L1 和 L3 上，即接至转角变压器的一次侧（△侧），转角变压器二次侧（Y 侧）则得到与升压变压器高压侧母线电压互感器相位相同的同期电压。再将其引至同期电压小母线 L1、L3 上。可见，转角小母线平时无电压，只有在并列操作并需要转角时，才带有同期电压。

变压器高压侧母线电压互感器 TV1 的二次电压从其电压小母线 L1，经隔离开关 QS2 辅助触点、同期开关 SS1 触点 13～15 引至同期小母线 L1′上。显然，这种接线是把变压器的高压侧视为运行系统，低压侧视为待并系统。

今后新建的发电厂和变电站采用单相接线是发展的趋势。单相接线与三相接线相比，减少一相待并系统电压（由 L1 引入），又不需要设置转角变压器及隔离变压器，因而接线较简单。单相接线的特点是同期电压取待并和运行系统的单相电压（相电压或线电压）和公用接地相，相应的同期装置为单相式。发电厂单相接线的同期系统（部分）如图 11-3 所示。为发电机—双绕组变压器单元接线，利用低压三角形侧断路器 QF1 进行同期并列。110kV 母线电压互感器 TV1 为中性点（N）接地，发电机出口电压互感器 TV 为 V 相接地。运行系统即变压器高压侧同期电压，取 TV1 的辅助二次绕组相电压 U_{WN}，其 W 相电压从小母线 L3 引出，经过 QS2 的辅助触点及同期转换开关 SS1 触点 13～15 引至同期小母线 L3′，待并系统即变压器低压侧同期电压，取 TV 的二次绕组 W 和 V 相间电压 U_{wv}，其 W 相电压经 SS1 的触点 25～27 引至同期小母线 L3。

同步发电机组并列时应遵循如下的原则：

（1）并列断路器合闸时，对待并发电机组的冲击电流应尽可能小，其最大值不应超过允许值。

（2）发电机组并入系统后，应能迅速进入同步运行状态，进入同步运行的暂态过程要短。

水轮发电机的同期操作是由同期装置实现的，目前采取的方式有自同期方式和准同期方式两种。在正常情况下应采用准同期方式，而在故障情况下可采用自同期方式。

同期方式有准同期和自同期两种。由于自同期方式是将未励磁的发电机并入系统，会对发电机产生很大的冲击电流，在合闸瞬间系统电压会下降很多，一般不采

用。准同期是将已励磁的发电机，调整其电压、频率和相角与系统的电压、频率和相角满足并列条件时合闸。

准同期操作是频繁的，特别是对担任电网调频调峰任务的水电厂来说更为频繁。良好的同期操作能使发电机在无冲击的情况下与电网连接起来，迅速发挥它应有的效率。反之，不良的同期也叫非同期合闸，会对发电机产生很大的冲击电流和电磁转矩，使转子绕组变形，发生多点接地，对定子线棒端部的绝缘和接头有着很大的破坏作用。理想的并列条件是：

1）待并发电机电压与系统电压的幅值相等。

2）待并发电机频率与系统频率相等。

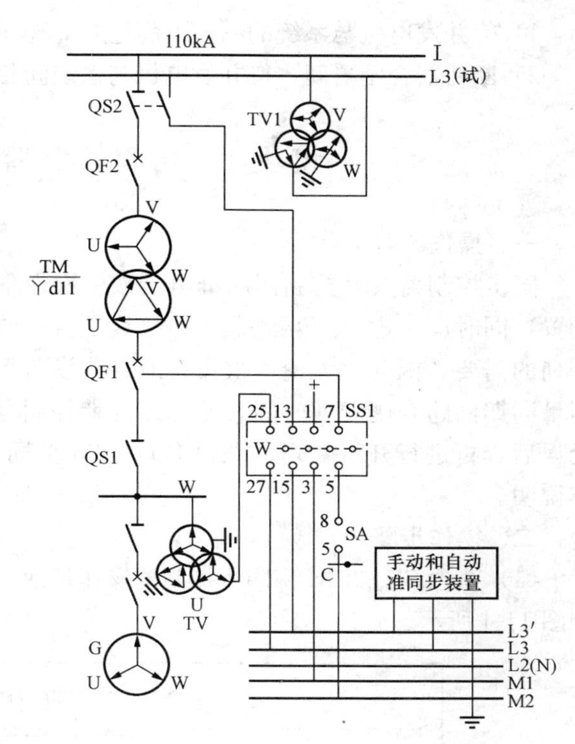

图 11-3　双绕组变压器同期电压的引入（单相接线）

3）断路器合闸瞬间，待并发电机与系统电压间相角差为零。

事实上理想的并列条件是不可能实现的，由于准同期装置的误差，断路器合闸时间的微小变化以及电压互感器的角差等因素的影响，在断路器合闸瞬间会出现暂态冲击电流和系统将发电机拉入同步过程中的振荡现象。不良的同期，能带来以下不良的后果：

1）大的相角差并网使发电机的绕组、轴承、联轴器等受到严重的累积损伤，使机组寿命大大缩短。

2）对电压差和频率差过分精细调节，不仅不能及时地将发电机投入电网去带负荷，消耗大量的时间，机组空转消耗能源，影响系统对负荷的需求。

3）不考虑功角、压差的同频合环操作，可能造成系统继电保护误动作甚至造成系统振荡。

因此，同期操作是发电厂及变电站一项重要的操作，安全并网是非常必要的。为了发电机在并网瞬间所受的冲击尽量的小，一般要求：

1）待并发电机与系统的频差不超过0.2%～0.5%，即0.1～0.25Hz。

2）断路器合闸瞬间，待并发电机与系统间相角差不超过10°。

模块1　同步控制器参数修改

一、操作说明

同步控制器及其控制回路继电器或一次设备更换后，同期参数必须进行重新设置，同时应考虑电压互感器二次接线是否有改变，同期合闸相位是否满足同期并列的需要。因此，无论一次设备或二次设备更换时，同期控制器必须经过实际测量同期回路合闸导前时间，并修改同期控制器合闸导前时间，经过假并列试验无误后，再进行开机并列。现以SID-2CM型同步控制器及回路检查为例进行操作说明。

二、操作步骤

（1）熟悉SID-2CM型同步控制器操作板面。SID-2CM型同步控制器操作板面如图11-4所示。

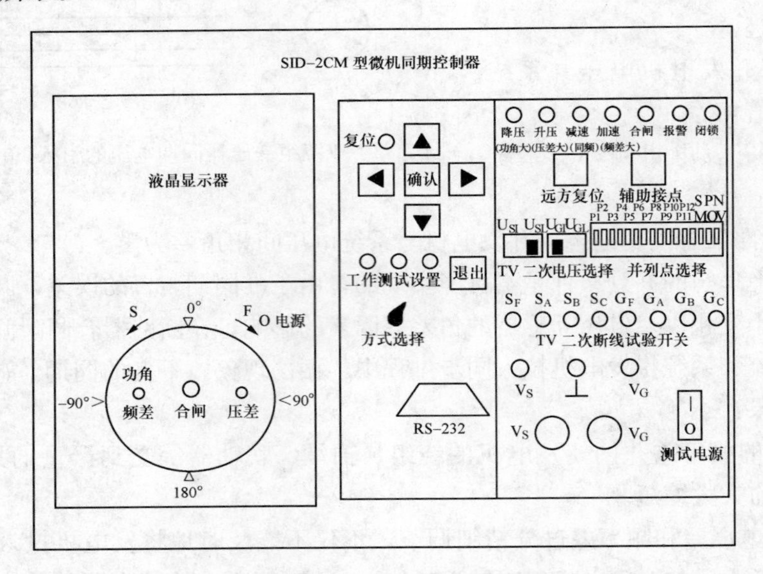

图11-4　SID-2CM型同步控制器操作板面

（2）在同期控制器通电状态下，将工作方式开关投在“设置”位置（此时设置灯亮），然后按复位键。或在同期控制器未通电状态下，先将工作方式开关投在“设置”位置，然后再接通电源。

（3）首先进入设置主菜单，使用“上”、“下”键，选择菜单项，用确认键确认，进入相应的程序。

（4）各通道参数整定。

1）进入通道整定参数菜单后，用“上”、“下”键，选择“各通道参数整定”，之后按“确认”键，此时显示屏显示：

各通道参数设定
系统参数整定
实测合闸时间查询
修改口令

2）出厂设置口令为0000，按确认键后进入管通道参数整定，如按退出键可放其该操作，退回主菜单。如输入口令不对，退回主菜单。进入各通道参数整定后，显示屏显示：

请输入通道号
1
按确认键确认

3）用“上”、“下”键，输入通道号，按“确认”键，择系统进入参数设置第一页，此时显示屏显示：

对象类型
合闸时间×××ms
允许频差±×.××Hz
允许频差±××%

第一页

4）使用“左”、“右”键，选择参数项，按“上”、“下”键修改参数值。当选择到该页的最后一项，再按“右”键，如果不是最后一页（第七页），则翻到下一页。当选择该页的第一项，再按“左”键，若该页不是第一页则进入上一页。修改完所有的参数后，按“确认”键，此时屏幕显示“正在储存，请稍候”，在此期间按任何键都不起作用（复位键除外），若干秒后屏幕显示“储存完毕”，按“退出键”退出通道参数整定操作。回到设置菜单，第二页～第六页显示菜单

如下：

第二页
均频控制系数差 ×.×× 均压控制系数差 ×.×× 允许功角××°

第三页
待并侧 TV 二次 电压额定值×××V 系统侧 TV 二次 电压额定值×××V

第四页
过电压保护值 ×××% 自动调频 YES/NO 自动调压 YES/NO

第五页
同频调频脉宽××× 并列电代号××× 系统侧应转角 ×××

第六页
单侧无压合闸 YES/NO 无压空合闸 YES/NO 同步表 YES/NO

5）均频、均压控制系数差无量纲。这两个参数决定调频跳崖的品质。数值越大，调整就越快。如果设置过大，会引起控制过程不稳定。如果不选择自动调频则不进行调频控制，自动调压也如此。这两个系数需要在发电机开机后根据控制器进行自动调频和调压过程的品质来确定。“允许功角”仅用于同频并网的工况，此时自动停止调频和调压。

6）电压互感器二次电压的单位为“伏”，是指当电压互感器一次电压为额定值时，电压互感器二次电压所对应的实际值。考虑到系统电压波动，系统侧电压互感器二次额定值应以其可能出现的最低值和最高值的平均值输入。输入同步控制器的并列点电压互感器电压可以一侧是线电压，另一侧是相电压，也可以是线电压或相电压。

过电压保护值只是指允许发电机过电压对额定电压的百分数。自动调频、自动调压选择 YES 表示需要控制器自动调频或调压，NO 表示不需要。

7）同频调频脉宽，无量纲。该参数决定在品茶并网时出现同频后自动调频脉冲的正脉冲宽度。同频调频控制不受“自动调频”选择与否限制。

并列点代号有四位，可以是数字或字母，一般输入断路器号。

8）系统侧应转角。可设置超前 30°、0°、滞后 30°三种。系统侧应转角是将系统测电压互感器二次电压进行转角。

并列点有时只要求在并列点一侧有电压，而另一侧无电压时合上断路器，此时若无压合闸条件具备（电压互感器二次没断线），且通道整定参数项“单侧无压合闸”选为 YSE，在同步控制器的 JK3-24 送入了确认无压操作的开关量信号闭合，控制器上电后自动进行单侧无压合闸。如并列点两侧电压互感器二次电压的数值都高于电压闭锁整定值，则同步控制器执行正常并网操作。

如需要对断路器作一次两侧无压空合闸，可将通道参数项“双侧无压空合闸”选为 YES，并在 JK3－25 送入“双侧无压空合闸确认”开关量闭合信号，控制器上电后自动进行双侧无压空合闸。

（5）系统参数整定。

1）进入参数设置菜单后用“上”“下”键选择“系统参数整定”，按确认键后首先输入口令，口令正确后，显示屏显示如下：

第一页

待并侧信号源 外部/内部 系统侧信号源 外部/内部

参数的修改方法与通道参数设置相同。

2）系统设置第二页为确定并列点两侧电压互感器低压闭锁（为额定电压的百分值）；选择确定同频并网的同频阈值。

确定是当地或是远方（上位机）进行控制。设备号是挂在现场总线上的设备编号可为 1～99，显示屏显示如下：

第二页

低压闭锁	××%
同频阈值	高/中/低
系统侧信号源	现场/遥控
设备号	××

3）串行口波特率和接口方式，波特率可选择300、1200、2400、4800、9600，应与上位机一致。接口方式使用RS-232或RS-485接口，显示屏显示如下：

第三页

波特率	××××
接口方式	RS-232/RS485

（6）实测合闸时间查询

1）进入实测合闸时间菜单，显示屏显示如下：

1　通常	
1.×××	2.×××
3.×××	4.×××
5.×××	6.×××
7.×××	8.××××

2）按“下”或“右”键，依次显示2通道、3通道…的数据；按“上”或“左”键，显示前一通道的数据，按“退出”键退出查询。

（7）修改口令。进入修改口令后提示更新口令，显示屏显示如下：

请输入原口令
0000
请输入新口令
0000

（8）修改完成，应及时恢复写保护，防止运行中发生变动。

（9）查看已修改参数并确认正确。

（10）操作同步控制器复归。

（11）出具同步控制器参数修改工作报告。

三、操作注意事项

(1) 参数写保护锁只能由专业人员解开，其他人员不得解锁。

(2) 参数不得擅自修改。

(3) 工作完毕按记录检查面板各开关工作位置，无误后工作方告结束。

(4) 修改定值时应有方案，修改或查阅参数时应有专人监护，做好记录，由第二人检查无误经试验后，方可投入运行。

模块2　同期回路绝缘检查

一、操作说明

绝缘电阻的测量采用绝缘电阻表，用以测量控制回路是否接地或其对地绝缘是否符合规定值。绝缘测量应在无电压下进，与相关班组进行联系，至少应有两人在一起工作。

二、操作步骤

(1) 绝缘测量前验电，证明回路确无电压后，方可进行检测工作。

(2) 根据电压互感器二次电压和继电器控制回路电压等级，选择合适电压等级的绝缘电阻表，如继电器控制回路电压等级为24V，选择额定电压为250V的绝缘电阻表；电压互感器二次电压为100V，选择500V电压等级的绝缘电阻表。

(3) 将发电机电压和系统电压互感器二次电压接线从端子排上断开，断开前查阅图纸及核对现场接线，并做好拆线记录。

(4) 使用绝缘电阻表检测绝缘。

(5) 检测完毕后回路应对地进行放电，并记录所测量的绝缘电阻值，测量回路绝缘电阻应大于1MΩ。

(6) 试验拆线，检查所拆动过的端子或部件是否恢复，清理现场。

(7) 整理试验数据（试验时间、天气、试验主要仪器及精度、试验数据、试验人）记录及分析。

(8) 出具同期回路绝缘试验报告。

三、操作注意事项

(1) 同期回路绝缘检测时，为防止电压互感器二次侧向一次侧反充电，应将机组电压互感器和系统侧电压互感器二次侧接线从端子上断开（或拉开电源开关），经第二人复查无误并检查回路上确无人工作后，方可进行回路绝缘检测。

(2) 做好绝缘测量记录。

模块3　发电机准同期装置电压整定

一、操作说明

发电机同期装置除了具有线路同期装置的所有功能外，还有如下功能：

（1）自动测量发电机和系统的频率差和电压差，能有效地进行均压控制，尽快促成准同期条件的到来。

（2）具有过电压保护功能，一旦机组出现整定的电压值，立即输出一降压控制信号。

（3）不执行同期操作时，可以作为工频频率表使用。

线路同期装置和机组同期装置的原理框图是一样的，由于发电机同期装置工作程序相对复杂一些，这里仅简单介绍发电机准同期装置 SID-2V 的工作原理，其原理框图如图 11-5 所示。

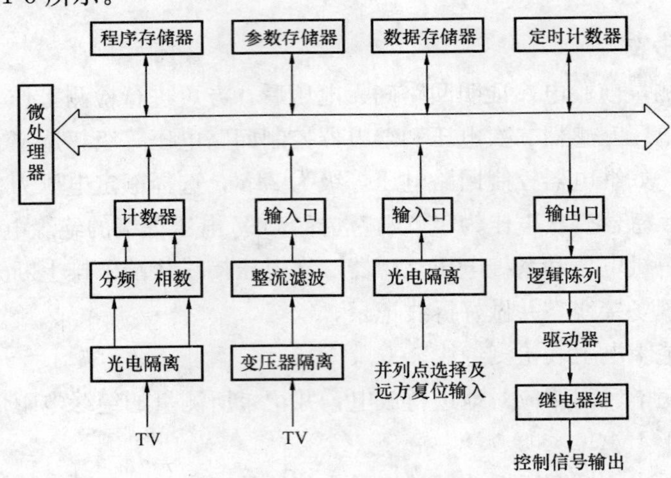

图 11-5　SID-2V 原理框图

发电机同期装置工作过程如下：

（1）选择待并机，将选择信号经光电隔离后送入控制器。控制器自动调出与该机有关的同期参数。

（2）将同期点两侧的电压经变压器和光电隔离引入控制器。

（3）控制器根据引入的电压量进行电压、频率、相位等参数的处理和比较。

（4）若同期条件不满足，闭锁合闸回路并发出相应的加速、减速、升压、降压信号。

（5）在满足同期条件时，发出合闸脉冲。

二、操作步骤

（1）在机箱内输入板上方设有多个测试点，分别可测试内部各重要点的波形和电压信号，打开机箱，用示波器和电压表按照各测试点的定义（可见装置说明书）测试各点信号的正确性。

（2）测试信号从这些测针对装置5V电源的“地”取得。

（3）在输入板设有4个多圈精密电位器，用以整定并列允许电压差及允许过电压值，其整定方法如下：

1）将装置work/test开关设定在w状态，开发装置模拟系统和发电机的电压（85～120V AC可调）接入控制器，接通电源。

2）调节开发装置发电机电压为1.15倍额定电压，整定允许过电压值。

3）调节开发装置把模拟发电机和系统电压均调到100V（确切地说，应为对应额定电压U_e时的值），使相应于发电机和系统电压测点的两点间电压差为零。

4）保持系统电压为100V（确切地说，应为额定电压值U_e），将发电机电压降到80%U_e以下，然后慢慢增至允许的最低电压值来整定电位器，例如95%U_e。

把发电机电压调到所允许的最高电压值，例如105%U_e，然后再整定电位器。

（4）试验拆线，检查所拆动过的端子或部件是否恢复，清理现场。

（5）整理试验数据（试验时间、天气、试验主要仪器及精度、试验数据、试验人）记录及分析。

（6）出具同期装置电压整定工作报告。

三、操作注意事项

（1）发电机准同期装置电压整定调试步骤的顺序不能变动。

（2）考虑到输入准同期控制器的发电机及系统TV可能因熔断器熔断，或二次电缆断线等原因导致准同期控制器对发电机进行错误的控制，进而产生严重的并网冲击或使发电机过电压。控制器设置了当TV二次电压低于额定电压的65%以下时进行低压闭锁的功能。为此，控制器必须在发电机和系统电压均达到65%额定电压以上时才允许投入。

（3）如果在控制器工作过程中TV失电，控制器也将进入低压闭锁状态并报警。只有通过复位或断开控制器电源后再加电，控制器才能再次进入工作状态。

模块4 微机同期控制器现场调试

一、操作说明（以在SID-2V型控制器为例说明）

1. 均压控制

SID-2V型控制器中采用了纯硬件的电压比较电路实现均压控制。通过两个电压比较器可分别设定允许电压差的上下限值。当待并机组电压偏离允许值范围，控制器即发出升压和降压命令。控制量的大小由均压控制系数决定，不同的励磁调节器具有不同的均压控制系数，这个系数在机组运行时进行试投，以取得一个控制品质最好的值。

2. 断路器合闸时间的测量

SID-2V型控制器的计时功能是在发出并网命令开始计时，至断路器主触闭合停止计时。停止计时信号取自断路器辅助开触点。显示器上显示的合闸时间在装置失去工作电源时会丢失。

3. 均频控制

由于不同类型的调速器有很大的特性差异，为了对各种调速器均具有优良的均频控制品质，SID-2V采用了模糊控制原理来实施均频控制。

把被控量的偏差E及偏差变化率C按模糊推理规则确定控制量U三者之间的关系，按实际经验列出一张模糊推理规则表，如表11-1所示。

表11-1 模糊推理规则

关系	正大	正中	正小	正零	负零	负小	负中	负大
正大	零	零	负中	负中	负大	负大	负大	负大
正中	正小	零	负小	负小	负中	负中	负大	负大
正小	正中	正小	零	零	负小	负小	负大	负大
零	正中	正中	正小	零	零	负小	负中	负中
负小	正大	正中	正小	正小	零	零	负小	负中
负中	正大	正大	正中	正中	正小	正小	零	负小
负大	正大	正大	正大	正大	正中	正中	零	零

表中E代表Δf，C代表$\Delta f'$，U代表控制量的大小，表现为每次控制脉冲的持续时间，即脉冲宽度I。所以在模糊控制中可以写出如下关系式

$$U = g(\Delta f, \Delta f')$$

式中　g——模糊控制算法。

将每组 Δf 及 $\Delta f'$ 按设定的调频系数 K 所产生的控制量列出一张模糊控制表，将其存在内存中。SID-2V 型控制器即按此表进行均频控制。调整控制器的均频系数 K，可以找到与调速器配合的最佳工作状态，使控制过程既快又稳。考虑频差变化率 $\Delta f'$ 在同期时的影响，主要是为了防止当断路器合闸时间较长时，装置已经发出了合闸脉冲，但由于系统或其他原因出现频差符号改变的情况，即同步表反转。

SID-2V 型控制器每半个工频周期测量一次实时的相角差 δ 值，并在每两个工频周期计算一次理想合闸导前角 δ_K，$\delta_K=\delta$ 时控制器即发出合闸脉冲。

4. 过电压保护

SID-2V 的过电压保护也是由电压比较器由硬件方式实现的，与均压控制一样。

5. 自检

SID-2V 控制器在工作过程中对全部硬件，包括微处理器、存储器、接口电路、继电器等进行自检。自检出错会显示，会报警，同时闭锁合闸回路，不发控制信号。

6. 抗干扰措施

控制器的所有输入、输出信号分别采用继电器、变压器、光电隔离器等器件进行隔离，同时在结构上采用了完整的屏蔽措施，抗干扰能力较强。

二、操作步骤

（1）用 SID-2V 准同期试验开发装置逐一核对装置的对外引线与外部的连接是否有误码。特别是输入的 TV 二次电压有否接反。调速、调压有否接反。

（2）在接线无误的情况下，可将同期方式选择开关投向“试验”位置（一般工作方式有切除、试验、手准、自准四种方式）。

（3）合上该发电机的同期开关。此时除合闸回路断开外，其他所有功能均可以提供检查。

1）看控制器的同步表是否与同期小盘上的同步表指示一致。如相反，则需再次检查 TV 接线并调换一个 TV 次级的接线极性。

2）如控制器的调速及调压功能已投入，可人工将频率、电压调偏，观察频率或电压的变化情况。

3）如调节过猛，出现过调现象，导致频率与电压来回在额定值上下摆动。这说明均频控制系统（或均压控制系数）取值过大。

4）将控制器面板中排右侧的 W/T 开关投向 T 侧（右侧），然后按一下红色的复位按钮，此时控制器进入参数设置状态。

显示器最左侧出现提示符“P”，按 KC 键调出均频控制系数（或均压控制系数）。按 KP 键，系数值按 0.01 步距递增，直到 1.00 时再按 KP 键，系数将由 0 向上递增。选择一个较上次为小的系数后停止按 KP 键，再按一次 KP 键确认此整定值。然后将 W/T 开关投向 W 侧，按复位键，于是控制器又投入工作状态。

手动将频率或电压调偏，观察频率或电压的变化情况，如果发现还存在过调现象，只需按前述步骤再减少均频或均压系数。

5）如果发现调节过程很慢，频差和压差迟迟不能进入允许值，则应按前述操作增大均频控制系数或均压控制系数。直到调节过程既快速又平衡的状态时为止。

6）在控制器面板上的八位数码显示器上的左、右两端如果没有出现 F、$-F$、U、$-U$ 的符号时，表明频差与压差均已满足要求，此时应在第一次出现的 $\delta=0°$ 前发出合闸命令。在同步表圆心上的红色指示灯将闪亮一下，同时数码管显示器上将出现 4 个 U。

（4）将同期方式选择开关投向“自准”位置，进行发电机真同期试验，为可靠起见，此时可先将发电机断路器的隔离开关断开，让控制器直接操作一次断路器，但并不真并网，如果试验顺利，则可将隔离开关合上，再做真并网试验，并网前请注意观察发电机定子电流的大小，以及合闸命令是在同步表哪个角度发出的。

如果发电机断路器辅助触点的信号已接入的话，则在发电机并网后，控制器的显示器上将显示断路器合闸回路的合闸时间（以毫秒计）。如未接入该信号，则显示器将显示 4 个 U。

（5）试验拆线，检查所拆动过的端子或部件是否恢复，清理现场。

（6）整理试验数据（试验时间、天气、试验主要仪器及精度、试验数据、试验人）记录及分析。

（7）出具微机同期控制器调试报告。

三、操作注意事项

（1）由于不同机组的调速及调压特性不一样，当一台控制器供多台发电机共用时，必须分别选定每台发电机的均频与均压控制系数。

（2）对水电厂而言，由于冬季和夏季的水头有一定的波动，也可能导致在不同水头条件下机组的调速特性有较大变化，如果出现这种情况，应重新选择该机组的均频控制系数。

（3）试验时如果控制器一直带电，则每次试验都应对装置进行复位操作；如果是重新上电，则无需进行复位操作。

模块 5　同步检查继电器的检查

一、操作说明

同步检查继电器是在两端供电系统的自动重合闸线路中作为有无线电压和同期的检查元件。其型号有多种，其中 BT-1CF 为集成电路式同步检查继电器，BT-1B 型、BT-1E 型均为晶体管式同步检查继电器。继电器在结构上有所不同，原理上完全一样，以 BT-1B 型为例进行操作。

继电器由电压互感器 TV1、TV2、整流滤波回路、触发器及干簧继电器等环节组成，装在组合插件式壳体里。BT-1B 型同步检查继电器原理如图 11-6 所示。

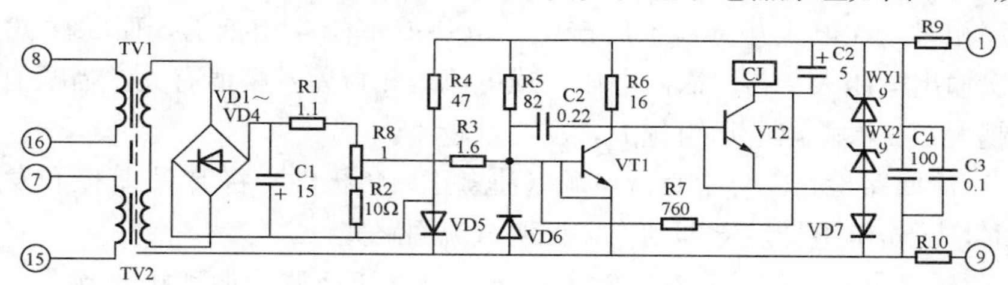

图 11-6　BT-1B 型同步检查继电器原理图

同步检查继电器的干簧继电器输出接点有两对，一对为动合触点，一对为动断触点，同期回路接线方式一般选择接动断触点。把两个反极性交流电压（或电流）分别加于电压互感器 TV1、TV2 的两个一次绕组上，如图 11-6 所示，两绕组所加额定交流电压为 100V（或电流），二次侧与整流桥连接。当一次两电压（或电流）同相时，在电压互感器二次绕组所产生的电势互相抵消，二次输出电压等于零（不平衡电压不超过 0.5V）触发器仍旧处于原始状态（如图 11-6 所示，BG1 导通、BG2 截止）干簧继电器不动作。当一次两电压（或电流）不同相时，在电压互感器上所产生的电势就不能互相抵消，而二次就产生电势，二次输出电压大小与一次两电压（或电流）相位差及幅值有关。当幅值一定时相位差越大，二次输出电压也越大，反之就越小。闭锁继电器动作角度示意如图 11-7 所示。

U_1　U_2　U_2'　δ_1　δ_2

图 11-7　闭锁继电器动作角度示意

二、操作步骤

（1）同步检查继电器检查。

1）继电器外部检查。

a. 继电器插座安装牢固，无裂痕，端子接线牢固、整齐，接线头标志完整、清晰。

b. 继电器外壳完整，封闭严密，无灰尘渗入，继电器标志清晰。

2）继电器内部检查。

a. 内部元件完好，焊点牢固，无虚焊，无灰尘。

b. 继电器接点干净，无氧化层，接触良好。

（2）电气特性检查。

1）干簧继电器使用数字式万用（直流单臂电桥）表欧姆挡测量线圈直流电阻，其直流电阻值在铭牌数据的±10%范围内。

2）两线圈极性检验。当一次两电压（或电流）同相时，在电压互感器上所产生的电势互相抵消，二次输出电压等于零（不平衡电压不超过0.5V），触发器仍然处于原始状态（BG1导通、BG2截止），干簧继电器不动作。当一次两电压（或电流）不同相时，在电压互感器上所产生的电势就不能互相抵消，而二次就产生电势，二次输出电压大小与一次两电压（或电流）相位差及幅值有关。当幅值一定时相位差越大，二次输出电压也越大，反之就越小。

3）直流回路检查。合上直流电源（注意正、负极性）将BG1基极和发射极短接，此时，干簧继电器应立即动作，证明直流回路完好。

4）闭锁继电器的调整。二次输出电压经过整流滤波后加到触发器上，当信号电压达到一定值时，触发器翻转（BG1截止，BG2导通）干簧继电器动作，常闭触点打开，常开触点闭合。当任何一个输入电压（或电流）为零或很低时，产生的情况与两个电压（或电流）不同相时相同，继电器也应立即动作。继电器动作角度的整定，利用电位器R8来调整。

（3）试验拆线，检查所拆动过的端子或部件是否恢复，清理现场。

（4）整理试验数据（试验时间、天气、试验主要仪器及精度、试验数据、试验人）记录及分析。

（5）出具同步检查继电器报告。

三、操作注意事项

（1）防止直流电源短路、接地。

（2）做好试验记录。

模块6　同步控制器工作电源自动投入不良故障的检查及处理

一、操作说明

同步控制器工作电源自动投入不良主要表现为同步控制器没有来电显示，检查及处理有两种方法：一是条件允许时，将同期回路控制电源拉开，在没有电的情况下使用数字式万用表欧姆挡进行回路导通性检查处理；二是带电进行检查处理，带电检查处理时，使用绝缘工具，戴手套，使用数字式万用表直流电压挡（或交流）进行回路电压检测，应注意防止电源短路或接地，损坏元件。

二、操作步骤

（1）检查同期操作回路电源开关是否投入，若电源开关未投入，将电源开关投入。

（2）电源开关在投入位置，选择数字式万用表交流电压挡或直流电压挡测量电源开关电源进线是否有电压（注意同步控制器工作电源是交流还是直流，以及其电压等级），测量时首先将开关每极分别对地进行测量，若有电压值，然后再测量开关两极电压。若无电压，检查电源或电源接线回路。

（3）电源开关在投入位置，选择数字式万用表交流电压挡或直流电压挡，测量电源开关负载侧是否有电压，以检查电源开关是否接触不良。

（4）检查同步控制器电源引入中间继电器机构衔铁是否励磁，若没有励磁，在带电时，根据电压等级，用数字式万用表直流电压挡测量中间继电器线圈两端对地电压，若为直流220V电压等级的回路，万用表显示线圈两端对地电压分别为＋110V或－110V；电压值回路停电时，用万用表欧姆挡或单臂直流电桥测量中间继电器线圈直流电阻，所测量直流电阻应在继电器名牌标注的±10％范围内。

（5）在不带电时，检查同步控制器电源引入中间继电器触点是否接触不良，用人为按压的方法使继电器衔铁闭合，用万用表或对线灯测量继电器触点接闭情况。

（6）检查电源回路接线端子连接是否紧固，同时用万用表欧姆挡检查回路是否导通。

（7）检查同步控制器电源插头与插座连接是否紧固、接触良好。

（8）检查监控系统投入同期控制器电源操作是否正确和机组现地PLC开出量动作投入同期控制器电源是否正确动作。

（9）出具同步控制器工作电源自动投入不良故障处理报告。

三、操作注意事项

（1）断开的线头做好记录，按记录进行恢复接线。

（2）数字万用表挡位切换正确，防止损坏仪表。

（3）防止电源短路或接地。

模块7　同期闭锁继电器回路故障处理

一、操作说明

同期闭锁继电器原理接线如图11-8所示，用于两端供电系统的自动重合闸线路中，作为有无电压和同期的检查元件。同期闭锁继电器用于手动准同期并列中防止非同期并列的闭锁元件，同期闭锁继电器或回路发生故障，将影响发电机的正常并列。

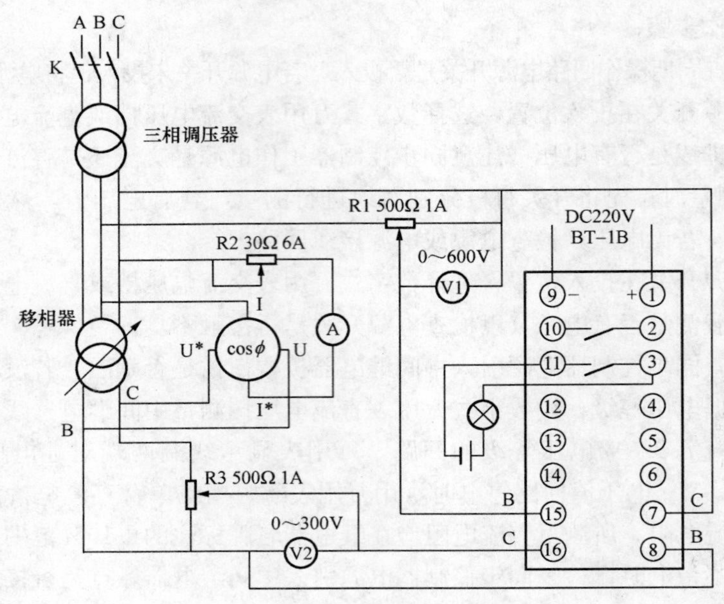

图 11-8　同期闭锁继电器原理接线

二、操作步骤

（1）检查同期闭锁继电器工作电源引入中间继电器机构衔铁是否励磁，在带电时，根据电压等级，用数字式万用表直流电压挡测量中间继电器线圈两端对地电压，若为直流 220V 电压等级的回路，万用表显示线圈两端对地电压分别为＋110V 或－110V；电压值回路停电时，用万用表欧姆挡或单臂直流电桥测量中间继电器线圈直流电阻，所测量直流电阻应在继电器铭牌标注的±10％范围内。

（2）在不带电时，检查同步控制器电源引入中间继电器触点是否接触不良，用人为按压的方法使继电器衔铁闭合，用万用表或对线灯测量继电器触点开闭情况。

（3）用万用表交流电压挡测量同期闭锁继电器发电机、系统电压互感器二次侧电压是否正常，二次侧电压值应为 100V。

（4）发电机、系统电压互感器二次侧电压满足时，用万用表流电压挡测量同期闭锁继电器输出继电器回路是否有电压，输出电压值应为同期控制回路电压 DC220V 或其他电压等级。

（5）用万用表交流电压挡测量发电机同期电压是否引入，二次侧电压值应为100V。

（6）用万用表交流电压挡测量系统同期电压是否引入，二次侧电压值应为100V。

（7）出具同期闭锁继电器回路故障处理报告。

三、操作注意事项

（1）做好故障检查记录。

（2）数字万用表电压挡位切换正确，防止损坏仪表。

（3）电压互感器二次侧测量电压时，防止电源短路或接地。

模块8　手动投入同期故障处理

一、操作说明

手动准同期装置作为自动准同期故障时的备用装置，或手动准同期回路进行试验时，进行断路器并列操作。手动准同期装置构成比较简单，它由组合同步指示器、同期闭锁继电器、同期转换开关、控制回路组成。手动投入同期故障一般检查同期闭锁继电器、同期转换开关、电源引入回路。

二、操作步骤

（1）检查手动同期投入切换把手接触情况，用数字万用表直流电压挡对试操作把手每一对触点。

（2）检查同期闭锁继电器工作电源引入中间继电器机构衔铁是否励磁。

（3）在不带电时，检查同步控制器电源引入中间继电器触点是否接触不良，用人为按压的方法使继电器衔铁闭合，用万用表或对线灯测量继电器触点接闭情况。

（4）检查回路接线端子、元件接线端子接线；用对线灯对试回路及元件每一对触点，回路及触点应可靠接通。

（5）用万用表交流电压挡测量发电机同期电压、系统同期电压是否引入，其电压为100V。

（6）带电时检查同期闭锁继电器输出继电器动作情况时，用数字万用表直流电压挡测量同期闭锁继电器输出继电器接点两端，若能测量出回路电压值说明继电器接点在断开状态，反之接点在闭合状态。

（7）出具手动投入同期故障处理报告。

三、操作注意事项

（1）断开的线头做好记录，按记录进行恢复接线。

(2) 数字万用表电压挡位切换正确，防止损坏仪表。

(3) 电压互感器二次侧测量电压时，防止电源短路或接地。

模块9 组合同步指示器工作不正常故障处理

一、操作说明

组合同步指示器是在发电机手动并列时，用于指示待并发电机和电网相序一致、相位相同、频率相等，待条件满足时由运行人员手动发和闸脉冲进行同期并列。满足待并发电机和电网相序一致、电压大小相等、相位相同、频率相等几个条件时叫做同步。电压可以用电压表进行监视，其他三个条件都可以用同步指示器监视。并网操作时对相序的要求是绝对的，必须为同相序。其次是对相位差的要求。

组合同步指示器由电压差、频率差和同步指示器三个测量机构组成，三相和单项组合式同步指示器的电压差测量机构与频率差测量机构相同，同步指示器内部接线是在测量机构增加一个移相电路。三相式同步表接入待并发电机的三相电压，单相式同步表则接入A、B两相电压经电容器分裂成三相电压。

MZ10型组合式同步指示器由测量频率差电路、测量电压差电路、同步指示器构成。频率差表的两个输入端接至不同的测量电源，一端接至待并发电机电压，一端接至系统电压。两个电压经稳压管削波整形并经电容器C1微分和整流器整流后，两个直流电流分别注入磁电系流比计的两个线圈。由于直流电流与频率成正比。当频率相等时，流比计两个线圈的转矩之和为零。当待并发电机的频率高于电网频率时，流比计的可动部分会产生一个偏转角，显示出频率差。当待并发电机的频率低于电网频率时，流比计的指针向另一个方向偏转，也显示出频率差。由此可以看出，频率表偏转的大小取决于频率之差的大小；偏转方向，取决于频率之差的符号。

电压差表测量机构采用整流电路，发电机和系统测两个电源分别经过全波桥式整流器变换成直流，并同时加于磁电系表头M2，但方向相反。当两个电源电压相等时，加于仪表电路的电流差为零。指针偏转的方向取决于两个电源电压之差的符号，偏转角的大小取决于电压差的大小。

MZ10型组合式同步指示器是目前常用的一种同步指示器，以MZ10型组合式同步指示器为例进行说明。MZ10型组合式同步指示器原理图如图11-9所示。

在同步过程中，有“粗同步”与“细同步”之分时，A0、B0接“粗同步”回

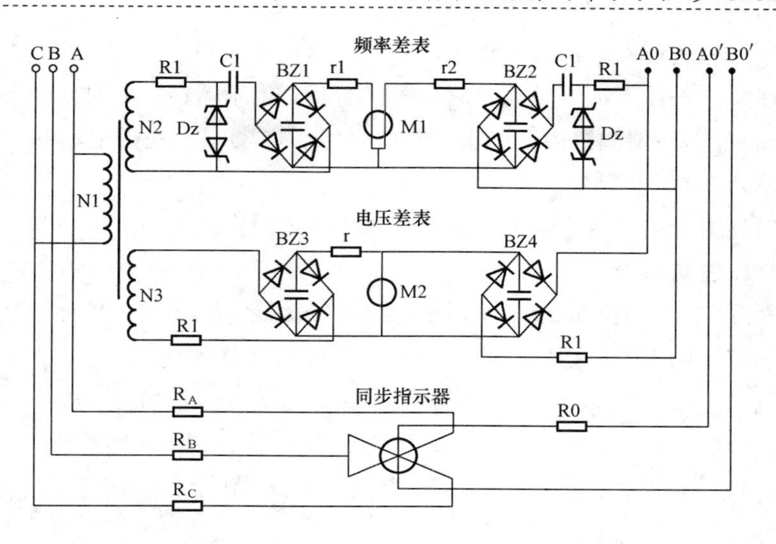

图 11-9　MZ10 型组合式同步指示器原理图

路，A0′、B0′接“细同步”回路。当同期过程不分粗细时，则 A0 与 A0′、B0 与 B0′短接。

MZ10 型组合式同步指示器端子接线图如图 11-10 所示。

二、操作步骤

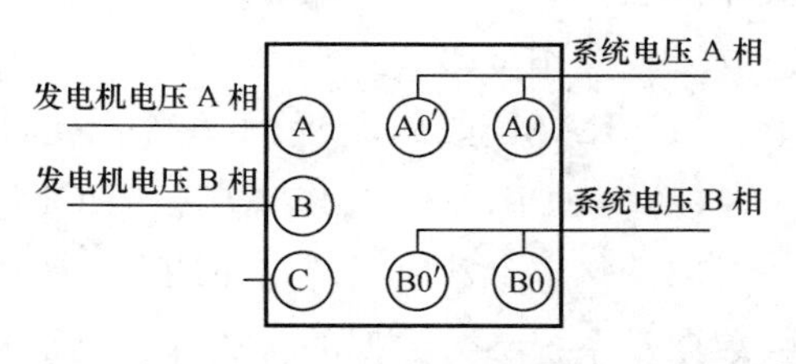

图 11-10　MZ10 型组合式同步指示器端子接线

（1）检查频率差表的两个输入端接至不同的测量电源，一端接至待并发电机电压，一端接至系统电压。当待并发电机的频率高于电网频率时，流比计的可动部分会产生一个偏转角，显示出频率差。当待并发电机的频率低于电网频率时，流比计的指针向另一个方向偏转，也显示出频率差。频率表偏转的大小取决于频率之差的大小；偏转方向，取决于频率之差的符号。手动操作时，要求不大于 20°，频率差一般要求控制在 0.2Hz 或 0.1Hz 以内。

（2）同步指示器可分为 0.1、0.2、0.3、0.5、1、1.5、2、2.5、3 和 5 等 10 个等级。确定准确度等级的基准值是 90 电角度。但是仅对同步指示标志处有准确度的要求。同步指示器应具有两个单独的输入线路，它们之间没有导线连接。

（3）对多相同步指示器，当施加于两组输入线路上的频率之一为参比频率或参比频率范围内（如有时）的任意频率，当其差减小到 1.5Hz（对单相同步指示器为 1.0Hz）时，指示器应按正确方向转动。

（4）对多相同步指示器，只要频率差在 1.5Hz（对单相同步指示器为 1.0Hz）

以内时，用目测法观察指示器的转速，应该大体是均匀的。

（5）在参比条件下，将一组或两组线路断开，指示器在任何时候都不得指示在同步标志两侧各30°范围以内。同步表有电磁系、电动系、铁磁电动系、感应系和整流系等系列。

（6）出具组合同步指示器工作不正常故障处理报告。

三、操作注意事项

（1）断开的线头做好记录，按记录进行恢复接线。

（2）数字万用表电压挡位切换正确，防止损坏仪表。

（3）电压互感器二次侧测量电压时，防止电源短路或接地。

模块10　同步控制器液晶屏错误提示及处理方法

一、操作说明

同期装置常见故障可以从同期装置的操作显示板上直观显示出来，用简洁易懂的常用符号及英文缩写词显示参数定值、工况及故障信息。各种型号的同步控制器故障信息有所不同，下面是几种不同型号同步控制器故障信息。

二、操作步骤

（1）RAM错误，表示RAM出错，检查RAM。

（2）EEPROM错误，指EEPROM中的数据混乱，检查EEPROM中的数据。

（3）整定参数出错，指EEPROM中的数据超范围，自检只检测并列点通道参数数据及系统参数数据的合法性，调整整定值。

（4）无并列点，表示并列点信号未送上，检查并列信号是否引入。

（5）并列点超过一个，表示有一个以上的并列点信号接入，如同时给同步装置的并列点选择输入端送上两个以上的开关量信号时，装置将会给出并列点大于或等于2的出错信息，检查并列信号是否引入。

（6）断路器合状态，在同频并网中，如检测到断路器处在合闸的状态，即提示此信息，检查断路器工作状态。

（7）电压互感器断线，两侧电压互感器二次任一相或多相断线显示此信息，检查互感器连接情况。

（8）MOS继电器故障，表示用于合闸的光隔MOS大功率继电器不受控。如果自检通过后，则进入并网控制过程，检查MOS继电器工作状况。

（9）出具同步控制器液晶屏错误提示及处理工作报告。

三、操作注意事项

（1）查阅同期装置故障时，应有两人在一起工作，做好监护，防止误动参数设置。

（2）做好故障记录，以便于对故障进行分析及处理。

模块11　同步控制器出现同频工况检查及处理

一、操作说明

目前发电机组调速器均采用开机过程跟踪网频式调速器，开机后发电机较快达到并稳定在系统频率上，在这种“同频”工况下装置是拒绝并网的。不论是否选择自动调频，装置都会对机组实施加速控制使发电机脱离同频状态，创造并网条件。因此，即使不需同期装置参与并网过程中的自动调频，也必须敷设装置至调速器的加速控制电缆。为避免同期装置遭遇同频工况，加速并网过程，应在有一定频差（≥0.3Hz）时投入同期装置。

二、操作步骤

（1）断开同步控制器同频输出端子，用万用表欧姆挡测量同频输出继电器有无输出。

（2）检查同步控制器同频输出端子至调速器增频回路端子接线是否松动。

（3）并网过程若不能消除同频现象，由运行值班员在中控室监控系统操作员站或机旁盘操作“增加/减少”有功操作把手增加开度，消除同频现象。

（4）出具同步控制器出现同频工况故障处理报告。

三、操作注意事项

（1）同步控制器出现同频工况时，禁止合闸。

（2）一般采用由同步控制器输出增频信号，使发电机转速增高，破坏同步控制器出现的同频工况。

模块12　自动准同期并列操作失败检查及处理

一、操作说明

机组开机后进行同期并列，当电压、频率、相位满足时，自动准同期并列操作失败，可复归同期装置后，再一次进行并列操作，如不成功，记录故障现象后，为使机组尽快并入系统，可立即将同期操作转为手动并列操作方式，机组并网后，再进行自动准同期回路的检查工作。

二、操作步骤

（1）检查同期切换开关在“自动准同期”位置。

（2）检查自准同期装置电源指示灯亮。

（3）检查自准同期装置运行指示灯闪烁正常。

（4）检查自准同期装置无异常告警信息。

（5）按下“复归”键，重新进行并列操作。

（6）上位机发“自准装置故障”信号，自准装置面板各指示灯全灭，将同期切换开关投“切”位置，检查自准同期装置工作电源情况。

（7）出具自动准同期并列操作失败处理报告。

三、操作注意事项

（1）同期回路检查时，应将同期回路停电。

（2）防止误动运行设备。

（3）发电机、系统电压互感器二次侧带电，做好防护措施。

科 目 小 结

本科目面向水电厂同期设备现场维护和检修工作，按照培训目标，以同期系统自动装置维护和检修工作中的技能操作为主要培训内容，对发电机准同期装置电压的整定；SID-2V 控制器现场的调试；同步控制器参数的修改；同期回路的绝缘检查；同步控制器故障、自动准同期并列操作失败故障的检查及处理等专业技能操作项目进行了详细的阐述。注重安全施工、安全操作。

通过本科目的技能操作培训，使水电自动装置检修工能正确运用安全规程和维护检修规程，掌握自动装置维护检修工作中规范的维护检修工艺，标准的测量、检查步骤，正确的安装、调试方法，准确的设备故障排查。

练 习 题

1. 如何同步控制器参数修改?
2. 怎样对同期回路进行绝缘检查?
3. 怎样整定准同期装置电压?
4. 如何检查同步检查继电器?
5. 如何准确检查和处理同步控制器、同期回路的故障?
6. 如何处理同步控制器出现同频工况?
7. 如何检查及处理自动准同期并列操作失败故障?

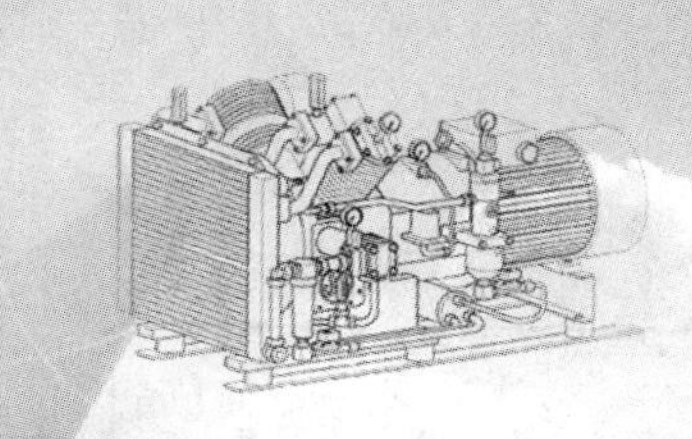

科目十二

水力机械自动化系统设备的维护、检修及故障处理

水力机械自动化系统设备的维护、检修及故障处理培训规范

科目名称	水力机械自动化系统设备的维护、检修及故障处理	类别	专业技能
培训方式	实践性/脱产培训	培训学时	实践性164学时/脱产培训84学时
培训目标	1. 掌握水力机械自动化系统的组成、设备的结构，熟知技术图纸。 2. 掌握水力机械自动化元件、设备的正确安装方法和步骤。 3. 能根据相关标准对水力机械自动化元件、设备进行调试和检修。 4. 掌握水力机械自动设备特性试验、模拟试验、运行试验的方法、步骤及标准。 5. 掌握发电机组检修后启动运行试验的方法、步骤及标准。 6. 能分析解决水力机械自动化元件、设备出现的一般性故障。		
培训内容	模块1　火灾报警系统的安装 模块2　微机测速装置的安装 模块3　测温系统的安装 模块4　磁翻柱液位计的检修 模块5　状态监测装置的安装和调试 模块6　电磁阀控制回路的试验 模块7　漏油泵控制回路的检修和调试 模块8　水位计的检修和调试 模块9　变压器冷却系统控制回路中元件的检查和调试 模块10　顶盖泵控制回路的检修和调试 模块11　主令开关的调试 模块12　低压空气压缩机的静态、动态试验 模块13　快速闸门的试验 模块14　压油装置控制系统设备控制回路试验 模块15　磁翻柱液位计磁记忆开关模拟试验 模块16　示流信号器试验 模块17　空气压缩机基本操作和故障处理 模块18　桥式起重机检修后的整机运行试验 模块19　机组模拟试验 模块20　机组检修后启动试验 模块21　机组检修后启动运行试验		

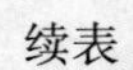

续表

场地、主要设施、设备和工器具、材料	1. 场地：现场设备所在地、培训室。 2. 主要设施和设备：灭火装置、桥式起重机、测速装置、液位监测元件、变压器冷却系统、测温系统、压油装置、主令开关、示流信号器、温度信号器、压力信号器、剪断信号器、磁翻柱液位计、顶盖泵、低压气机、电磁阀、水泵、尾水门机、快速闸门、状态监测装置等。 3. 主要工器具：二次常用的电工工具一套，对线灯一个，行灯，两相、三相刀开关及插座板，绝缘电阻表，数字万用表，指针式万用表，清洁工具包，验电笔，温度计，湿度计等。 4. 主要材料：控制电缆、绝缘软导线、绝缘硬导线、标签、尼龙扎带、抹布等。
安全事项、防护措施	1. 检修前交代作业内容、作业范围、危险点告知、安全措施和注意事项。 2. 戴安全帽、穿工作服（防静电服）、穿绝缘鞋，高空作业需佩戴安全带。 3. 加强监护，严格执行电业安全工作规程。 4. 对于需停电检修的设备，要认真进行验电检查，确保无电及安全措施完善后才能开始检修工作。
考核方式	笔试：120 分钟 操作：120 分钟 完成维护和检修任务后，针对模块技能操作评分标准进行考核。

水力机械自动化系统基本结构与类型

一、水力机械自动化系统的组成

（一）水轮发电机组的自动控制

水轮发电机的自动控制逻辑随水轮机的型式、调速器的型式、辅助设备特点、机组的运行方式及机组的同期并列方式的不同而有所差别，但它的一些基本要求和内容大体相同。从各大中型水电厂机组自动控制原理来看，都符合下列的一些原则：

（1）必须具备相应的条件才能开机（常称作开机条件）。

（2）在开、停机过程中如发现有异常情况，运行人员可进行相反操作。

（3）在正常停机过程中，应先卸负荷，后停机；在事故情况下，可不经卸负荷过程，实现紧急停机。

（4）机组自动控制程序还包括快速闸门（或球阀、蝶阀）操作。开机前，闸门已处于开启状态，停机不关闭闸门。当机组发生紧急停机操作、停机时剪断销断裂、压油槽油压降低、机组过速度等情况时，应紧急停机并关闭闸门。

（5）发生故障或事故等情况时应自保持，故障或事故消除只能经手动复归。

（6）开机时可打开冷却水，停机时关闭冷却水。

（7）在发电时能转调相，调相时可转发电。

（8）为保证控制回路绝缘水平，剪断销、调相水位控制回路经隔离变压器将二次回路相互隔离。

（9）开、停机未完成应发出信号。

（10）停机过程中，当转速下降至规定的加闸转速时，经一定的延时复归停机回路并撤销制动。

（二）开机控制

机组在启动前，所有机组设备都应处于启动准备状态，就自动操作系统而言，机组启动只有在机组的开机条件全部满足的情况下才允许进行。一般水轮发电机通常有以下一些条件：

（1）快速闸门（或球阀、蝶阀）在开启状态。

（2）机组制动闸已解除，制动系统无风压，风闸已全部在下落位置。

（3）机组无事故。

（4）发电机未投入励磁。

（5）发电机断路器未合闸。

（6）接力器锁锭已拔出。

（7）调速器已处于启动准备状态。

在机组启动前，当满足上述开机条件时，可监视到有关的开机已准备好的信号提示（接力器锁锭位置情况也有不经开机条件监视），就表示机组具备了启动条件。

开机回路中应注意以下几个问题：

1）开机准备信号提示有通过信号灯的明亮或计算机终端提示来实现，它的作用是监视备用机组启动条件是否完好，表示开机是否可以如期进行。

2）断路器辅助触点引入的作用是复归开机回路。

3）开机逻辑回路须经过停机逻辑常闭触点自保持，在开机过程中可以停机，在误开机时能够及时处理。

当经过操作发出开机命令后，使开机逻辑动作并保持，一直到发电机断路器投入才自动复归。开机逻辑动作并引出后，还应动作于投入总冷却水，并经一定延时，才可动作于调速器开机从而打开导叶。延时的目的是为了投入总冷却水后让导轴承油冷却器和发电机空气冷却器供水及让水导轴承润滑水压达到一定程度。

（三）停机控制

机组正常停机在发出停机命令后，应首先动作于调速器卸去负荷，负荷卸完后调速器才动作于发电机开关跳开和导叶全关。当机组转速下降至加闸转速时动作于气制动加闸或电制动加闸，经一定时间复归停机逻辑回路。

（1）正常停机逻辑回路中有调相闭锁表示在调相过程中不允许停机。有调相功能的水轮机组目前一般没有从停机到调相或从调相到停机的状态转换功能。

（2）事故状态下的停机无论电气事故还是机械事故，在事故信号引入后，均直接启动停机逻辑，并直接动作于发电机开关跳开和导叶全关。

（3）无论正常停机操作，还是事故动作停机，停机逻辑均设自保持。它的自保持回路中串有开机逻辑闭锁，它的作用是能使机组在停机过程改为开机，可以立即纠正误停机操作。

（4）停机过程中，投入制动必须满足下列条件：

1）停机逻辑动作。

2）机组转速下降至整定的加闸转速。

3）机组已与系统解列，断路器辅助触点引入反应为断开。

4）停机逻辑动作后经一定的时延。

5）导叶全关，导叶位置触点闭合。

其中前两个条件是必要条件，后三个条件是防止转速信号继电器误动作措施。如果在停机过程中，机组还未与系统解列，转速还很高，继电器的误动而制动块受到很大的动作力矩而损坏。经一定延时再投入制动回路，主要防止与系统解列后，导叶已全关情况下转速信号继电器的误动，因为当时机组的转速仍较高。

（5）加闸制动转速的整定与机组的制动系统及轴承的材料等有关。采用乌金推力轴承的机组一般整定在30%～35%额定转速左右。有的水电厂应用了机组电气制动装置（可不投机械制动块）或高油压顶起装置，投入机械制动块的转速可相应降至20%～25%额定转速左右，而采用弹性金属塑料推力轴承的机组甚至可降至15%～20%额定转速左右。

（6）当制动条件满足投入制动后，制动系统应有风压，压力信号引入后，经一定时延复归停机逻辑，进而动作于退出制动，切除总冷却水。

（7）机组制动用的风闸均装设有下落位置监视系统，包括装设于风闸制动上部的行程开关和风闸下落指示灯。每个风闸都装有一个行程开关，只有当每个风闸都下落，使每个行程开关都接通的情况下，下落指示灯才能点亮。

（四）调相控制

水轮发电机组在系统中可以作调相机运行，以改善系统的功率因数。当机组要作调相机运行时，如果原来是发电状态，则仅需将调相命令发出，动作于调相运行回路，将导叶关闭，机组即转为调相方式运行，此时调节励磁就可以使机组送出不同的无功功率。将调相机转为发电机运行，只要发出开机命令，复归调相回路，将导叶打开即可。

作调相运行的机组，当水涡轮未浸没在水中运行时，它消耗的有功功率仅为其浸没在水中运行时的1/6左右。因此为了减少电能损耗，立式水轮发电机组一般用压缩空气将水压至水涡室以下，使其在空气中运行。

在第一次给气将水压下去以后水涡轮便在空气中运转，由于有漏气，在气压降低后水又重新上升，因此在水位上升到一定位置后便需自动压气将水再压下，这种补气过程是间断进行的。为了使补气间隔加长，有的机组还设置经常补充漏气的措施。调相充气的自动化是用反映水涡轮室水位的方法来实现的，而水电厂常用装设于调相浮筒内的电极式液位信号器来反映水涡轮室水位。

（五）水力机械保护

机组的水力机械保护回路与采用的调速器型式及水力机械系统配置有关，机组遇有下列情况之一时，动作于事故停机：

（1）推力轴承、上导轴承、水导轴承过热，合称轴承过热。采用温度信号器常开触点引入启动机组水力机械保护动作，作用于事故停机。导致事故停机的轴承温度的整定视采用的轴承材料有关，通常整定为65～70℃，以XCT、XMT等型号的温度指示调节仪作为主要过热保护元件。

（2）润滑水中止。当水导润滑水失去后经一定时延动作于水力机械保护事故停机。

（3）电气事故。发电机发生事故，通过保护出口继电器引入动作于水力机械保护事故停机。

（4）当紧急事故保护所述的紧急事故保护动作时，同时动作于水力机械保护事故停机。

水力机械保护事故动作后，除动作于机组事故停机外还通过相应的信号回路发出事故音响和灯光信号，并指出事故的性质。

（六）紧急事故保护

当发生下列情况之一时，即进行紧急事故保护，动作于事故停机并关闭快速闸门（或球阀、蝶阀）：

（1）机组转速达140%额定转速时，由机械转速信号器动作引入，启动紧急事故停机。

（2）机组转速达140%额定转速时，由电气转速信号器动作引入，启动紧急事故停机。

（3）当油压装置油压下降至危险的低压时，动作于紧急事故停机。

（4）机组停机过程中剪断销信号器发出紧急事故信号。

（5）当机组需要紧急停机时操作设定的按钮，也同样动作于紧急事故停机。

紧急事故停机动作后，关闭快速闸门，各水电厂有所不同，如事故低油压情况下，有的水电厂仅动作于停机，甚至只发信号。机械过速信号取自机械转速信号器的信号源一般是机组大轴的实际机械转速，采用飞摆的原理实现。电气过速信号取自电气转速信号器，它的信号源有永磁机输出交流电源，也有采用机端残压测频和大轴齿盘测频等。

在事故停机出口动作，并自保持，直到事故消除并手动解除自保持以前，不允许进行开机，维持停机状态，以免事故扩大。

（七）水力机械故障

机组在运行过程中遇有下列情况之一时，即发出故障信号，并且只发故障信号而不影响机组继续运行：

（1）推力轴承、上导轴承、水导轴承及发电机热风的温度过高。

（2）压油槽油压不正常（压力过低或压力过高）。

（3）储油槽油面异常（过高或过低）。

（4）推力油槽油面异常（过高或过低）。

（5）上导油槽油面异常（过高或过低）。

(6) 漏油槽油面过高。

(7) 剪断销断裂。

(8) 开、停机未完成(开停机时间过长超过了设定的时间)。

(9) 水导备用润滑水投入，在机组处于断路器合闸（断路器辅助常开触点闭合）或导叶打开（导叶位置触点闭合）的状态下，水导润滑水（示流信号器动作）一旦失去，即启动保护投入备用水信号。如果在润滑水示流信号失去，同时润滑水也失去水压使压力信号器动作，经较短时延仍没有恢复时启动润滑水中止事故保护。备用水一旦投入同主供水一样直到机组停机复归动作才切除。有些机组为缩短开机延时，在开机过程中采用双路供水，即将备用水也投入，待机组并入系统后，再将备用水切除。

(10) 调相失电改发电，当机组处于调相运行状态时，一旦失去电源（发电机断路器断开），此时机组的转动失去动力将使转速下降，此时应动作保持并将机组改发电。一般该保护动作整定于70%～80%额定转速。

以上故障通过相应的出口回路发出故障音响及灯光信号，并指出故障的性质。故障消失后，可手动解除故障信号。

当操作回路的交、直流电源失去时，通过交、直流监视继电器引入动作于故障回路。

(八) 快速闸门自动控制

水轮机组的快速闸门（通常称工作门）或球阀、蝶阀，能够进行现场和远方的开启和关闭控制，还能够在机组发生过速事故的情况下快速关闭，以防止过速等事故的继续发生。下面以快速闸门为例。

快速闸门在全关状态时，闸门前后压力不相等，闸门前是相应深度下水库的水压力，闸门后为大气压力。在闸门开启前应采取措施使闸门前后所承受的压力相等(称为平压)。否则，在闸门开启时闸门和启闭机将承受较大的压力甚至无法开启。水电厂大都采用打开旁通阀进行钢管充水平压，当钢管水压达到一定程度时，闸门开始自动提升至全开位置，到达全开位置后，一方面发出全开指示，另一方面再去关闭旁通阀。

机组引水钢管的旁通阀操作是低压电动机，所以旁通阀的自动操作回路控制对象实际上是旁通阀电动机。电动机的电源一般是厂用电交流380V或交流220V。因为旁通阀不常操作，对于其他设备来说重要性并不突出，所以其控制操作回路一般引用交流电源。旁通阀电动机多采用磁力启动器或无触点接触器控制。电动机一般以全电压启动，并能双向旋转，采用可逆操作的磁力启动器控制，以调换电源相序来改变电动机的旋转方向。

一般在机组正常运行状态下，闸门均处于全开位置，因此闸门的开启操作机会很少，而在紧急事故时紧急关闭闸门或在机组需要检修时需要进行闸门关闭操作。快速闸门的启闭机构有固定卷扬机式启闭机和油压启闭机，大中型水电厂一般采用油压启闭机。控制快速闸门的开启与关闭，主要是通过操作油压启闭机油路电磁阀的开启与关闭实现的。水电厂常见的油压启闭机是油泵启动后通过油路电磁阀打开控制差动阀，使压力油经节流孔板进入油缸下腔提升闸门。闸门下降不需要启动油泵，只要将油路电磁阀复位，这时在闸门自重及门顶水柱压力的作用下，压力油从油缸下腔通过节流孔板及差动阀进入油缸上腔，使闸门下落。

油压启闭机控制系统主要是控制油泵电动机的启动和停止。当操作闸门开启时油路电磁阀开启线圈带电，同时使油泵启动开始打油，压力油进入油缸下腔提升闸门。当闸门开启 50mm 左右，由闸门位置接点切除油泵，在压力油的作用下闸门提升至全开。当闸门由于某种原因下滑 200mm 时，油泵自动启动，提闸门至全开位置。如果闸门下滑 300mm，则必须向控制室发出音响和灯光信号。

油压启闭机的控制系统一般设一台油泵—电动机组；也有设两台油泵的，一台主用另一台备用，也有水电厂所有闸门油压启闭机共用一套或两套油泵及控制系统。

（九）机组辅助设备的自动操作

1. 调速器油压装置的自动控制

油压装置是水电厂不可缺少的辅助设备，由它造成并储存高压油，供机组操作之用，是机组启动、停机、负荷调整等操作的能源。每套油压装置一般设两台油泵电动机，互为备用，压力油罐上的压力信号器用来控制油泵电动机的启动和停止。油压装置在机组正常运行或事故情况下，均有足够的压力油来操作机组的导叶，并有一定的压力油储备。油压装置的自动控制是相对独立的，与机组状态无关，是由预先规定的压油槽中的油压来自动进行控制的。而当油压装置故障导致油压下降至事故低油压时，机组立即事故停机。

每套油压装置一般设两台油泵—电动机组，一台工作，另一台备用，并且可以互为备用。集油槽上的浮子信号器用来监视集油槽的油位，压油槽上的压力信号器用来控制油泵电动机的启动和停止。油泵电动机可以自动操作也可以手动操作。自动操作又分为主用和备用两种状态，采用断续运行方式。

2. 漏油泵电动机的自动控制

水轮发电机组的调速机构和各电磁配压阀等以液压传动的方式来达到操作的目的，各部分压力油在传动过程中将能量传给动作机构后变成无压力油而流进漏油槽集中，通过漏油泵又打回回油箱（储油箱、储油槽）。漏油泵电动机的自动控制是

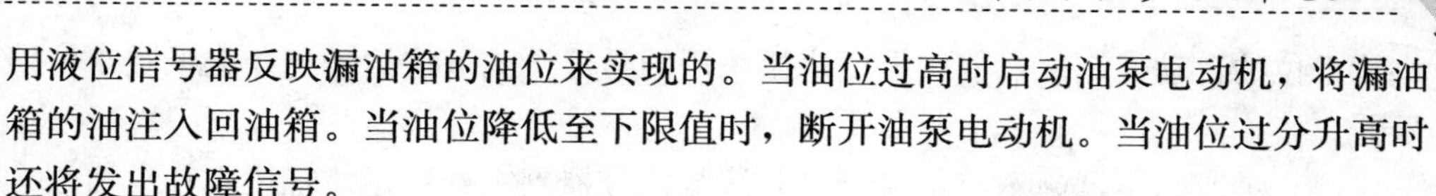

用液位信号器反映漏油箱的油位来实现的。当油位过高时启动油泵电动机，将漏油箱的油注入回油箱。当油位降低至下限值时，断开油泵电动机。当油位过分升高时还将发出故障信号。

3. 高油压顶起装置的自动控制

容量较大，转速较低的水轮发电机组常装设有高油压顶起装置。高油压顶起装置的目的就是在机组开、停机过程中使机组推力轴承形成油膜，保证润滑。高油压顶起装置一般设有一台油泵电动机，油泵电动机在开机时投入，机组转速达到转速设定值时切除。而在停机过程中，转速下降至转速定值时投入，停机完成后切除。在油泵电动机工作后油压不能升高则需发出故障信号，并切除油泵电动机。

二、水力机械自动化系统的设备类型

为了实现水轮发电机组及其辅助设备的自动化，需要采用许多用途不同的自动化元件，借助于电气的、机械的、液压的连接，与被控制的设备联系起来，由控制电路、执行电路、被控制的设备组成一个自动控制系统，对机组和辅助设备进行自动控制、检测和调节。机组在同期并列和停机时要有转速信号器，机组轴承监测要有温度信号器，使调速器和油压装置油压及储气罐气压保持一定压力要有压力信号器，保证机组供水和排水的自动控制要有液位信号器和示流信号器，防止导叶被卡要有剪断销信号器等，以上所述的是信号元件。为了达到自动控制的目的，在油、水、气管道上还必须设有电磁阀、电磁配压阀、液压操作阀等执行元件。所以控制电路主要由一些常用继电器、自动化信号元件构成。执行电路主要由一些接触器、自动化执行元件和被控设备主电路构成。

1. 自动化信号元件

（1）常用继电器。继电器按其构成基本原理可以分为许多种型式，如电磁式、电动式、感应式、整流式和晶体管式等。在各水电厂的各种自动装置中所应用的继电器种类广泛、型号各异，有国产的也有进口的，现场工作当中应视实际情况按规程和有关继电器手册及产品说明选择。

（2）剪断销信号器。剪断销信号器用于监视水轮机导叶连杆的剪断销是否断裂，一般将它装在剪断销的轴向中心孔内，每个剪断销孔内装设一个剪断销信号器。它在下面两种情况下发出信号：

1）在正常停机过程中，当导叶被卡住，剪断销断裂，剪断销发出报警信号。

2）在机组事故停机过程中，当导叶被卡住，剪断销断裂，剪断销信号器发出报警信号，并作用于紧急事故停机引出继电器，使机组停机并关闭快速闸门。

（3）液位信号器。液位信号器是用来对机组推力轴承油槽和其他油槽内油位进行监视，以及对机组顶盖漏水水位、厂房集水井水位、调相时水轮机转轮室以下尾水管水位的自动控制。目前水电厂广泛采用的是浮子式液位信号器和电极式水位信号器。

（4）示流信号器。示流信号器也叫液流信号器，主要用于监视机组轴承油槽冷却水和水轮机橡胶轴承（水导轴承）润滑水及冷却水等的流态，当水流流速很小或完全断流时，示流信号器发出信号，使备用水源投入或延时使机组停机。示流信号器结构形式较多，有挡板式、磁钢浮子式、差压式、接近开关式等。

（5）压力信号器。压力信号器主要用于监视油、水、气系统的压力，如在机组制动闸的管路上装设压力信号器，用以监视是否在加闸状态，在压油槽上用压力信号器实现保持压力恒定的自动控制。

（6）转速信号器。也称转速继电器，主要用来监视机组的转速，并根据机组不同的转速发出不同的转速信号，对机组进行保护和自动控制。

（7）温度信号器。温度信号器主要用于监视发电机推力、上下导轴承、水轮机导轴承的温度，监视发电机定子线圈、铁芯温度和监视发电机空气冷却器进出口气温、轴承油槽油温等。当温度升高至允许上限值时，发出故障信号。

2. 执行元件

（1）接触器。接触器是利用电磁原理实现频繁地远距离接通或分断交、直流主电路及大容量控制电路的控制电器。它操作方便，动作迅速，灭弧性能好，因此广泛地应用于电动机的控制回路中。它与继电器等配合可实现自动控制及过电流、过电压等保护，它不同于刀开关类手动切换电器，因为它具有手动切换电器所不能实现的远距离操作功能，同时又具备手动切换电器所没有的失压保护功能；它也不同于自动开关，因为它虽然具有一定的过载能力，但却不能切断短路电流，也不具备过载保护的功能。

接触器主要由电磁系统、触头系统和灭弧装置三部分组成。电磁系统是感测驱动部分，触头系统是执行部分，这是接触器的核心部分。接触器按其主触头所控制电路的电流种类分为直流接触器和交流接触器；接触器还可以按其主触头的极数分为单极、双极、三极等，直流接触器一般多为双极，交流接触器又多为三极。

（2）电磁阀。电磁阀由电磁机构和阀体两部分组成，主要用于油、水、气管路的自动启闭，将电气信号转换为管路自动启闭的机械信号。

（3）电磁空气阀。电磁空气阀主要用于机组的制动系统和主阀密封围带压缩空气管路的通断自动控制。

（4）电磁配压阀。电磁配压阀是一种由电磁铁控制的滑阀，主要用于液压系统的油管路上，借以变换被控液压元件的油流方向，实现远方控制。在机组自动化系统中，电磁配压阀一般与液压操作阀、油阀等组合使用。

3. 可编程控制器

在电力系统中，为了与个人计算机（personal computer，PC）相区别，一般都叫做可编程控制器。可编程控制器是近几年迅速发展起来的新一代工业控制装置，它不仅可以取代传统的继电器控制系统，还可作为有逻辑控制、计时、计数、操作显示、网络通信等多种功能融断续控制和连续控制于一体的新型控制装置。目前世界上几十家著名的电气工厂都在生产可编程控制器，装置形式多种多样，功能各不相同，一般按其功能和容量来分有“低、中、高”三个挡次。

低挡可编程控制器以开关量控制为主，即以逻辑控制为主，可取代纯粹的继电器控制系统，它的输入、输出点数适于继电器、接触器、电磁阀、指示灯控制的场合。这类可编程控制器有100个左右的内部继电器，这种内部继电器并非通常理解的电磁继电器，而是内存中的一个单元，可以起到记忆中间状态的作用，内部继电器相当于强电系统的中间继电器，但不能用来直接驱动接触器、电磁阀等执行机构。低挡可编程控制器一般还具有计数、计时、移位寄存器等功能。在水电厂用于辅机控制及单机水力机械自动化等。

中挡可编程控制器兼有开关量和模拟量两者的控制功能，输入输出点数在512点左右，内存在8K以下，适合开关量逻辑控制和过程检测及调节。这类可编程控制器的中间继电器，计时/计数的范围也相应扩大，具有数字计算的能力。为了将温度、压力、流量等模拟量转换成数字量，一般都有8位或12位的A/D转换器，为了推动电动和气动执行机构，以及用来控制阀门的开度、机械的位移，可编程控制器内也有多路D/A转换器。除了硬件增加以外，软件也比低挡可编程控制器丰富，在中挡可编程控制器的固化程序内，一般具有比例、积分、微分（P、I、D）调节、整数/浮点运算、二进制/BCD转换、平方根、模拟定标、查表等功能模块，供用户调用。在水电厂用于机组控制、调节、监视，调速器控制等，通过数字端口，可与上位计算机进行串行通信。

高挡可编程控制器与工业控制计算机相接近，具有计算和控制、调节的功能。一般具有网络结构和较强的通信联网能力，内存容量可达256～640K。它可以和其他可编程控制器互连以及通过网络和前置机、上位机联网，在水电厂用于计算机监控系统的RTU装置中。

模块1　火灾报警系统的安装

一、操作说明

火灾报警系统由安装于控制室的彩色CRT系统、现地控制器、各种类型的探测器、试验开关组成。火灾报警系统应能够及时发现整个厂房的各个部位是否出现火灾情况，做到及时发现，及时处理，减小火灾带来的损失。

火灾报警系统采用火灾探测器，探测器本身应能对采集到的环境参数信号进行分析判断，降低误报率。火灾报警控制器采用大屏幕汉字液晶显示。可显示各种报警信息，方便值班人员的判断。探测器与控制器采用无极性信号二总线。

火灾报警系统设备型号有彩色 CRT 系统、JB-QB-GST200 型汉字液晶显示火灾报警控制器、JTY-GD-G3 型智能光电感烟探测器、JTW-LDB-100 型智能缆式线型感温探测器、JTY-GF-GST104 非编码光电感烟探测器等。

二、操作步骤

（一）JB-QB-GST200 型汉字液晶显示火灾报警控制器的安装和布线

（1）JB-QB-GST200 火灾报警控制器（联动型）的外形尺寸如图 12-1 所示。

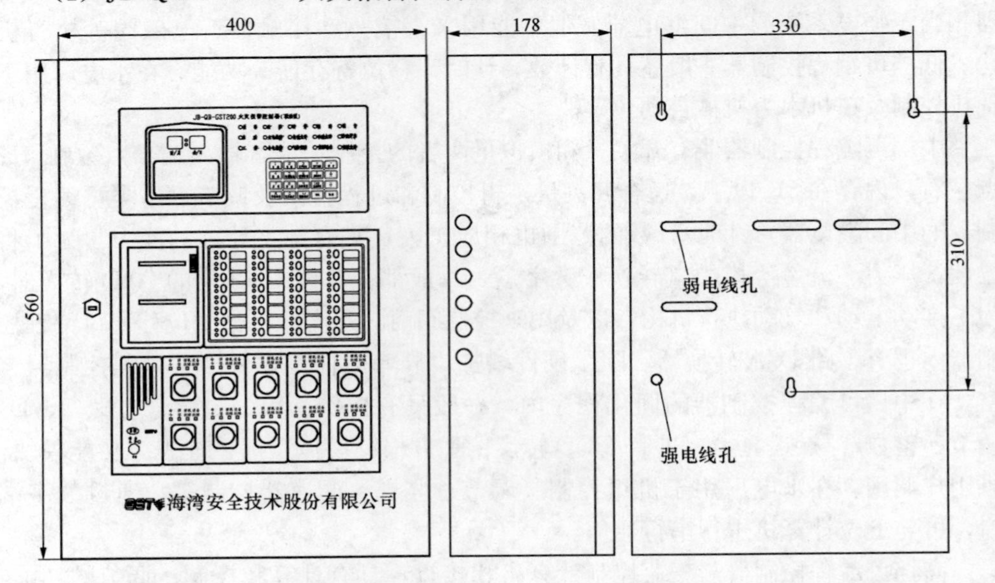

图 12-1　JB-QB-GST200 火灾报警控制器外形

（2）JB-QB-GST200 型汉字液晶显示火灾报警控制器为壁挂式结构，安装时直接明装在墙壁上。

（3）JB-QB-GST200 火灾报警控制器外部接线：其外部接线端子排如图 12-2 所示。

1）将 485 网络通信线连接到第一对 A、B 端子上。

2）将火灾显示单元通信线连接到第二对 A、B 端子上。

3）将无极性信号二总线（RVS 双绞线）连接到 Z1、Z2 端子上。

4）将火灾报警输出连接到 OUT1、OUT2 端子上（无源常开控制点，报警时闭合）。

5）将彩色 CRT 系统的接线连接到 RXD、TXD、GND 端子上。

6）多线制控制点外接线连接到 CN1、CN2（N=1～10）端子上。

7）将交流 220V 电源连接到 L、N 端子上。

8）将接地线连接到 G 接地端子上。

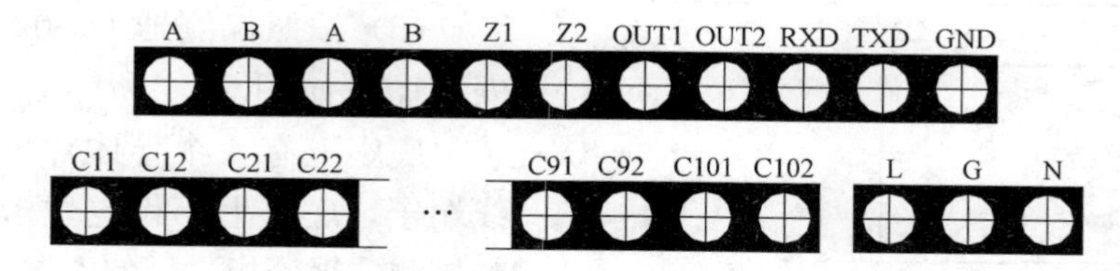

图 12-2　JB-QB-GST200 火灾报警控制器接线端子示意

（4）JB-QB-GST200 型汉字液晶显示火灾报警控制器的布线。

1）信号二总线 Z1、Z2 采用截面积≥1.0mm^2、RVS 双绞线进行合理布置。

2）通信总线 A、B 采用截面积≥1.0mm^2、RVVP 屏蔽线进行合理布置。

3）多线制控制点外接线 CN1、CN2 采用截面积≥1.0mm^2、BV 线进行合理布置。

4）与彩色 CRT 系统通过 RS-232 标准接口连接，最大连接线长度不宜超过 15m。

（二）JTY-GD-G3 型智能光电感烟探测器的安装及布线

1. JTY-GD-G3 型智能光电感烟探测器的安装

（1）探测器的外形结构如图 12-3 所示。

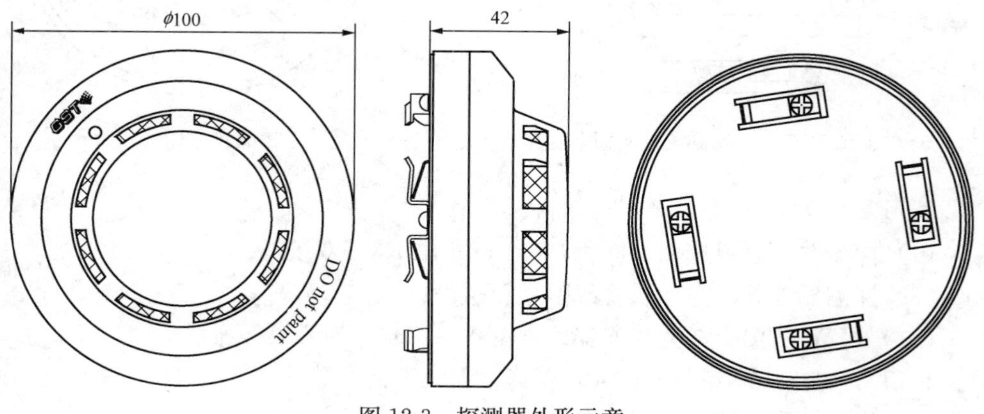

图 12-3　探测器外形示意

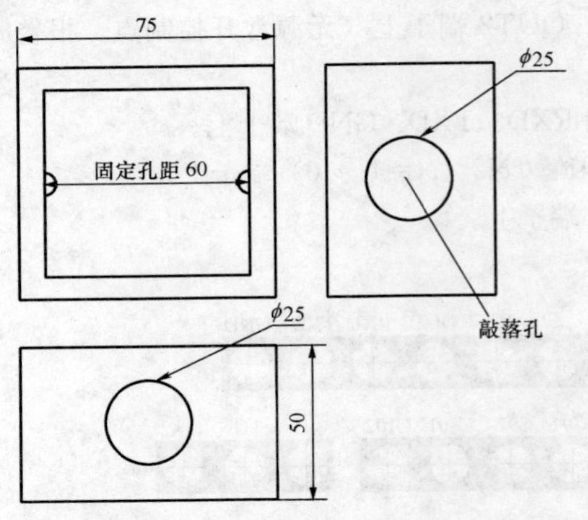

图 12-4　86H50 预埋盒外形示意

（2）将接线盒（可采用 86H50 型标准预埋盒）预埋，其结构尺寸如图 12-4 所示。

（3）将布线管进行预埋。

（4）按照探测器安装图，如图 12-5所示进行合理安装。

（5）按照探测器 DZ-02 通用底座安装图，如图 12-6 所示进行合理安装。底座上有 4 个导体片，片上带接线端子，底座上不设定位卡，便于调整探测器报警指示灯的方向。

（6）预埋管内的探测器总线分别接在任意对角的二个接线端子上（不分极性），另一对导体片用来辅助固定探测器。

（7）待底座安装牢固后，将探测器底部对正底座顺时针旋转，即可将探测器安装在底座上。

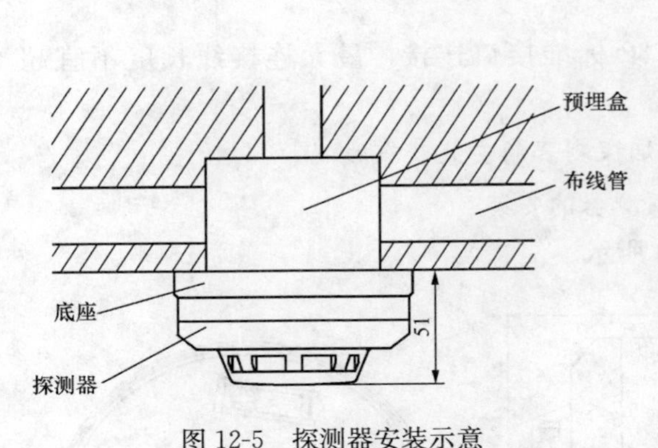

图 12-5　探测器安装示意

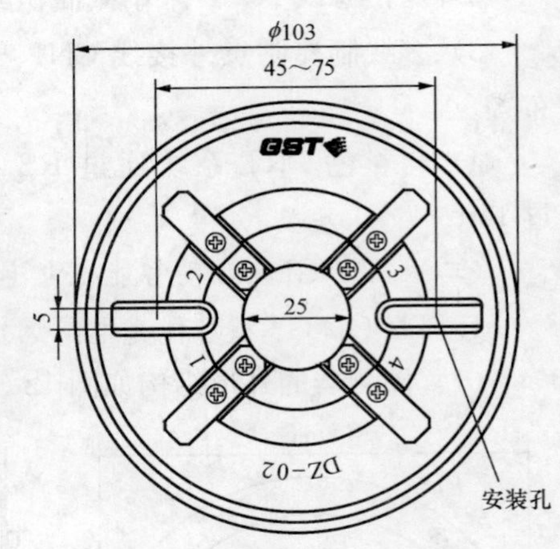

图 12-6　探测器通用底座外形示意

2. JTY-GD-G3 型智能光电感烟探测器的布线

（1）探测器二总线选用截面积≥1. 0mm^2 的 RVS 双绞线。

（2）探测器二总线穿金属管或阻燃管敷设。

（三）JTW-LDB-100 型智能缆式线型感温探测器的安装和布线

1. JTW-LDB-100 型智能缆式线型感温探测器的安装

（1）终端外形安装示意图如图 12-7 所示。

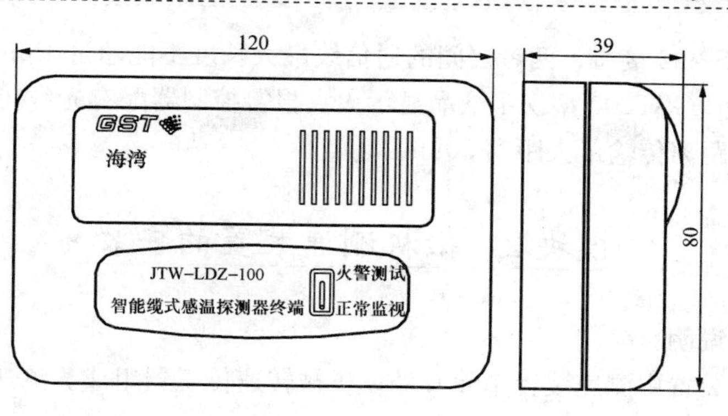

图 12-7　终端外形示意

（2）终端底壳与上盖之间采用插接方式，安装在电缆铺架上如图 12-8 所示。

（3）底壳安装时注意方向，底壳上标有安装向上标志如图 12-9 所示。

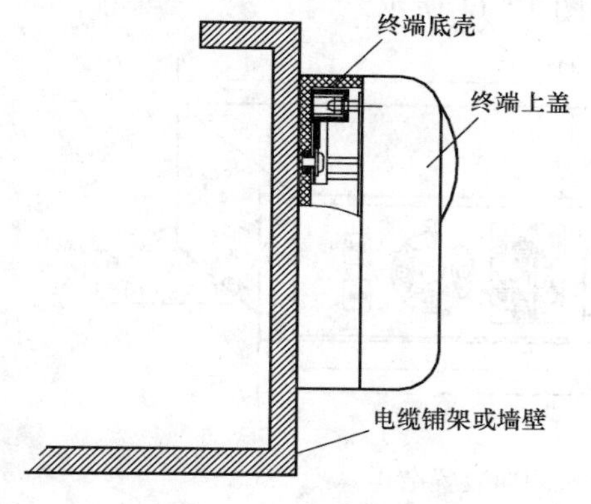

图 12-8　终端安装

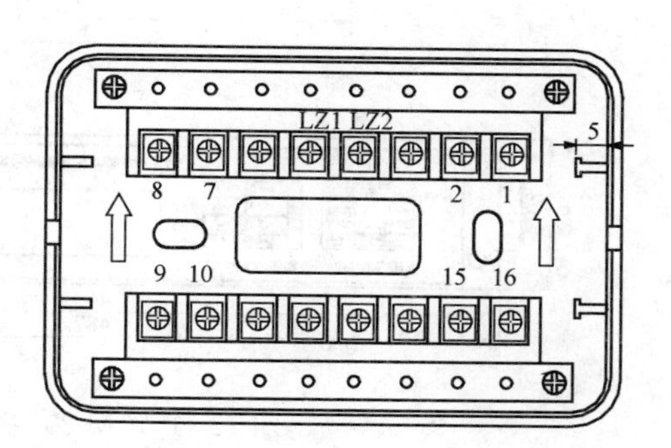

图 12-9　底壳示意

（4）终端接线端子如图 12-10 所示，端子 LZ1、LZ2 接感温电缆，无极性。

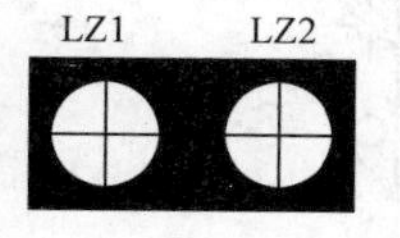

图 12-10　终端盒接线端子示意

2. JTW-LDB-100 型智能缆式线型感温探测器的安装和布线

无极性信号二总线 Z1、Z2 采用阻燃屏蔽铜芯线，截面积 ≥1.0mm^2，合理布置。

（四）JTY-GF-GST104 非编码光电感烟探测器

该探测器的安装与 JTY-GD-G3 型智能光电感烟探测器相同，这里不介绍。

（五）出具火灾报警系统安装项目工作终结报告

三、注意事项

（1）火灾报警系统的安装必须配合相关专业部门进行。

（2）彩色 CRT 系统与 JB-QB-GST200 型汉字液晶显示火灾报警控制器的通信

采用标准的 RS-232 接口，两者之间的通信线最大长度不能超过 15m。

(3) JB-QB-GST200 型汉字液晶显示火灾报警控制器配有光纤传输设备，通过该设备可以远距离传输最大距离 30km。

模块 2　微机测速装置的安装

一、操作说明

微机测速装置由测速装置单元及外设机械转速传感器组成。测速装置单元由独立的转速测量和控制系统组成。

二、操作步骤（以 CM-200 微机测速装置为例）

（1）测速装置的安装。CM-200 微机在结构上设计为 19″标准插箱，可方便地安装于标准机柜中，结构及安装尺寸分别如图 12-11 所示。

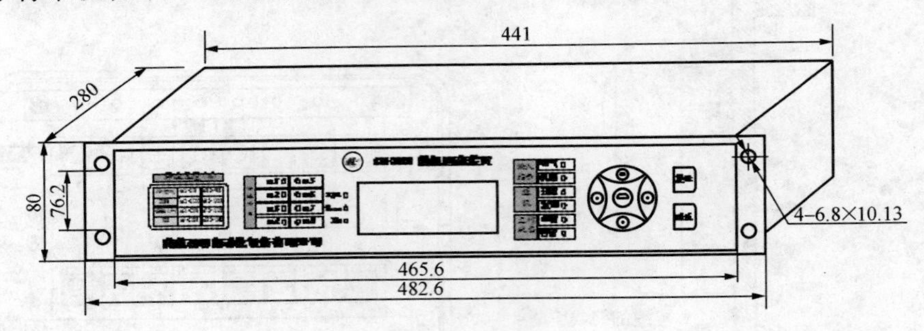

图 12-11　CM-200 微机测速装置结构

将机箱开口开口尺寸如图 12-12 所示，放入测速装置单元，紧固固定螺栓。

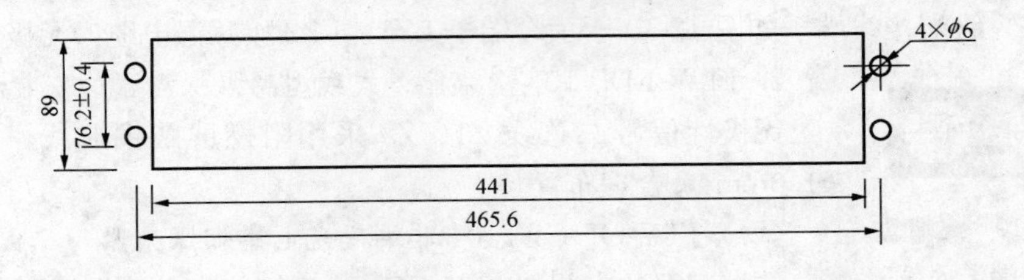

图 12-12　CM-200 微机测速装置安装开孔尺寸

（2）测速脉冲传感器轴端方式安装。

1）机械测速传感器安装在发电机大轴顶端，测速传感器探头轴端装配如图 12-13 所示。

2）安装时尽量使转盘靠近大轴端部以减少摆动。

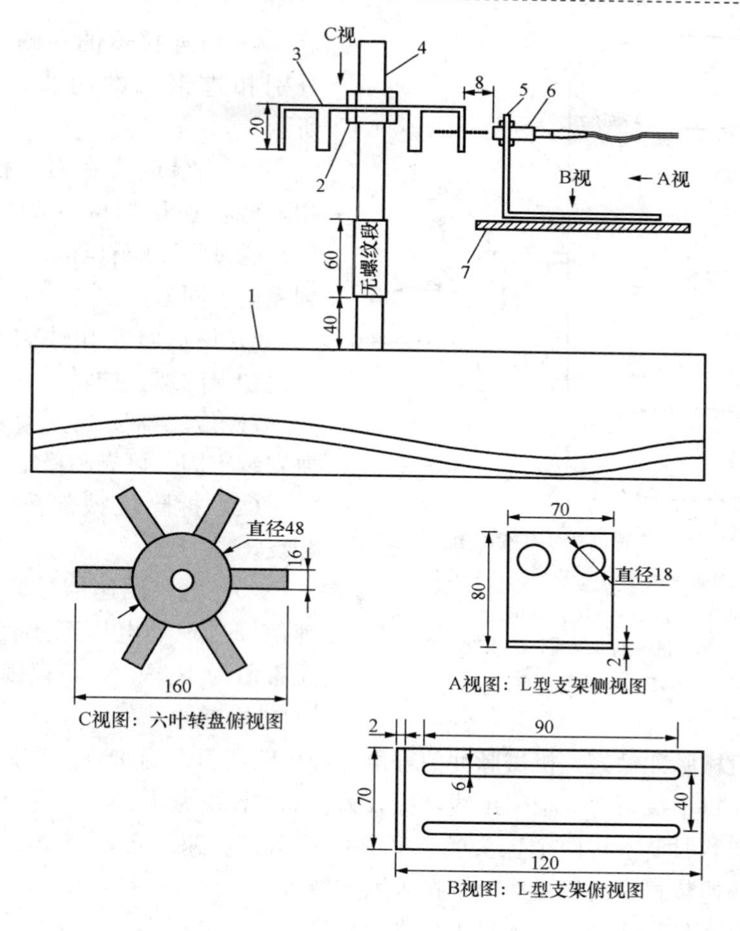

图 12-13　传感器探头轴端装配图

1—大轴顶端；2—锁紧螺母；3—六叶转盘；4—安装支轴，M8 外螺纹（长 250mm）；
5—L 型支架；6—探头；7—现场固定支持体

3）轴端方式探头顶端面与六叶转盘（或动片）之间的距离小于 8mm。

（3）测速脉冲传感器轴侧方式安装。

1）轴侧方式机械测速传感器安装在发电机大轴侧面，如图 12-14 所示。

2）动片（导磁体，宽 16mm 或工字钢）数量由机组转速确定，当机组转速高于 500r/min 时动片数量为 2～3 片，低转速（100 转/分以下）也可以装 10～12 片。

3）安装前，根据安装位置的大轴直径，计算周长，裁取钢带，装入适当数量的动片（导磁体，宽 16mm 或工字钢）不必要求绝对等距。

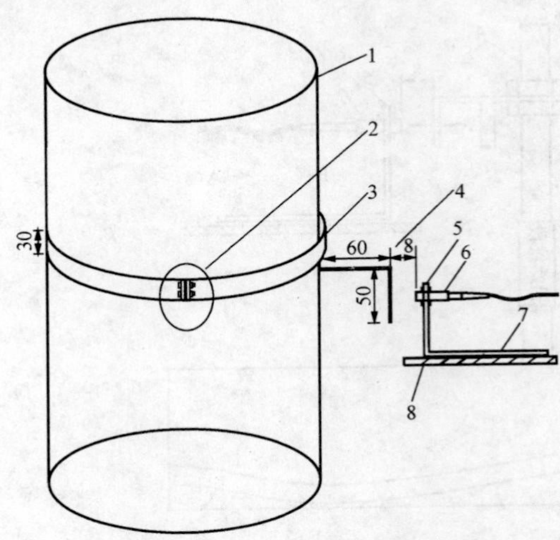

图 12-14　传感器探头轴侧装配图

1—机组大轴；2—钢带连接块；3—钢带；4—动片（导磁体，宽 16mm）；5—固定螺母；6—机械测速探头；7—L 形固定支架；8—现场固定体

4）将连接器的左侧件和右侧件分别扣进钢带的两头，如图 12-15 所示。

5）安装时先在右侧件上套装尾扣，再将连接器的左侧件穿进右侧件，通过收紧螺杆逐渐收紧钢带，直到完全紧固为止。

6）最后将左扣件插入尾扣内并将尾扣上的螺钉拧紧。

7）传感器安装支架及旋转部件要安装牢固、可靠和稳定。

（4）拆除机械部分方法与安装相反。

（5）电气测速信号输入，电气测速信号自现场电压互感器副边引入，正常值为 100V AC，直接接入测速装置的 J2 接点。

（6）机械脉冲输入，机械脉冲信号由脉冲传感器引入测速装置。脉冲传感器有两个探头，每个探头有 3 根引出线，棕线为＋V，蓝线为地线，黑线为脉冲量信号输出线。安装时要求将两个探头的＋V 并接后引入测速装置，两个探头的地线并接后引入测速装置，两根黑线分别接入测速装置。

（7）出具测速装置安装项目工作终结报告。

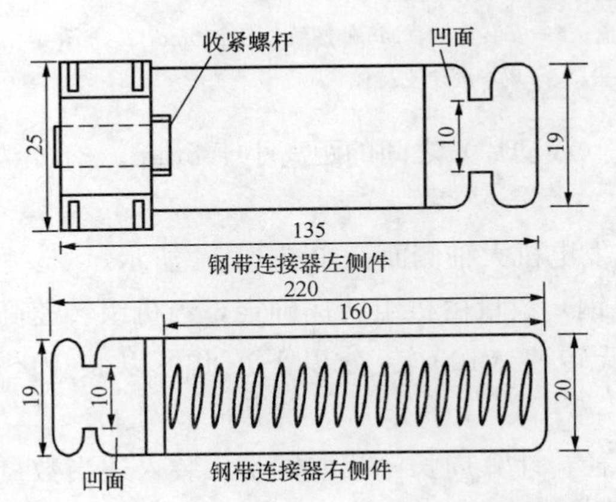

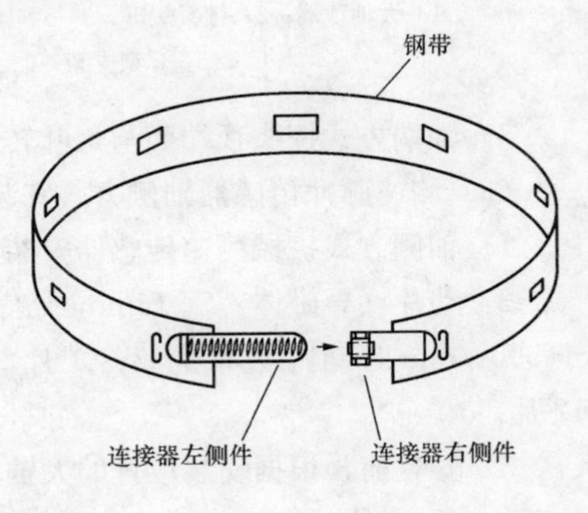

图 12-15　连接器装配示意

三、操作注意事项

（1）防止触电及短路。

（2）拆除的裸露部分应用绝缘胶布包好。

模块 3　测温系统的安装

一、操作说明

测温系统由 DAS-Ⅳ型多功能巡测子站、各个测点的测温元件组成。

运行人员实时监视定子绕组、上导轴承、上导瓦、推力瓦、上导油槽、推力油槽、冷风、热风等温度，有利于掌控机组的运行状况。水电厂一般根据机组的设计都设有温度过高作用于事故停机跳闸的保护，经过多年的运行实践证明，由于测温元件基本是电阻的，当元件开路时，阻值无穷大，造成误跳闸现象时有发生，且正常情况下机组各部件的温度没有极为快速上升的现象，因此现今的水电站都取消温度过高停机跳闸的回路，一般只设有温度高和温度过高报警。以便于用来分析判断实际运行状况。

该装置能完成温度巡测及温度升高和过高的报警功能，且具有现地显示功能，通过串口与上位机交换数据，能够直接与各种 PLC 或其他监控系统实现通信，方便了运行及维护人员的监视和及时发现机组的运行状况。

二、操作步骤（以 DAS-Ⅳ型测温系统为例）

（1）固定支架，仪表采用盘柜嵌入式安装。

（2）在表盘开孔 211mm×130mm。

注： 宽度 211mm±0.2mm，高度 130mm+0.5mm，否则影响安装效果。

（3）将仪表从开孔推入盘柜，仪表后面板有 4 个螺钉固定机壳，仪表安装后视图如图 12-16 所示，下面两个螺钉用来固定，支架安装侧视图如图 12-17 所示，将这两个螺钉拧下，把支架安好后用这两个螺钉固定，就完成了仪表的安装。

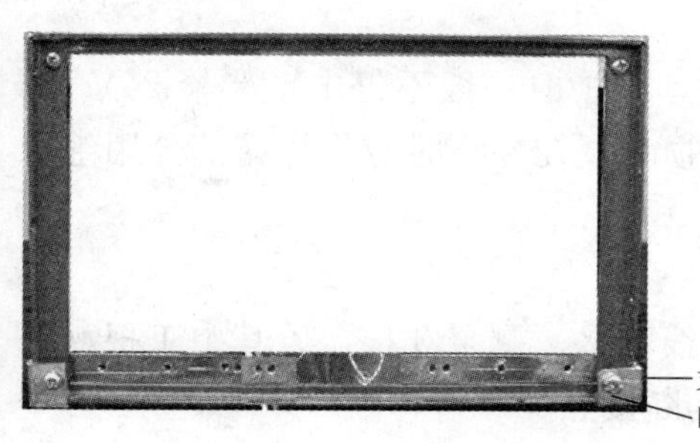

图 12-16　仪表安装后视图

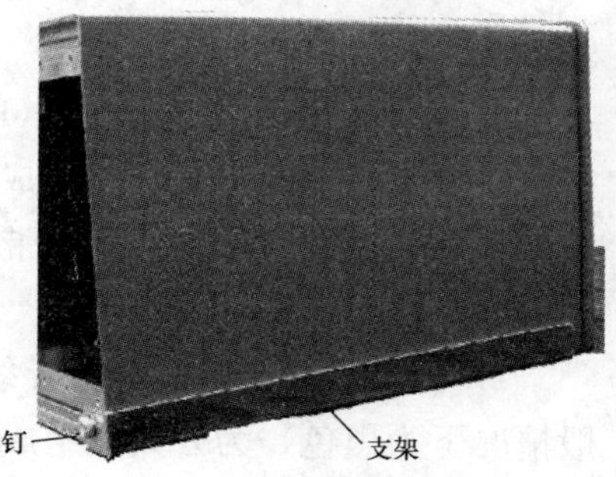

图 12-17　支架安装侧视图

(4) 出具测速装置安装项目工作终结报告。

三、操作注意事项

(1) 仪表必须放在干燥、通风的地方使用或保存。不要接触腐蚀性气体。

(2) 仪表在安装、调试、使用过程中，严禁在输入信号端子上串入交直流高压，否则将导致仪表损坏。

(3) 不熟悉仪表的非技术人员不要操作仪表或打开仪表。

(4) 仪表可以连续工作，无需经常切断电源。

(5) 仪表运行不正常时，可检查仪表的设置、接线是否正确，必要时可对仪表重新校准。

模块4　磁翻柱液位计的检修

一、操作说明

磁翻柱液位计应用于油位指示，如油压装置、集油槽、漏油槽、推力油位等。磁翻柱液位计给运行及维护人员以明显的油位指示，并把模拟量信号和开关量信号输出给监控系统。

二、操作步骤

(1) 安装浮球。

1) 区分常压及高压浮球（光面浮球为高压浮球）。

2) 将标有TOP的一端先插入液位计体（即带磁环一侧朝上）。

3) 辅助工人在工作负责人指导下安装，或者遵循按拆除时的方向安装。

(2) 变送器接线。

1) 变送器内部有3个内部接线端子，GND端子无须接线。

2) 变送器为DC24V供电，两线制输出，外部端子共2个，分别标有“＋”、“－”，其中“＋”接＋24V，“－”为电流输出端，接可编程控制器（PLC）模块输入端。

3) 检修时可编程控制器（PLC）侧停电，维护时一般不停电，严禁24V DC接地，发生接地现象有可能造成PLC侧电源损坏，在穿线时应将裸露部分用绝缘胶带包好，接线时分别拆开胶带，进行接线。

(3) 磁记忆开关的接线。

1) 磁记忆开关共有4根导线，其中绿色线不接。剩余3根，以其中1根（一般情况下为黑色）为公共端组成一对动合、动断接点。

2) 磁记忆开关固定在磁翻柱浮子的侧滑道上，磁记忆开关的中心箭头为液位上升或下降时，浮子磁环使磁记忆开关的位置接点动作反映液位的限值，且浮子磁环带动翻柱外旋转部分，红色表示液位实际位置。磁翻柱液位计的量程（即工程值）分别对应4mA、20mA。

3）磁记忆开关一旦启动其常开接点将保持，只有当浮子返回磁记忆开关的动作点位置5mm后磁记忆开关解除自保持，恢复常开状态（常闭接点与之相同）。

4）用磁铁在磁记忆开关的侧面敏感区滑动，用对线灯或万用表测量其引线，即可正确判断区分常开接点、常闭接点，注意磁铁的极性为使磁翻柱由下至上滑动变红色端。

（4）试验拆线，检查所拆动过的端子或部件是否恢复，清理现场。

（5）整理试验数据（试验时间、天气、试验主要仪器及精度、试验数据、试验人）记录及分析。

（6）出具磁翻柱液位计检修报告。

三、注意事项

（1）模拟量检查时，严禁短路和接地。

（2）磁记忆开关不够灵敏时，需要更换。

模块5　状态监测装置的安装和调试

一、操作说明

为了提高水电机组的经济效益，延长检修周期，减少检修费用，增加可发电时间，状态检修已经成为发展趋势。开展水电机组的状态检修需要可靠的在线监测装置，凭借人们的经验，充分利用现代化工具和手段，即在线监测分析软件，准确的判断机组的各部件故障，运行状况和劣化趋势。

1. 状态监测装置PSTA2000硬件系统硬件组成及体系结构

PSTA2000系统体系结构如图12-18所示。从网络结构上看，PSTA2000系统由状态监测局域网和电厂局域网两套TCP/IP局域网组成，虽然电厂局域网并非由本项目的建设内容（它采用了电厂已建立的MIS系统的硬件和网络平台），所以也是PSTA2000系统的重要组成部分。

从信号处理的角度看，PSTA2000系统由传感器层、信号采集、信号处理、服务器层、ES浏览器终端五层结构组成。在某些地方，信号采集和信号预处理两层功能可能由同一个硬件完成。

各预处理计算机与服务器之间的网络通信关系如图12-19所示。

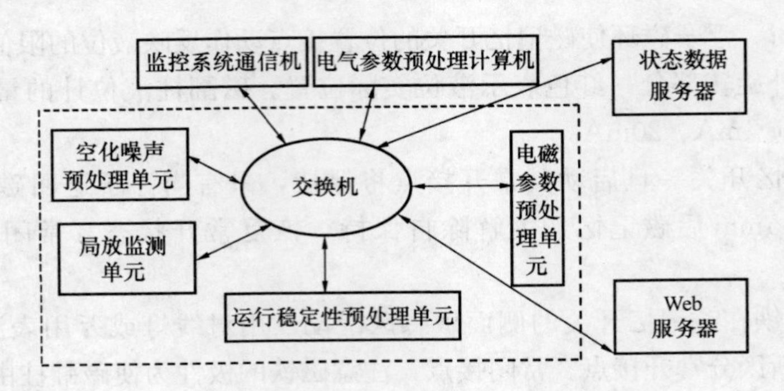

图 12-18　PSTA2000 系统体系结构

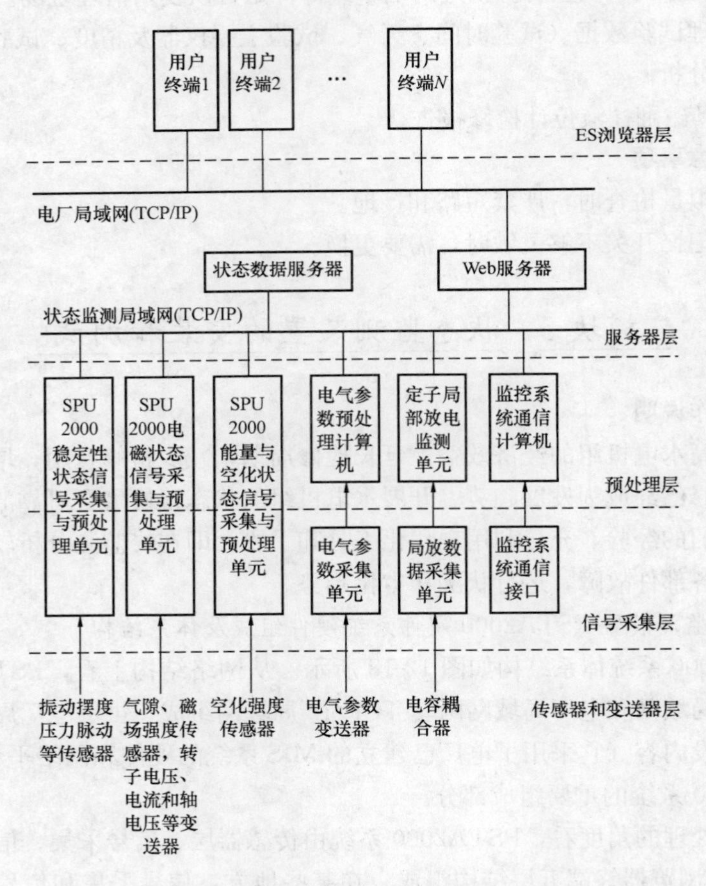

图 12-19　PSTA2000 系统网络通信关系

2. 状态监测装置 PSTA2000 软件系统组成

PSTA2000 系统的软件主要有以下几个模块组成：数据采集及预处理、网络通信及数据转换、应用服务程序模块、系统配置程序模块、客户端软件模块、组态工具模块等。

现地单元分别由信号采集及预处理单元（SPU）、传感器工作电源箱、液晶显示器、共享器和 UPS 等单元组成。

二、操作步骤（以状态监测装置 PSTA2000 为例）

（1）摆度传感器安装。

1）探头的选用见表 12-1。

表 12-1　　　　**探头规格**（输出电压－18～－2V）

测点名称	传感器型号	前置器型号	有效量程（mm）
摆度	CWY-DO-810804-01-06-90-02	CWY-DO-810800-90-03-01-01	2
键相信号	CWY-DO-811104-01-06-90-02	CWY-DO-811104-90-03-01-01	4

2）电涡流传感器安装

a. 传感器的选用：首先根据测点类型确定传感器量程。

b. 安装时保证探头、延长电缆、前置器为同一套传感器，记录该测点所使用的探头、延长电缆、前置器编号。

3）延长电缆必须安装，不得因探头距前置器较近而不使用延长电缆，否则会造成传感器输出信号严重失真。

4）探头安装间隙，探头安装时，应考虑传感器的线性测量范围，要求将探头的安装间隙设在传感器的线性中点，如传感器有效测量范围为 0.4～2.4mm，安装时传感器探头距离大轴为 1.4mm。

5）调整探头安装间隙方法

a. 在探头端面和被测面之间塞入设定安装间隙厚度的塞尺，当探头端面和被测面压紧塞尺时，紧固探头即可。

b. 将探头、延长电缆、前置器连接起来，给传感器系统接通电源，通过万用表监测传感器输出（OUT 与 COM 端），同时调节探头与被测面的间隙，当前置器的输出等于安装间隙所对应的电压时，紧固探头即可。

c. 不论采用以上哪种方式安装，安装结束后都必须记录传感器安装间隙及输出电压。

6）传感器内部接线：电涡流传感器系统包括探头、铠装延伸电缆、前置器三部分组成，传感器与前置器安装完成后，通过延伸电缆将探头及前置器相连，延伸电缆的两端接头不同，带阳螺纹的接头与探头连接，带阴螺纹的接头与前置器连接。

7）传感器外部接线：传感器正常工作需要外部提供电源信号，同时向外输出电压信号，在前置器上设有3个接线端子，分别为UT（电源）、COM（公共端）、OUT（信号输出），接线时采用4芯屏蔽电缆，红线对应电源UT，黄线对应信号输出OUT，蓝线及绿线同时接于COM端，具体如图12-20所示。

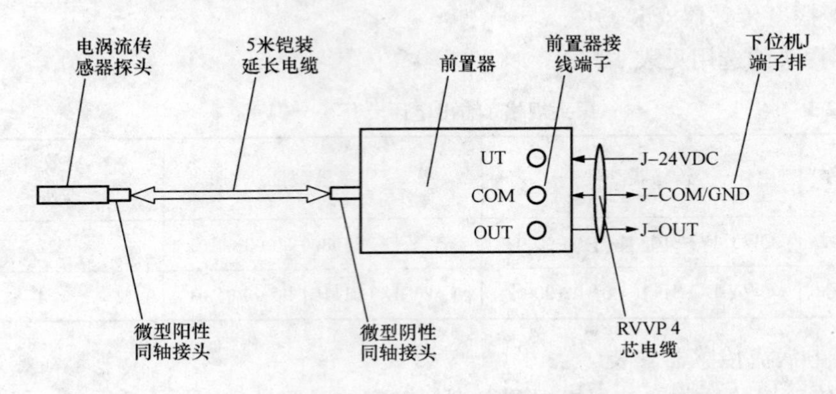

图12-20　电涡流传感器系统接线

（2）键相信号传感器安装。

1）键相传感器传的选用。探头型号CWY-DO-811104-01-06-90-02，前置器型号CWY-DO-811104-90-03-01-01，传感器为ϕ11探头，4mm有效量程。

具体安装注意事项与电涡流传感器要求相同，安装方向必须是机组大轴的X方向。而传感器在有效量程内输出电压为－18～－2V，最大输出电压为－22V，为保证有效键相信号幅值，需选用45号钢或40铬钼钢作为键相块材料。

2）键相块的规格为25mm×12mm×8mm（长×宽×厚）。键相调节块规格为25mm×12mm×9.4mm（长×宽×厚）。

3）传感器探头的安装。

a. 安装的探头须对正键相块中心。

b. 探头距键相块距离为1.2～1.5mm，此时传感器输出电压应为－8～－5V，而当大轴经过传感器时，由于探头距离大轴9.2～9.5mm，因此传感器输出电压为－20V，从而保证键相信号输出脉冲峰—峰值至少为10V，符合API670标准。

4）键相块安装步骤。

a. 首先确定键相块位置。

b. 通过传感器具体量程选择键相调节块，将探头顶住调节块，使调节块可以平稳抽出，此位置即为探头安装位置。

c. 在探头顶紧调节块情况下固定传感器探头。

d. 抽出调节块，通过 496 胶水将键相块粘贴牢固。

5）现场键相块的安装方式。

a. 焊接或粘贴。采用粘贴方式必须将大轴表面处理干净：用砂纸磨掉大轴表面涂层，擦掉表面油污，通过 496 胶水保证粘贴牢靠，以免机组运转时将键相块甩掉。

b. 采用焊接方式时，必须采用上下点焊方式，如果采用左右点焊会造成键相块左右边缘有毛刺，此毛刺会造成键相信号的干扰，甚至会产生无信号影响正常转速；上下点焊时，焊点必须打磨，不能过大，否则会对与键相传感器安装于同一支架的摆度测点造成干扰。

（3）振动速度传感器安装。

1）记录该测点所使用的传感器编号。

2）水平振动速度传感器安装时必须保证传感器的水平度，不允许有斜度，传感器通过 M6×20 螺栓紧固在安装支架上，传感器与安装支架绝缘。

3）垂直振动速度安装时必须保证传感器的垂直度，不允许有斜度，传感器通过 M6×20 螺栓紧固在安装支架上，传感器与安装支架绝缘。

4）传感器采用完全密封，电缆密封引出；传感器底端固定螺栓不能突出底座，并用硅胶密封，传感器固定螺栓不得与传感器壳体短接。

5）电缆接线如图 12-21 所示。

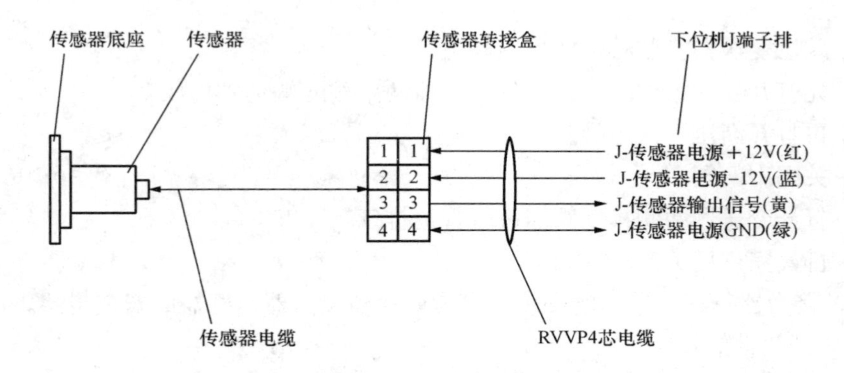

图 12-21　振动速度传感器电缆接线

6）由于顶盖水平传感器受垂直冲击较大，影响传感器精度，因此选用速度型

输出传感器。

(4) 压力脉动变送器安装

1) 压力脉动传感器安装时必须根据现场具体情况确定相应传感器量程范围，一般传感器采用二线制接法，机械接口采用 M20×1.5 公制螺纹，输出信号 4～20mA。

2) 确定测点传感器量程。

3) 确定现场测点所配置的管道螺纹是否与传感器螺纹相匹配，根据现场螺纹配置三通。

4) 测点通过三通与传感器直接相连，传感器垂直安装，压力变送器安装示意如图 12-22 所示。

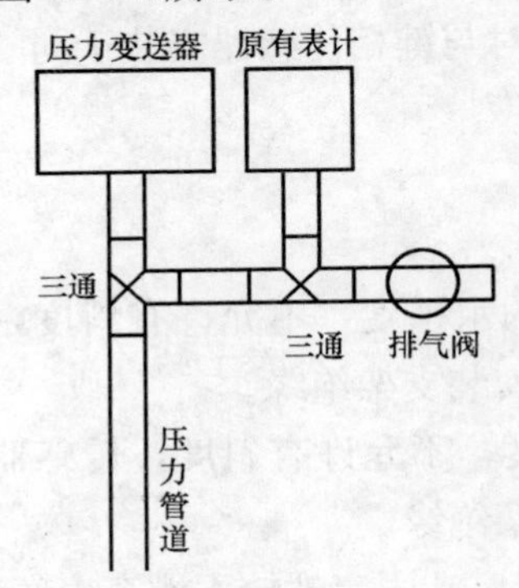

图 12-22　压力变送器安装示意

5) 测压管道经常会含有气体，因此必须安装排气阀。

6) 传感器接口采用防水胶带。

7) 传感器安装完成后通过排气阀将管道内气体全部排出。

8) 对比系统显示压力值与现场压力表计值的一致性。

(5) 差压变送器安装。

1) 由于差压变送器本身自带排气阀，因此安装时不必安装排气阀门。

2) 差压变送器安装时必须确定好高压侧（标记 H）及低压侧（标记 L），不得接反。

3) 差压变送器安装必须使用三阀组。

4) 先打开三阀组中间阀门，使变送器两个输入端达到均压。

5) 再打开高压及低压阀门。

6) 关闭中间阀。

7) 打开变送器两侧排气阀门进行管道排气。

8) 排气完成后关闭排气阀门。

(6) 接力器行程传感器的安装。参考调速器接力器传感器的安装步骤。

(7) 开关量信号接入。

1) 开关量测点：系统一般包含励磁开关、发电机出口开关两路开关量，开关量信号采用独立无源常开触点，接于盘柜端子。机柜内为每一开关量设计 4 个接线端子，定义见表 12-2。

表 12-2　　开关量信号

端子号	信号定义	端子号	信号定义
1	＋24V	3	IN-
2	IN＋	4	GND

2）开关量输入采用两芯屏蔽电缆。

3）连接方法一：信号电缆分别接于端子 1 和端子 2，同时端子 3 和端子 4 通过短路条短接使之构成回路。

4）连接方法二：信号电缆分别接于端子 3 和端子 4，同时端子 1 和端子 2 通过短路条短接使之构成回路，开关量信号接入原理如图 12-23 所示。

（8）试验拆线，检查所拆动过的端子或部件是否恢复，清理现场。

（9）整理试验数据（试验时间、天气、试验主要仪器及精度、试验数据、试验人）记录及分析。

（10）出具状态监测装置安装项目工作终结报告及状态监测装置调试报告。

三、操作注意事项

（1）传感器安装时保证探头、延长电缆、前置器为同一套传感器。

（2）延长电缆必须安装，不得因探头距前置器较近而不使用延长电缆，否则会造成传感器输出信号严重失真。

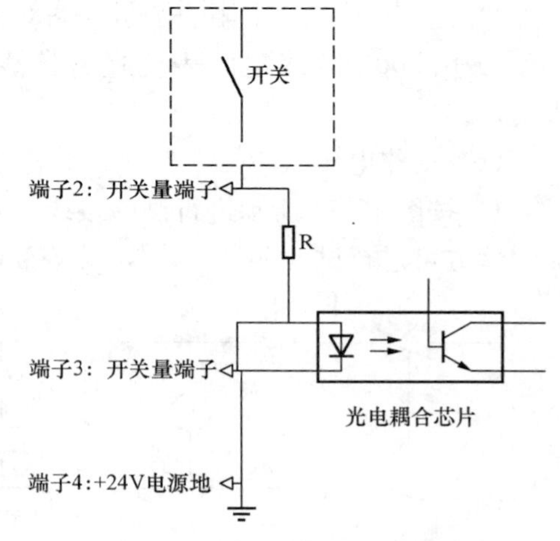

图 12-23　开关量信号接入原理图

（3）水平振动速度传感器安装时必须保证传感器的水平度，不允许有斜度。

（4）垂直振动速度安装时必须保证传感器的垂直度，不允许有斜度。

（5）压力脉动变送器必须安装排气阀。

（6）差压变送器安装必须使用三阀组。

模块 6　电磁阀控制回路的试验

一、操作说明

电磁阀（电磁阀、电磁空气阀、电磁配压阀）用途是通过电磁机构控制阀体来改变管路的通断，从而达到对油、水、风管路的控制，完成机组正常运行及事故停机过程的控制。水电站常用的电磁阀有DF1型电磁阀、DF-50型电磁阀、DK型电磁空气阀、电磁配压阀。

电磁阀的组成是由电磁机构和阀体两部分；通过改变电磁机构的通电和断电改变电磁机构的磁场力，改变阀体内部的动态，阀体内部的改变有许多要借助于实际介质来动作的。

二、操作步骤

(1) 确认设备编号。

(2) 测定线圈的直流电阻值：用万用表测量电磁阀的直流电阻，其阻值与额定阻值不应相差超过正负10%，否则更换线圈。

(3) 测定线圈及导电回路的绝缘电阻。

1) 用500V绝缘电阻表测量线圈对辅助节点的绝缘电阻应在10～20MΩ以上。

2) 用500V绝缘电阻表测量各接线端子对阀体的绝缘电阻应在10～20MΩ以上。

(4) 动作电压试验。

1) 按图12-24所示进行试验接线，其中Y为电磁阀控制回路动作线圈，检查无误后方可进行试验。

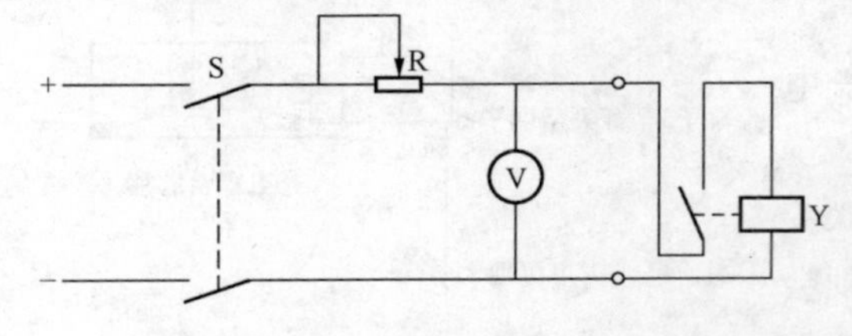

图12-24 电磁阀控制回路试验接线

2) 分别接入开启、脱扣线圈，合上刀开关S，调节滑线电阻R，使之动作，测得动作电压值不应大于额定电压值的85%。

3) 全电压下电磁阀动作应干脆、灵活，且辅助节点消弧性能必须良好。

4) 手动投入、断切动作良好。

5) 试验拆线，检查所拆动过的端子或部件是否恢复，清理现场。

6) 整理试验数据（试验时间、天气、试验主要仪器及精度、试验数据、试验人）记录及分析。

7) 出具电磁阀控制回路试验报告。

三、操作注意事项

(1) 校验工作至少应有两人参加，由一人操作、读表，一人监护和记录。

(2) 若测量结果与额定值误差超过规定值，则更换设备。

(3) 试验时，对不允许长期通电的电磁阀，其通电时间应尽可能缩短，以防烧

坏线圈，注意试验设备的容量。

模块7　漏油泵控制回路的检修和调试

一、操作说明

漏油泵电动机的控制是用液位信号器反映油箱的油位实现的。由小型可编程控制器、操作把手、电动机保护器、中间继电器、磁翻柱液位计组成漏油泵控制回路。

小型可编程控制器为控制中心，由磁翻柱液位计的开关接点控制油泵的启动停止。当油位降升高启动值时，可编程控制器动作启动油泵接触器，由自保持回路控制接触器始终励磁，将漏油槽的油打回到集油箱；当油位降低到停止位定值时，接点接通可编程控制器断开电机自保持回路，使接触器失磁停泵。磁翻柱液位计的传感器采集的数据直接上送至监控系统供运行人员监视，磁翻柱液位计直观地显示油槽的油位便于巡回人员检查。

自动控制：当操作把手在自动位置时，由可编程控制器来完成。

手动控制：每台压油泵在现地都装有控制把手，3个位置分别是自动、停止、启动。

二、操作步骤

（1）确认设备编号。

（2）控制回路清扫、检查：用毛刷清扫控制回路，用查线器或万用表检查控制回路。

（3）设备表面清洁：用吸尘器、毛刷、破布进行灰尘清扫及设备表面清洁。接线应无断折，绝缘无硬化、破裂，接线螺钉无松动。

（4）继电器线圈的测量：断开继电器线圈引线或取下继电器，用万用表电阻挡测量线圈阻值。

（5）传感器接线断引：打开接线侧端盖，测量端子有、无电压，分别拆除接线，并用绝缘胶带分别包好，防止接地或短路。校验传感器。

（6）控制回路绝缘检查：用500V绝缘电阻表检查回路绝缘。

（7）电动机保护器检查接线是否牢固。

（8）接触器检查接点是否有烧灼现象，用砂纸处理。

（9）动力电源检查：检查动力电源接线是否紧固。

（10）操作把手检查。

1）把手形式和切换位置正确，标志清晰。

2）接点清洁，接触良好，切换灵活明显。

3）销钉不脱落，各部螺栓紧固。

4）各元件无缺损。

（11）各端子排接线检查，检查接线是否紧固。

（12）可编程控制器上电，检查装置运行正常。

（13）模拟磁记忆开关接点、动作操作把手，观察可编程控制器开关量反应是否正确；开出量是否动作正确。

（14）试验拆线，检查所拆动过的端子或部件是否恢复，清理现场。

（15）整理试验数据（试验时间、天气、试验主要仪器及精度、试验数据、试验人）记录及分析。

（16）出具漏油泵控制回路检修、调试报告。

三、操作注意事项

（1）使用带金属物的清洁工具时，应将金属物部分进行绝缘处理。

（2）绝缘检查时断开与模件连接。

模块 8　水位计的检修和调试

一、操作说明

水位差测控仪由浮子式水位传感器（上、下游各一套）、变送器显示处理单元、水位差仪表组成。常见的水位差测控仪是接受 RS-485 信号传感器来测量水位的。采用微电脑控制技术，水位使用浮子式水位传感器，将闸门的高度转变为传输信号后，输入到变送器显示处理，具有上游水位、下游水位、水位差实时 LED 数字显示，通用的上游 4～20mA、下游 4～20mA 输出接口电路，上、下游海拔高度的预置，上、下游 BCD 码输出，RS-485 输出等功能。正确显示水库及发电厂尾水的水位及上、下游水位差。为运行人员对所辖机组的工况提供准确的数据；上送至调度，便于调度掌控、调整、调用系统机组的负荷，达到合理利用水资源，提高能源利用率的作用。以型号 SCC-3 水位差测控仪说明，前面板、后面板如图 12-25 所示。

二、操作步骤

（1）开机后，检查仪器工作状态，显示上、下游水位值和水位差值。

（2）预置定值。

1）在开机后，按住“预置”键 2s 后进入系统设置，上游显示窗显示设置值代号，水位差显示窗显示设置值。进入系统设置后每按一次“预置”键改变一次参数

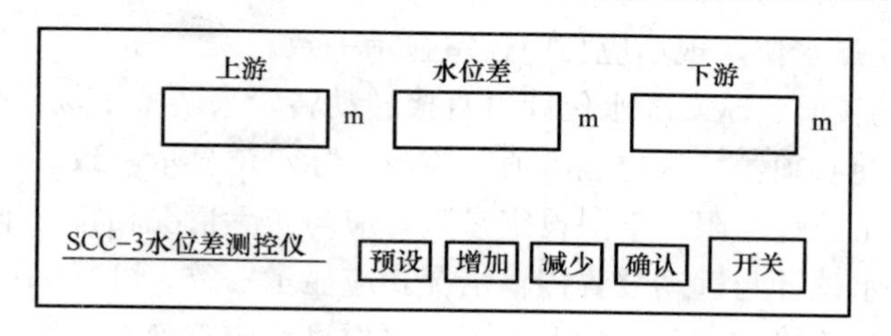

(a)

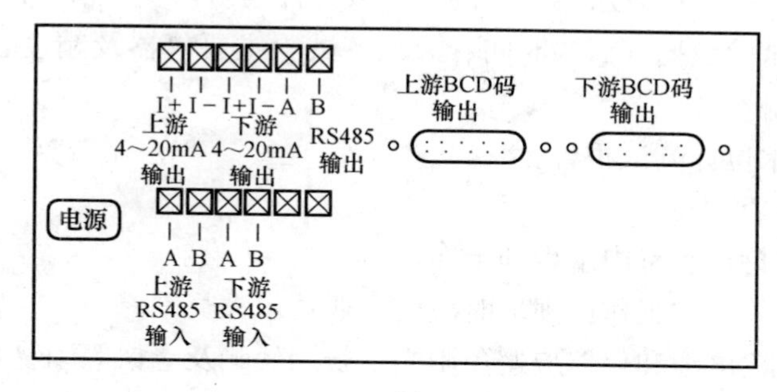

(b)

图 12-25　SCC-3 水位差测控仪前面板、后面板

(a) 前面板；(b) 后面板

设置对应值：

"00001"——上游海拔设置

"00002"——下游海拔设置

"00003"——RS-485 栈号设置

"00004"——上游 4～20mA 量程设置

"00005"——下游 4～20mA 量程设置

2) 按"增加"或"减少"键对此数据进行设定。

3) 以上参数设定完后，按"确认"完成系统设置。数据保存直到下一次修改，如想再次修改预置数据，需重新开机操作。

4) 数据保存直到下一次修改，如想再次修改预置数据，需重新按"预置"键进入设置。

(3) 清扫装置回路及各端子的灰尘。

(4) 检查各端子接线螺钉应无松动，并应全面紧固良好，引线应接触可靠。

(5) 检查各焊接点应无脱焊、假焊、虚焊处，如有不可靠的焊点应重焊。

(6) 检查各个插件应插接牢固。

(7) 检查浮筒、铅垂及转盘，转动应灵活，转盘槽与浮筒拉线要吻合，转动应可靠。

(8) 测试几点水位，现场应与中控室显示一致。

(9) 水位的校验：SCC-3 水位计可直接转动转轮来调整水位。

(10) 运行前必须检查水位显示值，应与实际水位显示一致。

(11) 检查水位计上限，下限设定参数，应与实际情况相符，不当处做调整。

(12) 检查水位计与远动装置传输情况，应显示一致、可靠。

(13) 检查计算机监控系统的上、下游水位显示应正确。

(14) 试验拆线，检查所拆动过的端子或部件是否恢复，清理现场。

(15) 整理试验数据（试验时间、天气、试验主要仪器及精度、试验数据、试验人）记录及分析。

(16) 出具水位计调试报告。

三、注意事项

(1) 尽量保持控制室内干燥和干净。

(2) 仪器不能正常工作或损坏时应由专业技术人员维修。

(3) 信号传输电缆和仪器应避免阳光下长期暴晒及老鼠等动物咬断。

(4) 电源电压等级必须与仪器相符。

模块 9　变压器冷却系统控制回路中元件的检查和调试

一、操作说明

变压器冷却系统控制回路的主要功能是用来冷却主变压器的油，降低主变压器的温度，使变压器能够安全稳定的运行，遇到变压器过负荷或者温度升高到危害变压器安全运行时，发出跳闸信号，使主变压器三侧开关跳开来达到保护变压器的目的。

主变压器控制回路的控制的设备有潜油泵、冷却用的风机。

二、操作步骤

(1) 各种继电器的检验。

1) 清除触头氧化物，主触头若氧化严重可用锉刀打平，不能用砂布擦，以免砂粒留在触头间。辅助触头只能用白布带沾酒精擦拭。

2) 主触头的调整：铜触头磨损到原来厚度的 2/3 以下或银（银合金）触头磨损到原来厚度的 1/4 以下时应更换。三相触头中两相完全接触，一相接触间隙小于 0.5mm 视为合格。如超过此范围应调动触头下部的调整螺钉以满足要求。

(2) 线圈测试及电磁系统检修。

1) 线圈电阻的测试，实测值在线圈标称值的±10%之间。

2）线圈对衔铁之间的绝缘应不大于1.5MΩ。

3）衔铁各接触面应用酒精擦净，检查短路环是否有断裂现象。对于衔铁下部装有减振弹簧的接触器，应检查弹簧是否固定好。

（3）接触器位置与水平面垂直，偏差在±5°范围内。灭弧罩牢固，灭弧罩内壁与触头应无摩擦现象。

（4）接触器的试验。

1）试验接线如图12-6所示。

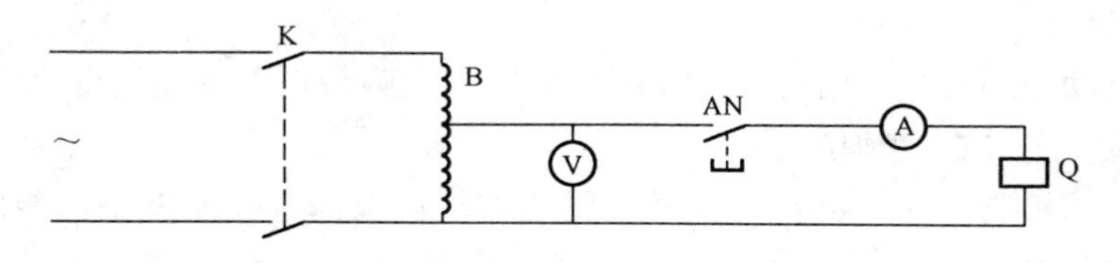

图12-26　接触器的试验接线

A—电流表；V—电压表；B—调压器；K—刀开关；AN—按钮开关

2）通入电源后，调整调压器至线圈额定电压的85%，按下AN，接触器应能启动，且与衔铁额定电压时的动作位置相同。降低电压时接触器返回，且最低返回电压应大于5%额定电压。接触器启动电压大于85%额定电压动作10次，每次间隔不小于5s，无异常现象为合格。

（5）分解各开关、按钮，清除各触点的氧化物，检查弹簧弹性良好，机构清洁良好，装置正确，机构灵活可靠，触点接触良好，引线螺钉坚固。

（6）试验拆线，检查所拆动过的端子或部件是否恢复，清理现场。

（7）整理试验数据（试验时间、天气、试验主要仪器及精度、试验数据、试验人）记录及分析。

（8）出具变压器冷却系统控制回路调试报告。

三、操作注意事项

（1）如果设备在运行，进行操作时，出现冷却器全停现象，必须在20分钟内恢复运行。

（2）所有工作必须2人以上完成。

模块10　顶盖泵控制回路的检修和调试

一、操作说明

控制回路的用途是当机组顶盖水位上升到规定值时，完成启动顶盖泵，将水排出。顶盖泵控制回路由小型编程控制器 PLC、电动机保护器、接触器、操作把手、传感器、中间继电器、浮子组成。

以小型可编程控制器为控制中心，采集浮子接点信号来控制顶盖泵的启动、停止。当顶盖水位上升到启动水位时，浮子接点接通小型可编程控制器动作启动接触器，由自保持回路控制接触器始终励磁，顶盖泵排水；当水位降低到停止位置时，浮子接点接通小型可编程控制器断开电机自保持回路，使接触器失磁停泵；当顶盖漏水量很大时，顶盖水位过高浮子接点接通，小型可编程控制器启动备用顶盖泵，两台同时工作。

（1）自动控制方式。由可编程控制器来完成，两台顶盖泵互为轮流启动，因此控制把手位置全部在自动位置。

（2）手动控制方式。每台顶盖泵在现地控制盘上都有控制把手，分别有自动、停止、手动（启动）3 个控制位置，按照把手位置可实现手动控制。

二、操作步骤

（1）断开继电器线圈引线或取下继电器，用万用表电阻挡测量线圈阻值。

（2）打开接线侧端盖，测量端子有无电压，分别拆除接线，并用绝缘胶带分别包好，防止接地或短路，校验传感器。

（3）用 500V 绝缘电阻表检查控制回路绝缘。

（4）可编程控制器上电，检查装置运行正常。

（5）模拟浮子接点、动作操作把手，观察可编程控制器开关量反应是否正确；开出量是否动作正确。

（6）试验拆线，检查所拆动过的端子或部件是否恢复，清理现场。

（7）整理试验数据（试验时间、天气、试验主要仪器及精度、试验数据、试验人）记录及分析。

（8）出具顶盖泵控制调试报告。

三、操作注意事项

（1）测量继电器线圈值应设专人纪录，与上次检修记录进行比较。

（2）绝缘检查时断开与模件连接。

模块 11　主令开关的调试

一、操作说明

主令开关由传动钢丝绳、永久磁铁、不锈钢钢管、磁记忆开关、旋转变送器组成。

当导叶动作时，传动钢丝绳带动永久磁铁产生位移，当永久磁铁接近磁记忆开关时。磁记忆开关接点动作产生信号，同时，带动旋转变送器，输出与转角成正比例的4～20mA信号。当导叶反向动作时，传动钢丝绳带动永久磁铁反向位移，当永久磁铁接近磁记忆开关时。磁记忆开关接点复归产生信号。

主令开关的作用是反映发电机导叶动作位置的，是机组的开机、停机流程中非常重要的条件，导叶的位置关系到机组的状态。

二、操作步骤（以DK-2-ME主令开关为例）

（1）确认设备型号。

（2）置导叶在全关位置。

（3）在机械班组的配合下确认导叶全关位置，该位置是第一个磁记忆开关的位置。

（4）机械班组手动调整导叶至空载位置，传动钢丝绳带动永久磁铁产生位移，永久磁铁的位置是第二个磁记忆开关的位置。

（5）导叶位置的作用：

1）“导叶全关”是反应机组导叶在全关位置，是机组停机的一个标志。

2）“导叶空载位置”是机组空载或空转状态的一个标志。

3）“导叶空载位置以上”是机组在发电状态的一个标志。

（6）试验拆线，检查所拆动过的端子或部件是否恢复，清理现场。

（7）整理试验数据（试验时间、天气、试验主要仪器及精度、试验数据、试验人）记录及分析。

（8）出具主令开关调试报告。

三、操作注意事项

（1）禁止传感器接线短路和接地，拆除后使用绝缘胶袋包好。

（2）工作时戴手套。

模块12　低压空气压缩机的静态、动态试验

一、操作说明

低压空气压缩机的用途是当气系统压力降低到规定启动值时，补充压力气灌的压力。保证机组在停机过程中当机组转速降低到规定转速时对机组进行加闸制动。

低压空气压缩机的控制回路由小型欧姆隆可编程控制器、手动控制把手、SJ-10型中间继电器、指示灯组成。

二、操作步骤（以SSR-MM55D的低压空气压缩机为例）

（1）确认设备编号。

（2）静态试验。

1）现地控制单元可编程控制器上电。

2）检查接点是否接触良好，用螺钉旋具拨动压力表动触头，在端子上用查线器测量接触状态；并观察可编程控制器开入灯是否点亮。

3）切换控制把手观察可编程控制器对应开入灯是否点亮。

（3）动态试验。

1）在控制盘通过手动把手进行操作，打开排气阀门进行排气，使气压降低至设定启动值（观察压力表值及空气压缩机启动值）；空气压缩机是否启动。

2）当空气压缩机启动后气压达到设定停止值是否停止。

3）经试验空气压缩机一切运行正常方可结束。

（4）试验拆线，检查所拆动过的端子或部件是否恢复，清理现场。

（5）整理试验数据（试验时间、天气、试验主要仪器及精度、试验数据、试验人）记录及分析。

（6）出具低压空气压缩机的静态、动态试验报告。

三、注意事项

（1）工作时戴手套。

（2）设专人监护。

模块13 快速闸门的试验

一、操作说明

正常运行情况下快速闸门处于全开位置。在机组需要检修时关闭快速闸门，排除闸门至机组中间的水便于检修工作。机组在紧急事故的情况下自动快速关闭闸门，防止机组飞逸，对机组造成更大的破坏。快速闸门是水轮发电机组的一个很重要的保护。

快速闸门装置控制回路一般由两套可编程控制器、一对通信模块、绝对式编码器（842D）、光纤转换器、中间继电器、双位置继电器、电接点压力表、电磁阀等组成。控制回路的工作是由小型的可编程控制器完成的。

二、操作步骤

（1）静态试验。

1）关闭快速门提门油源阀。

2）进行输入量传动试验，用短接线短接平压节点，观察输入量灯是否点亮。

3）动作操作把手，观察开入点是否正确；同时检查输出量，动作后电磁阀的指示灯的是否点亮。

（2）动态试验。机组检修后，在运行人员进行引水洞充水时同步进行，运行人员恢复安全措施后，由运行人员实际操作。

1）检查现地控制继电器在提门位置。

2）控制装置无异常。

3）将操作把手切至提升位。

4）检查门的位置升起高度是否符合要求（提升高度为30cm）。

5）当闸门前后的水压达到平衡时，自动启动提门程序，将门提升至开位（提升高度为600cm）。

6）提门过程中检修人员进行提门时间计时，与原始记录进行校对。

7）提门过程中，发现问题及时处理。

（3）试验拆线，检查所拆动过的端子或部件是否恢复，清理现场。

（4）整理试验数据（试验时间、天气、试验主要仪器及精度、试验数据、试验人）记录及分析。

（5）出具快速闸门试验报告。

三、操作注意事项

（1）检修或者故障处理时，必须做好必要的检查，防止发生，误落门情况发生。

（2）工作中需要设专人监护。

模块14　压油装置控制系统设备控制回路试验

一、操作说明

手动控制：每台压油泵在现地控制盘上都有控制把手，分别有4个控制位置，备用、自动、停止、手动（启动）；按照把手位置可实现手动控制。

自动控制：由可编程控制器来完成，由于2台油泵互为备用，自动运行时操作把手位置为一台自动，另一台为备用。

静态试验的目的检查可编程控制器及控制回路的静态特性是否良好。

动态试验的目的检验可编程控制器及控制回路实际动作正确性和控制目标的运行状态，动态试验在压油罐充油时进行。

二、操作步骤

(1) 静态试验。

1) 控制回路检修完毕，可编程控制器装置上电。一次设备没有恢复供电。

2) 控制回路绝缘检查：用500V绝缘电阻表测量绝缘不能小于20MΩ。

3) 动力电源检查接线是否良好。

4) 可编程控制器电源检查：工作电源在合格范围内交流220V×(1±10％)。

5) 可编程控制器程序检查：编程控制器可编程控制器上电，检查装置运行正常。对照原始资料检查程序的正确性。

6) 可编程控制器输入、输出量状态检查：模拟压力开关、压力表定值接点、动作操作把手，观察PLC开关量反应是否正确；开出量是否动作正确。

(2) 动态试验。

1) 压力油系统全部检修完毕，管路及各元件均安装好，经检查验收合格。

2) 调速装置检修完毕，其各部件均可投入使用状态。

3) 漏油槽的所有设备已检修完毕，油位及油泵的控制系统投入使用。

4) 集油槽已充好油。

5) 投入水力机械系统的控制电源。

6) 分别手动启动单台压油泵，观察压油泵电动机运行状况。

7) 在压油罐充油结束后，手动打开排油阀（油泵启动后关闭排油阀），查看油泵启动、停止值是否符合标准（在各个压力开关的节点上并接查线器。根据压力油油压的额定值，观察查线器的状态；对照压油装置的压力表数值）。

8) 备用泵启动试验，打开排油阀使油罐压力降低到备用泵启动值，观察备用泵启动状况。

9) 在试验过程中还需要检查油位指示器是否正常，监控系统模拟量是否正确。

10) 试验结果无异常后，恢复到正常运行状态。

(3) 试验拆线，检查所拆动过的端子或部件是否恢复，清理现场。

(4) 整理试验数据（试验时间、天气、试验主要仪器及精度、试验数据、试验人）记录及分析。

(5) 出具压油装置控制回路试验报告。

三、注意事项

(1) 设专人记录启动、停止值。

(2) 检查导叶在全关位置，其锁锭在投入状态。

(3) 检查快速门操作用油的总阀门，其应处于关闭状态。

模块 15　磁翻柱液位计磁记忆开关模拟试验

一、操作说明

磁翻柱液位计一般应用在油位指示如油压装置、集油槽、漏油槽、推力油位等处。磁翻柱液位计给运行及维护人员以明显的油位指示；并把模拟量信号和开关量信号输出给监控系统。

二、操作步骤

（1）确定试验设备序号。

（2）准备一个条形磁铁。

（3）用磁铁在磁记忆开关侧面敏感区由下至上滑动到上限动作值时，观察可编程控制器模块上的 LED 灯是否动作。此时可编程控制器模块上的上限动作 LED 灯应点亮。

（4）用磁铁在磁记忆开关侧面敏感区由上至下滑动到下限动作值时，观察可编程控制器模块上的 LED 灯是否动作。此时可编程控制器模块上的下限动作 LED 灯应点亮。

（5）复归磁记忆开关时，应将磁铁在磁记忆开关侧面敏感区向动作方向相反的方向滑动。

（6）注意磁铁极性，磁铁极性在磁翻柱表面上下滑动时应使其变为红色是磁铁的正确极性。

（7）试验拆线，检查所拆动过的端子或部件是否恢复，清理现场。

（8）整理试验数据（试验时间、天气、试验主要仪器及精度、试验数据、试验人）记录及分析。

（9）出具磁翻柱液位计试验报告。

三、注意事项

（1）模拟量检查时，严禁短路和接地。

（2）磁记忆开关不够灵敏时，需要更换。

模块 16　示流信号器试验

一、操作说明

（1）示流信号器用途。主要用于监视机组轴承油槽冷却水和水导轴承润滑水及冷却水等的流态，用来测量水流流速（流量）发生改变，不在正常定值范围时发出信号，使备用水源投入或延时使机组停机，是机组运行当中的一个非常重要的保护信号。

（2）示流信号器的型式。挡板式、磁钢浮子式、差压式等常用的有 SLX 型挡板式和 SX 型浮子式两种示流信号器。

（3）示流信号器的组成。主要由壳体、挡板、磁铁、湿簧触点、指针等部件组成。

（4）示流信号器的原理。当水流流通时，由水流冲动挡板，使挡板产生位移，在水流达到一定的流速时，使挡板的永久磁钢接近湿簧触点，触点接通发出水流正常信号，水流小于定值时挡板的自重和弹簧力作用下，逐渐返回，湿簧触点断开，发出不畅或中断信号；示流信号器的指针可以指示水的流量。在润滑水的示流信号器上需要有两对接点，分别指示水流的正常、不畅和中断。其他型号的示流信号器虽然机械结构上有所不同，但基本原理是相同的。

二、操作步骤

（1）确认设备编号。

（2）测定导电回路的绝缘电阻值：用 500V 绝缘电阻表测量各接线端子对阀体的绝缘电阻应在 10～20MΩ。

（3）静态试验。示流信号器在尚未安装时进行，模拟水流使示流信号器的挡板产生位移，当示流信号器指示到额定值时调整节点，使节点闭合或断开（节点闭合或断开是因为各现场使用的节点类型不同）；示流信号器的作用不同，水导润滑水示流信号器为两个节点，根据定值分别模拟水流使示流信号器的挡板产生位移，调整两个节点（接点的通断测试使用查线器或万用表）。

（4）动态试验。

1）在安装管路有水后进行。

2）打开示流器的端盖，在示流信号器的输出节点上分别接查线器或万用表。

3）慢慢开启示流信号器前的阀门，来调整管路内水的流量（根据示流器指示，同时观察水压值也应符合定值），使之达到定值时，观察查线器或万用表的指示，是否符合要求，如有偏差调整示流信号器的节点，使之符合定值要求；继续开启阀门使流量达到定值以上查看节点是否符合要求。

4）慢慢关闭示流信号器前的阀门，降低管路内水的流量，观察流量降低到定值时，节点的状况是否符合要求。直到阀门完全关闭。

5）反复测量 5 次，其动作值与返回值在其整定值的±10%范围内；调整结束后恢复示流信号器的端盖或上盖；将调整水流的阀门恢复到原始状态。

（5）试验拆线，检查所拆动过的端子或部件是否恢复，清理现场。

（6）整理试验数据（试验时间、天气、试验主要仪器及精度、试验数据、试验人）记录及分析。

（7）出具示流信号器试验报告。

三、操作注意事项

（1）操作前，确认机组工作状态。

（2）需要 2 人以上完成检修及试验工作。

模块 17　空气压缩机基本操作和故障处理

一、操作说明

低压空气压缩机的控制回路由小型可编程控制器、手动控制把手、SJ-10 型中间继电器、指示灯组成。

当气系统压力降低到规定启动值时，补充压力气罐的压力。低压空气压缩机正常运行时启动、停止的控制是由空气压缩机内部压力决定的，当设置启动、停止压力值后，空气压缩机按照检测的压力值进行启、停控制。压力降低到启动值时启动；压力升高到停止值时卸载停机。

当安装两台空气压缩机时，一般情况下要求两台空气压缩机轮流工作，轮流工作需要外部小型可编程控制器通过流程控制，当一号空气压缩机工作后，由可编程控制器接受停止信号并发出 2 号空气压缩机备用指令，断开 1 号空气压缩机的启动接点，接通 2 号空气压缩机启动接点，当压力降低接点接通时，构成 2 号空气压缩机启动回路。

二、操作步骤

（1）空气压缩机不能启动的处理。

1）分析空气压缩机不能启动的原因，当 110/120V 控制电压消失、启动器损坏、紧急停机、风扇电机过载、压力传感器损坏、温度传感器损坏时，空气压缩机不能启动。

2）检查熔丝是否熔断。

3）检查变压器引线接头接触情况。

4）检查接触器是否励磁及结出良好。

5）将紧急停机按钮旋到断开位置，连按 SET 按钮二次。

6）手动使主过载继电器复位，并连按 SET 按钮二次。

7）检查传感器，传感器接头和导线的连接和接通情况。

8）检查温度传感器工作情况，损坏时更换温度传感器。

（2）空气压缩机运行中停机的处理。

1）分析运行中停机的原因，主机温度高、气压高、油池压力低、电动机旋转方向不对、主电动机过载、风扇电动机过载、启动器损坏时空气压缩机运行中发生停机。

2）如发生停机，按一次显示查看按钮（DISPLAY），通过上、下选择箭头显示停机前最新一条，可用于故障排除。

3）主机温度高：检查安装区域的通风冷却风扇。

4）复位箱内断路器检查冷却油位，必要时添加。

5）冷却器芯子脏污，清洗冷却器芯子，必要时进行更换。

6）气压高时，检查放气阀或最小压力阀是否受阻或无动作。

7）油池压力低时，检查筒体或放气管路是否漏气。

8）电动机旋转方向不对时，将启动器接头任意调换3个中的2个。

9）主电动机过载时，检查导线是否松动，检查供给电压，检查加热器尺寸。

10）检查启动器接触器导线是否松动。

（3）空气压缩机气系统压力低的处理。

1）分析空气压缩机气系统压力低的原因：空气压缩机为卸载运行、控制器起跳压力压力设定点过低、空气滤芯脏、漏气、水分离气排水阀打开后卡死、进气阀未开足、系统用气量超过空气压缩机输出使空气压缩机气系统压力低。

2）空气压缩机在卸载运行：按卸载/加载按钮，使空气压缩机停止卸载运行方式，进行加载运行。

3）控制器起跳压力设定点过低：按卸载/加载按钮，使空气压缩机加载运行到最高值，按"DISPLAY"按钮改变显示窗口，进入设定点程序界面进行查看，起跳压力低时，按箭头向上方向的"ARROWS"按钮，升高起跳点定值（必须在控制器为设定模式），显示屏闪烁表示确认，按"DISPLAY/SELECT"按钮可退出设定点，或者等30s自动退出设定点。另一种设定起跳点的方法是直接按SET按钮直接进入参数设定程序，设定方法同上。

4）空气滤芯脏时，清洗空气滤芯，必要时换滤芯。

5）空气系统管道漏气时，检查空气系统管道，必要时换管道。

6）水分离气排水阀打开后卡死时，分解检修水分离气排水阀。

7）进气阀未开足食，检修并检查控制系统情况。

8）系统用气量超过空气压缩机输出时，安装额定容量大的空气压缩机或加装一台空气压缩机。

（4）出具空气压缩机故障处理报告。

三、操作注意事项

（1）设备故障处理时，不能影响另一台空气压缩机的正常运行。

（2）必要时手动启动另一台空气压缩机，给气系统补气。

模块18　桥式起重机检修后的整机运行试验

一、操作说明

桥式起重机的电气系统由可编程控制器、人机界面装置、变频器、主副钩回馈单元、大小车制动电阻、编码器、主令手柄开关、主令按钮开关、主令选择开关、限位开关、超速开关、抱闸制动器、空气开关、交流接触器及中间继电器等组成。

（1）可编程控制器。全系统的控制中心；判断控制指令的来源；输出相应的指令驱动变频器；检测系统的故障内容并进行相应的保护动作。

（2）人机界面。是操作人员与控制系统之间的桥梁；显示可编程控制器的输入、输出状态；系统当前的主要故障信息；显示各变频器的备好信号；显示吊钩的高度等。

（3）变频器。是桥机运行的主要装置，通过输入端子接收可编程控制器的控制信号，通过输出端子将变频器的状态发给可编程控制器信号，通过U、V、W端子驱动电动机并进行调速。

（4）主、副钩回馈单元。在吊钩下降及减速停车过程中将变频器直流母线上的多余能量回馈到电网中，防止变频器直流母线上的电压泵升。

（5）大、小车制动电阻。在大、小车减速停车过程中将变频器直流母线上的多余能量通过热能的形式散发掉，防止变频器直流母线上的电压泵升。

（6）编码器。是变频器闭环矢量控制的检测元件，安装在电动机的尾部，将电动机的转速信号转换成脉冲信号，通过PG-B2反馈卡送到变频器内部，变频器通过它来检测电动机的转速是否正常。

（7）主令手柄开关、主令按钮开关、主令选择开关。是操作桥机的主要元件，通过它可以启动、停止、急停桥机。

（8）限位开关。对设备进行限位保护，主、副钩有2级上限开关；大车有左、右限位开关；小车有前、后限位开关。

（9）超速开关。主、副钩电动机的尾部均有超速开关，当电动机的转速超过800r/min时，此开关动作，系统将切断相应抱闸的电源，进行吊钩保护。

二、操作步骤

（1）由安全门进入行车，并关好各道门及门连锁开关，合上受电柜上的主开关，观察主电压表的电压应为380V×(1±10%)(否则请检查滑触线及供电系统)。

(2) 将行车钥匙插入联动台上的启动钥匙孔，并置于ON。

(3) 先按联动台上的启动按钮，给系统供电，联动台上的电源灯可以指示启动是否成功（如无法启动，请检查各主令是否在零位，急停是否解除，安全门是否关好）。

(4) 联动台的电源指示灯点亮，提示启动成功。此时观察备好指示灯是否点亮。如无备好指示则系统有异常，请按复位按钮进行复位。备好指示灯亮，表示变频器已上电并准备就绪，等待主令运行（如按复位按钮却无备好指示灯响应，说明变系统存在异常。具体异常信息参照侧屏上的显示）。

(5) 联动台备好指示灯点亮，既可以依照程序要求，通过主令操作各机构运行。先用一挡启动这样冲击较小，待启动稳定后依次加挡提速运行，减速反之（行车各机构均为变频调速，各挡位启动转矩相同，所以不需要采用高速挡启动）。

(6) 行车具有并车联动功能。并车的操作步骤如下：

1) 将2台车的2个主钩人工调好水平。

2) 将1号车上的2条并车线接在2号车上相应的插头上。

3) 将1号车上的选择开关旋至“并车”。

4) 将2号车上的选择开关旋至“并车”。

5) 将人机上的画面切换到“并车监控画面”，当该画面上的“本车备好”、“2号车备好”、“并车正常”均为绿色指示时表明并车成功。

6) 并车成功后，即可以在1号行车同时操控2台行车运行。

7) 通过“并车监控画面”，可以监视2个钩的高度。

(7) 如遇到紧急问题，请按联动台上的急停按钮，即可以利用电气开关及主回路接触器切断行车的电源，此时联动台上的电源指示灯应该熄灭（按下急停后，先旋转急停按钮，解除急停，然后将主空开手柄按下，再抬起，对主空开进行复位）。

(8) 起重机试验完毕后，应将主令回零位，30s后使用停止按钮关断主电源，将钥匙开关置OFF，取出钥匙由专人保管，确认断电成功，锁好各门，方可离车。

(9) 试验拆线，检查所拆动过的端子或部件是否恢复，清理现场。

(10) 整理试验数据（试验时间、天气、试验主要仪器及精度、试验数据、试验人）记录及分析。

(11) 出具桥式起重机整机运行试验报告。

三、操作注意事项

(1) 桥式起重机的基本操作属于高空作业，上下传递物件应用绳索拴牢传递，

严禁上下抛掷物品。

（2）工作时应使用工具袋。

模块19　机组模拟试验

一、操作说明

检测机组在检修工作完成后，调速器导水叶的动作状况，水车控制部分所有回路工作是否正常，辅助设备工作是否正常，试验过程中发现设备有故障，及时处理；为机组动水试验做准备。

二、操作步骤

（1）检查试验条件。

1）准备低频信号发生器一台，万用表两块，常用电工工具一套，手电筒、试验导线若干。

2）进口门在落门位。

3）水车直流恢复正常。

4）油、水、气系统恢复正常。

5）机组出口开关在分位。

（2）机组“空载—开机”静态试验。

1）检查无水车直流消失信号、无剪断销剪断信号、无事故低油压信号、无过速115%信号、锁锭投入信号、空气围带无压力信号、刹车无压力信号、事故电磁阀未投信号、电制动未投入信号是否正常。

2）对于不满足条件的开入点，可用短接线断接有关信号。

3）以上条件满足后，将测速装置设置为电气测速。

4）在测速装置电气输入端子接入工频电源，用于模拟发电机转速的升/降。

5）启动开机流程，对照流程注意观察有关开入、开出信号动作正确与否。

a. 合灭磁开关：若灭磁开关未动作，检查现场原因；若灭磁开关合，程序跳过。

b. 拔锁锭：条件为灭磁开关合，锁锭投入，若未动作，延时60s，上报“锁锭未拔出”，检查现场原因；若锁钉拔出，程序跳过。

c. 投蜗壳供水电磁阀：条件为锁锭拔出，冷却水流中断，开出动作，延时20s，检查冷却水建立，若蜗壳供水电磁阀未动作检查现场原因；若蜗壳供水电磁阀投入，程序跳过。

d. 投坝上供水电磁阀：条件1为锁锭拔出，条件2为润滑水正常，条件3为冷却水流建立或蜗壳供水（41DP）电磁阀投入动作。现地控制单元开出动作坝上供水电磁阀，延时5s，查水导水压正常和润滑水正常动作，若坝上供水（43DP）电磁阀未动作，检查现场原因；若坝上供水（43DP）电磁阀投入，程序跳过。

e. 给调速器开机令：条件1润滑水正常，条件2水导水压正常，条件3锁锭已拔出，条件4转速小于95%，条件5灭磁开关合闸，开出动作；若导叶未打开，延时5min，报“开限打不开流程退出”。

f. 启励信号：条件1润滑水正常，条件2转速大于95%，开出动作；若励磁装置电压未建立（达到机端电压的80%以上），延时1min，报“建压失败”。

g. 电压建立，转速大于95%，上报“停机至空载控制完成”。

（3）机组“空载—停机"静态试验。

1）发电机出口断路器开关在分闸位置，压油泵直流电源未消失，转速大于95%。

2）由上位机或控制把手发停机令，或模拟机组事故，启动停机流程后，频率计缓慢降低转速，观察机组停机流程动作情况，在转速低于25%时，注意观察加闸过程。做机组事故停机试验时，需分别模拟事故低油压信号、无过速150%信号、机组过速115%遇调速器失灵信号、润滑水中断信号、保护出口继电器动作信号等事故信号，注意观察LCU触摸屏控制流程执行情况。如需模拟润滑水中断信号作用于机组事故停机，则须将投备用润滑水的电磁阀开出信号拆除，并将事故信号持续5s以上。事故停机过程完成后，需将现场设备恢复正常（复归事故电磁铁、事故配压阀）。

3）停机过程中，对照流程注意观察开入、开出点动作正确与否。

a. 停机投逆变，开出是否动作。

b. 给调速器停机令，开出是否动作，若转速未小于50%，延时3min，上报信息“转速未下降流程退出”；若转速未小于25%，延时5min，上报信息“转速未下降流程退出”。

c. 转速小于25%投机械制动，开出是否动作。

d. 转速同时小于25%、5%，投锁锭，切蜗壳供水电磁阀，切润滑水电磁阀，如备用润滑水电磁阀在投位，切备用润滑水电磁阀。

e. 检测机组转速小于5%，机械制动已复归，蜗壳供水电磁阀、润滑水电磁阀、投锁锭、备用润滑水电磁阀在关。

f. 开机条件（机组出口开关在分位、转速小于5%、导叶全关）满足，机组显示停机状态。

4）停机过程完成后恢复接线。

（4）润滑水中断作用机组紧急事故停机试验。

1）机组非停机态，事故联片投；将投备用润滑水（44DP）电磁阀开出信号拆除。

2）模拟润滑水中断信号，观察是否投备用润滑水电磁阀。

3）润滑水中断信号持续 5s 后作用于机组事故停机，投事故电磁铁。

4）停机后复归事故电磁铁，复归投备用润滑水电磁阀开出信号。

（5）机组过速 150%N_e 作用于机组紧急事故停机试验。

1）机组非停机状态，相应事故联片投入。

a. 模拟机组过速 150%N_e 信号。

b. 作用于机组事故停机，投事故电磁铁，投事故配压阀，落快速门。

c. 事故停机过程完毕，复归事故电磁铁、事故配压阀、提快速闸门，恢复试验接线。

（6）其他事故信号作用于机组事故停机试验（事故低油压、保护出口继电器动作、机组过速 115%遇调速器失灵、事故遇剪断销剪断）。

1）机组非停机状态，相应事故联片投。

2）试验步骤同机组过速 150%试验。

（7）试验拆线，检查所拆动过的端子或部件是否恢复，清理现场。

（8）整理试验数据（试验时间、天气、试验主要仪器及精度、试验数据、试验人员）记录及分析。

（9）出具机组模拟试验报告。

三、操作注意事项

（1）当事故不遇剪断销剪断时只作用于事故停机，不动作事故配压阀，不落快速门（调速器失灵除外）。

（2）恢复测速装置机械使能开关至 NO 位。

（3）设专人检查流程和现场所有开关量、开出量动作正确性检查核对。

（4）测速模拟操作派有经验的人操作。

模块 20　机组检修后启动试验

一、操作说明

机组经过检修后，各个部件重新安装测试后，需要整体检验机组运行状况。启动预试验是检验检修后机组整体运行状况的，在试验中检测各个部件及各装置的工作运行情况，是否符合交入系统运行的标准，是一次全面的检查和校验。

二、操作步骤

1. 现地无励手动开、停机”试验

(1) 机组模拟试验交票，运行恢复措施操作完毕。

(2) 各部位人员到位，振动、摆度等测量仪器仪表准备齐全。

(3) 检查各单元冷却水、润滑水投入，水压、流量正常，风系统、操作油系统工作正常，各油槽油位正常。

(4) 做好机组手动无励开机措施。切除励磁调节器交、直流工作电源，切开励磁机开关 LMK，切开发电机灭磁开关 QF。检查监控系统完全恢复，投入发电机、变压器保护。

(5) 断开监控系统“开机启励”回路，退出励磁装置“强励强减”功能，确认监控系统测速装置已校验正常。

(6) 操作调速器“电手动”方式无励开机，待机组开始转动后，将导叶关回，检查和确认机组转动与静止部件之间无摩擦或碰撞情况。

(7) 确认各部正常后，继续“电手动”无励开机，将转速缓慢升至50%额定值时，暂停升速，观察各单元运行情况。无异常后继续增大导叶开度，使转速升至额定值。

(8) 在升速过程中测量升速绝缘。

(9) 机组启动达到额定转速后，现地监视调速器，保证机组运行在额定转速，监测所辖设备有无问题，发现异常立即停机。

(10) 测量机组轴承摆度，监视各部瓦温。

(11) 测量发电机残压，并作记录。

(12) 以上工作结束后手动停机，进行停机后检查。

(13) 在机组运行过程中，重点观察推力瓦、上导瓦温度升高、水导轴承运行情况，如发现推力瓦、上导瓦温度异常升高、水导轴承运行异常、机组摆度过大等不正常现象，应立即停机检查。

2. 现地无励自动开、停机试验

(1) 机组模拟试验交票，运行恢复措施操作完毕。

(2) 将调速器置于“自动”位置，做好机组现地无励自动开机措施，切开励磁调节器交、直流工作电源，切开励磁机开关 LMK，切断发电机灭磁开关 QF。

(3) 断开监控系统“开机启励”回路，短接监控系统灭磁开关 QF 接点，退出励磁装置“强励强减”功能。

(4) 在现地监视调速器运行情况。

(5) 在现地 LCU 侧自动开机至额定转速，检查机组自动开机流程是否正确，

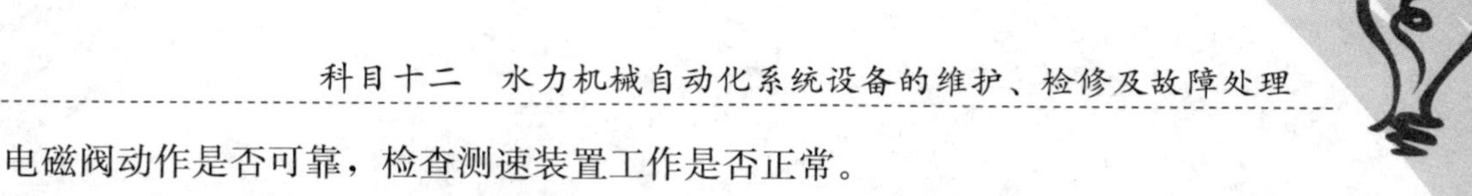

电磁阀动作是否可靠，检查测速装置工作是否正常。

（6）以上试验结束后，在现地 LCU 侧无励自动停机，检查自动停机程序是否正确，各自动化元件动作是否正确可靠；检查机械制动装置自动投入是否正确，记录加闸至机组全停的时间。

（7）在自动开机和停机过程中，检查调速器性能，检查调速器开机、停机工作过程是否正常。

3. 远方无励自动开、停机试验

（1）机组模拟试验交票，运行恢复措施操作完毕。

（2）做好机组远方无励自动开机措施，切除励磁调节器交、直流工作电源，切开励磁机开关 LMK，切开发电机灭磁开关 QF。

（3）断开监控系统“开机启励”回路，短接监控系统灭磁开关 QF 接点，退出励磁装置“强励强减”功能。

（4）用计算机远方开机至额定转速，检查机组自动开机流程是否正确，电磁阀动作是否可靠。

（5）以上试验结束后，用计算机远方无励自动停机，检查自动停机程序是否正确，各自动化元件动作是否正确可靠。

4. 机组自动开机启励试验

（1）机组模拟试验交票，运行恢复措施操作完毕。

（2）将励磁调节器各参数设置正确，监控系统、励磁调节器、调速器控制回路恢复正常接线。

（3）做好机组自动开机启励措施。

（4）用计算机自动开机至空载，进行机组“自动启励试验”，记录励磁调节器、发电机各参数，记录励磁电压超调量、振荡次数和调节时间。

（5）自动启励试验结束后，将调速器切“手动”，手动升速至 115%N_e，利用机械事故作用机组停机。

5. 机组启动试验结束工作。

（1）试验拆线，检查所拆动过的端子或部件是否恢复，清理现场。

（2）整理试验数据（试验时间、天气、试验主要仪器及精度、试验数据、试验人）记录及分析。

（3）出具机组启动试验报告。

三、操作注意事项

（1）做各项措施时，应对照图纸。

（2）此项工作应 2 人以上完成。

模块 21　机组检修后启动运行试验

一、操作说明

机组经过检修后，各个部件重新安装测试后，需要整体检验机组运行状况。启动运行是检验检修后机组整体运行状况的，在试验中检测各个部件及各装置的工作运行情况，是否符合交入系统运行的标准，是一次全面的检查和校验。

二、操作步骤

1. 变压器冲击合闸试验

(1) 机组模拟试验交票，运行恢复措施操作完毕，试验前将系统倒出一条空母线。

(2) 一次系统接线如图 12-27 所示，检查机组在停机态，644 断路器在分位，604 断路器及 604 甲、乙隔离开关在分位，643 隔离开关在分位，主变压器中压侧 3014 开关及甲、乙隔离开关在分位，主变压器高压侧 0624 断路器在分位，合上四号主变压器高压侧 0624 下隔离开关，联系调度，合上主变压器中性点隔离开关。

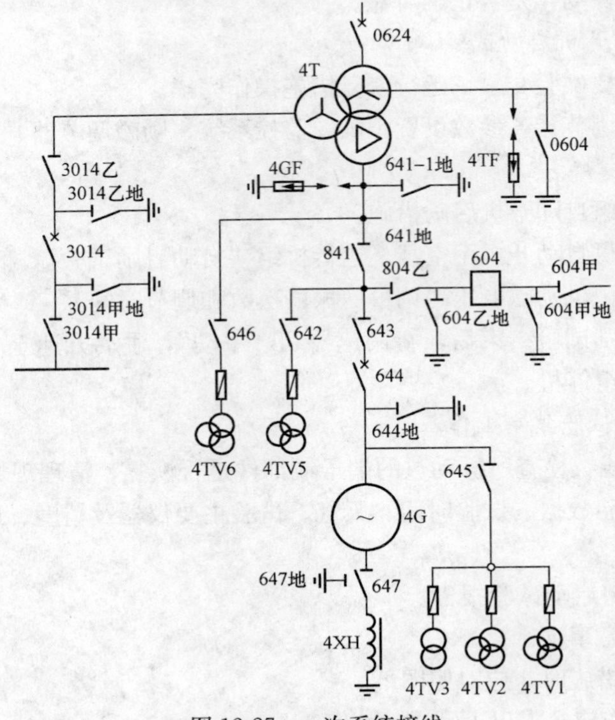

图 12-27　一次系统接线

（3）投入变压器冷却系统装置。投入变压器所有保护。将母差保护退出运行。

（4）将主变压器高压侧过负荷保护定值改为1A，延时时间改为0s，准备用该保护动作录制变压器励磁涌流。

（5）联系调度，合主变压器高压侧开关，冲击合闸3次，每次间隔约10min，现场监视主变压器有无异常，检查主变压器差动保护及瓦斯保护的工作情况，检查主变压器差动保护躲励磁涌流的能力，录制主变压器冲击合闸时的励磁涌流波形图；检查母线差动保护工作情况。

（6）冲击试验后，对主变压器取油样进行色谱分析，发电部做好相关措施。将主变压器高压侧过负荷保护定值改回原定值。

2. 机组出口断路器假并试验

（1）机组模拟试验交票，运行恢复措施操作完毕。

（2）做好出口断路器假并试验各项准备工作及措施。

（3）检查发电机出口644断路器在分位，643隔离开关在分位，641隔离开关在合位，604断路器及604甲、乙隔离开关在分位，主变压器中压侧3014断路器及甲、乙隔离开关在分位。合上主变压器高压侧0624下隔离开关。

（4）断开励磁调节器控制回路中的出口断路器接点，断开调速器控制回路中出口断路器接点。

（5）将试验用羊角变压器二次侧接线完成，二次电压引至机旁外接电压表，将同期装置滑差电压引至机旁另一个外接电压表。

（6）试验接线检查无误后，用计算机自动开机至空载，运行稳定后，进行转子接地保护测量整定，进行轴电压测量。

（7）测量完成后，合上0624断路器。

（8）现地启动644断路器同期装置合644断路器，观察同期装置发合闸脉冲瞬间电压表2指针是否在“0”位。

（9）出口断路器合闸后，将羊角变压器一次侧接至643隔离开关两侧，在机旁盘观察两块电压表摆动幅度是否一致，若不一致，必要时停机检查。

（10）试验结束后，自动停机，准备开机带负荷措施。将所有试验接线拆除，所有措施恢复，各设备恢复备用状态。

3. 带负荷试验

（1）机组模拟试验交票，运行恢复措施操作完毕。

（2）先进行主变压器高压侧带负荷试验，检查确认主变压器中压侧3014断路器及甲、乙隔离开关在分位，604断路器及甲、乙隔离开关在分位。做好其他开机带负荷相关措施。

(3) 带负荷前将发电机、变压器差动保护退出，后备保护投入。

(4) 联系调度，用计算机自动开机至发电。

(5) 机组并网后，根据系统情况带20%左右负荷（10MW左右）。

(6) 检查发电机、变压器差动保护差流是否异常，测量母线保护差压、差流是否正常，无异常后将发电机、母线差动保护投入；在中性点隔离开关处外接接地电阻，进行发电机3W定子接地保护现场整定。

(7) 整定实验结束后，合上主变压器中压侧3014甲、乙隔离开关和中压侧3014断路器。

(8) 检查变压器差动保护差流是否异常，无异常后将变压器差动保护投入。

(9) 检查发电机和变压器各侧二次电压、电流幅值、相位、相序是否正确。

(10) 检查故障录波器所录变压器电流是否正常，检查监控系统百抄表显示是否正常。

(11) 进行功率调节试验，分别用监控系统进行手动增减方式和数字给定方式功率调节试验。按额定负荷的25%、50%、75%、100%进行调节，在不同的负荷点进行推力、上导轴瓦温度及振动、摆度、压力数值等的测量。

(12) 在最大负荷运行时，选择机组并网调速器最优运行参数。

(13) 进行调速器开度模式和频率模式切换试验。

4. 甩负荷试验

(1) 机组模拟试验交票，运行恢复措施操作完毕。

(2) 甩负荷前，切开主变压器中压侧3014断路器及甲、乙隔离开关。

(3) 检查发电机各部无异常后，将机组负荷调整到额定负荷的25%。

(4) 做好甩负荷试验准备，记录各有关数据，通过试验获得接力器行程、转速的上升率，测接力器不动时间。

(5) 机组进行甩25%额定负荷试验。

(6) 将机组并网带50%额定负荷，进行甩负荷试验。

(7) 将机组并网带100%额定负荷（以定子电流为基准），进行甩负荷试验。

(8) 进行机组相关数据测量和记录，包括机组的稳定性、调速系统的动态调节品质，记录转速、导叶、轮叶的接力器行程的过渡过程，同时观察蜗壳水压上升情况以及定子电压、主轴摆度、水导水压情况。

(9) 甩负荷试验过程中，要严密监视各设备运行情况，遇有异常情况立即停止试验进行检查。

(10) 试验结束后，对设备进行全面检查。

(11) 将60Hz、220kV系统恢复固定连接方式。

5. 机组试运行

（1）机组模拟试验交票，运行恢复措施操作完毕。

（2）以上全部试验结束后，用计算机自动开机并网，调整机组负荷至额定。

（3）严密监视水导瓦运行情况，监视并记录机组各测点、各部件温度，开始每10min记录一次，待稳定后，每1h记录一次，遇有温度异常升高或水导瓦运行异常立即停机检查。

（4）试运行72h后，联系调度停机，进行缺陷故障检查处理。

（5）全部检查无异常后，经批准交付系统。

6. 机组启动试验结束工作

（1）试验拆线，检查所拆动过的端子或部件是否恢复，清理现场。

（2）整理试验数据（试验时间、天气、试验主要仪器及精度、试验数据、试验人）记录及分析。

（3）出具机组启动运行试验报告。

三、操作注意事项

（1）调速器试验按照制定方案和调速器试验操作标准进行。

（2）励磁系统试验按照励磁相关试验操作进行。

（3）假并试验按照监控系统试验的操作要求进行。

科 目 小 结

本科目面向水电厂自动装置现场维护和检修工作，按照培训目标，以自动装置维护和检修工作中的基本技能操作为主要培训内容。对水力机械自动化系统的组成、设备的结构；水力机械自动化设备运行操作的正确方法和步骤；水力机械自动化设备的维护和检修；水力机械自动设备特性试验、模拟试验、运行试验的方法、步骤；发电机组检修后启动运行试验的方法、步骤；水力机械自动化元件、设备出现的一般性故障等专业技能操作项目进行了详细的阐述。

通过本科目的技能操作培训，使水电自动装置检修工能正确运用安全规程和维护检修规程，掌握自动装置维护检修工作中规范的维护检修工艺，标准的测量、检查步骤，正确的安装、调试方法。

练 习 题

1. 安装火灾报警系统有何要求？

2. 安装测速装置对探头有何要求？

3. 怎样安装测温系统？

4. 磁翻柱液位计的检修内容有什么？
5. 如何对状态监测装置进行调试？
6. 如何对电磁阀、漏油泵、水位计控制回路进行调试和检修？
7. 主令开关的检修和调试方法是什么？
8. 低压空气压缩机的静态、动态试验目的及步骤是什么？
9. 试叙述快速闸门的试验方法？
10. 简述压油装置控制系统设备控制回路试验。
11. 简述磁翻柱液位计磁记忆开关模拟试验。
12. 简述示流信号器试验。
13. 空气压缩机不能启动、运行中停机、气系统压力低的处理方法是什么？
14. 桥式起重机的电气系统由那些元件组成？试说出它们的作用。
15. 机组检修后启动运行试验步骤是什么？

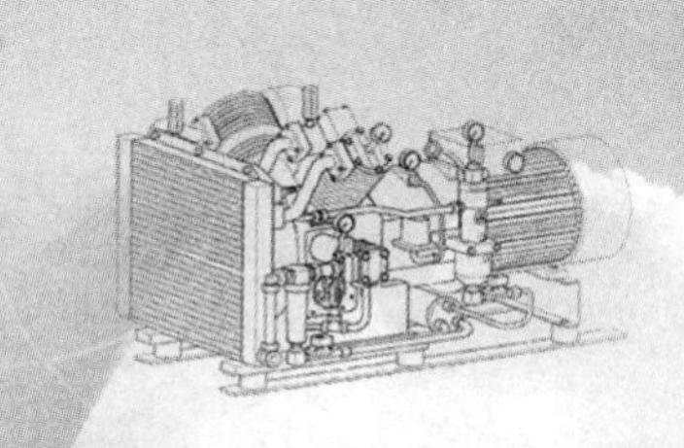

科目十三

水电自动装置的更换

水电自动装置的更换培训规范

科目名称	水电自动装置的更换	类别	专业技能
培训方式	实践性/脱产培训	培训学时	实践性 28 学时/ 脱产培训 14 学时
培训目标	1. 掌握水电自动装置改造的技术要求和工作流程。 2. 能对监控系统、水力机械自动化系统的二次控制回路进行合理设计。 3. 能按照技术要求和工作流程安装水电自动装置并进行二次控制回路的施工和连接。 4. 掌握监控系统、水力机械自动化系统调试及试验项目、方法、步骤及标准。 5. 掌握水电自动装置改造后的验收方法、步骤及标准。		
培训内容	模块 1　水力机械自动化系统设备的更换 模块 2　监控设备的更换		
场地、主要设施、设备和工器具、材料	1. 场地：设备更换现场。 2. 主要设施和设备：监控设备、水力机械自动化设备。 3. 主要工器具：专用施工工具、双绞线压线钳、双绞线剥线器、斜口钳、模块冲压工具、波形失真仪、示波器、频率表、穿线器、接地电阻测量仪、视频故障定位器、尘埃粒子计数器、普通声级计、干扰场强测试仪、交直流高斯计、照度计、吸收管、采样器、比色管、分光光度计、清洁工具包、计算器、温度计、湿度计、电工组合工具、钢锯、万用表、验电笔、绝缘电阻表、吸尘器、毛刷、试验电源盘等。 4. 主要材料：RJ45 接头、保护套、各类接线模块、动力电缆、电缆卡子、电缆标示牌、钢锯锯条、穿管用的 8～10 号钢丝、电缆敷设的专用工具、放线架、足够长的厚壁钢管、爬梯、照明器具、控制电缆、双绞线、酒精、标签、尼龙扎带、抹布等。 5. 主要软件：操作系统安装盘、安全软件、检测程序、应用程序等。 6. 主要附件和配件：移动硬盘、U 盘、软盘驱动器、刻录光驱、空白光盘、空白磁带、阵列硬盘等。		
安全事项、防护措施	1. 检修前交代作业内容、作业范围、危险点告知、安全措施和注意事项。 2. 戴安全帽，穿工作服（防静电服），穿绝缘鞋，高空作业需佩戴安全带。 3. 加强监护，严格执行电业安全工作规程。 4. 对于需停电检修的设备，要认真进行验电检查，确保无电及安全措施完善后才能开始检修工作。		
考核方式	笔试：120 分钟 操作：120 分钟 完成维护和检修任务后，针对模块技能操作评分标准进行考核。		

水电自动装置的技术改造

一、水电自动装置的技术改造的意义

现代的水力发电厂中，使用自动装置对大型发电机组进行控制是满足电力系统运行的要求，实现电厂自动化的主要技术手段，水电厂中各种类型自动装置很多，其二次回路也十分复杂，各种自动装置之间有的相互各自独立，有的通过二次回路连接在一起，有的在逻辑上相互关联，把有电路直接相连又有逻辑关系的自动装置统称为系统。水电厂中自动装置按功能划分较为合理，即分为励磁系统、调速系统、监控系统、同期系统、水力机械自动化系统。

水电自动装置归属于二次设备，装置一般由电源单元、控制单元、执行单元、保护单元构成，随着电力科学技术的发展，短短十几年自动装置已从电磁型、晶体管型的模拟式转化为微机化、集成化的数字式，组成各单元的元件更新换代也非常迅速，因此，需要及时更换自动装置并对二次回路进行从新设计和改造，以满足现代化电厂对自动装置技术的要求。水电自动装置的更新改造是水电自动装置检修工不可缺少的一项综合操作技能。

水电自动装置的技术改造应遵循如下的原则：

（1）自动装置满足水电厂技术要求。

（2）自动装置小型化、系统化、技术先进并有超前性，经济合理。

（3）自动装置操作简单，维护检查方便。

（4）二次回路设计简便、合理，便于维护和检修。

二、水电自动装置技术改造的施工

水电自动装置及二次回路的技术改造的施工因工程性质和规模大小而异，因而施工组织也得结合具体情况进行安排。当工程量大时，要由各厂技术部门组织相关专业班组来承担，当工程量小时，它可以与被控对象一次设备检修工作一起由自动班组统一施工，有时还可兼搞调整试验工作。当然，在一个施工小组内，成员之间还可以有所分工，有所侧重。在发电厂水电自动装置及二次回路的技术改造的施工包括以下几部分工作：

（1）水电自动装置更新改造技术方案和施工方案的审批。

（2）定购新装置（向厂家提供自动装置的技术要求）。

（3）旧设备的拆除。

（4）新自动装置的到货验收。

（5）新自动装置盘体的安装。

（6）系统二次回路的设计。

（7）控制电缆的敷设。

（8）新自动装置及二次回路盘柜电器元件的安装和配线、控制电缆的连接。

（9）新自动装置及二次回路的检查。

（10）新自动装置试验。

（11）系统整体的调试。

（12）完成交代工作，设备投入运行。

（13）自动装置更新改造项目施工验收。

（14）编制投运报告及自动装置更新改造项目施工终结报告。

这些工作可以由自动班组施工，也可以分别由几个班组来承担，主要根据具体情况与施工习惯而定。无论怎样分工，作为水电自动装置检修人员及二次设备技术人员，必须对全厂水电自动装置及二次回路的全面情况了如指掌，因为他们不但承担着本班组施工工作，同时也担负着与其他有关施工班组（如电缆班）的联系工作。电缆敷设错了，会给接线带来麻烦。设计图纸与实际施工难免有出入，而施工过程中也常发生设计变更，这些情况如未及时与有关班组的人员沟通，后果也是严重的。例如，安装班组按设计变更对原接线作了修改，试验人员不知详情，又照原图把线头改了回去，势必造成危害。

水电自动装置及二次回路的安装工作，除调整试验部分需配备全套仪器一般不必准备特殊机具。但在常用手工具的使用上，却有一个熟练的问题，即要具有扎实的基本功。对于水电自动装置及二次回路配线工作的要求，不应局限于工艺美观，能对号入座，而且应熟悉原理，能作通电试验。其实这也不难，只要按照标准化流程作业，工作时细心认真，经过几个工程的锻炼，也就能融会贯通、运用自如了。

在施工准备阶段，主要应抓好图纸会审与土建配合工作。对水电自动装置及二次回路的原理图、展开图、端子排图、盘面布置图、盘背面接线图、元件内部连接图、一次设备（如操动机构等）内部的二次回路图、电缆敷设图、电缆清册以及有关一次回路图等（包括制造图与自行绘制的现场施工用图），应组织力量，进行详细核对、校正。发现问题，应及时通知制造厂予以改正，以减少现场施工时的修改工作量，这对保证制造工艺也是有利的（因改线后、很难做到与原配一致）。在有关的不同专业之间，也应进行图纸会审，如在水电厂中的土建、继电、电气试验、水力机械等专业要密切配合。此外，要注意土建的施工质量，必要时主动配合，确保预埋件与预留孔洞符合安装要求。水电自动装置及二次回路的附件很多，而有些是属于消耗性的，如指示灯泡、熔断体等；有些属于容易丢失的，如指示灯罩等；有些属于易损的与常要补充的，如端子排和端子等，均应有一定储备，以利工作。

进入安装阶段后，工作重点应放在工艺质量上。要保证装置及回路接线的准确性和设备动作的准确性，不得擅自变更原设计的回路或端子号，不得擅自将通用性设备改为特殊规范的设备。实践证明，安装时采取临时性或“灵活”性措施，最终将为日后的维护工作带来困难。

装置及回路的安装与接线倘若考虑不周，既成事实，是很难弥补的，例如将电缆芯线锯短了就很不好办。当然，也要注意节约，不得把电缆敷设得过长，施工后留下许多无用的短节。工艺质量不仅体现在外观的整齐、美观上，还体现在工程内部结构的精度上。为了搞好工艺质量，在安装阶段，要注意做好管理工作，要抓紧元件等的检验和试验工作，做到既要保证质量，达到精度要求，又要与安装工作协调，以满足工程进度要求。

装置及系统的试验，工作本身的重点虽是质量精度问题，但在拆装元件时亦要充分注意工艺问题，恢复线头亦应注意保持原来的形状。同时，不应把原配的附件丢失，不得将仪表等装错位置，或在回装时，使线头受挤压而造成接地等。

元件、装置、系统的试验和整定，应有完整的记录和正规的、格式统一的试验报告。报告上应注明试验方法、试验时的接线图和使用的仪器、仪表的编号以及试验日期和气温情况。试验报告必须通过一定的审核手续。

在结尾和试运阶段，要编好调试技术措施及试运安全措施。此时，应突出安全第一的思想，既要不出人身事故，又要不损坏元件、设备。为此，有关人员不仅要熟悉设计图纸和自动装置性能，同时要熟悉现场实际情况。每项试验必须事先拟定措施方案，包括安全措施，尤其是在已投入运行的控制室内进行扩建工作时，要防止邻近屏、盘、设备受震或误触运行中的设备和二次回路，在运行的配电室内工作时，更要充分注意防止走错间隔等情况的发生。

在此期间，还要搞好试验报告和竣工图，以便及时、完整地移交给运行单位。自动装置及二次回路竣工图应如实绘制。由于设计、制造及安装（有时不得已而采取过渡措施，如增加端子排）等原因，施工后的实际情况与原设计、制造图纸难免有一些出入或修改，这些情况必须在竣工图中反映出来，否则运行单位将在千头万绪中重新摸索，会增加不少工作量，如有疏忽，还会引起事故或延长故障排除的时间。

在试运和结尾阶段，还要抓好缺陷及结尾处理工作。结尾工作常常很零碎，但却极重要，如电缆进入屏、盘的孔洞需加以密封，标志必须齐全等。

三、水电自动装置的更新改造周期

（1）随生产设备的改造同步进行。

（2）根据设备的实际运行情况进行。

四、水电自动装置的更新改造准备工作

（1）作业前组织作业人员学习相关标准化施工作业指导书、技术资料、根据更新改造技术要求，确定施工方案。

（2）准备有关更新改造技术资料（技术图纸、设备说明书等）、原始记录。

（3）工作负责人填写标准化施工作业卡、办理工作票。

（4）检查工作组成员健康状况、安全帽、工作服（或防护服）、绝缘鞋、安全器具是否完备和合格。

（5）准备并检查工器具、材料、备品配件、试验和检测设备是否满足要求，并运至现场。

（6）分析现场作业危险点、提出相应的防范措施，并核对现场安全措施是否正确和完善。

（7）确认更新改造设备编号、位置和工作状态。

（8）工作负责人由高级工及以上等级人员担任，工作组成员若干名。

模块1　水力机械自动化系统设备的更换

一、操作说明

水力机械自动化系统的设备由自动化信号元件（常用继电器、剪断销信号器、液位信号器、示流信号器、压力信号器、转速信号器、温度信号器）执行元件（接触器、电磁阀、电磁空气阀、电磁配压阀）、可编程控制器、监控装置以及二次回路等组成。水力机械自动化系统设备更换就是针对上述设备而言的。

掌握水力机械自动化系统设备更换的方法及步骤。

二、操作步骤

（1）将水力机械自动化系统设备更新改造技术方案和施工方案报经上级部门审批。

（2）订货时向厂家提供水力机械自动化设备的技术要求及被控设备的技术参数。

（3）旧设备拆除。

1）制定拆除方案。

2）开具工作票，进行危险点分析及预控，与上级调度部门或运行部门进行联系，做好安全和技术措施。

3）对控制装置进行停电、放电操作。

4）拆除旧控制装置端子排上二次回路的连接线及二次控制电缆，做好记号和

记录。

5）拆除废旧二次控制电缆对侧端子连线，并将废旧二次电缆取出。

6）拆除控制装置及附件，注意防止机械损伤。

（4）新控制装置的到货执行三级验收。

1）打开所更换的控制装置的包装，按发货清单清点收到的控制装置及附件。

2）检查控制装置上的元件、连线有无缺损。

（5）新控制装置箱体及附件的安装。例如火灾报警系统的安装、测速装置的安装、测温系统的安装。

（6）进行控制电缆的敷设。

（7）对控制装置、附件及二次回路电器元件进行安装和配线。

（8）对控制装置及二次回路控制电缆进行连接。

（9）控制装置、附件及二次回路的检查。

控制装置、附件及二次回路安装连接完毕后，应对其线路、元器件等进行全面检查。

1）按接线图检查各部分的接线是否正确，线号是否完整无误，接线端子有无松动，控制电缆的压接端头是否合格，各导线的截面积是否符合图纸的规定。

2）检查控制装置操作、控制、保护、信号回路的正确性。

3）检查各手动断路器、限位断路器的动作是否可靠，各接触器、继电器在的动作是否灵活，接触是否可靠，接线有无松动。

4）检查控制装置保护环节。熔断器的熔体是否选择适当，报警装置是否接好。

5）检查控制装置、附件及二次回路各部绝缘电阻。用绝缘电阻表（适当的电压等级）检查励磁设备之间等的对地及不同回路之间的绝缘电阻，新设备应大于1MΩ，旧设备应不小于0.5MΩ。

（10）控制装置试验

1）控制装置、附件及二次回路安装完成后，通电前检查二次回路有无窜电、接地及短路现象。

2）进行静态检查试验，确认设备内部无因运输造成的损坏，以及验证外部连接电缆配线是否正确。

（11）控制装置、附件及二次回路整体调试。

（12）整体调试试验合格后，设备投入运行。

（13）进行水力机械自动化系统设备更新改造项目施工验收。

（14）编制投运报告及水力机械自动化系统设备更新改造项目施工终结报告。

三、操作注意事项

（1）控制设备试运行期限为12个月。

（2）不得擅自变更原设计的回路或端子号，不得擅自将通用性设备改为特殊规范的设备。

（3）送电时，应先送主电源，然后送控制电源；切断时则相反。

（4）调试时，应先进行静态试验，确认良好后再进行动态试验。

（5）调试时，出现异常情况，则应立即停止试验进行仔细检查。

（6）调试结束，应将调试过程中的检查、试验和运行情况详细记录，以供分析与总结。

模块2　监控设备的更换

一、操作说明

由于生产和安全的要求，常常需要给计算机监控系统增加新的设备，以便更好地实施生产过程监控。增加的新设备，因为要接入计算机监控系统，就会涉及新设备要占用和分配网络地址、网络带宽、存储介质和用电负荷等系统资源，甚至还会存在与现有系统的功能集成问题，所以在增加新设备时，要尽量做到通盘考虑、周密分析，保证新设备的投入运行会增强监控能力，而不是削弱监控能力。

取消旧设备的原因通常是因为该设备的功能被取消或者已被其他更先进的技术和设备所代替，取消旧设备需要考虑释放和回收系统资源的问题，还要保证该设备的取消不会影响监控过程的实现。

掌握监控系统设备更换的方法及步骤。

二、操作步骤

（1）将监控系统设备更新改造技术方案和施工方案报经上级部门审批。

（2）订货时向厂家提供监控设备的技术要求和参数。

（3）旧设备拆除

1）制定拆除方案（技术方案和施工方案）并递交上级有关部门批准。

2）开具工作票，与上级调度部门或运行部门进行联系，做好安全和技术措施。

3）确认该设备的退出不会导致运行中的系统出现故障，或者确认该设备的原有任务已经完整、正确地转移到其他设备上并已正常运行。

4）设备退出运行，对设备进行停电、放电。

5）拆除设备。暂时不具备拆除条件时，可延期到下次大修期间再行拆除，但应做好醒目的停运标志，并保存好相关原始资料和记录。注意防止机械损伤。

6）从网络规划表中注销该设备占用的网络资源。

（4）新监控设备的到货验收：

1）打开设备的包装，按发货清单清点收到的设备及附件。

2）检查装置上的元件、连线有无缺损。

（5）新监控设备的安装：

1）新增加的新监控设备离线检测和调试。

2）需要配置网络地址时，应参照网络规划表，设置唯一的网络地址。

3）计算新增监控设备电源功率，是否在不间断电源系统正常供电范围以内。

4）新增设备与监控系统的连接。

（6）新增监控设备及其系统回路的检查。监控设备及其安装连接完毕后，应对其线路、元器件等进行全面检查。

1）按接线图检查各部分的接线是否正确，线号是否完整无误，接线端子有无松动，各导线的截面积是否符合图纸的规定。

2）检查系统回路的正确性。

3）检查装置接地情况。逐一复查各接地处的选择是否正确，接触是否可靠，是否正确无误地连接在地线网上。

（7）设备上电试验，检查工作状态是否正确、功能和性能是否满足要求。

（8）监控系统整体联调。

（9）完成交代工作，设备投入运行。

（10）进行监控系统更新改造项目施工验收。

（11）编制投运报告及监控系统更新改造项目施工终结报告。

三、操作安全注意事项

（1）设备整体试运行期限为12个月。

（2）调试时，应先进行新增加的新监控设备离线检测和调试，确认良好后再进行设备上电试验。

（3）应注意设备出现异常情况，则应立即停止试验进行仔细检查。

（4）调试结束，应将调试过程中的检查、试验和运行情况详细记录，以供分析与总结。

（5）拆除的设备作为系统故障后备必须完整保留至少6个月。

（6）如果投运过程中出现设备故障应停止后续工作，在故障排除后重新执行以上步骤，另外该设备试运行期限至少6个月。

（7）严格遵循操作顺序，防止误操作现象，错误的操作会导致系统故障。

科 目 小 结

本科目面向水电厂自动装置的更新改造工作，按照培训目标，以水电自动装置更新改造施工中的技能操作为主要培训内容，对施工的准备、设备的安装、自动装置及系统的试验、水电自动装置更新改造项目结尾和试运等技能操作项目进行了详细的阐述。注重安全施工、安全操作。

通过本科目的技能操作培训，掌握自动装置维护检修工作中规范的维护检修工艺，标准的测量、检查步骤，正确的安装、调试方法；能核对、校正、会审水电自动装置及二次回路的原理图、展开图、端子排图、盘面布置图、盘背面接线图、元件内部连接图、一次设备（如操动机构等）内部的二次回路图、电缆敷设图、电缆清册以及有关一次回路图等（包括制造图与自行绘制的现场施工用图）；掌握安装装置及回路接线的方法、步骤，安装的装置能保证质量，达到精度要求；掌握元件、装置、系统试验和整定的方法、步骤及标准；能编制调试技术措施及试运安全措施；会编写试验报告、项目终结报告及竣工图。

练 习 题

1. 水电自动装置的技术改造应遵循什么原则？

2. 水电自动装置及二次回路的技术改造的施工包括几部分工作？

3. 在施工准备阶段，主要应抓好什么工作？

4. 进入安装阶段后，工作重点应放在哪些内容上？

5. 装置及系统进行试验，工作重点有什么？

6. 水电自动装置的更新改造准备工作有哪些？

7. 水力机械自动化系统的设备柜体安装完成后，须进行静态检查试验，确认设备内部无因运输造成的损坏，以及验证外部连接电缆配线是否正确，试验项目都有哪些？

9. 如何拆除监控系统的旧设备？

10. 怎样进行装置及二次回路的检查？

11. 监控系统更新改造项目操作注意事项有哪些？